下一代网络处理器架构设计与应用

程光 赵玉宇 赵德宇 唐亚东 赵鹏 著

清華大學出版社
北京

内容简介

近年来，随着业务应用的推陈出新和互联网用户规模的不断增长，网络“高速率、大规模、多接入、不可预期、精细管理”的新特性亟待数据平面的革新与发展。然而，传统以“尽力而为转发”为目标的数据平面网络处理器架构已无法满足新型互联网的需求。本书面向现代互联网测量、感知、安全等高级业务与网络处理器新架构协同发展的核心诉求，系统描述了作者在网络处理器方面软硬件融合的理论与实践成果。本书主要介绍了一款平衡业务性能与具备演进能力的数据平面转发平台：下一代网络处理器(Next Generation Network Processor，NGNP)。同时，本书分别探讨了利用 NGNP 的网络测量、段路由驱动的带内遥测、多维资源视图聚合和处理、公平拥塞控制、恶意流量清洗、威胁态势感知、内生安全 7 方面的互联网测量与分析问题。

本书可供网络空间安全、计算机科学与技术、信息科学与工程等学科的科研人员、大学教师和相关专业的研究生、本科生使用，也可为从事网络安全、流量工程及网络测量的技术人员提供参考。

图书在版编目(CIP)数据

下一代网络处理器架构设计与应用 / 程光等著.
北京：清华大学出版社，2024. 7. -- ISBN 978-7-302-66750-6
Ⅰ. TP393.02
中国国家版本馆 CIP 数据核字第 20242K07U7 号

责任编辑：龙启铭　王玉梅
封面设计：刘　键
责任校对：刘惠林
责任印制：刘　菲

出版发行：清华大学出版社
网　　址：https://www.tup.com.cn，https://www.wqxuetang.com
地　　址：北京清华大学学研大厦 A 座　　**邮　　编**：100084
社 总 机：010-83470000　　**邮　　购**：010-62786544
投稿与读者服务：010-62776969，c-service@tup.tsinghua.edu.cn
质量反馈：010-62772015，zhiliang@tup.tsinghua.edu.cn
课件下载：https://www.tup.com.cn，010-83470236
印 装 者：三河市铭诚印务有限公司
经　　销：全国新华书店
开　　本：185mm×260mm　　**印　　张**：18.25　　**字　　数**：446 千字
版　　次：2024 年 8 月第 1 版　　**印　　次**：2024 年 8 月第 1 次印刷
定　　价：59.00 元

产品编号：102744-01

前言

随着互联网用户规模的持续增加、终端设备与应用的不断革新,以网络处理器为代表的网络设备在处理性能和灵活性等方面面临着前所未有的挑战。据 Cisco(思科)年度互联网报告(2018—2023)显示,2023 年全球互联网用户数量达到 53 亿,联网设备从 2018 年的 184 亿台增长至 293 亿台;此外,终端设备的智能化使互联网承载的任务变得复杂多样,互联网应用不再局限于电子邮件、文件传输等简单的信息交互业务,即时通信、网络视频、互联网医疗等业务在网络应用中的占比日益增加。而面向超高带宽、业务复杂的网络环境,目前大多数的网络处理器无法在高性能和灵活性之间取得较好平衡,难以支撑高级上层业务,革新网络处理器架构并使其兼具高性能和可演进特性成为业界亟须解决的问题。同时,基于新型网络处理器架构设计一系列在网络检测、服务质量保证、网络安全以及物联网等方面新兴的、性能要求高、需求更改时间快、针对性强的上层网络应用也成为现代网络管理的关键问题。

本书面向现代互联网测量、感知、安全等高级业务与网络处理器新架构协同发展的核心诉求,系统描述了作者在网络处理器方面软硬件融合的理论与实践成果。本书主要介绍了一款平衡业务性能与演进能力的数据平面平台——下一代网络处理器。同时,本书分别探讨了基于 NGNP 的网络测量、段路由驱动的带内遥测、多维资源视图聚合与处理、公平拥塞控制、恶意流量清洗、威胁态势感知、内生安全 7 方面的互联网测量与分析问题。具体各章介绍内容如下。

第 1 章介绍了网络处理器的演进背景。首先介绍了随着互联网技术的不断发展,未来网络需要网络处理器具备与互联网带宽同步增长的处理性能、对新型网络协议的灵活按需部署以及支持网络功能加速的能力;然后对比阐述了现有网络处理器存在的设计缺陷,进而引出本书的研究目标和研究框架;最后介绍了本书中部分值得深入研究和探讨的内容。

第 2 章从 Chiplets 思想、新型可编程技术、适应未来网络演进以及面向高性能业务这 4 方面对下一代网络处理器的设计进行了分类阐述和比较分析,梳理了下一代 NP 的研究进展。同时,概述了国内外网络处理器的工业化进展,评测了部分主流网络处理器的性能并给出了评测结果。

第 3 章针对兼具灵活性和处理性能的网络处理器设计目标,提出了一种基于 ASIC-FPGA-CPU 3 种异构资源协同的 NGNP 架构模型,详细介绍了 3 种处理资源在分别在 NGNP 快速转发、功能加速和深度处理 3 方面的重要作用,分析了 NGNP 原型系统设计过程中灵活组合调配 3 种资源实现的高效网络处理机制,包括可重构分组处理、多级缓存、分组调度等,评估并验证了 NGNP 原型系统的网络交换基础能力。

第 4 章介绍了网络测量技术的相关内容,提出了一种基于 NGNP 的网络测量系统,详细阐述了构成系统的 5 个模块的运行机制。同时通过实验分析对该系统的性能进行了评估,证明了与其他现有系统相比,该系统具有高灵活性、高可扩展性、高可靠性及低资源消耗的优势。

第 5 章针对传统段路由比特开销较大的缺点,提出了基于段路由的带内网络遥测方法。该方法利用段路由转发特性,通过设计结合了段路由的 INT 数据包格式、遥测原语、交换机指令使交换机在转发数据包的同时将数据包中的路径信息替换成遥测数据,从而降低了插入遥测数据带来的开销。在此基础上,通过自适应调整采样率、消除重叠路径等手段进一步降低信息的冗余程度。

第 6 章针对弹性智能物联网复杂环境中的设备管理问题,提出了一种多维资源自适应测量方法,其产生的多维资源视图实现了对设备的实时监控和精细化管理,详细介绍了该测量方法的使用背景和实现过程,并分别通过仿真和真实环境实验证实了该方法的实用性和鲁棒性。

第 7 章针对传统拥塞控制方法存在的高延迟和链路利用率低等问题,提出了一种面向 NGNP 的公平拥塞控制协议 BCTCP,分析了该协议在控制 NGNP 缓冲区大小方面的作用,并通过实验验证了该协议的有效性。

第 8 章采用软硬件结合方式,实现基于 NGNP 的 DDoS 防御,完成针对 DDoS 流量的实时检测、分类与反制,提出了基于 FPGA 加速和 CNN 量化技术的 DDoS 检测方法,提出了带有注意力机制和多维特征输入的轻量化 DDoS 多分类模型,并设计了基于 NGNP 的 DDoS 防御系统的整体框架。

第 9 章针对现有基于软件的网络态势感知方法资源占用过大的问题,提出了一种基于集成学习的多分类器威胁感知方法,设计并实现了面向网络流特征熵值的威胁感知系统,详细介绍了该系统的框架以及具体模块的实现,并通过实验论证了该方法与同类威胁感知方法相比具有低资源占用率和高分类准确率的优势。

第 10 章介绍了内生安全在 NGNP 中的具体应用范例。针对被动、单一、静态防御方式带来安全问题,本章利用 SDN 技术围绕 NGNP 设计了冗余异构防御执行体,并提出了一种冗余异构防御链的调度方法,最终通过实验有效验证了冗余异构防御执行体的异构性及所提调度方法能带来更高的安全增益,实现了 NGNP 的内生安全。

本书是作者在网络处理器方面软硬件融合的理论与实践成果,也包括作者培养的博士生、研究生参与的科研项目中的部分相关科研成果和论文。在本书的撰写过程中,张慰慈、黄昊晖、顾周超、刘纯香、朱瑞星、王柯然、陈暄、申云航、熊凯、厉俊男、孙寅涵等同学给予了支持,参与了本书部分章节的编写工作以及本书的整编、校验,全书由程光统稿。

全书的研究成果受国家重点研发计划——下一代网络处理器体系结构及关键技术课题(2018YFB1800602)的资助,在此表示感谢!在本书的撰写过程中,作者得到了兄弟单位领导和专家的大力支持,在此深表谢意!同时对所引用的参考文献的作者及不慎疏漏的引文作者也一并致谢!

由于作者水平有限,书中难免存在不足之处,敬请读者批评指正!

作　者

2024 年 3 月

目 录

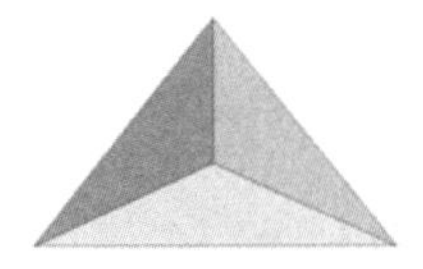

第 1 章 网络处理器演进背景

1.1 研究背景

随着互联网技术的不断发展,互联网用户数量、联网设备数量、数据传输速率持续增加,网络应用已渗透到人们生活中的方方面面。据 Cisco(思科)年度互联网报告(2018—2023)[1]显示,到 2023 年全球互联网用户数量将达到 53 亿,约占全球人口数量的 66%。图 1.1 给出了 2018—2023 年全球互联网用户数量及普及率。联网设备数量方面,2023 年,联网设备从 2018 年的 184 亿台增长至 293 亿台,涨幅接近 60%,人均联网设备数量从 2.4 台增长至 3.6 台。网络传输速率方面,到 2023 年,全球固定宽带平均速度将会达到 110.4Mb/s,相较于 2018 年的 45.9Mb/s 提升超过 1 倍,移动网络速度将达到 2018 年的 3 倍,由 13.2Mb/s 提升至 43.9Mb/s。

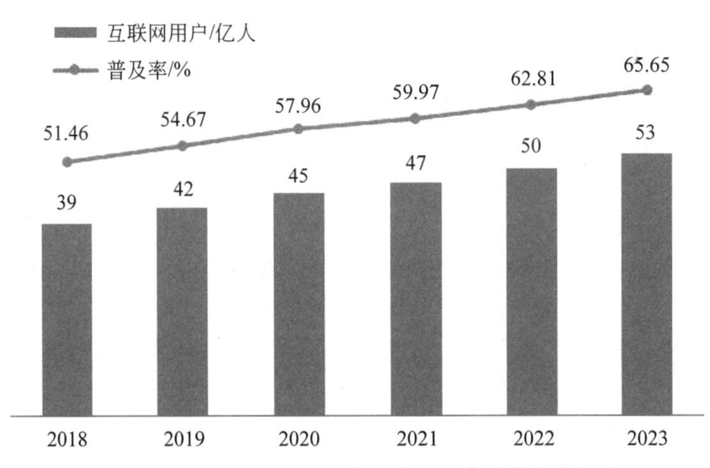

图 1.1 2018—2023 年全球互联网用户数量和普及率

终端设备的智能化使互联网承载的任务变得复杂多样,互联网应用不再局限于电子邮件、文件传输等简单的信息交互业务,即时通信、网络视频、互联网医疗等业务在网络应用中的占比日益增加。据第 51 次《中国互联网络发展状况统计报告》[2]表明,2022 年,我国各类个人互联网应用持续发展,即时通信业务的用户规模位居第一,网民使用率达 97.2%。表 1.1 对比了 2021 年与 2022 年中国各类互联网应用用户规模。

表 1.1　2021/12—2022/12 中国各类互联网应用用户规模和网民使用率

应　用	2021/12		2022/12		增长率/%
	用户规模/万	网民使用率/%	用户规模/万	网民使用率/%	
即时通信	100 666	97.5	103 807	97.2	3.1
网络视频(含短视频)	97 471	94.5	103 057	96.5	5.7
网络支付	90 363	87.6	91 144	85.4	0.9
网络购物	84 210	81.6	84 529	79.2	0.4
网络新闻	77 109	74.7	78 325	73.4	1.6
网络音乐	72 946	70.7	68 420	64.1	−6.2
网络直播	70 337	68.2	75 065	70.3	6.7
网络游戏	55 354	53.6	52 168	48.9	−5.8
网络文学	50 159	48.6	49 233	46.1	−1.8
网上外卖	54 416	52.7	52 116	48.8	−4.2
网上办公	46 884	45.4	53 926	50.6	15.1
网约车	45 261	43.9	43 708	40.9	−3.4
在线旅行预订	39 710	38.5	42 272	39.6	6.5
互联网医疗	29 788	28.9	36 254	34.0	21.7

以网络短视频、网络直播为代表的实时网络应用对高带宽的需求变得异常突出，带来互联网流量爆炸式增长。同时，物联网、云计算等技术向制造、金融、教育等传统行业的渗透与融合，对互联网的带宽需求也日益增加。这加重了互联网中以路由器、交换机为代表的网络设备的压力。

网络处理器(Network Processor，NP)，是为网络设备提供计算能力的核心器件。它是一种能够完成路由查找、协议分类、报文处理以及防火墙和 QoS(Quality of Service，服务质量)等各种任务的通信网络芯片[3]。在下一代网络体系结构的提出与应用以及终端计算能力变强等硬件设备革新的技术潮流下，未来网络对网络处理器提出了以下 3 方面的需求。

第一，与互联网带宽和流量同步增长的处理性能。根据机构 IBISWorld 发布的数据，2022 年全球互联网流量达到每月 335.3EB($1\text{EB}=2^{60}\text{B}$)[4]，预计到 2023 年这个数字将会增长到 403。图 1.2 给出了 2016—2022 年全球 IP 网络月平均流量的变化趋势。

网络传输数据量的急剧增加，需要网络处理器在针对数据报文的分析、统计、处理以及转发等方面处理的速度必须保持与互联网带宽和流量相匹配的增长，从而实现数据报文的线速处理，提升传输效率，减少数据链路拥塞和数据包丢失情况的发生，保证用户体验。

第二，对新型网络协议的灵活按需部署。新型网络协议不断作为原有 IP 网络的“补丁”涌现，用于弥补现有体系在可拓展性、安全性、移动性等方面的不足[5]。如 VXLAN

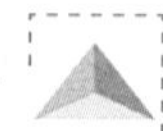

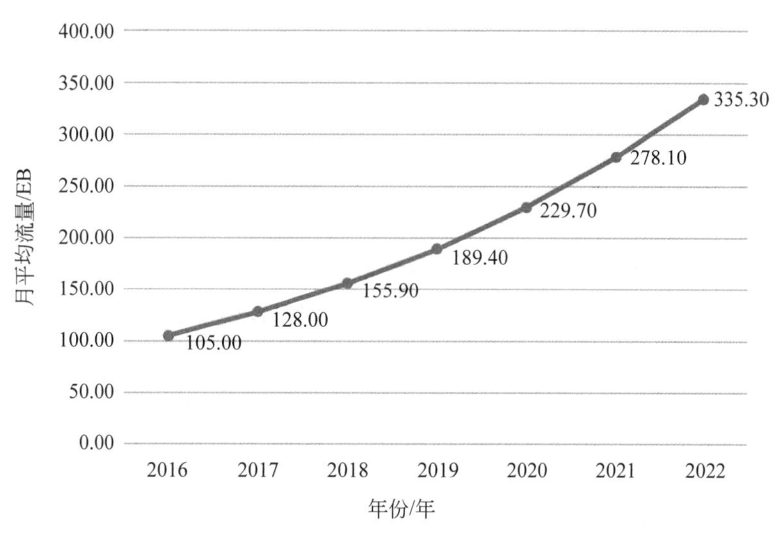

图 1.2 2016—2022 年全球 IP 网络月平均流量的变化趋势

(Virtual eXtensible Local Area Network)[6]的出现是为了打破传统网络架构对虚拟机动态迁移范围的限制,实现虚拟机的大范围甚至跨地域的动态迁移。SRv6(Segment Routing based IPv6)[7]技术是段路由在 IPv6 转发平面的应用,用于解决传统 IPv4 和 MPLS 网络面临的编程空间有限、缺乏可拓展性等问题。新协议的出现引入了新的分组处理动作,如 VXLAN 需要对包括 Ethernet、IPv4、UDP、VXLAN 在内的外层头部进行封装和解封装动作,SRv6 协议定义了 SRH 拓展头,用于转发路径自定义和网络设备处理动作个性化。新型网络协议的快速投入应用需要网络处理器具备良好的可编程性,减轻开发者劳动强度,提升开发效率,以实现快速开发、即时部署。

同时,随着当前网络协议不断增加,常见的协议树已相当复杂,包含几十种协议,以及近 700 条协议解析路径[8]。然而对具体的网络场景而言,并非需要支持所有的网络协议,如在数据中心网络通常仅需要部署 10 种左右的网络协议。部署支撑所有类型的网络协议,只会徒劳地增加资源开销,造成浪费。因此,需要网络处理器具备较好的可编程性,能够灵活部署不同的分组处理功能,以适应不同的网络场景。

第三,支持网络功能或网络应用的加速。网络功能虚拟化(Network Function Virtualization,NFV)[9]和软件定义网络(Software Defined Network,SDN)[10]等技术的提出,一方面,提高了网络的灵活性并有助于网络资源利用率最大化,实现成本节约并为应对未来网络带宽的急速增长提供解决方案,因而得到了广泛的支持和运用;另一方面,也向数据平面提出了更高的要求,数据平面需要支持多种网络功能[11]。

同时,将部分原本运行在服务器或专有硬件的网络功能或应用,如公平负载均衡、恶意流量清洗、威胁态势感知、多维资源视图聚合与处理卸载到网络处理器上不仅能够降低运行成本,也能够减少处理时延,避免破坏用户的服务质量和体验质量。因此,支持网络功能或应用加速的网络处理器极具研究价值。

然而,现有 NP 由于设计缺陷和人为疏漏,未能很好地兼顾灵活性和高性能,使得网络设备的能力始终滞后，无法满足未来网络通信设备应用场景的迫切需求。所以，面向未来网络需求的下一代网络处理器（NGNP）的研究设计始终是网络与通信方面的热点问题。

1.2 研究意义

高速率、大规模的未来网络对网络处理器的处理性能、可编程能力、网络应用承载能力提出了更高要求，而现有网络处理器却无法同时满足高性能和高灵活性的需求，更难以支撑网络应用在数据平面的部署。

基于专用集成电路（Application Specific Integrated Circuit，ASIC）的网络处理器具有极高的数据包处理性能和功效能耗比，但几乎不具备可编程能力。一款 ASIC 芯片大规模生产之前，需要经历烦琐的设计、模拟仿真、形式验证、流片调试等步骤，且一旦启动生产，将无法进行任何修改。面对新需求时，设计团队需要再次进行相同的步骤，以开发出新款 ASIC。ASIC 设计周期长、难度大、投入高的特点，提高了网络设备更新换代的成本，一定程度上妨碍了新型网络协议或应用的研究和部署。

基于 CPU 的网络处理器拥有较好的可编程性，但同时也存在着吞吐率低和处理时延高的缺陷。CPU 具有极好的可编程能力，支持高级语言编程，开发难度小，同时还集成有精细设计的访问结构，能够实现各类复杂的报文处理动作。Intel 公司为自家处理器架构开发了数据平面开发套件（Data Plane Development Kit，DPDK）[12]，为用户空间高效的数据包处理提供库函数和驱动支持。对基于 CPU 的 NP 而言，新型网络协议或功能的部署通过软件升级的方式即可实现，极大地降低了开发成本和开发周期。但 CPU 通用性设计决定了它在网络数据包处理领域不会拥有较高的处理性能，与高性能 ASIC 相比差距较大。

多核结构的 NP 综合利用了 CPU 的可编程能力和 ASIC 的高性能优势，是一种应用于网络领域的可编程处理芯片。它由多个具有可编程能力的处理单元（Process Element，PE）、多个具有高处理性能的硬件协处理器（Co-Processor，CoP）和相关的逻辑电路模块（Logic Module，LM）组成[13]，其硬件结构如图 1.3 所示。

其中，PE 通常由处理器或者专用微核实现，主要执行精简指令集的各种指令实现对报文的处理。CoP 具备高处理性能，用于对 PE 提供性能支持，通常执行数据包处理过程中复杂且执行频率高但具有标准流程的操作，如路由表查找、内存访问。LM 主要提供高速 I/O 接口，如物理链路接口、存储器接口等。这种多核架构提供了一定的可编程能力并兼顾了处理器性能，但这种设计并没有从根本上改进 NP 转发与处理架构，不仅分岔了报文处理分支导致转发速率下降，众多的接口也增加了系统安全隐患[14]。如何找到合适的网络处理器架构，让快速转发、深度处理、定制化业务都能够融合进架构中，是兼顾网络处理器高性能和可编程能力的关键。

现场可编程逻辑门阵列（Field Programmable Gate Array，FPGA）兼顾了处理性能和可重构性，为 NGNP 的架构设计提供了新思路。首先，相对于基于 CPU 的 NP 解决方案，FPGA 能够提供更高的性能。一方面，FPGA 内置了大量独立可并行工作的基本逻

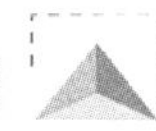

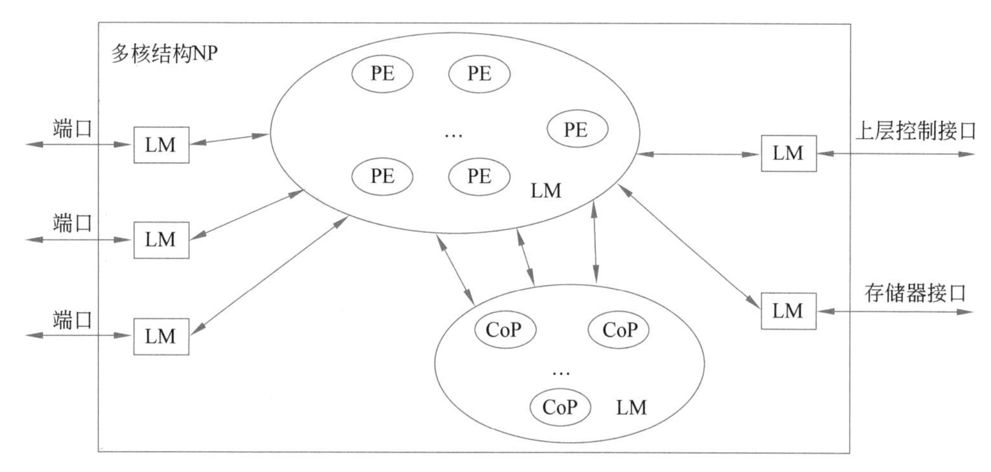

图1.3　多核NP硬件结构

辑单元(Logic Element,LE),理论上可提供数千个并行运行的"核"[15]。此外,FPGA还支持逻辑器件的重构,如定制互联总线的位宽、流水线级数实现性能的优化。另一方面,FPGA还具有用于复杂数据处理算法的数字处理单元(Digital Signal Processor,DSP)。鉴于此,FPGA常用于加速网络应用。其次,相对于ASIC,FPGA拥有更高的灵活性和可扩展性。一方面,LE中的查找表(Look Up Table,LUT)能够被配置为代表任何所需的逻辑功能,同时不同LE之间通过具有可配置开关的导线连接,通过配置开关能够实现所需的不同逻辑单元之间的连接。另一方面,FPGA拥有丰富的片内计算和存储资源,并且提供了丰富的接口用于片外扩展,能够缓解ASIC资源受限的问题。最后,FPGA可以很方便地与CPU构建异构系统,CPU用作数据平面的补充,处理复杂数据平面功能,进一步提高数据平面的可编程性。因此,FPGA在NGNP的设计、实现和应用方面潜力巨大。

若单纯基于FPGA芯片开发NGNP,存在着开发难度大和开发周期长的困境。FPGA的开发大多采用硬件描述语言,如Verilog、VHDL等,在开发实现网络功能时需要考虑资源分配、时序约束、结构冲突等问题,难以满足快速部署网络功能的需求。进而有研究提出了FPGA+CPU的协同处理模型[16-17],有效地提升了数据中心网络的报文处理性能。但该架构存在着两方面的不足:第一,当网络中存在大量短流时,FPGA需要频繁将数据包上传至CPU进行处理;第二,该架构对有状态报文处理的加速支持不够。为适应未来网络需求,NGNP的设计需要综合利用ASIC、CPU、FPGA自身优势,解决现有架构的缺陷,形成高性能、可演进的NGNP。

当前网络处理器在支撑上层应用,如网络遥测、威胁态势感知方面存在资源管理紊乱的缺陷,很难面向高级业务定制开发。作为网络层数据平面的重要处理芯片,传统网络处理器的设计研发针对的是尽力而为的网络流量转发[18]。然而高级上层业务对分组处理、存储、转发都有着极高要求,这些要求对应着网络处理器不同的硬件和逻辑资源调度。传统NP资源管理抽象程度低,多业务对资源的轮询和侵占提高了系统崩溃风险。如何实现NP中屏蔽底层芯粒的资源管理方法,并研究出适应上层编码的接口,是提升上层应用业务效率的核心。

1.3 研究目的与研究内容

面向超高带宽、业务复杂的网络环境，针对当前网络处理器无法在高性能和灵活性之间取得较好平衡，难以支撑高级上层业务的问题，首先需要革新网络处理器架构，使NGNP同时具备高性能和可演进特性。同时，基于所提出的NGNP，可以设计开发一系列在网络检测、服务质量保证、网络安全以及物联网等方面新兴的、性能要求高、需求更改时间快、针对性强的上层网络应用[19]。

本书的研究内容框架如图1.4所示，主要围绕着NGNP的设计实现和基于NGNP的网络应用开发两部分展开。NGNP的设计又包含3方面的内容：

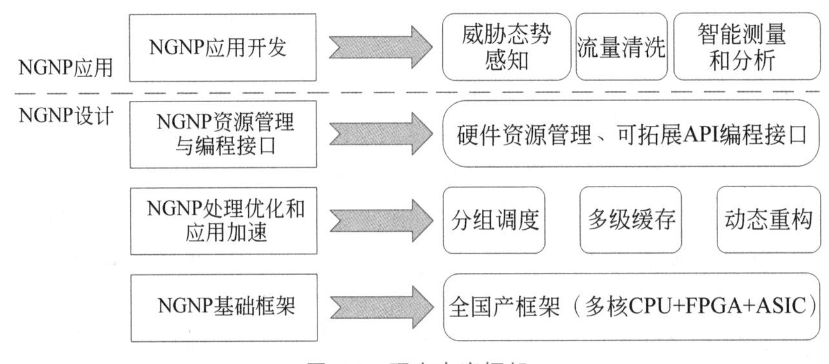

图1.4 研究内容框架

第一，硬件架构，研究高性能可演进的下一代网络处理器是整个研究的硬件基础，为NGNP的高性能和可编程性提供保证。

第二，处理器架构需要统一不同资源的调度，支持Cache、内存和外存相结合的多级缓存管理，支持可重构FPGA硬件逻辑。

第三，研究平台无关的硬件抽象层以及多层次可定制应用开发接口，以支持为用户提供良好定义的、平台无关的网络业务应用开发。利用NGNP提供的应用程序编程接口(Application Programming Interface，API)，研究开发上层网络应用。

本书具体研究内容如下。

1. 高性能可演进的网络处理器体系架构NGNP

NGNP体系架构是实现网络测量、威胁态势感知在内的新兴网络应用的平台设计基础。网络处理器作为执行报文分组转发处理的核心硬件，其所承担的正常网络业务对计算以及存储资源利用率都很高。所以当其缺乏专用架构支撑时，部署其他业务就相对困难，也导致了交换机跨层安全保护代价较高。当前阶段，虽然部分网络处理器可以简单编程，支持部分自定义的功能。但其内容固化，在突发流量甚至是正常的大规模网络流量存在的情况下，其核心转发业务效率尚无法保障，自然也无法实现网络测量、威胁态势感知在内的网络应用加载。

针对 NGNP 的体系架构，需要重点考虑以下 4 方面。

① 为了向上层网络应用提供高效的运行环境，需要研究支持硬件资源管理和动态重构流水线扩展的 NGNP。

② 针对加速处理分组，面向应用优化等高性能要求，需研究综合利用多级缓存机制和基于核间亲和性分组调度感知技术，提升分组处理效率，降低转发时延。

③ 研究结合多核 CPU、FPGA、ASIC 芯粒融合架构的设计与实现，一方面能利用 CPU 的并发处理能力，支持分组进行安全业务的深度处理；另一方面通过 FPGA 快速路径的可重构特性，支持安全业务数据平面的按需定制加速。

④ 研究如何在保证灵活和平衡性能的基础上，为不同任务的隔离加速提供技术手段，为应用的升级优化创造平台条件。

2. 基于 NGNP 的网络测量

网络测量技术能够监控、分析网络状态，支撑网络精细化管理。网络遥测作为一种新型测量方式，能够更好地适应网络规模的不断扩大，简化维护流程，提高测量实时性。但当前的遥测方法尚未成熟，存在着缺乏运行时可编程性、开销大、丢包率高等缺陷。

针对当前方案由于信息逐跳收集引入的巨大数据开销问题和数据包丢包带来的遥测信息缺失问题，可以利用分布式循环存储策略缓解。针对传统遥测方法时间开销大的缺陷，通过遥测功能融合机制，利用 NGNP 中 FPGA 的并行能力，将遥测元数据计算器移动到流水线末端并集成，最大限度减少遥测任务可能给数据包正常转发带来的额外开销。

3. 基于 NGNP 的多维资源视图聚合与处理

物联网是一个连接所有用户和设备的智能系统，收集和处理系统中设备运行状态反馈对于提升工作效率和减少事故具有重大意义。然而异构的控制平面和复杂的操作系统对测量框架提出了更高的要求。可编程网关为实现网络的弹性化和智能化管理提供了新方向[20]，但当前测量方法大多基于部署测量节点，这些节点不仅更新能力差、灵活性低，其固定的时间粒度更会直接导致测量方法无法准确感知当前网络状态，节点存在的漏洞还可能被攻击者利用[21]。

利用 NGNP，能够在不干扰正常业务流的情况下，聚合管辖范围内异构设备返回的测量结果生成多维资源视图（Multidimensional Resource View，MRV），降低信息的冗余。聚合完成后，NGNP 将多维资源视图上传至智能中心，利用改进的长短期记忆网络（Long Short-Term Memory，LSTM）检测多维资源视图中异常信息，并根据异常信息动态调整测量粒度。

4. 面向 NGNP 的拥塞控制

使用丢包或者延迟作为拥塞信号是常见的端到端拥塞控制模式，此模式下当前网络被整体视为一个黑盒进行探测，所提供的信息和精度存在缺陷。有研究提出利用路由器主动反馈当前的负载水平[22]，实现更准确地控制并降低丢包率和延迟。但此方案中，路由器反馈的信息较少，主机无法精确地评估当前网络拥塞程度，同时方案只能应用于拥塞阶段，无法在链路空闲时提高链路使用率。

NGNP 可以参与公平拥塞控制机制，通过向主机发送负载系数，反馈当前链路的使用情况，主机端根据负载系数，控制链路利用率在瓶颈带宽附近波动，既提高了链路利用率，又降低了吞吐量和延迟的抖动。

5. 基于 NGNP 的 DDoS 检测与防御

分布式拒绝服务(Distributed Denial of Service，DDoS)攻击严重威胁着互联网基础设施的正常运行。随着互联网规模的扩大和物联网的发展，DDoS 攻击的峰值流量屡创新高。为减轻攻击可能带来的各类损失，DDoS 攻击的检测和防御一直是学术界和工业界研究的热点问题。将 DDoS 的检测与防御由清洗中心服务器下放至 NGNP 能够解决流量清洗机制引入的高成本、高延迟、潜在隐私泄露风险等弊端。但 NGNP 的计算、存储等资源相对较少，同时还承担着正常的转发业务，这对检测和防御方法的轻量化有着极高要求。

为了适应 NGNP 的低资源开销需求，在 DDoS 检测阶段采用了轻量化卷积神经网络作为检测模型，同时为了保证检测的精度，为检测模型引入了注意力机制，并将网络流不同维度的特征同时输入检测模型进行检测。针对检测模型检出的 DDoS 攻击流，依据攻击的具体类型动态部署防御，避免同时开启所有防御策略带来的资源浪费。

6. 基于 NGNP 的威胁态势感知

边界条件下的高速威胁态势理解极具挑战。随着机器学习算法的广泛应用，当前方法已能在离线状态下，面向存储的流量信息提取特征，在样本充分的情况下分类出威胁。但是其时间效能低下，导致无法及时清洗网络攻击流量，资源占用高，影响分组转发业务，显然不符合威胁态势感知要求。深度报文检测(Deep Packet Inspection，DPI)等算法虽然能够保证时间效率，但是分类结果很差，误报率高。

通过 NGNP 独有的控制平面与数据平面的高效交互，利用流熵值算法生成态势信息，简化分类特征与存储，加速威胁态势理解进程；同时，设计了基于集成学习思想的分类器部署更新方案，实现更加精准、高效的威胁分类，分类结果为安全事件的响应决策提供指导。

7. NGNP 与内生安全

提高交换机的鲁棒性和生存能力是保障网络正常运行的基石。当前单一防御策略的使用，如基于流量迁移式防御[23]在处理特定的攻击时具有较好的防御能力，但很容易被敌方探测机制发现，并利用防御漏洞绕过态势感知，屏蔽其他防护安全策略，降低交换机生存性，难以应对复杂网络环境下的多种类型攻击。移动目标防御(Moving Target Defense，MTD)、拟态防御(Cyberspace Mimic Defense，CMD)两种技术的出现，打破了攻守不平衡的现状。当前，两种技术的研究主要注重提高目标系统的安全性，对硬件依赖性较大，同时也忽视了对正常用户的影响。

针对上述问题，研究了异构冗余防御池构建与分析方法，基于流量清洗、地址隔离、端信息跳变和资产迁移 4 种防御机制构建执行体并构成执行体池。面向 NGNP，结合执行体异构度、工作状态和投射效率，研究了基于强化学习的防御链调度方法，利用系统和链路中的 6 个维度的信息拓展状态空间和奖励函数，在提高系统安全性的同时，有效保证合法用户的体验。

1.4 未来方向

在互联网覆盖率不断提升、传输带宽不断增加的背景下，高性能、可演进的下一代网络处理器对于保证传输效率、新型协议快速部署、网络状态感知、网络攻击防御有着重要意义。在本书介绍的内容之外，仍有部分值得进一步深入研究和探讨。

（1）下一代网络处理器芯片的研制研发。本书中设计的NGNP只是通过Chiplets（芯粒）思想引导的芯片堆叠的方式产出了板卡级的类SmartNIC样式原型系统，其供电、散热等模块占用了不少空间，导致部署在真实场景中还是略显庞大。面向核心网交换机、数据中心和物联网边缘等对功耗、款型和大小有要求的场景，体积更小、能耗更低、散热良好的芯片化网络处理器一定更加适合。下一步研究中，首先，会继续完善异构集成性网络处理器架构设计，平衡灵活性能和功耗。其次，针对表项资源池化管理技术进行革新，满足模态隔离同时增加高负载下的线速处理能力。最后，研究利用先进集成电路方法，设计并制造出NGNP芯片。

（2）面向多维资源视图的高速信息处理。NGNP在汇聚来自异构设备的测量信息后，得到的多维资源视图需要借助控制层面资源进行处理，虽然设计了众多轻量化环节，试图减少多维资源视图的数据量，降低数据在流转时对交换设备网络或者总线带宽的占用。但在面对极特殊的突发情况时，依旧可能会影响正常业务传输，引发抖动。如何针对NGNP资源进行进一步拓展，尽量创造分类模块可以完全下沉到数据平面的环境值得深入研究。此外，还需要轻量、高效的态势理解分类方法配合。对不同种类学习方法在受限资源下的并行和芯粒分配进行优化和提高，面向持续性分类需求，研究分类层的嵌入操作，升级模型使其更适合高速网络环境，实现全流量长期采集和低时延的快速态势理解。

（3）基于负载感知的动态卸载编程抽象。NGNP的资源是有限的，不恰当的网络功能卸载反而可能会导致NGNP过载，从而降低基础业务性能。现有的研究工作主要专注于静态功能卸载，iPipe[24]虽然可以根据运行时工作负载移动计算，但目前只支持基于SoC的可编程网卡。这方面的研究仅处于起步阶段，具有一定的局限性。因此，如何设计基于负载感知的动态卸载编程抽象，将成为后续的一大研究方向。

参考文献

[1] Cisco. White paper: Cisco Annual Internet Report(2018—2023)[EB/OL]. [2023-04-07]. https://www.cisco.com/c/en/us/solutions/collateral/executive-perspectives/annual-internet-report/white-paper-c11-741490.pdf.

[2] 中国互联网络信息中心. 第51次中国互联网络发展状况统计报告[EB/OL]. [2023-04-07]. https://cnnic.cn/NMediaFile/2023/0322/MAIN16794576367190GBA2HA1KQ.pdf.

[3] DIMITRAKOPOULOS G, PSARRAS A, SEITANIDIS I. Microarchitecture of network-on-chip routers[M]. New York: Springer-Verlag, 2015.

[4] IBISWrold. Internet Traffic Volume[EB/OL]. [2023-04-08]. https://www.ibisworld.com/us/bed/internet-traffic-volume/88089/.

[5] 厉俊男. 可重构通用多核网络处理器关键技术研究[D]. 长沙：国防科技大学，2020.

[6] MAHALINGAM M, DUTT D G, DUDA K, et al. Virtual extensible local area network (VXLAN): A framework for overlaying virtualized layer 2 networks over layer 3 networks[J]. RFC,2014,7348: 1-22.

[7] LEBRUN D,BONAVENTURE O. Implementing IPv6 segment routing in the Linux kernel[C]//Proceedings of the Applied Networking Research Workshop,2017: 35-41.

[8] GIBB G, VARGHESE G, HOROWITZ M, et al. Design principles for packet parsers[C]//Architectures for Networking and Communications Systems. IEEE,2013: 13-24.

[9] YI B,WANG X, LI K, et al. A comprehensive survey of network function virtualization[J]. Computer Networks,2018,133: 212-262.

[10] FARHADY H, LEE H, NAKAO A. Software-defined networking: A survey [J]. Computer Networks,2015,81: 79-95.

[11] 曹壮. 基于可重构的网络报文处理关键技术及快速生成方法研究[D]. 长沙：国防科技大学，2020.

[12] Intel Corp. DPDK: Data plane development kit[R/OL]. [2023-04-08]. https://www.dpdk.org/.

[13] 李韬. 粗粒度数据流网络处理器设计关键技术研究[D]. 长沙：国防科技大学，2010.

[14] 赵玉宇. 面向下一代网络处理器的威胁态势感知方法研究[D]. 南京：东南大学，2023.

[15] 李博杰. 基于可编程网卡的高性能数据中心系统[D]. 合肥：中国科学技术大学，2019.

[16] FIRESTONE D,PUTNAM A,MUNDKUR S,et al. Azure accelerated networking: SmartNICs in the public cloud[C]//Networked Systems Design and Implementation. USENIX Association, 2018.

[17] FIRESTONE D. VFP: A virtual switch platform for host SDN in the public cloud[C]//USENIX Symposiun on Networked Systems Design and Implementation(NSDI),2017: 315-328.

[18] WANG S,NIE L,LI G,et al. A multi-task learning-based network traffic prediction approach for SDN-enabled industrial internet of things[J]. IEEE Transactions on Industrial Informatics,2022, 18(11): 7475-7483.

[19] 赵玉宇，程光，刘旭辉，等. 下一代网络处理器及应用综述[J]. 软件学报，2021,32(2):445-474.

[20] GAZI F,AHMED N, MISRA S, et al. ProStream: Programmable underwater IoT network for multimedia streaming[J]. IEEE Internet of Things Journal,2022,9(18): 17417-17424.

[21] GOUDARZI A, GHAYOOR F, WASEEM M, et al. A survey on IoT-enabled smart grids: Emerging,applications,challenges,and outlook[J]. Energies,2022,15(19): 6984.

[22] KIMURA M,IMAIZUMI M,NAKAGAWA T. Optimal policy of window flow control based on packet transmission interval with explicit congestion notification[J]. International Journal of Reliability,Quality and Safety Engineering,2019,26(5): 1950024.

[23] MAITY I,MISRA S,MANDAL C. DART: Data plane load reduction for traffic flow migration in SDN[J]. IEEE Transactions on Communications,2021,69(3) : 1765-1774.

[24] LIU M,CUI T,SCHUH H,et al. Offloading distributed applications onto SmartNICs using iPipe [C]//ACM Special Interest Group on Data Communication,2019: 318-333.

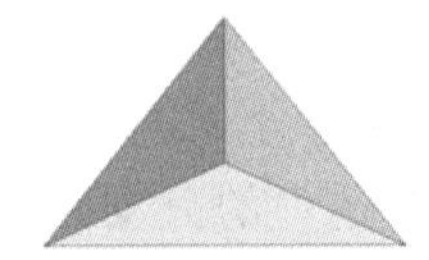

第 2 章 下一代网络处理器研究进展

2.1 基于 Chiplets 思想构造的 NGNP

转发设备从利用单一可编程芯片如 ASIC、FPGA 等作为 NP，到利用 Chiplets 思想进行 NP 架构的融合开发，主要目的是除了更灵活地处理网络协议外还希望扩大转发表，满足高性能需求[1]。

2.1.1 基于 ASIC 芯片的 NGNP 设计

Ferraz 等[2]对现有 ASIC 等芯片编码进行了全面综述。他们认为未来数字通信对高速解码器的需求推动了优化 NP 解码算法的研究，其目标是保证 NP 的高吞吐量和低能耗水平。该文献优化了众多参数，设计实现了更高效的 NB-LDPC 的新型可编程解码器架构，为下一代 NP 在降低编码难度上做出了贡献。开罗大学的 Suleiman 等[3]利用其并行处理架构，设计实现了可以嵌入交换机设备中的功耗低、性能可靠的下一代 NP。该产品的时钟频率为 260MHz，功耗为 0.11 mW/MHz，功率效率为 8.78dMIPS/mW。它较好地发挥了该芯片的时效性，符合并行处理流程。但该方案处理性能依然无法达到线速，易造成拥塞。Yoon 等[4]提出了由 ASIC 实现的一种可进行多层协议解析的高端 NP 系统 OmniFlow system。作为一个基于流分类的下一代 NP 方案，其使用了 65nm 互补金属氧化物半导体技术。OmniFlow system 一般通过两个 SPI-4.2s 处理网络分组报文，40 个处理核足以应对 40Gb/s 的流量。但是该 NP 设计方案包含了太多处理器核，并行调度十分困难，可编程性一定会大打折扣。

2.1.2 GPU 辅助加速的 NGNP 设计

与 CPU 最大化指令集并行性不同，GPU 采用的是单指令多线程（Single Instruct Multiple Thread，SIMT）执行模型，最大化线程级并行性，成千上万的执行线程提供了比 CPU 高一个数量级的计算能力[5]。同时，GPU 具有超高带宽和内存访问延迟隐藏能力。因此，使用 GPU 处理计算密集型和内存密集型网络功能都能带来显著的性能提升。

然而，使用 GPU 也会引入一些技术挑战，主要包括如下。

(1) 使用 GPU 引入了 CPU-GPU 之间的通信开销以及 GPU 核函数启动时的开销。

(2) 使用 GPU 将批处理拓展到应用层，减少了函数调用和同步开销，但这也引入了较大的处理延迟和数据包乱序问题。

(3) GPU 以线程束为调度单位(以 NVIDIA GPU 为例,一个线程束包含 32 个线程),依赖数据的条件分支会导致线程束分叉,而线程束会顺序执行每个被选中的分支路径,禁用不在该路径上的线程。当所有路径执行完成时,线程收敛回同一执行路径[6]。线程束分叉将进一步增加包处理延迟。

(4) 若采用零复制技术,只有在处理完同一批的所有数据之后才能释放被这批数据占用的共享缓存,较大的批处理延迟会导致共享缓存很快被耗尽,进而导致丢包。

近年来,学术界提出了多种基于 GPU 的网络应用加速框架,对上述问题中的部分或者全部进行了讨论并给出了解决方案。PacketShader[5]是第一个适用于 10Gb/s 多链路场景下的具备 GPU 加速功能的网络处理器框架。首先,该框架实现了高度优化的用户态包 I/O 引擎,该引擎未采用零复制技术,而是将数据包从 I/O 缓存复制到 CPU Cache 中,既简化了 I/O 缓存的循环利用,又能确保应用程序对数据包的灵活操作,同时不会消耗额外的存储带宽。其次,PacketShader 为每个 GPU 分配一个代理线程,负责启动 CPU-GPU 之间的 DMA(Direct Memory Access,直接存储访问)传输以及 GPU 核函数,避免了多个 CPU 线程同时访问同一个 GPU,消除了频繁的上下文切换所带来的开销。PacketShader 通过 RSS 将属于同一个流的包分发给同一个线程处理,并结合 FIFO 队列,避免了同一个流中的数据包乱序问题。此外,PacketShader 给出了一些工作流程上的优化,包括流水线处理、聚集/分发以及并发复制和执行等,以提高系统吞吐量。最后,基于 PacketShader 实现了 IPv4 和 IPv6 转发、OpenFlow 交换和 IPSec 隧道并做了性能评估,展示了 PacketShader 的灵活性和性能优势。

Snap[7]是第一个构建于 Click 软件路由器之上的具备 GPU 加速功能的通用包处理框架。一方面,Snap 可以利用已有的 Click 元件,灵活组合以构建功能齐全的路由器或交换机;另一方面,Snap 对 Click 路由器进行了拓展,通过引入新的架构特性以充分利用 GPU 上可用的并行性,这些架构特性包括支持批处理、适用于 CPU-GPU 之间内存复制的数据结构,以及确保数据包顺序的异步调度。NBA[8]同样构建于 Click 软件路由器之上,但利用了更多的硬件特性,包括多硬件队列网卡、NUMA(Non Uniform Memory Access Architecture,非统一内存访问)感知的内存管理等。NBA 捕捉底层的架构细节,同时为应用程序开发人员提供了批处理、GPU 卸载和自适应 CPU/GPU 负载均衡的抽象,提高系统性能的同时简化了编程。FlowShader[9]是一个用于七层流处理网络功能的 GPU 加速框架,针对流分布的不均匀性给 GPU 并行计算能力的充分实现带来的挑战,提出了精心设计的流调度算法,显著提高了吞吐量。

相对于前述包处理框架,GASPP[10]试图将更多包处理操作卸载到 GPU 上,只将不常发生的操作留给 CPU 处理,以最大化 GPU 并行性带来的性能提升。为达到上述目的,首先,GASPP 提供了大量常用网络操作的 GPU 实现,用户只需要关注网络应用的核心逻辑即可。其次,GASPP 提供了对带状态网络服务的支持,并给出了流状态管理和 TCP 流重组的第一个 GPU 实现。此外,GASPP 通过共享缓存避免 CPU 和 GPU 之间的数据复制,提升了系统吞吐量;同时,提出了一种基于基数排序的数据包调度机制,有效降低了由工作负载差异性导致的 GPU 处理性能下降。

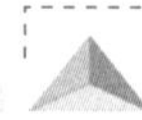

Go等[11]研究发现CPU与GPU之间经PCIe进行数据传输所造成的开销是使用独立GPU加速网络功能的瓶颈所在，因此，为了消除昂贵的PCIe传输开销，Go等提出了基于集成GPU的包处理加速框架APUNet。针对引入集成GPU带来的问题，APUNet给出了自己的解决方案。首先，APUNet在包处理的各个阶段（包括数据包接收、CPU/GPU处理以及数据包发送）广泛使用零复制技术，以避免对内存控制器和总线的争用，提高内存带宽利用率。其次，APUNet保持GPU核函数一直运行，以消除GPU核函数启动和拆卸的开销。最后，APUNet提出一种新的同步机制，只在数据需要共享的时候才将缓存中的数据写回共享内存中，在大大降低同步成本的同时，解决了Cache一致性问题。

2.1.3　FPGA辅助加速的NGNP设计

FPGA在软件和ASIC之间提供了折中方案。首先，相对于软件解决方案，FPGA能够提供更高的性能。一方面，FPGA内置了大量的并行性，理论上可提供数千个并行运行的“核”[12]。不同于CPU的单指令多数据流（Single Instruction Multiple Data，SIMD）执行模型，在FPGA中并行处理的数据不需要执行相同的操作，从而避免了资源浪费，消除了额外延迟。因此，FPGA的数据并行性可获得更高的加速比。另一方面，FPGA功能在配置时就已经确定，能提供确定时延，相对于依赖复杂指令集的CPU，FPGA可以通过定制数据通路，在没有指令负载开销的情况下获得更高的流水线并行性。鉴于此，FPGA常用于加速网络应用。其次，相对于可编程ASIC，FPGA拥有更高的灵活性和可扩展性。一方面，FPGA属于通用计算架构，可以在其上探索和实现比RMT更加完善的数据平面抽象，以支持更多的数据平面功能卸载。另一方面，FPGA拥有丰富的片内计算和存储资源，并且提供了丰富的接口用于片外扩展，相对于可编程ASIC，资源受限的问题得到了缓解。最后，FPGA可以很方便地与CPU构建异构系统，CPU用作数据平面的补充，处理复杂数据平面功能，进一步提高数据平面的可编程性。因此，FPGA在NGNP的设计、实现和应用方面潜力巨大。

然而，FPGA开发对于软件程序员来说比较困难，主要有以下原因。

(1) FPGA使用硬件描述语言（如Verilog、VHDL等）进行编程，这些语言抽象层次低，学习难度高。应用的实现还需要程序员具有数字逻辑设计的基础知识和硬件设计的思维方式。程序员需要从受约束的硬件流水线的角度而不是高级算法的角度考虑问题，可移植性差。

(2) FPGA的开源生态系统不完善，程序员往往需要花费大量精力从头实现或者购买昂贵的第三方通用模块（IP核），更糟糕的是，没有一个活跃的社区供程序员交流和求助。

(3) 考虑到硬件（GMI-RGMII转换、DMA引擎、PCIe等）和软件（Linux内核、I/O驱动程序、系统调用等）方面的大量细节[13]，使用CPU-FPGA平台构建原型，会非常复杂和耗时。

为了简化FPGA编程，提高生产率，工业界和学术界进行了多年研究，提出了很多解决办法。接下来从开发平台、领域特定语言（Domain Specific Language，DSL）以及通用高级语言这 3 方面分别介绍。

1. 开发平台

NetFPGA[14-15]提供了一个基于 FPGA 加速的高性能网络应用开发平台，FPGA 逻辑用于加速数据平面核心功能，而运行于内嵌 ARM 核或者外挂主机上的软件用于实现控制面功能。该平台通过如下几点提升开发效率。

(1) NetFPGA 已经搭建好外围模块，实现了 FPGA 与 CPU 的高效通信，程序员只需要实现所关注的包处理功能即可。

(2) NetFPGA 是一个硬件开源平台，拥有大量的设计与实现可供参考和使用，程序员无须重造轮子。

(3) NetFPGA 拥有活跃的开发者社区可供程序员交流探讨。

(4) NetFPGA 集成了常用网络接口及相关驱动，可以很方便地进行原型开发和部署，有利于网络功能快速验证。

NetFPGA 平台经过几次迭代更新，最新版本的 NetFPGA-SUME 已经能够支持 100Gb/s 链路带宽。NetFPGA 虽然提高了生产效率，但成本较高，目前一般应用于科研及教学中。

Yang 等[13]研究发现，考虑到性能提升和资源消耗之间的权衡，有些包处理操作并不适合卸载到 FPGA 上。因此，在 NetFPGA 的基础上，Yang 等提出了一种用于快速原型设计的软硬件协同设计框架 FAST。FAST 使用与 NetFPGA 类似的硬件抽象，并提供了更全面的软件 API 和新的索引机制来支持更广泛的协同设计模型。FAST 还能很方便地集成现有的一些开源框架，以实现功能扩展。此外，FAST 可用于任何 CPU-FPGA 组合，增加了通用性。文献[13]最后通过一些原型案例展示了 FAST 的易用性，相对于软件实现，FAST 可以提供 10 倍的性能提升和 1000 倍的时钟同步精度。FAST 目前还不够普及，社区也不够活跃，且无法构建流级网络盒。

SwitchBlade[16]是另一种典型的基于 FPGA 的网络协议开发及部署平台，该平台充分发挥了 FPGA 的高度灵活性。首先，SwitchBlade 采用模块化及流水线的设计模式，可以很方便地实现模块复用和功能增删。其次，SwitchBlade 只需通过配置寄存器就可实现对多种协议(包括自定义协议)数据包的处理，无须更改 FPGA 逻辑。最后，SwitchBlade 通过“软件异常”实现数据包的软件处理并支持对处理结果进行硬件缓存。此外，SwitchBlade 还支持多个数据面同时运行并提供了很好的隔离机制，可充分利用 FPGA 资源，提高系统吞吐量。

2. 领域特定语言

与通用编程语言不同，DSL 允许程序员以一种对应用领域来说很自然的方式来描述计算，然后通过自动化工具映射到目标平台上，而高效的自动化工具链一直是 DSL 能否普及的关键之一[17]。

近年来，大量研究试图利用 Click 的模块化思想以及与网络应用相匹配的编程抽象以简化 FPGA 开发。Cliff[18]是第一个将 Click 软件路由器移植到 FPGA 平台上的。Cliff 方法的核心是提供了一个适用于 FPGA 平台上元件之间通信的标准协议，并使用一

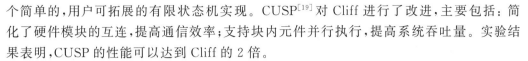

个简单的，用户可拓展的有限状态机实现。CUSP[19]对Cliff进行了改进，主要包括：简化了硬件模块的互连，提高通信效率；支持块内元件并行执行，提高系统吞吐量。实验结果表明，CUSP的性能可以达到Cliff的2倍。

与上述方案只关注Click的硬件映射不同，Chimpp[20]提供了基于Click软件元件和Chimpp硬件元件的软硬件协同开发框架。Click部分用于实现控制面功能或者作为数据面的扩展，用于实现一些复杂的数据处理功能。相比于Cliff和CUSP元件采用固定端口的方式，Chimpp采用XML语法定义元件及其端口，更加灵活。此外，Chimpp还提供了软硬件协同仿真环境，提高了功能验证效率。

Cliff、CUSP以及Chimpp均需要用Verilog/VHDL重新开发元件，编程困难，工作量大。为了充分利用已有的Click元件，Nikander等[21]第一次尝试将Click路由器的C++代码直接编译成适用于FPGA的RTL代码。首先，采用LLVM工具箱将原始C++代码编译成LLVM IR，并进行一系列针对代码复杂度、冗余、并行性等方面的代码优化；其次，使用LLVM工具箱将优化后的LLVM IR编译成可综合的C代码；最后，通过商用高层次综合工具(HLS)综合生成RTL代码。然而，商用高层次工具只支持C/C++语言的部分特性，导致Nikander等提供的工具链只能成功编译很少一部分简单的Click元件，效果并不理想。在后续的工作中，Rinta-Aho等[22]选用AHIR代替商用HLS。AHIR支持更多的C/C++语言特性且开源可修改，同时，AHIR能够接收LLVM IR作为输入，简化了编译流程。然而，Nikander和Rinta-Aho等的方案存在性能瓶颈，且不支持CPU/FPGA联合处理。

考虑到易编程与高性能之间的折中，Li等[23]提出了FPGA网络应用编程框架ClickNP。一方面，ClickNP改进了Click编程抽象，使其更适合FPGA实现，并采用一种扩展的C语言进行元件开发，减少工作量；另一方面，ClickNP通过减少内存依赖，平衡各级流水等获得更高的流水线并行性，提高系统吞吐量。同时，ClickNP通过设计高吞吐量、低延迟的PCIe I/O通道来支持CPU/FPGA联合处理。文献的最后评估了基于ClickNP实现的几个常见的网络功能，展示了ClickNP的灵活性和高性能。

3. 通用高级语言

DSL虽然能简化开发，但限制了FPGA流水线中包处理的能力，以确保编写的应用程序可以映射到FPGA平台[24]。因此，相当一部分研究致力于使用通用高级语言，如C/C++、C#等，以编写功能丰富的包处理应用程序，并通过HLS工具映射到FPGA硬件上。

现有的HLS工具，如Xilinx Vivado HLS，只支持基本数据结构，如固定大小的数组和队列等。为了在HLS中使用更广泛的数据结构，如有限队列、堆和树等，Zhao等[25]提出了一种新的HLS体系结构模板，使用延迟不敏感接口将复杂的数据结构从算法中解耦出来，可以实现算法和数据结构方法的重叠执行。为了创建高性能电路，HLS工具要求程序员遵循特定的设计模式和技术，以实现流水线优化，但这限制了代码模块化和重用[26]。针对该问题，Silva等[27]提出了MpO，一种高性能、低面积和代码模块化的HLS设计方法，适用于FPGA专业知识有限的硬件设计人员和软件开发人员。该方法利用支持HLS的现代C++的强大功能构建基于C++的硬件模块，可以实现高质量的软件描述和高效的硬件生成。Sultana 等[28]构建了一种新的 FPGA 硬件编译器标准库 Emu，它使开发人员能够快速创建和部署网络功能，但 Emu 使用 Kiwi[29] HLS 工具对 C#程序进行高级综合。Eran 等[24]更进一步，使用现代 C++ 编写模块化和泛型代码，实现了一个网络应用程序公共库 ntl，提高了用 Xilinx Vivado HLS 编写的包处理应用程序的代码可重用性。该方法目前仍然需要使用 Verilog 和外部 IP 来处理诸如内存管理单元（MMU）等事务。

除此之外，FPGA 厂商还提供了基于 OpenCL 的开发工具链[30]，提供了类似 GPU 的编程模型。文献[31]分析了 OpenCL 编程模型及实现在处理流负载时的不足，指出在 FPGA 中通过 FIFO 进行流式处理的效率比共享内存更高，可以达到更低的延迟和更高的吞吐量。基于此，提出了一种新的用于 FPGA 上流式应用的高级编程平台 ST-Accel。通过实验证明，与 OpenCL 相比，ST-Accel 可以实现 1.6～166 倍吞吐量和 1/3 延迟。

2.2 利用新型可编程技术的 NGNP

传统网络处理器编程困难，具体原因如下。

（1）程序员需采用类似于汇编的微码进行编程，语言抽象层次低，学习成本较高。

（2）程序员需要花费大量时间深入了解架构细节，而不同厂商、不同系列的 NPU 架构差异大，主要体现在核心处理单元的拓扑、硬件协处理器的种类等，从而提供了不同的硬件原语、编程 API 等。

（3）程序员需要手动确定应用程序在多个线程和处理单元上的最佳功能分解，定义线程如何交互，如何有效使用多个内存等，过程耗时且易错，尤其当目标 NPU 采用流水线架构时，如何平衡各级流水线上的负载是一项困难而烦琐的任务。此外，即便再小的架构升级也需要重新编写应用程序并进行功能分解。

工业界和学术界展开了大量的研究，从网络处理器架构及其编程模型以及编程语言上进行创新性设计，提出了一些富有成效的解决方案，包括基于通用 CPU 核的 NGNP 和基于 RMT 编程模型的 NGNP 等。

2.2.1 基于通用 CPU 核的 NGNP

基于通用 CPU 核的 NGNP 可以运行熟悉的操作系统，如 Linux，使用 C/C++ 高级语言及相关开发工具链进行编程，可编程性较高。

为了进一步提高针对网络应用开发的编程效率，文献[32～36]设计并实现了扩展 C 语言。首先，针对网络处理这一应用场景，对 C 语言进行适当裁剪，忽略一些特性和功能，比如浮点类型、函数指针及运行时堆栈等。其次，针对目标架构细节，对 C 语言做必要的扩展，来暴露底层硬件特性。比如，文献[32～35]新增了特定于目标硬件的内存、FIFO 和寄存器类，提供查找和操作协议头的能力，文献[36]将包处理数据集和操作进行抽象和封装，生成的语言结构更具普适性。由此生成的扩展 C 语言既能使程序员从新增特性中获益，又可以确保程序员的增量学习曲线被限制在最小的扩展集上。

基于上述研究成果，大量工作专注于设计并实现对应编译器，将用扩展 C 语言编写

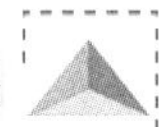

的应用程序分解成一个并发任务集，并将所有任务映射到具有多个处理器、专用硬件、大量分布式内存和各种总线的异构体系结构上，而这一步是方法的核心和难点所在[37]。文献[34]使用基于整数线性规划(ILP)的后端编译器实现目标硬件资源分配，文献[38]引入一个架构映射脚本 AMS，编译器根据该脚本实现程序的语义转换和功能的自动映射。Intel[39]开发了一个编译器，将输入的应用程序指定为一组连续的包处理阶段并将其映射到多线程和多处理单元上。虽然基于通用 CPU 核的 NGNP 可编程性较高，但集成度与功耗问题限制了其性能提升。

2.2.2　基于 RMT 编程模型的 NGNP

2003 年，由 IETF 提出的 ForCES 第一次阐述了转控分离的思想[40-41]，初步解耦了控制平面功能和数据平面功能，提高了开发效率。在此基础上，斯坦福大学的 Nick McKeown 教授及其团队先后提出了软件定义网络[42]和可编程数据平面的概念[43-44]，分别解放了网络处理中控制平面和数据平面的编程能力。

一般地，转发芯片绝大部分都不是可编程芯片，无论是路由器中采用的 NP，还是交换机中采用的 Switch Chip，都不是可编程芯片[45]。这些芯片的硬件转发逻辑已经设计好，无法通过调整软件参数去更改。编程语言的协议或者平台相关性随着芯片的种类的冗杂导致数据平面控制平面分离失效，网络处理器可编程性变差[35]。可编程数据平面概念的提出，以及可重构匹配-动作表(Reconfigurable Match-Action Table，RMT)编程模型[43]和 P4 语言[44]的出现开始改变这种局面，网络处理器原型设计开始考虑对这种语言的适配性。

P4 语言具有可重配置性、协议无关性和平台无关性，这些特性使其在 NP 可编程设计上提供了质变级的思路，将 NP 流量处理和监测技术提升到了新的高度。Park 等[46]提出了一种称为 Mobius 的下一代 NP 架构。它允许处理器通过利用数据包在导线上的传播时处理器的空闲资源，以不同的策略多次重新处理数据包。因此，Mobius 以较低的成本扩展了处理器的容量，以便使能更多策略的同时减少性能损失。Mobius 原型使用 P4 编码，实现了线速吞吐量的低延迟。该方案十分经济，为本书在 NGNP 的资源管理部分提供了重要思路。Martins 等[47]希望在 NP 中使用概率数据结构来监视流量计用户行为。该方案利用 P4 编码，为每个租户绘制了 sketches，利用组合位图和计数器数组两个概率结构，统计租户流量进程。当然，该方法在 NP 中实现时会打乱网络测量任务，精确度会有些折扣。Paolucci 等[48]在 SDN 交换机的数据平面上，通过 P4 编码，将 NP 原型系统实例化。其支持自定义流水线、有状态复杂的工作流、用户定义的协议/头、有限状态机的相互搭配。原型系统显示出良好的可扩展性性能和总体延迟。但是该方案实验拓扑简单，实际应用能力存在一定的疑问。

Sivaraman 等[49]给出了一个用 P4 表示的数据中心交换机数据平面转发行为的实例，构建实例的过程确定了 P4 的优点，指出了一些不足并建议了未来可能的进化路径，其中一些已经实现，例如，P4 在其新版本中实现了语言定义和目标体系结构模型分离。但其仍然存在局限性，比如无法在线编程解析器、缺乏对有状态网络处理和通用队列调度模型的支持等。

2.3 面向新型网络体系结构的 NGNP

近年来,网络的应用场景变化复杂,传统网络体系结构在时延、传输性能上的弊端逐渐显现[50]。新型的网络体系结构成为学者们从根本上解决各种网络问题的研究热点,这种学术潮流也影响了学者们对网络处理器的设计模式。数据平面与控制平面分离原本就符合网络处理器的设计思想,面向软件定义网络这一新型网络体系结构进行 NP 设计可以增强网络各节点处理性能,灵活开展各项业务。去中心化的下一代网络体系结构设计思潮体现在了边缘计算中的网络应用。边缘计算节点对计算能力要求高,其功耗和成本必须维持在普通环境下的可接受的程度[51]。所以在边缘计算以及云计算甚至雾计算的节点上,NP 可以成为一种专用的预处理器,在海量级的数据报文流量下,利用高效的包处理能力提炼出相关有效载荷,转发至计算节点的不同核心计算处理器进行数据计算或者相关处理。NP 作为一种功能芯片,实现非核心业务向智能网卡(Smart Network Interface Controller,SmartNIC)的功能推拉与卸载可以帮助 NP 提高利用率,增强网络的转发与处理性能。

2.3.1 服务 SDN 的 NGNP

SDN 的设计虽然从控制层面进行了逻辑上的简化,但是实现这种下一代架构需要各个交换机拥有足够的计算与处理甚至是存储资源[52]。将下一代网络处理器应用在交换设备上能够加速 SDN 体系结构的流表下发、带内遥测以及网络监管的性能。

NGNP 在 SDN 的数据中心建设上有得天独厚的优势。Brebner 等[53]探讨了利用 FPGA 实现的 NP 原型作为光网络和数据中心服务器之间的一种经济高效的中介,以满足下一代数据中心的需求。在数据中心本地或是在载波网络中,配备了这种 NP 的主要作用有 3 个:第一是从服务器上卸载网络处理功能,以便在较低的延迟下实现更高的吞吐量,同时释放服务器资源以集中于数据处理;第二是为不同的通信协议和标准提供灵活的硬件支持;第三是作为一种可管理的资源,它可以提供支持 SDN 和网络功能虚拟化(NFV)的软件控制器和管理程序所需的数据平面功能。但是该方法没有考虑突发流量情况下或者是网络攻击时的 NP 性能表现。为了破除兼容性带来的 OpenFlow 控制平面在许多网络平台上的部署障碍,Sune 等[54]描述了 xDPd 和 OpenFlow 的网络处理器。硬件无关部分主要是使用修订的 OpenFLASH 库(RoFL),它为 OpenFLASH 控制器和数据通路元件的开发提供了基础并允许为各种设备开发特定平台的驱动程序。Belter 等[55]描述了一种在软件定义的网络体系结构中实现 NP 的支持发现和 HSL 翻译功能,它将基于 OpenFlow 的 AFA 消息转换为 NP-3 网络处理器中的内存结构。NP-3 存储器结构通过 EZchip 提供的 EZdriver 访问。其内存包含一个带有流条目的结构,包匹配和操作的专有二进制编码。这两种方法在提供控制器命令编译支持时没有考虑 SDN 架构下流量的特征与分组处理特点,导致过多指令集翻译带来的性能下降。

将输入业务流与控制器发送的规则相匹配是 SDN 业务转发的一个重要组成部分,其

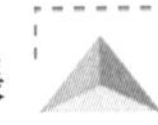

执行效率对网络性能有很大影响。Wijekoon 等[56]提出了一种高性能、低成本的 SDN 交换机流匹配体系结构，通过定制 NP 处理特定于 SDN 的业务。该 NP 由一个用于流匹配的专用单元和一个自定义处理器组成。这个处理器的 ISA 被设计用来加速 OpenFlow 和 SDN 相关的任务，比如向流表添加条目、处理相关报文等。其使用 32 位长指令，操作码保留 6 位，能够保持最大频率 150MHz，其流量匹配单元也可保证 250MHz 工作。但是该 NP 的功耗很高，设计相对复杂，很难大规模地在 SDN 网络中部署。Blaiech 等[57]提出了一种基于网络演算模型和博弈论算法的公平共享网络处理器资源分配策略。该策略根据虚拟节点的处理动态地映射合适的资源。在 NP 的实现中，他们专注于在多个协处理器中根据 OpenFlow 转发模型来重新分配资源的包处理任务。

随着业务的不断更新，SDN 仍然寻求灵活的方式定义网络设备的行为，控制平面需要能够充分利用现代网络硬件不断增长的能力及其多样性，使得控制平面加快对网络变化的探测和响应[58]。Belter 等[59]提出了一种新的 NP 硬件抽象。其第一个目标是公开 NP 和软件交换机的高级可编程能力。第二个目标是通过提供动态检查特定网络设备支持的功能的可能性来扩展网络节点可编程性的概念。第三个目标是将使用新定义的应用程序接口的编程语言引入不同类型网络设备的数据路径的可编程抽象中。Kaljic 等[6]提出了一种基于现 CPU+FPGA 技术的深度可编程 NP 混合结构，以克服 OpenFlow 在实现新协议和高级分组处理功能方面的局限性。通过对实现和实验评估，该 NP 将交换任务减少到简单的包流表查找，证明了采用混合的 FPGA/CPU 结构是可行的。这种方法的不足是在 CPU 和 FPGA 混合编排时忽略了缓存架构的设计，导致性能较差。

在 SDN 中，OpenFlow 表查找可能需要检查 15 个包头字段。为了针对 SDN 这种下一代网络体系结构进行优化加速，Qu 等[61]提出了利用 NP 的包分类实现与有效的优化技术。在多核通用处理器(General Purpose Processor，GPP)上，他们使用并行程序线程并行化搜索和合并阶段。该方法强调性能，可能会加大 NP 中 Cache 的资源占用，导致 Cache 失效。Sun 等[62]针对 SDN 数据平面提出了一种新的状态数据平面体系结构 SDPA，为 SDN 交换机设计一个专用 NP，通过新的指令和状态表来管理状态信息进而实现扩展的开放流协议来支持平面间通信。Chu 等[63]提出了一种支持 OpenFlow 协议的高扩展性 SDN 交换机的 NP 软硬件协同设计为了在灵活性、能量效率和性能之间取得平衡，NP 核心是基于集成了 ARM 处理器和 FPGA 的嵌入式片上系统(System on Chip，SoC)平台来实现的。特别地，在所提出的交换架构中设计了专用高速信道，使得多个交换机可以互连在一起成为一个堆叠的交换机。Li 等[64]提出了一种基于 Cavium 的开放式 vSwitch 实现。Cavium 平台就是一种多核 NP，它支持包的零复制且处理包的速度更快。这两种方法在高速通道的使用上容易引发堵塞和不一致性，风险系数较高。

安全性是 SDN 中最具挑战性的问题之一。网络安全应用程序通常需要使用比 SDN 数据平面实现允许的更高级的方式分析和处理流量[65]。NP 可以在 SDN 数据平面(即交换机)上，对分组进行预处理，以初步确定它们在网络中的行为。近期，区块链被应用于安全传输网络中的交易和文件传递。Yazdinejad 等[66]根据区块链的安全特性和对数据处理功能的支持，提出了一种新的 SDN 分组解析器体系结构，称为区块链启用分组解析器(Blockchain-enabled Packet Parser，BPP)，并进行了利用 FPGA 的 NP 原型实现。在所提出的架构中,NP 利用一个基于多元相关方法的数学模型,用于从观察到的数据包流量中检测攻击,能够做到处理速度快、灵活性强、消耗资源较低。但是方法没有对 NP 本身架构加以解析和更改,没有突破原有 NP 架构在使能安全业务时的限制。

2.3.2 边缘计算与云计算中的 NGNP

边缘计算、云计算节点最注重节点的数据处理能力[51]。作为分导网络数据的重要"关卡",网络处理器对网络数据的预先处理可以成倍增加计算节点的处理效能,甚至可以缓解整体网络的压力。

在边缘计算节点中,领域特定的局域网语言(如 Click)是捕获应用程序一致性的好方法,但网络处理器仍有许多其他机会来提供更符合应用程序需求的功能。Mihal 等[67]提出了一个处理元素,它在实现 Click 应用程序任务时非常有效。其使用 Click 作为高级输入语言编程 PE 提供了一种高效的方法并利用 FPGA 实现了为 IPv4 转发应用处理超过 8Gb/s 的流量的 NP。Nayaka 等[68]介绍了一种用于片上系统(SoC)的以太网 NP 设计,该处理器实现了所有核心的分组处理功能,包括分组和重组、分组分类、路由和队列管理,提高了交换/路由性能,使其更适合下一代网络(Next Generation Network,NGN)的各项节点。该 NP 可支持 1/10/20/40/100 千兆链路,具有速度和性能优势。当然,其也具有片上系统的共同弱点,灵活性受限于定制流程。

加速 NP 中的数据处理流程、增强节点性能、减少复杂度是面向计算节点的 NP 设计重点。Tchaikovsky[69]成体系地介绍了面向边缘计算的网络处理器的体系结构和服务,描述了网络处理器在设备流量处理和形成中的应用。他指出在满足这些要求时,重点是包的处理速度。但是该文章没有讨论 NP 在遭遇计算节点流量突发时的情况。Kanada 等[70]提出了一种利用多个包处理器(Packet-Processing Cores,PPC)控制 NP 中的分组处理的方法。通过这种方法,NP 芯片外的 CPU 对复杂的控制信息进行部分处理,并将其分为简化的控制包,这些控制包被发送到控制处理 PPC。利用 PPC 的数据交换机制(如共享存储器或片上网络)来控制数据处理,这些机制比原有机制更加统一和简单。处理器关联性是提高 NP 性能的有效途径之一。He 等[71]详细分析了网络处理器的缓存特性,提出了一种兼顾负载均衡和数据包相关性的多核网络处理器调度算法 BLA。该方法尝试将同一个流的数据包调度到同一个 NP 核心,同时保持核心之间的工作负载平衡,但是增加核间调度使得该方法牺牲了一定的性能。

链路速度显著和连续增加以及应用的多样性要求新的云计算节点服务高效又灵活。Niu 等[72]提出了一种基于 NP 的高效流量管理 QoS 调度机制。作者详细讨论了利用数据平面软件体系结构的操作过程,将 NP 的一些协处理器设计得更加亲和计算节点业务,如准确的流量分类、灵活的访问控制和三步调度等。针对网络应用中数据量大、实时性要求高的问题,Kehe 等[73]通过优化配置 NP 控制和数据平面,提出了一种基于核心处理器的快速数据包处理的 NP 体系结构。它减少 CPU 的调度,与平均分配 CPU 内核资源相比,提高了 30%的包转发率。上述方法的缺点是没有引入负载均衡考虑,准确的流量分类带来的高功耗加大了计算节点的环境与能动压力。

与数据平面开发套件的设计模式类似，很多云计算或者边缘计算节点不希望所有的数据通过之前搭载的网络协议栈进行处理，为 NP 专门实现一种协议栈成为计算节点的加速方式。Tang 等[74]提出了一种实时操作系统中的多径可靠数据传输（Multi-Path Reliable Data Transfer，MPRDT）系统，该系统在多核 NP 的实时操作系统（Real Time Operating System，RTOS）中实现了一个基于 UDP 的可靠数据传输栈，以加速网络处理器的可靠数据传输。该系统由两部分组成：基于 UDP 的可靠栈（UDP-based Reliable Stack，URS）和连接管理模块。系统采用多径方法，使系统能够通过不同的接口管理到不同接收端的多径连接，充分利用网络接口和带宽资源。

随着服务器的虚拟化的发展趋势，出现了一种新的网络访问层，它由运行在服务器平台上的虚拟交换机组成，为同一物理服务器上的虚拟机（Virtual Machine，VM）提供连接。Blaiech 等[75]提出了一种策略，旨在通过将包处理任务扩展到 NP 以提高虚拟交换机的性能。该策略基于处理器资源的自适应动态分配。分配机制包括将虚拟交换机任务映射到足够的资源集，即多核数据路径或硬件加速器数据路径。传统 NP 不能处理 7 层包给计算节点带来了很大困扰，Bae 等[76]提出了一种新的 NP 互通结构，该结构通过将传统 NP 与通用处理器相结合，能够处理 OSI 第 2 层（L2）到第 7 层（L7）的数据包并在不增加硬件开销的情况下提高 NP 中数据包处理的吞吐量和负载平衡。实现上述方法并不简单，兼容性是搭载新协议 NP 的重要问题，无法识别分组头部或者协议偏差导致识别错误时，NP 的后续处理不仅消耗 CPU 资源，而且导致下发的转发和处理任务全部失败。

随着云计算中网络即服务（Network-as-a-Service，NaaS）的发展趋势，加速租户网络文件系统（Network File System，NFS）以满足性能要求也具有重要意义。然而，为了追求高性能，现有的工作如 AccelNet 被精心设计以加速数据中心提供者的特定 NFS，这牺牲了快速部署新 NFS 的灵活性。Li 等[77]提出了一种可重构的 NP 流水线 DrawerPipe，它将数据包处理抽象为多个由同一接口连接的 drawer。开发人员可以轻松地将现有模块与其他 NFS 共享，只需在适当的"抽屉"中加载核心应用程序逻辑即可实现新的 NFS。此外，他们还提出了一个可编程模块索引机制，即 PMI，它可以以任何逻辑顺序连接"抽屉"，从而为不同的租户或流执行不同的 NFS。这种 NP 设计方案暂时无法大规模投入生产。Li 等[78]提出了一个并行包处理运行系统，并探讨了一种基于关联度的包调度算法，以提高 NP 负载平衡度并减少缓存丢失。在并行数据包处理系统中，由于牺牲了部分缓存，NP 任务分发器和调度器能够在负载均衡和缓存关联性之间达到较好的折中。方法的缺陷是租户单点故障时容易使得全部服务器 NP 性能宕机，在高并发情况下其效率有限，安全性也一般。

2.3.3 NGNP 与 SmartNIC 的功能推拉

NP 的设计原型一般以板卡的形式实现，所以 NP 的设计阶段与 SmartNIC 的设计方法类似，呈现形式也相似。可以预见的是，面向复杂网络应用和对网络压力不同的各项应用，实现 NP 和 SmartNIC 的功能推拉是必备的节点能力，很多研究者也在开始寻找两者的平衡点。

NP 的使用受到不断提高的灵活性和高性能的分组处理的需求的鼓舞。此外，适应性要求、产品差异化和缩短上市时间鼓励在网卡中使用网络处理器，而不是包括特定用途的硬件。Cascón 等[79]提出了一种利用 NP 的并行性来提高通信性能的网卡。遗憾的是他们没有提出特有的框架，而是基于包括 16 个多线程处理内核和包处理的优化设计 Intel IXP28xx 网络处理器，通过使用 NIC 卸载或加载策略利用不同的选项来优化主机中的通信路径。Sabin 等[80]提出的 SmartNIC 是一种用户可编程的 10GE NIC，可以满足高性能计算机群(High Performance Computing，HPC)和数据中心社区的高性能网络需求。这种 SmartNIC 支持开发特定于应用程序的卸载引擎以实现与 NP 的功能推拉。应用程序开发人员可以实现应用程序感知的卸载引擎，网络开发人员可以测试和开发网络协议卸载引擎，研究人员可以测试和开发新的卸载协议和中间件。但该方法没有明确卸载协议类型，适用范围有限。

从增加包处理性能的角度看，SmartNIC 从主机处理器上卸载网络功能，使其部分功能通过板卡或者是 NP 进行实现是一个较优策略。Le 等[81]提出了一种广义的 SDN 控制的 NF 卸载结构(Unifying host and smart NIC Offload，UNO)。通过在主机中使用多个交换机，它可以透明地将动态选择的主机处理器的数据包处理功能卸载到 SmartNIC，同时保持数据中心范围的网络控制和管理平面不变。UNO 向 SDN 控制器公开单个虚拟控制平面，并在统一的虚拟管理平面后面隐藏动态 NF 卸载。这使得 UNO 能够最佳地利用主机和 SmartNIC 的组合包处理能力，并根据本地观察到的通信模式和资源消耗进行 NP 参与转发的本地优化，而不需要中央控制器的参与。这种方法依赖于板卡 CPU 的计算性能，可能会无法正确判断本地网络状态。Cornevaux-Juignet 等[82]考虑了采用嵌入式现场 FPGA 的 SmartNIC 辅助 NP 进行处理的新解决方案。提出了一种混合体系结构来实现灵活的高性能流量取证。这项工作结合了硬件性能、高吞吐量和软件高灵活性，以实现超过 40Gb/s 的数据速率，同时可以通过参数在运行时热配置。Cerović等[83]提出了一种将数据平面包处理卸载到具有并行处理能力的可编程硬件上的体系结构。因此，他们使用 Karlay 的 MPPA 这种大规模并行 NP 阵列组建的 SmartNIC，它提供可用于数据包处理的开放式分布处理(Open Distributed Processing，ODP)API，并且可以建立一个全网格无阻塞的第二层网络。当然，这两种方法注重转发性能，而包处理性能考虑不周。

实现与 SmartNIC 功能推拉的 NP 可以扩大自身的网络监控能力。Huang 等[84]设计并实现了一个基于多队列网卡和多核 NP 的数据流捕获系统。该系统充分利用了轮询技术、多队列技术和原始设备技术，大大提高了系统性能。2019 年的 SIGCOMM 上，Li 等[85]提出了一种新的高速拥塞控制机制 HPCC(High-Precision Clusion Control)，HPCC 利用网络遥测技术(INT)获得精确的链路负载信息，并精确控制通信量。他们用可编程的网卡(NIC)模仿 NP 来实现 HPCC，这种方法能够在避免拥塞的同时快速收敛以利用空闲带宽，并能在网络队列中保持接近零的超低延迟。但这种定制板卡的拥塞控制方法部署环境受限于大规模数据中心。在网络安全问题上，Miano 等[86]旨在利用 SmartNIC 构建一个更高效的处理管道，并为特定用例(如减轻 DDoS 攻击)的使用提供具体的方案。他们通过透明地卸载 SmartNIC 与 NP 中的 DDoS 缓解规则的一部分，实现了 XDP 灵活性在操作内核中的流量采样和聚合时的平衡组合，并具有基于硬件的过滤流量性能。由于依赖 DDoS 配置规则，缺乏在线流量学习功能，在真实网络环境中预计无法有效清洗

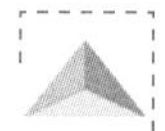

DDoS流量。

由于SmartNIC不仅可以包含NP,还可以利用多项元器件加强网络包的转发或者处理性能。与此同时,学者将眼光转向保证SmartNIC与NP功能推拉结构的灵活性。Caulfield等[87]重点讨论了基于FPGA的智能网卡(sNIC)和可编程交换机实现这一愿景的潜力。NP和SmartNIC涵盖了从完全基于CPU的设计到完全定制的硬件的范围。基于CPU的可编程NIC提供一个或多个通用处理器,算法可以在这些处理器上运行。这种设计可以映射到FPGA上,保证推拉架构的可编程的能力,并且拥有完全定制硬件的效率和吞吐量特性。Microsoft公司提供了Azure加速网络(AccelNet)解决方案。其使用基于FPGA的自定义Azure智能网卡将主机网络卸载到硬件。利用NP的性能和FPGA的可编程性为客户提供小于15μs的TCP延迟和32Gb/s吞吐量。这种方案在运行正常时缺乏日志记录,在业务演进过程中必须重新匹配软件定制方案,增加了运维成本。

2.4　针对新型高性能业务的NGNP

下一代高性能业务,是指随着平台软硬件的迅速升级,在网络监测、网络传输、服务质量保证、虚拟现实(Virtual Reality,VR)、高带宽低时延终端应用、网络安全以及物联网等方面新兴的复杂业务。这些业务一般需求更改时间快、性能要求高且针对性强,部署在当前的网络处理器中难度很高。针对下一代高性能业务,业界希望能够设计出符合要求的专用网络处理器满足相关需求。网络监测和网络传输的基本要求是网络处理器具备精确网络测量能力[88],测量过程的自适应性和精确性直接影响了监测结果和传输效率。利用网络处理器获得的数据包元数据(metadata)能够定制化地完成不同的服务质量保障。在性能方面,具备多核的网络处理器的核间调度、提高Cache亲和性以及分组向量化处理是当前研究热点。

2.4.1　精确网络测量

网络测量作为众多网络管理应用的基础,其一直是众多学术研究者的重要研究领域。网络处理器具有计算和存储能力后,借助报文往返所携带的各项遥测数据进行非全域视角下的网络资源视图绘制可以成为网络测量方向的发展重点。面向这一热点,NGNP的设计对精确的网络测量进行了偏移。

高速捕获和处理流量中的数据包是NP在精确网络测量中的重要应用。Ficara、Lu以及Li等[89-91]都利用了已有的网络处理器实现架构,如Intel IXP2400网络处理器PCI-X卡实现网络流量测量,并在此基础上实现了二维矩阵测量器和入侵检测系统等。这几种方法在思想上贴近下一代网络处理器架构设计,但是由于受限于已有架构,简单地通过下发基本测量任务使得其性能较差。Yang等[92]提出了一种被动HTTP流量性能测量的NP架构,将对象分为不同的源/目的IP地址对,并使用对象间请求时间间隔来判断这些对象是否属于同一页面,从流量中实时地测量HTTP性能。该系统可以在高速网络中工作，可以部署在ISP上。Yuan等[93]提出了用FPGA作为专用NP原型平台的ProgME的方法。ProgME可以整合应用程序要求，调整自身缓存以规避大量流带来的可扩展性挑战，并实现更好的应用程序感知准确性。其核心是基于流集的查询答案引擎协处理器，它可以由用户和应用程序通过提议的流集组成语言进行编程。上述文章基本实现的是网络处理器中的协处理器，所以存在适用场景小、性能以及可靠性差的缺陷。

依靠NP的存储，实现NP的智能测量任务下发以及测度值反馈分析能够极大地提高测量精度。Xie等[94]提出了一种在NP上实现的新的动态测量方法(Dynamic Measurement Method，DMM)，它通过记录在NP存储里的运行时计划操作和相应时间戳来导出测量路径；通过判断派生路径能否通过任务调度IMC模型接收；通过判断实际值是否满足初始状态的标签函数进行可靠性验证。当然，多核处理器进行测量值的传递一定是具有一定开销的，这种方法还是有优化空间。Ferkouss等[95]提出了在100Gb/s混合NP上的OpenFlow多表流水线的记录及测量方案。该方案描述了几种将这些流水线查找表链接起来并将它们映射到不同类型的NP存储器设计方案。SDN网络应用程序的要求可以在这种NP上灵活实现，以便实现智能测量。但是，方法没有使用IXIA硬件流量生成器以线速进行详尽的性能评估，这种NP的性能暂时未知。

平衡测量和转发的CPU负载以及Cache、存储的利用率是针对下一代高性能测量任务的NP需要关注的重点。华盛顿大学的Liu等[96]研究如何使用NP的加速服务器在数据中心执行基于微服务的应用程序。文章提出了通过适当的将测量微服务卸载到SmartNIC的低功耗处理器上而不会造成延迟损失的负载均衡方法。这种方法依然面临网络流量路由和负载平衡、异构硬件上的微服务布局以及共享智能网卡资源的争夺等严重挑战。在利用测量结果进行拥塞控制方面，Narayan等[97]提出将拥塞控制从数据路径转移到一个独立的NP代理中。这个必须同时提供一个表达性的拥塞控制API和一个规范，可供数据路径设计者实现和部署。他们提出了一个用于拥塞控制的API、数据路径原语和一个用户空间代理设计，该设计使用批处理方法与数据路径通信。但是这种方法的NP设计复杂，无论部署在端节点还是重要的中间路由设备上都不适合，定位不清晰。

2.4.2 基于元数据的QoS保障

服务质量保障在硬件上的实现一直是学术界的研究热点。在数据平面上获取分组的元数据后，对数据传输链路以及流量进行简单的阈值分析，对相关服务质量进行保障在网络处理器变得可行。

有效进行分组分类，保障特定业务的分组延迟和丢失是NGNP在QoS保障上的重点研究方向。Avudaiammal等[98]在基于通用NP架构上实现并验证了高速、低复杂度的基于启发式的专用分组分类机制可以执行多维分组分类。通过将多位的Trie数据结构用于对地址前缀对的搜索，从而有效地聚合了协议和端口字段的搜索结果，并将方法应用到IXP2400上。但是他们没有提出通用分组分类高效方法，只对多媒体分组进行QoS保障。Park等[99]提出了基于流的动态带宽控制方法的网络处理器体系结构。他们提出的FDBC(Flow-based Dynamic Bandwidth Control)通过使用流分类，识别活动流并重新计算活动带宽，通过流量工程的方法屏蔽网络拓扑配置以便在以太网上提供有效的QoS。

该方法的缺点是当传入流量的总大小超过最大上游带宽时，无论服务类型或流的属性如何，HLS都会丢弃流量。

针对面向IP网的传统服务，Li等[100]在IXP2400架构上改进了一种传统的ACL（Access Control List）算法，将TCP的ASK和RST添加到1级表分类索引中，减少了规则冗余。通过微码实现的IP QoS体系结构利用CAR处理器实现了带宽限制功能，满足数据线速转发，有效保证多媒体服务的低时延需求。同样的，Saleem等[101]利用DiffServ架构对IXP2400编程，添加缓存单元，以便在查找操作期间减少对静态随机存取存储器（Static Random Access Memory，SRAM）的访问，使得总体速度提高并减少延迟。当然，两种方法基于SDK3.1开发，没有成体系结构地更改核心NP的架构。Nguyen等[102]提出了一种针对NP的多模式完全可重新配置路由器。设计NP支持混合式分组交换体系结构，该体系结构可以在运行时进行动态重新配置，以在虫洞和虚拟直通交换方案之间进行交换。配备了QoS驱动的仲裁器保证了不需预留资源的吞吐量服务，基于优先级继承仲裁机制有效地利用了网络资源，具有动态的期限可感知的重新配置路由机制。但是该方案成本较高，没有进行负载均衡，等待CMOS技术对其进行综合评估。

在拥塞控制的流量管理架构方面，Benacer等[103]提出了一种支持5G传输的流量管理器架构。他们设计了基于FPGA的NP原型对传入流量（数据包）进行管制、调度、整形和排队的模型。流量管理以满足每个流所允许的带宽配额并强制执行所需的QoS目标的方式对要发送的数据包施加约束。该方法实现在Xilinx板卡上，注重可编程性，通过流量发生器进行测试，其真实效果未知。Iqbal等[104]重新设计了NP中的数据包调度方案，以在最小化乱序数据包的同时提高网络处理器的吞吐量。其调度策略试图通过保持流局部性来维护数据包顺序，通过识别激进流来最大限度地减少流从一个核心到另一个核心的迁移，并在多个服务之间划分核心以获得指令缓存局部性。此外，调度程序将基于哈希的设计扩展到了多服务路由器，其中内核被动态分配给服务以改善I-Cache局部性。方案通过减少乱序包来获得吞吐的QoS性能，过多的调度设计增加了数据平面和控制平面的耦合。

NP中QoS调度器的性能直接影响新QoS需求层出不穷背景下的NP性能和部分灵活性。Yu等[105]在线卡中利用NP提出了基于动态电压频率调整（Dynamic Voltage and Frequency Scaling，DVFS）的数据包QoS调度器设计方法。方法使用队列长度（Queue Length，QL）和链接利用率来控制线卡中的执行速率。通过不同的频率缩放策略保障了节省能源时的处理器性能，在一定意义上解决了功耗和QoS调度器的性能均衡。该方法基于预测队列长度但是在预测时只是根据阶段时间内的队列长度均值，很难应对bufferbloat情况，容易导致全方案失效。Paul等[106]使用机器（深度）学习技术为智能IP路由器中的多核NP开发了QoS增强型智能调度程序。他们将NP每个内核都以利用率驱动的期限感知模式处理传入流量，并且使用学习算法在运行时以智能方式动态地最小化负载不平衡，保持内核之间的稳态负载分配。该方法最大限度地减少每个内核的计算开销，获得更高的吞吐量，更低的平均等待时间值和丢包率（Packet Loss Rate，PLR）。但是机器学习本身就有极大的开销，计算和存储资源在学习方法加载过程中会造成转发能力下降。由于NP本身架构受限，该方法与真正做到在线学习调度还有一定差距。

2.4.3 NP的处理优化和应用加速

针对众多的高性能业务,网络处理器在设计架构上需要进行改进,加速分组的处理能力以及针对特定应用进行包分类后的处理优化。

提高Cache亲和性能够提高NP多核处理器处理性能,许多多核处理器实时操作系统提供了通过设置相似性掩码来提高任务迁移到处理器指定子集的可能性。Bonifaci等[107]提出了强任意处理器相似性调度概念。利用层次(层流)亲和力掩码的系统硬件拓扑结构,在最早截止优先(Earliest Deadline First,EDF)调度策略上实现对强大的分层处理器相似性的支持。该方法强调降低处理任务的时间复杂度,将性能提高到$O(m^2)$左右。但是亲和性实现原理复杂,可调度性损失过大。Jang等[108]提出多核NP的新颖网络过程调度方案MiAMI。其根据处理器缓存布局、通信强度和处理器负载来确定最佳处理器亲和力。方法可以适应网络和处理器的动态负载,同时以最少的处理器资源需求充分利用网络带宽。在Intel对称多处理(Symmetrical Multi-Processing,SMP)和AMD非统一内存访问(NUMA)服务器上,处理器利用率的有效性改善率分别达到65%和63%。但是,该方法的缺陷是没有考虑存储资源的I/O性能,扩展到外围设备的流程相对复杂。

在NP处理多媒体流服务、实时或者是高性能计算应用服务时,需要处理器周期多、提高时钟频率和微体系结构效率困难。Ortiz等[109]提出并分析了几种配置,以在NP可用的不同处理器核之间分配网络接口。方法根据相应的通信任务与处理位置,优化存储不同数据结构的存储器的接近程度以及处理核特性之间的相关性。并且该方法使用多个内核加速给定连接的通信路径,利用多个内核同时处理属于相同或不同连接的数据包的补充。Hanford等[110]基于追踪高速TCP流网络设备瓶颈方法,将协议处理效率定义为系统资源(如CPU和缓存)计算量。在多核NP终端系统中,将网络中断,传输和应用程序处理接收过程分配甚至绑定给相关亲和的特定处理器内核。但是这两种方法同样实现困难,算法复杂度过高。

NP使用多个数据包处理元素提高数据包处理的并行性是处理优化的重要研究点。Ok等[111]提出了一种用于具有多个分组PE的NP新序列保留分组调度器。使相同流的数据包由不同的PE并行处理,调度程序通过利用预先估计的数据包来保留每个流的输出数据包的序列处理时间。方法的缺陷是没有关注成本效益,以及分组处理的准确性。Roy等[112]提出了16核的类NP多核加速计算体系架构。其中的每个核均配备有专用硬件,可在每次硬件加速器调用时快速切换任务。控制器侦听到重点任务时将任务抢占请求发送到内核,减少了实时任务的延迟。方法利用优先级阈值化技术,避免了低级的任务和行头阻塞的延迟不确定性。遗憾的是,该方法芯片化过程较慢,仅仅用28nm技术制作,但是正在研发最新版本,市场前景光明。

减少NP内的队列长度可以提高多数应用的响应速度。Satheesh等[113]提出了一个新的动态重新配置网络处理器的波动流量排队系统。该方法使用Kolmogorov微分方程分析了NP中的动态可重配置排队模型,并获得了PE数量、队列长度、平均等待时间和重配置时间的上限。该方法能动态调整处理器数量,当队列增大到指定阈值时投入备用

处理器,并在队列减小时动态减小。Avudaiammal[98]的文章里也有这种设计思想,有效地聚合了协议和端口字段的搜索结果以分配不同的处理器核。两个方法也是基于原有网络处理器架构 IXP2400,很难大幅度提高性能。Rim 等[114]提出了一种基于数据流微体系结构的 NP 设计方法,能够解决资源虚拟化和数据包处理的并行性问题。当然,这项研究仍在进行中,如何将块级数据流、连接性和运算符涵盖进这种 NP 体系结构是一个难点。

2.5 下一代网络处理器的工业化及评测

2.5.1 网络处理器的工业化

作为国际上最早的网络处理器生产厂家之一,Motorola 于 2000 年生产了面向中低端应用的网络处理器 C5,其只能执行第七层以下的分组分类作业。虽然能力较弱,但作为一种独立网络转发处理芯片,其出现代表着网络处理器开始了工业化之路。IBM 于 2002 年生产了 PowerNP NP4GS3,其拥有 16 个协议处理器,7 个专业协处理器和 1 个 PowerPC 核心处理器,具有 2.5Gb/s 的报文处理能力。同样作为一款廉价处理器,其占据了大部分市场,但处理性能依旧不佳。2005 年,Intel 推出了 IXP42X,其逐渐开始争夺业界主流位置,这款产品的处理单元内继承了数十个以太网口,内置了加速功能降低系统成本。这几款产品出现的年代网络业务简单,智能终端尚未普及,所以其灵活性重视不够,性能上差强人意。

随着网络技术创新浪潮出现,传统网络处理器开始顾此失彼,逐渐被市场淘汰。2013 年 Cisco 推出了 nPower X1,其具备高可扩展性,也是首款支持 400Gb/s 吞吐率的单芯片,引领了利用新型可编程技术的网络处理器产业化趋势。创新性地,其为软件定义网络构建,支持在运行中重新编程,大幅简化网络运营。2015 年,Mellanox 公司发布了 NP-5 网络处理器,作为一款 240Gb/s 线速网络处理器,其峰值处理数据路径和 CoS 分类高达 480Gb/s。同年,Juniper 推出了 ExpressPlus 处理器,每秒可执行超过 15 亿次过滤操作,并可扩展到 500Gb/s(1Tb/s 半双工)。作为一款面向新型网络体系结构的下一代网络处理器,其利用 3D 内存的多级缓存架构,与以前的解决方案相比,物理占用空间减少为上一代的 1/20,优化了功耗和空间要求。Nokia 在 2017 年推出了世界首款可支持 3.0Tb/s 转发的网络处理器,将网络元数据作为安全解决方案的一部分,是针对新型高性能业务网络处理的产品代表之一。同年,Cisco 设计了可支持 400Gb/s 转发的多核网络处理器,它包含 672 个处理器核心,拥有着大于 6.5Tb/s 的核心 I/O 带宽,外部动态随机存取存储器(Dynamic Random Access Memory,DRAM)用于大型数据结构和数据包缓冲。2020 年年初,收购了 Freescale 的 NXP 公司推出了 S32G,该设备是第一款将具有 ASIL D 安全性和网络加速功能的集成车载网络处理器,并且具有分组转发引擎用于以太网加速功能。当然,这几款产品设计与生产成本较高,市场化进程缓慢,大多在自家高端路由器或者交换机产品中应用。

中国的网络通信设备制造商在 2016 年以前以采购国外网络处理器芯片为主,以便获得硬件发展红利,将创新与产能焦点集中在网络业务创新和 5G 通信网络研究与建设上。

然而随着中美贸易争端开始，2018 年 4 月 16 日，美国商务部发布公告，声称未来 7 年内禁止中兴通信公司向美国企业购买包含网络处理器芯片在内的"敏感"设备，该事件直至同年 7 月 12 日才以中兴向美国支付近 10 亿美元告一段落。然而一年后，2019 年 5 月 15 日美国商务部将华为和其下属子公司列入出口管制名单，华为产业下的多款中高端路由器产品网络处理器芯片断供。中国业界及学术界逐渐认识到网络处理器芯片作为一种重要网络设备元器件，其设计与生产应当至少具备自主可控能力，在特殊时期保证网络处理器芯片的供应。

2019 年，华为和中兴都开始进行自主可控的下一代网络处理器研发工作，设计方案的基本要求是使得网络处理器具备高性能、低时延、可编程甚至是全流可视化。华为于 2019 年年初推出了 Solar S 下一代网络处理器设计，其可以灵活地利用高级编程语言下发业务，保障低时延的同时利用特有的存储结构，将流量的特征信息在时间域内存储，以便实时网络管理和精确测量，并且大多数开始应用于华为的高端路由器产品。同年，中兴发布了一款拥有先进内核互联结构、大容量微码指令空间、层次化的流量管理的 100Gb/s 网络处理器。在此基础上，设计了这款处理器的迭代更新版本原型系统，升级内部体系架构，利用多核的性能提升转发速度。这两款国产化网络处理器与国际市场主流处理器相比在性能上相差无异，但是在芯片工艺、产品能耗上还有差距，亟待弥补。

2.5.2 部分主流网络处理器的性能评测

一般地，将网络处理器分为 4 个层次，即硬件指令层、模块任务层、应用功能层和系统平台层来进行性能评估。通过在每一个层次上逐步分析，可将多级并行的系统性能评估问题转化为简单的串行程序性能分析，或者是简单的并行程序性能分析[115]。在这种评估模型的基础上，利用网络测试设备，搭建相关拓扑，连接测评仪器、控制器以及 NP 芯片(原型系统)开始测评被测设计性能。对于芯片数据包的处理能力的评测，一般采用 $M/M/1$ 排队模型进行评估，利用流量生成器完成流量生成。接口驱动模块负责将数据流发送给被测 NP。NP 将处理后的数据发送给平台的接口响应模块。最后，接口响应模块将数据发送给相应评测模块，模块内置了相关算法对正确性和性能进行统计评测。

现有的网络测试设备厂商一般有思博伦、安捷伦、IXIa 等。一般地，NP 芯片的性能测试组网方式如图 2.1 所示。

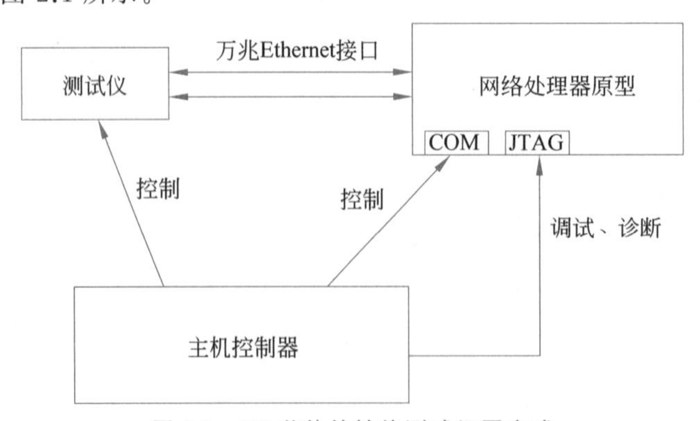

图 2.1　NP 芯片的性能测试组网方式

在图 2.1 中,PC 通过串行 COM 接口对网络处理器进行配置和管理。其硬件编译环境通过 JTAG(Joint Test Action Group,联合测试工作组)接口与网络处理器相连进行调试诊断。测试仪产生、发出以及接收流量也由 PC 进行控制,测试仪与网络处理器原型之间通过万兆 Ethernet 接口进行流量传输、测试。针对上述产品,本章搭建了相关测试平台,购买并测试了 C5、NP4GS3 和 IXP42X 这 3 款 NP 的吞吐率以及处理时延。吞吐率为测试仪线速发送测试报文得到的速率统计信息。处理时延为利用测试仪时间统计功能得到的报文从发送到返回所消耗时间的一半。对于刚刚上市、价格昂贵无法购买的下一代网络处理器,本章通过查询企业产品手册、相关文献等对结果进行了统计。测试与统计结果如表 2.1 所示。

表 2.1　部分网络处理器产品性能

型号	所属公司	处理/转发性能	处理时延	灵活性	工耗	芯片工艺
C5	Motorola	17 个可编程 RISC 内核;可执行第七层以下的分组分类作业,速度为 5Gb/s	13μs	C/C++ 可编程,标准指令集	10.5～23W	838 个引脚 BGA 封装
PowerNP NP4GS3	IBM	16 个可编程微处理器;处理速度为 2.5Gb/s	11μs	可编程,支持自定义功能,软件工具支持在不改变硬件可用性的情况下现场部署升级	1.8V 电源电压	IBM SA-27E,0.18μm 技术;1088 针底面冶金-带 815 信号输入/输出的陶瓷柱网阵列(BSM-CCGA)封装
IXP42X	Intel	Intel Xscale 内核,3 个网络处理器引擎;处理速度约为 100Mb/s	8μs	可编程;开发平台提供一致的开发环境,可以进行快速的产品开发和性能评估。IXP42X 产品系列成员之间的引脚具有兼容性	1.0～1.5W(工作在 533MHz)	0.18μm 工艺:492-Ball PBGA 封装
nPower-X1	Cisco	具有 336 个报文处理引擎,每个报文处理引擎可以运行 2 个线程;处理速度约为 400Gb/s	约 8μs	可扩展至多 TB 网络性能;专为 SDN 构建,支持在运行中重新编程,大幅简化网络运营	每比特能耗是思科之前产品的 1/4	超过 40 亿个晶体管

续表

型号	所属公司	处理/转发性能	处理时延	灵活性	功耗	芯片工艺
NP-5	Mellanox	转发处理速度约为 240Gb/s	—	集成流量管理功能，支持灵活分组处理和细粒度的带宽控制	支持电源管理以最小化线卡和系统功耗；使用 DDR3 DRAM 以最小化功耗和成本	28nm 工艺制造
Express Plus	Juniper	每秒可执行超过 15 亿次过滤操作	—	可扩展到 500Gb/s（1Tb/s 半双工）；可提供完整的 IP 路由和 MPLS，SDN 的可编程性；易于部署	优化了功耗	28nm 工艺并利用 3D 内存架构，物理占用空间缩小至上一代的 1/20
FP4	Nokia	转发速度约为 3.0Tb/s；支持通道约为 1Tb/s 畅通流量	—	基于 FP4 的平台可灵活支持高密度的 400GE 接口和千兆速度链路；支持大规模的高级深度数据包查找和路由控制	与前几代硅片相比，FP4 可以使每千兆位的功耗减少 50% 以上	结合了智能存储器和高度的硅集成，简化了电路板设计
400Gb/s 多核 NP	Cisco	673 个通用处理器，全双工处理速度为 400Gb/s	—	支持 C 语言和汇编语言编程，支持传统堆栈	大部分逻辑工作中为 760MHz 或 1GHz	22nm 制程，92 亿个晶体管，643mm^2 裸片，混合 COT 设计流程
100Gb/s 下一代网络处理器	中兴	处理速度为 100Gb/s	10μs	按需定制，快速反应	—	—
Solar S	华为	转发速度为 3.6Tb/s	—	提供开放 APIs 编程；全流可视	业界平均水平的一半	—
S32G	NXP	采用了 Quad ARM Cortex-A53 内核和 Arm Neon 技术；可用于实时应用，安全操作系统和 ECU 整合	—	通过更高级的操作系统和更大的内存实现更高级别的安全性能；支持下一代 ADAS 应用程序，同时提供通信功能	—	AEC-100 2 级设备（−40～105℃）

2.6 本章小结

本章从 Chiplets 思想、新型可编程技术、适应未来网络演进以及面向高性能业务这 4 方面对下一代网络处理器的设计进行了分类阐述和比较分析，梳理了下一代 NP 的研究进展。同时，概述了国内外网络处理器的工业化进展，评测了部分主流网络处理器的性能并给出了评测结果。

参考文献

[1] CAPMANY J，JOSÉ C，GASULLA I，et al. The programmable processor[J]. Nature Photonics，2016，10(1)：6-8.

[2] FERRAZ O，SUBRAMANIYAN S，CHINTHALAA R，et al. A Survey on high-throughput non-binary LDPC decoders：ASIC，FPGA，and GPU architectures[J]. IEEE Communications Surveys & Tutorials，2021，24(1)：524-556.

[3] SULEIMAN A A Z，KHEDR A F，HABIB S E D. ASIC implementation of Cairo University SPARC "CUSPARC" embedded processor [C]//International Conference on Microelectronics IEEE，2010：439-442.

[4] YOON B Y，LEE B C，LEE S S. Scalable flow-based network processor for premium network services[C]//ICT Convergence (ICTC)，2011 International Conference on IEEE，2011：436-440.

[5] HAN S，JANG K，PARK K S，et al. PacketShader：A GPU-accelerated software router[J]. ACM SIGCOMM Computer Communication Review，2010，40(4)：195-206.

[6] GUIDE D. Cuda c programming guide[J]. NVIDIA，2013，7(29)：31.

[7] SUN W，RICCI R. Fast and flexible：Parallel packet processing with GPUs and click[C]//Architectures for Networking and Communications Systems. IEEE，2013：25-35.

[8] KIM J，JANG K，LEE K，et al. NBA (network balancing act) a high-performance packet processing framework for heterogeneous processors[C]//Proceedings of the Tenth European Conference on Computer Systems，2015：1-14.

[9] YI X，WANG J，DUAN J，et al. FlowShader：A generalized framework for GPU-accelerated VNF flow processing[C]//2019 IEEE 27th International Conference on Network Protocols (ICNP). IEEE，2019：1-12.

[10] VASILIADIS G，KOROMILAS L，POLYCHRONAKIS M，et al. GASPP：A GPU-accelerated stateful packet processing framework [C]//USENIX Annual Technical Conference，2014：321-332.

[11] GO Y，JAMSHED M A，MOON Y G，et al. Apunet：Revitalizing GPU as packet processing accelerator[C]//Nsdi，2017，17：83-96.

[12] 李博杰. 基于可编程网卡的高性能数据中心系统[D]. 合肥：中国科学技术大学，2019.

[13] YANG X，SUN Z，LI J，et al. Fast：Enabling fast software/hardware prototype for network experimentation[C]//Proceedings of the International Symposium on Quality of Service，2019：1-10.

[14] LOCKWOOD J W，MCKEOWN N，WATSON G，et al. NetFPGA—an open platform for gigabit-

rate network switching and routing[C]//2007 IEEE International Conference on Microelectronic Systems Education (MSE'07). IEEE,2007: 160-161.

[15] ZILBERMAN N,AUDZEVICH Y,COVINGTON G A,et al. NetFPGA SUME: Toward 100 Gb/s as research commodity[J]. IEEE Micro,2014,34(5): 32-41.

[16] ANWER M B,MOTIWALA M,TARIQ M,et al. SwitchBlade: A platform for rapid deployment of network protocols on programmable hardware[C]//Proceedings of the ACM SIGCOMM 2010 Conference,2010: 183-194.

[17] KAPRE N,BAYLISS S. Survey of domain-specific languages for FPGA computing[C]//2016 26th International Conference on Field Programmable Logic and Applications (FPL). IEEE,2016: 1-12.

[18] KULKARNI C,BREBNER G,SCHELLE G. Mapping a domain specific language to a platform FPGA[C]//Proceedings of the 41st Annual Design Automation Conference,2004: 924-927.

[19] SCHELLE G, GRUNWALD D. CUSP: A modular framework for high speed network applications on FPGAs[C]//Proceedings of the 2005 ACM/SIGDA 13th International Symposium on Field-Programmable Gate Arrays,2005: 246-257.

[20] RUBOW E,MCGEER R,MOGUL J,et al. Chimpp: A click-based programming and simulation environment for reconfigurable networking hardware[C]//Proceedings of the 6th ACM/IEEE Symposium on Architectures for Networking and Communications Systems,2010: 1-10.

[21] NIKANDER P, NYMAN B, RINTA-AHO T, et al. Towards software-defined silicon: Experiences in compiling click to NetFPGA[C]//1st European NetFPGA Developers Workshop, Cambridge,UK,2010.

[22] RINTA-AHO T,KARLSTEDT M,DESAI M P. The Click2NetFPGA Toolchain[C]//USENIX Annual Technical Conference,2012: 77-88.

[23] LI B,TAN K,LUO L,et al. Clicknp: Highly flexible and high performance network processing with reconfigurable hardware[C]//Proceedings of the 2016 ACM SIGCOMM Conference,2016: 1-14.

[24] ERAN H,ZENO L,ISTVÁN Z,et al. Design patterns for code reuse in HLS packet processing pipelines[C]//2019 IEEE 27th Annual International Symposium on Field-Programmable Custom Computing Machines (FCCM). IEEE,2019: 208-217.

[25] ZHAO R, LIU G, SRINATH S, et al. Improving high-level synthesis with decoupled data structure optimization[C]//Proceedings of the 53rd Annual Design Automation Conference,2016: 1-6.

[26] KARRAS K,HRICA J. Designing protocol processing systems with vivado high-level synthesis [Z]. Xilinx Application Note XAPP1209(v1. 0.1),2014.

[27] SILVA J S D, BOYER F R, LANGLOIS J M P. Module-per-Object: A human-driven methodology for C++-based high-level synthesis design [C]//2019 IEEE 27th Annual International Symposium on Field-Programmable Custom Computing Machines (FCCM). IEEE, 2019: 218-226.

[28] SULTANA N,GALEA S,GREAVES D,et al. EMU: Rapid prototyping of networking services [C]//2017 USENIX Annual Technical Conference (USENIX ATC 17),2017: 459-471.

[29] SINGH S,GREAVES D J. Kiwi: Synthesis of FPGA circuits from parallel programs[C]//2008 16th International Symposium on Field-Programmable Custom Computing Machines. IEEE,2008:

3-12.

[30] XILINX. SDAccel: Enabling hardware-accelerated software[R/OL]. [2023-04-08]. https://www.xilinx.com/products/design-tools/legacy-tools/sdaccel.html.

[31] RUAN Z, HE T, LI B, et al. ST-ACCEL: A high-level programming platform for streaming applications on FPGA [C]//2018 IEEE 26th Annual International Symposium on Field-Programmable Custom Computing Machines (FCCM). IEEE, 2018: 9-16.

[32] WAGNER J, LEUPERS R. C compiler design for a network processor[J]. IEEE Transactions on Computer-Aided Design of Integrated Circuits and Systems, 2001, 20(11): 1302-1308.

[33] JOHNSON E J, KUNZE A R. IXP 1200 programming: The microengine coding guide for the Intel IXP2400 network processor family[M]. [S.L.]: Intel Press, 2002.

[34] GEORGE L, BLUME M. Taming the IXP network processor[J]. ACM SIGPLAN Notices, 2003, 38(5): 26-37.

[35] CROZIER K. A C-based programming language for multiprocessor network SoC architectures [M]. Burlington: Morgan Kaufmann, 2004.

[36] DUNCAN R, JUNGCK P. PacketC language for high performance packet processing[C]//2009 11th IEEE International Conference on High Performance Computing and Communications. IEEE, 2009: 450-457.

[37] CROWLEY P, FRANKLIN M A, HADIMIOGLU H, et al. Network processor design: Issues and practices[M]. Burlington: Morgan Kaufmann, 2003.

[38] ENNALS R, SHARP R, MYCROFT A. Task partitioning for multi-core network processors [C]//Compiler Construction: 14th International Conference, CC 2005, Held as Part of the Joint European Conferences on Theory and Practice of Software, ETAPS 2005, Edinburgh, UK, April 4-8, 2005. Proceedings 14. Springer Berlin Heidelberg, 2005: 76-90.

[39] LI L, HUANG B, DAI J, et al. Automatic multithreading and multiprocessing of C programs for IXP[C]//Proceedings of the Tenth ACM SIGPLAN Symposium on Principles and Practice of Parallel Programming, 2005: 132-141.

[40] KHOSRAVI H, ANDERSON T. Requirements for separation of IP control and forwarding[R]. 2003.

[41] YANG L, DANTU R, ANDERSON T, et al. Forwarding and control element separation (ForCES) framework[R]. 2004.

[42] KREUTZ D, RAMOS F M V, VERISSIMO P E, et al. Software-defined networking: A comprehensive survey[J]. Proceedings of the IEEE, 2014, 103(1): 14-76.

[43] BOSSHART P, GIBB G, KIM H S, et al. Forwarding metamorphosis: Fast programmable match-action processing in hardware for SDN[J]. ACM SIGCOMM Computer Communication Review, 2013, 43(4): 99-110.

[44] BOSSHART P, DALY D, GIBB G, et al. P4: Programming protocol-independent packet processors[J]. ACM SIGCOMM Computer Communication Review, 2014, 44(3): 87-95.

[45] TANIZAWA K, SUZUKI K, TOYAMA M, et al. Ultra-compact 32×32 strictly-non-blocking Si-wire optical switch with fan-out LGA interposer[J]. Optics Express, 2015, 23(13): 17599-17606.

[46] PARK T, SHIN S. Mobius: Packet re-processing hardware architecture for rich policy handling on a network processor[J]. Journal of Network and Systems Management, 2021, 29(1): 1-26.

[47] MARTINS R F T, VERDI F L, VILLACA R, et al. Using probabilistic data structures for

monitoring of multi-tenant P4-based Networks[C]//2018 IEEE Symposium on Computers and Communications (ISCC). IEEE,2018: 204-207.

[48] PAOLUCCI F,CIVERCHIA F,SGAMBELLURI A et al. P4 edge node enabling stateful traffic engineering and cyber security [J]. IEEE/OSA Journal of Optical Communications and Networking,2019,11(1): 84-95.

[49] SIVARAMAN A,KIM C,KRISHNAMOORTHY R,et al. Dc. P4: Programming the forwarding plane of a data-center switch[C]//Proceedings of the 1st ACM SIGCOMM Symposium on Software Defined Networking Research,2015: 1-8.

[50] AZAD M A,BAG S,PERERA C,et al. Authentic caller: Self-enforcing authentication in a next-generation network[J]. IEEE Transactions on Industrial Informatics,2020,16(5): 3606-3615.

[51] SATYANARAYANAN M. The emergence of edge computing[J]. IEEE Computer,2017,50(1): 30-39.

[52] AHN G J,GU G,HU H,et al. SDN-NFV security 2019 preface[C]//Proceedings of the ACM International Workshop on Security in Software Defined Networks and Network Function Virtualization,Co-located with CODASPY (SDN-NFV 2019),2019: 1-4.

[53] BREBNER G. Programmable hardware for high performance SDN[C]//2015 Optical Fiber Communications Conference and Exhibition (OFC). IEEE,2015: 1-3.

[54] SUNE M,ALVAREZ V,JUNGEL T,et al. An OpenFlow implementation for network processors [C]//2014 Third European Workshop on Software Defined Networks. IEEE,2014: 123-124.

[55] BELTER B,PARNIEWICZ D,OGRODOWCZYK L,et al. Hardware abstraction layer as an SDN-enabler for non-OpenFlow network equipment[C]//2014 Third European Workshop on Software Defined Networks. IEEE,2014: 117-118.

[56] WIJEKOON V B,DANANJAYA T M,KARIYAWASAM P H,et al. High performance flow matching architecture for OpenFlow data plane[C]//2016 IEEE Conference on Network Function Virtualization and Software Defined Networks (NFV-SDN). IEEE,2016: 186-191.

[57] BLAIECH K,MOUNAOUAR O,CHERKAOUI O,et al. Runtime resource allocation model over network processors[C]//2014 IEEE International Conference on Cloud Engineering. IEEE,2014: 556-561.

[58] SHIN S,YEGNESWARAN V,PORRAS P,et al. Avant-guard: Scalable and vigilant switch flow management in software-defined networks [C]//Proceedings of the 2013 ACM SIGSAC Conference on Computer & Communications Security,2013: 413-424.

[59] BELTER B,BINCZEWSKI A,DOMBEK K,et al. Programmable abstraction of datapath[C]//2014 Third European Workshop on Software Defined Networks. IEEE,2014: 7-12.

[60] KALJIC E, MARIC A, NJEMCEVIC P. An implementation of a deeply programmable SDN switch based on a hybrid FPGA/CPU architecture[C]//2019 18th International Symposium INFOTEH-JAHORINA (INFOTEH). IEEE,2019: 1-6.

[61] QU Y R,ZHANG H H,ZHOU S,et al. Optimizing many-field packet classification on FPGA, multi-core general purpose processor, and GPU [C]//2015 ACM/IEEE Symposium on Architectures for Networking and Communications Systems (ANCS). IEEE,2015: 87-98.

[62] SUN C,BI J,CHEN H,et al. SDPA: Toward a stateful data plane in software-defined networking [J]. IEEE/ACM Transactions on Networking,2017,25(6): 3294-3308.

[63] CHU T W,SHEN C A,WU C W. The hardware and software co-design of a configurable QoS for

video streaming based on OpenFlow protocol and NetFPGA platform[J]. Multimedia Tools and Applications,2018,77: 9071-9091.

[64] LI Y,WANG G. SDN-based switch implementation on network processors[J]. Communications and Network,2013,5(3): 434.

[65] SONCHACK J,SMITH J M,AVIV A J,et al. Enabling practical software-defined networking security applications with OFX[C]//NDSS,2016,16: 1-15.

[66] YAZDINEJAD A,PARIZI R M,DEHGHANTANHA A,et al. P4-to-blockchain: A secure blockchain-enabled packet parser for software defined networking[J]. Computers & Security,2020,88: 101629.

[67] MIHAL A,KEUTZER K. A processing element and programming methodology for click elements[C]//Workshop on Application Specific Processors,2005: 10-17.

[68] NAYAKA R J,BIRADAR R C. High performance ethernet packet processor core for next generation networks[J]. International Journal of Next-Generation Networks,2012,4(3): 89.

[69] TCHAIKOVSKY I,BAK R. The principles of traffic processing and formation based on IXA networking processors [C]//2010 International Conference on Modern Problems of Radio Engineering,Telecommunications and Computer Science (TCSET). IEEE,2010: 218.

[70] KANADA Y. Controlling network processors by using packet-processing cores[C]//2014 28th International Conference on Advanced Information Networking and Applications Workshops. IEEE,2014: 690-695.

[71] HE P,WANG J,DENG H,et al. Balanced locality-aware packet schedule algrorithm on multi-core network processor [C]//2010 2nd International Conference on Future Computer and Communication. IEEE,2010,3: 248-252.

[72] NIU X,GUO Y,ZHANG J,et al. Internet traffic management based on AMCC network processor [C]//2008 11th IEEE International Conference on Communication Technology. IEEE,2008: 533-536.

[73] KEHE W,RUI C,YINGQIANG Z,et al. The research on the software architecture of network packet processing based on the many-core processors [C]//2016 7th IEEE International Conference on Software Engineering and Service Science (ICSESS). IEEE,2016: 555-559.

[74] TANG Z,ZENG X,CHEN X. A multi-path reliable data transfer system based on multi-core network processors[C]//2019 IEEE 9th International Conferen0ce on Electronics Information and Emergency Communication (ICEIEC). IEEE,2019: 122-125.

[75] BLAIECH K,HAMADI S,MSEDDI A,et al. Data plane acceleration for virtual switching in data centers: NP-based approach[C]//2014 IEEE 3rd International Conference on Cloud Networking (CloudNet). IEEE,2014: 108-113.

[76] BAE K,OK S H,SON H S,et al. An efficient interworking architecture of a network processor for layer 7 packet processing[C]//Communication and Networking: International Conference,FGCN 2011,Held as Part of the Future Generation Information Technology Conference,FGIT 2011,in Conjunction with GDC 2011,Jeju Island,Korea,December 8-10,2011. Proceedings,Part I. Springer Berlin Heidelberg,2012: 136-146.

[77] LI J,SUN Z,YAN J,et al. Drawerpipe: A reconfigurable pipeline for network processing on FPGA-based SmartNIC[J]. Electronics,2019,9(1): 59.

[78] LI Y,SHAN L,QIAO X. A parallel packet processing runtime system on multi-core network

processors[C]//2012 11th International Symposium on Distributed Computing and Applications to Business,Engineering & Science. IEEE,2012: 67-71.

[79] CASCÓN P,ORTEGA J,HAIDER W M,et al. A multi-threaded network interface using network processors[C]//2009 17th Euromicro International Conference on Parallel, Distributed and Network-based Processing. IEEE,2009: 196-200.

[80] SABIN G,RASHTI M. Security offload using the SmartNIC,a programmable 10 Gb/s ethernet NIC[C]//2015 National Aerospace and Electronics Conference (NAECON). IEEE,2015: 273-276.

[81] LE Y,CHANG H,MUKHERJEE S,et al. UNO: Uniflying host and SmartNIC offload for flexible packet processing[C]//Proceedings of the 2017 Symposium on Cloud Computing,2017: 506-519.

[82] CORNEVAUX-JUIGNET F, ARZEL M, HORREIN P H, et al. Combining FPGAs and processors for high-throughput forensics IEEE CNS 17 poster[C]//2017 IEEE Conference on Communications and Network Security (CNS). IEEE,2017: 388-389.

[83] CEROVIćD, DEL PICCOLO V, AMAMOU A, et al. Data plane offloading on a high-speed parallel processing architecture[C]//2018 IEEE 11th International Conference on Cloud Computing (CLOUD). IEEE,2018: 229-236.

[84] HUANG C,YU X,LUO H. Research on high-speed network data stream capture based on multi-queue NIC and multi-core processor[C]//2010 2nd IEEE International Conference on Information Management and Engineering. IEEE,2010: 248-251.

[85] LI Y,MIAO R,LIU H H,et al. HPCC: High precision congestion control[C]//Proceedings of the ACM Special Interest Group on Data Communication,2019: 44-58.

[86] MIANO S,DORIGUZZI-CORIN R,RISSO F,et al. Introducing SmartNICs in server-based data plane processing: The DDoS mitigation use case[J]. IEEE Access,2019,7: 107161-107170.

[87] CAULFIELD A,COSTA P,GHOBADI M. Beyond SmartNICs: Towards a fully programmable cloud[C]//2018 IEEE 19th International Conference on High Performance Switching and Routing (HPSR). IEEE,2018: 1-6.

[88] ZHAO Y Y,CHENG G,LI H D,et al. Active queue management algorithm for time delay demand[J]. Scientia Sinica Informationis,2019,49(10): 1321-1332.

[89] FICARA D, GIORDANO S, OPPEDISANO F, et al. A cooperative PC/Network-Processor architecture for multi gigabit traffic analysis[C]//2008 4th International Telecommunication Networking Workshop on QoS in Multiservice IP Networks. IEEE,2008: 123-128.

[90] LU J,WANG J. Analytical performance analysis of network-processor-based application designs [C]//Proceedings of 15th International Conference on Computer Communications and Networks. IEEE,2006: 33-39.

[91] LI P,WU X,RAN Y,et al. Designing virtual network functions for 100 gbe network using multicore processors[C]//2017 ACM/IEEE Symposium on Architectures for Networking and Communications Systems (ANCS). IEEE,2017: 49-59.

[92] YANG X,CHEN X,JIN Y. A high-speed real-time HTTP performance measurement architecture based on network processor[C]//ICTC 2011. IEEE,2011: 744-745.

[93] YUAN L, CHUAH C N, MOHAPATRA P. ProgME: Towards programmable network measurement[C]//Proceedings of the 2007 Conference on Applications, Technologies,

Architectures,and Protocols for Computer Communications,2007: 97-108.

[94] XIE Y, WU J, CHEN J, et al. Dynamic measurement of task scheduling algorithm in multi-processor system[J]. Journal of Shanghai Jiaotong University (Science),2019,24: 372-380.

[95] FERKOUSS O E,SNAIKI I,MOUNAOUAR O,et al. A 100Gig network processor platform for openflow[C]//2011 7th International Conference on Network and Service Management. IEEE, 2011: 1-4.

[96] LIU M, PETER S, KRISHNAMURTHY A, et al. E3: Energy-efficient microservices on SmartNIC-accelerated servers[C]//USENIX Annual Technical Conference,2019: 363-378.

[97] NARAYAN A,CANGIALOSI F,GOYAL P,et al. The case for moving congestion control out of the datapath[C]//Proceedings of the 16th ACM Workshop on Hot Topics in Networks,2017: 101-107.

[98] AVUDAIAMMAL R,SWARNALATHA A,SEETHALAKSHMI P. Network processor based high speed packet classifier for multimedia applications[J]. Wireless Personal Communications, 2018,98: 1219-1236.

[99] PARK J,LEE Y S. Network processor architecture with flow-based dynamic bandwidth control for efficient QoS provisioning[J]. Peer-to-Peer Networking and Applications,2015,8: 704-715.

[100] LI M,MA B,ZHANG W. Research and implement of the key technology for IP QoS based on network processor[C]//2009 International Symposium on Computer Network and Multimedia Technology. IEEE,2009: 1-4.

[101] SALEEM K,FISAL N,ZABIDI M M,et al. QoS provisioning for real time services for IPv6 DiffServ network using IXP-2400 Intel network processor[C]//2007 IEEE International Conference on Telecommunications and Malaysia International Conference on Communications. IEEE,2007: 594-598.

[102] NGUYEN H K,TRAN X T. A novel reconfigurable router for QoS guarantees in real-time NoC-based MPSoCs[J]. Journal of Systems Architecture,2019,100: 101664.

[103] BENACER I,BOYER F R,SAVARIA Y. Design of a low latency 40 Gb/s flow-based traffic manager using high-level synthesis[C]//2018 IEEE International Symposium on Circuits and Systems (ISCAS). IEEE,2018: 1-5.

[104] IQBAL M F, HOLT J, RYOO J H, et al. Dynamic core allocation and packet scheduling in multicore network processors[J]. IEEE Transactions on Computers,2016,65(12): 3646-3660.

[105] YU Q, ZNATI T, YANG W. Energy-efficient, QoS-aware packet scheduling in high-speed networks[J]. IEEE Journal on Selected Areas in Communications,2015,33(12): 2789-2800.

[106] PAUL S,PANDIT M K. A GoS-enhanced smart packet scheduler for multi-core processors in intelligent routers using machine learning[C]//Smart Intelligent Computing and Applications: Proceedings of the Second International Conference on SCI 2018,Volume 1. Springer Singapore, 2019: 713-720.

[107] BONIFACI V,BRANDENBURG B,DANGELO G,et al. Multiprocessor real-time scheduling with hierarchical processor affinities[C]//2016 28th Euromicro Conference on Real-Time Systems (ECRTS). IEEE,2016: 237-247.

[108] JANG H C,JIN H W. MiAMI: Multi-core aware processor affinity for TCP/IP over multiple network interfaces[C]//2009 17th IEEE Symposium on High Performance Interconnects. IEEE, 2009: 73-82.

[109] ORTIZ A, ORTEGA J, DÍAZ A F, et al. Affinity-based network interfaces for efficient communication on multicore architectures[J]. Journal of Computer Science and Technology, 2013,28(3): 508-524.

[110] HANFORD N, AHUJA V, FARRENS M, et al. Improving network performance on multicore systems: Impact of core affinities on high throughput flows[J]. Future Generation Computer Systems, 2016, 56: 277-283.

[111] OK S H, MOON B. A sequence-preserving packet scheduler for multi-core network processors [J]. Journal of Korean Information Technology Society, 2019, 17(2): 79-85.

[112] ROY S, KAUSHIK A, AGRAWAL R, et al. A high-throughput network processor architecture for latency-critical applications[J]. IEEE Micro, 2019, 40(1): 50-56.

[113] SATHEESH A, KUMAR D, DHARMALINGAM P, et al. Dynamically reconfigurable queue for Intel IXP2400 network processor[J]. Journal of Internet Technology, 2017, 18(1): 95-101.

[114] RIM S Y, CUI Z, QIAN L. High performance packet processor architecture for network virtualization: Programmable packet processor architecture as a data flow machine [C]// Proceedings of the 2018 International Conference on Algorithms, Computing and Artificial Intelligence, 2018: 1-5.

[115] SHAN Z, ZHAO R C. Network processor performance evaluation model [J]. Computer Engineering, 2007, 33(22): 161-162.

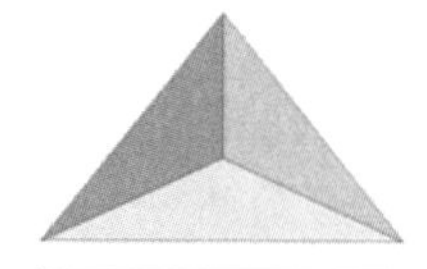

第 3 章 下一代网络处理器架构设计

3.1 下一代网络处理器体系架构

为同时兼备灵活性和处理性能，满足按需部署网络协议、灵活扩展新型网络协议和网络功能，并保持极高处理性能的需求，本书将介绍一种基于 ASIC-FPGA-CPU 3 种异构资源协同的可重构网络处理器架构模型。

3.1.1 NGNP 架构设计考量

现有网络处理器通常采用多核 CPU＋ASIC 专用加速器的系统架构，如图 3.1(a)所示，其中多核 CPU 为网络处理器的处理核心，专用硬件加速单元作为协处理器。然而这种协同处理模型需要将网络端口接收的报文通过 DMA 的方式送至多核 CPU 可访问的内存，再由多核 CPU 处理单元(PE)从内存中读取报文，并根据处理动作送给基于 ASIC 实现的硬件加速单元(HA)处理，至少存在两次软硬件数据交互，且考虑到 PE 单元在报文处理上存在吞吐率低、处理时延高的缺陷，虽然可以通过增加 PE 单元数量以扩展处理性能，但随之增加了网络处理器的成本和功耗。为此我们转而将硬件流水线作为下一代网络处理器的核心处理单元，如图 3.1(b)所示，报文处理围绕着硬件流水线展开。网络端口将接收的报文直接送给硬件流水线，流水线根据处理动作决定是否需要上送给多核 CPU 处理。对于需要软硬件协同处理的报文，只需要硬件流水线与 CPU 两次交互的开销，而对于硬件流水线可以直接处理的报文，则可以避免与 CPU 的通信开销以及 CPU 处理报文的时间开销，从而极大地提升处理性能。此外，NGNP 还引入了具有良好可重构特性的 FPGA 资源，用于弥补 ASIC 灵活性差、无法根据用户需求重构处理逻辑、CPU 处理性能低的缺陷。

对于同时集成有 ASIC、FPGA、CPU 3 种异构资源的 NGNP，在具体设计的过程中我们有以下考量。

考量一：支持极高的报文处理性能，同时兼备良好的灵活性，可快速部署新型网络功能。

随着当今互联网规模的扩大，网络流量爆炸式增长。这也导致了以太网接口速率的增长速度(大概每 10 年增长 10 倍)已远远超过通用多核处理性能的增长速率。例如，数据中心已经完成从 10GbE 接入向 25GbE 接入的转变，并逐渐开始向 50GbE 甚至

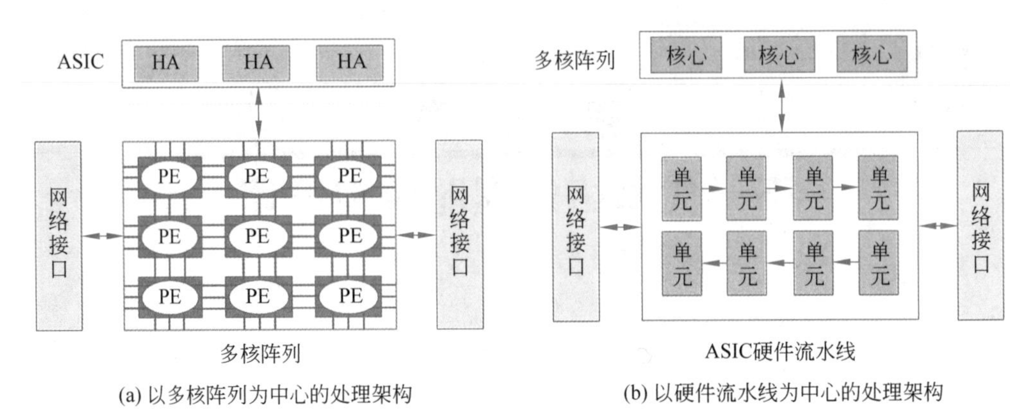

(a) 以多核阵列为中心的处理架构
(b) 以硬件流水线为中心的处理架构

图 3.1　分别以 CPU 与 ASIC 为核心处理单元的两种网络处理模型

100GbE 演进。急速增长的网络流量和接口带宽需要下一代网络处理器具备极高的处理性能。

此外，网络中新出现例如 SRv6[1]、带内遥测（INT）[2]等协议或网络功能通常需要网络处理器具有更好的灵活性以支持新协议的解析、任意字段匹配以及处理动作的动态更新。虽然目前大部分网络处理器的核心处理单元 ASIC 具有极高的处理速度，能够满足大部分网络应用的需求，但 ASIC 固定的处理逻辑导致传统的网络处理器难以扩展新处理动作。此外，以通用多核 CPU 为核心的网络处理器虽然具备灵活的功能扩展能力，但是处理性能严重不足。

考量二：支持 3 种异构资源的协同处理，以充分发挥各类资源的优势。

NGNP 集成有 3 种异构资源，即 ASIC、FPGA、CPU。其中，ASIC 具有极高的处理性能，但流片后无法修改硬件处理逻辑，灵活性差。FPGA 具有良好的可重构性和并行性，可灵活扩展新的报文处理功能，但 FPGA 的时钟频率低，不适合对处理速率要求极高的网络应用。CPU 具有极好的可编程性，并支持高级语言编程，开发难度小，同时还集成有精细设计的访问结构，能够实现各类复杂的报文处理动作，但并行性差，存在吞吐率低和处理时延高等不足。

为充分发挥各类资源的优势，NGNP 需要支持异构资源间的数据、控制信息交互，以支持异构资源的协同处理。NGNP 要尽量减少报文在 FPGA、CPU 中的处理时间，以保证具备极高的处理性能。

考量三：支持 3 种处理资源，即 ASIC、FPGA、CPU 的灵活组合配置。

不同网络场景对网络功能处理性能和灵活性的需求不同。例如，数据中心服务器通常需要执行一些复杂的报文处理功能，如网络地址转换、四层负载均衡、有状态防火墙等功能，对转发性能的需求相对较弱而对灵活性要求较高，因此数据中心服务器可能对包含 FPGA 与 CPU 资源的网络处理器需求更高；而数据中心的汇聚节点或核心交换节点，则对转发性能的需求远远超过对灵活性的需求，仅需要包含 ASIC 与 CPU 资源的网络处理器；而对于那些转发性能和灵活性要求都十分苛刻的应用场景，则需要集成 3 种处理资源。

此外，出于对设备安全性、成本、稳定性、防制裁等因素的考虑，芯片制造商或用户并不希望网络处理器使用的工艺、IP核、FPGA型号或者CPU芯片相对固定。比如出于对安全性的考虑，国家重点安全部门通常需要采用基于全国产芯片实现的网络处理器。为此，NGNP不应该绑定ASIC、FPGA、CPU型号，需要支持3种处理资源的灵活组合。

3.1.2　NGNP的组成架构

针对上一节的设计考量，我们根据报文处理动作的类型，将网络数据平面处理划分为快速转发、功能加速和深度处理3个子平面，分别由一种硬件处理资源承载，同时通过定义标准的平面间数据、控制消息，解耦3个数据子平面，以支持3类资源的灵活组合配置。NGNP组成架构如图3.2所示，主要包括3种异构资源，通过定义基于元数据(用于在ASIC、FPGA、CPU内部模块，或者3种资源之间传递中间处理结果，实现数据共享)的数据及控制标准化接口，实现资源解耦。

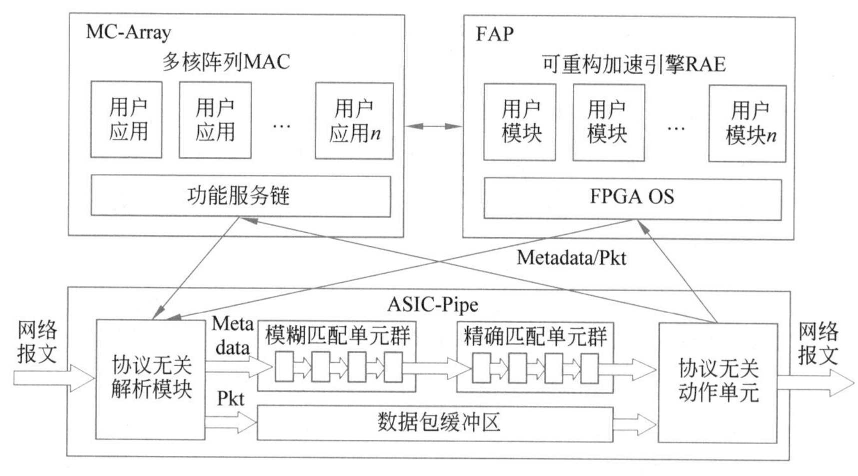

图3.2　NGNP组成架构

(1) 基于ASIC的协议无关流水线ASIC-Pipe。

ASIC-Pipe负责承载快速转发平面的功能，是NGNP获得极高处理性能的关键。如图3.2所示，报文处理围绕着ASIC-Pipe展开，即所有报文均先经过ASIC-Pipe处理，然后根据处理动作决定是否需要上送给FPGA或CPU处理。对于ASIC-Pipe可以直接处理的报文，则可以避免与FPGA、CPU的通信开销以及FPGA、CPU处理报文的时间开销，从而获得极高的处理性能。

此外，为提升ASIC的灵活性，ASIC-Pipe将报文处理抽象为无语义的“匹配-动作”处理，规则匹配和动作处理均可实现完全流水，具有极高的处理性能。其中，“匹配”操作支持两种通用的匹配模式，即模糊匹配和精确匹配，并允许用户自定义匹配的关键字和匹配结果。“动作”操作则支持报文头封装、解封装以及内部关键字段修改3类通用处理动作。“匹配规则表”之前还包含一个可编程解析器，支持任意协议和提取关键字的增加和移除。

(2) 基于 FPGA 的可重构加速流水线 FAP(FPGA Accelerating Pipeline)。

FAP 具备良好的处理性能和灵活性,主要负责网络功能的硬件加速。FAP 由两部分组成。一是与平台相关的处理逻辑,即 FPGA OS,能够屏蔽底层与平台相关的报文处理逻辑,并实现与其他两种资源的数据、控制消息交互功能。二是用户自定义处理逻辑,用于加速各种定制报文处理功能,并将 FPGA 中的分组处理流水线抽象成具有相同接口的多个模块,允许开发者在流水线中插入、删除或替换应用相关处理模块以快速重构新的网络功能。

(3) 通用多核阵列 MC-Array(Multi-Core Array)。

MC-Array 具有极好的灵活性,负责承载深度处理平面的功能。MC-Array 中的 CPU 核既可以配置成流水线(Pipeline)处理模式,即每个核实现一种网络功能,不同核之间按照功能服务链编排;也可以配置成 RTC(Run-To-Complete)模式,即每个核均独自运行所有网络功能,不需要核间的数据交互。此外,MC-Array 通过将报文处理规则下发给 ASIC-Pipe 或 FAP,避免后续可以在硬件中处理的报文继续上送给 MC-Array,以提升处理性能。

结合上面 3 种异构资源的组合,NGNP 能够支持两种软硬件协同模型,如图 3.3 所示,分别是松耦合的工作模型和紧耦合的工作模型。在松耦合的工作模型中,ASIC-Pipe 作为快速报文处理路径,FAP 作为次慢速路径,而 MC-Array 作为慢速路径。与 Cache 类似,ASIC-Pipe 利用匹配单元维护当前活跃流的处理动作,对于命中 ASIC-Pipe 规则表的报文可以直接处理后转发,而对于未命中规则表的报文,则根据默认规则依次上送给 FAP 和 MC-Array 处理。FAP 和 MC-Array 在处理完报文后会生成该流的处理动作,并更新匹配单元中的规则表,避免后续的报文继续上送给 FAP 和 MC-Array。而在紧耦合的工作模型中,ASIC-Pipe、FAP、MC-Array 均负责部分报文处理功能,其中 ASIC-Pipe 采用协议无关抽象支持通用报文处理动作,FAP 具有可重构特性可定制处理动作的特性,原先基于软件实现的网络功能可以将绝大部分处理逻辑卸载到 ASIC-Pipe 和 FAP 中执行,以提升处理性能。

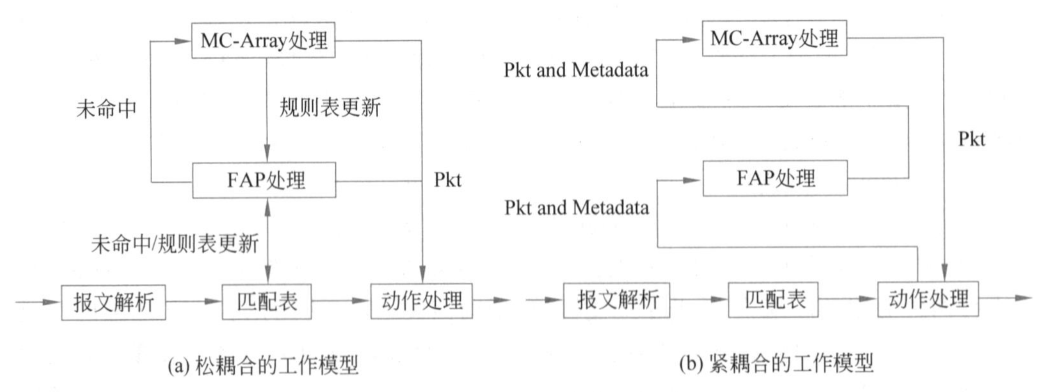

图 3.3 松耦合和紧耦合的工作模型

3.1.3 NGNP 组成架构的优势特点

相比于其他网络处理器所采用的体系架构，如基于 CPU＋ASIC、CPU＋FPGA 等异构资源协同处理模型，或者基于 ASIC 的流水线模型，NGNP 具有如表 3.1 所示的强大优势。

表 3.1 NGNP 组合架构与其他网络处理器体系架构对比

实现架构	吞吐率	时延	可扩展性	编程语言	通用 OS	定制能力	典型示例
通用 CPU(＋ASIC)	低	高	好	C/C++	支持	高	Cavium CN800，NXP T series
专用 CPU(＋ASIC)	高	高	好，性能低	汇编/C	支持	较高	Cisco nPower，Mellanox NPS400
可编程 ASIC	高	低	较差	P4	不支持	低	RMT，SDPA，FlowBlaze
FPGA(＋CPU)	较高	低	好	Verilog/VHDL	带 CPU 支持	较低	NetFPGA，SwitchBlade
CPU＋GPU	较低	高	好	OpenCL/CUDA	支持	高	PacketShader，APUNet
NGNP(CPU＋FPGA＋ASIC)	高	低	好	C/C++ /Verilog	支持	高	HX-NP40S

首先，NGNP 根据网络应用所需要的报文处理动作执行分层处理，能够充分发挥各类资源的优势，同时避免报文经过所有资源导致的数据交互开销和报文处理开销，从而具有极高的处理性能和良好的可扩展性。

其次，NGNP 的 MC-Array 采用通用多核 CPU 实现，能够运行 Linux 操作系统，支持 GCC/G++ 等编译器，方便用户开发、调试网络功能。

此外，NGNP 不存在现有的大部分网络处理器采用的 CPU＋ASIC 架构所带来的 CPU 高时延、低吞吐率以及 ASIC 灵活性极差的问题，其通过部署 FPGA 来实现部分硬件加速功能进而满足可现场编程，同时兼顾性能和灵活性的新一代网络处理器要求。

最后，相较于 FAST 这类 CPU＋FPGA 软硬件协同架构来说，NGNP 通过添加 ASIC 硬件流水线用于实现网络功能中通用且相对固定的报文处理逻辑而使报文处理性能得到显著提升。

3.2 协议无关流水线 ASIC-Pipe 设计

ASIC 负责承载快速转发平面的功能，是 NGNP 获得极高处理性能的关键。为了减少报文上送给 MC-Array 或 FAP 存在的交互开销和处理开销，本节将基于 ASIC 的 ASIC-Pipe 设计成无语义的“匹配-动作”处理，允许用户通过配置匹配和动作处理单元，支持各类无状态分组处理功能。此外，ASIC-Pipe 还支持完全流水处理，用于支撑 NGNP

获得极高处理性能。本节将详细介绍 ASIC-Pipe 及其关键功能部件的设计。

3.2.1 整体设计

如图 3.4 所示，ASIC-Pipe 由 5 部分组成，即可编程解析器、协议无关规则匹配部件、流量管理模块、分组处理模块、报文缓存与配置管理部件。其中，协议无关规则匹配部件作为最主要的工作部件之一，支持模糊匹配和精确匹配两种模式。

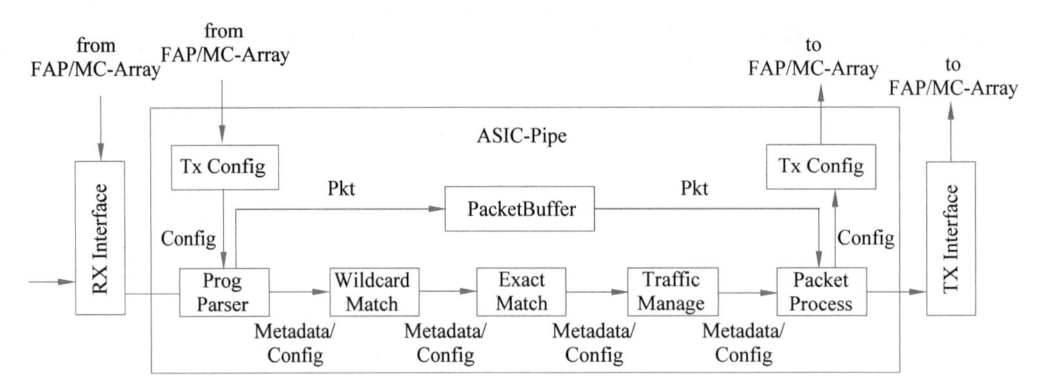

图 3.4　协议无关流水线设计

1. 可编程解析器（Prog Parser）

报文解析器用于识别报文的协议类型和提取报文头中的关键字段，同时将报文头部与报文体分开。其中，报文体缓存在分组缓冲区中，而报文头、解析的协议类型以及提取的字段（如目的 MAC 地址）构造成元数据，并穿过整条流水线。

2. 协议无关规则匹配部件（模糊匹配 Wildcard Match 或精确匹配 Exact Match）

协议无关规则匹配部件的功能是从元数据中提取待匹配关键字，并查找规则表，以获得对应的处理动作和动作处理所需的参数，是保障整个 ASIC-Pipe 正常运作的最重要部件。ASIC-Pipe 的协议无关规则匹配部件采用语义无关设计，允许用户定义规则表内容和规则表匹配的关键字（可以是报文头的任意字段）。为支持不同类型的规则匹配模式，协议无关规则匹配部件由多级模糊匹配和精确匹配单元组成，能够支持带掩码匹配、最长前缀匹配和精确匹配模式。

3. 流量管理模块（Traffic Manage）

流量管理模块提供类似于流量整形和流量调度的流量管理功能，可以根据解析器提取的关键字以及规则表匹配结果实现流分类、计量和标记功能。该模块允许用户配置内部队列长度、计量方式、超时时长、调度优先级等参数实现自定义的流量调度、整形、统计功能。

4. 动作处理模块（Packet Process）

动作处理模块的功能主要是根据前置模块的匹配结果执行相应的处理动作。考虑到 NGNP 部署了 CPU 和 FPGA 作为协同处理流水线，已经具备了灵活的功能扩展能力，因

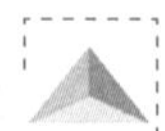

此 ASIC-Pipe 中的动作处理模块一般被用于部署一些例如替换目的 MAC 地址的通用报文处理动作而加速传统的分组处理。

5. 报文缓存与配置管理部件(Packet Buffer and Rx/Tx Config)

报文缓存用于临时缓存 ASIC-Pipe 正在处理的报文,并为动作处理部件提供读取缓存区报文的功能。在稳定报文处理速率的同时,通过分配空闲缓存给新接收的报文,回收已经发送报文的缓存块,支持报文在流水线中的乱序执行以及报文调度功能。而配置管理部件主要是用于配置上述提到的流水线中的各组件中的规则表,并读取流水线中的例如接收报文个数、发送报文个数以及丢包等状态信息,使得 ASIC-Pipe 的功能能够按需配置,灵活扩展。

3.2.2 协议无关匹配部件设计

协议无关匹配部件由多个串行的匹配单元构成,并支持模糊匹配和精确匹配两种模式,两种模式的匹配方法如图 3.5 所示。

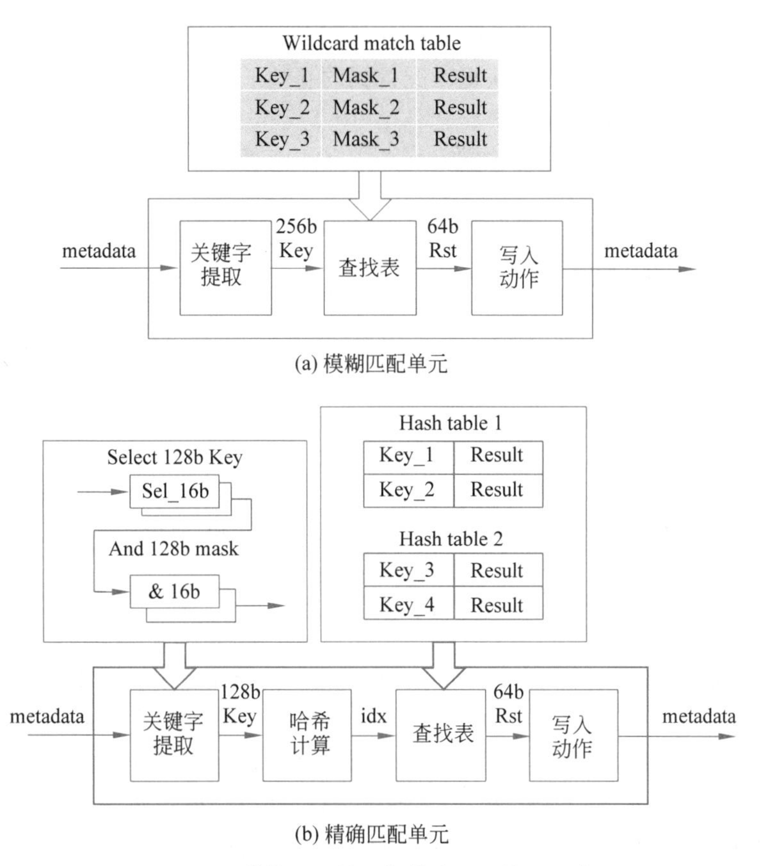

图 3.5 模糊匹配单元与精确匹配单元设计

如图 3.5(a)所示,模糊匹配单元的匹配关键字位宽为 256b,报文在经过匹配表之前需要先从元数据中提取 256b 的查找关键字 Key,且每一条匹配条目都有与之对应的位宽为256b的掩码Mask,匹配结果Result位宽为64b。模糊匹配单元可以用TCAM实现[3]或者基于SRAM的模糊匹配算法[4]实现。图3.5(b)展示的是精确匹配单元的工作模式,精确匹配与模糊匹配方法类似,但是在匹配关键字的提取和操作上存在不同。精确匹配为了支持任意字段的匹配,在关键字提取时选择两组128b位宽的关键字,且每组关键字由16b的最基本的匹配字符拼接而成。不仅如此,在进入匹配表之前,两组关键字还需要进行哈希计算来获得位宽为16b的索引(idx)来在多组规则表中查找到对应的规则表,实现任意字段的精确匹配。

此外,模糊匹配和精确匹配规则表的前一级查找结果均可作为下一级的匹配关键字,实现规则表的级联查找,即通过级联多个规则表,用于支持高位宽查找关键字的规则匹配以及高位宽查找结果。

如图3.6所示,通过级联两个模糊匹配表,可以获得512b位宽关键字的模糊匹配。第一级模糊匹配模块输入前256b的关键字,获得64b的匹配结果。第二级模糊匹配模块输入第一级模糊匹配的64b结果和后256b关键字的组合,获得新的64b匹配结果。同理,通过级联两个精确匹配表可以获得240b位宽关键字的精确匹配。第一级精确匹配模块输入前128b的关键字,获得所匹配的16b规则索引。第二级精确匹配模块输入16b规则索引和后112b关键字的组合,获得匹配得到的新的64b查找结果。

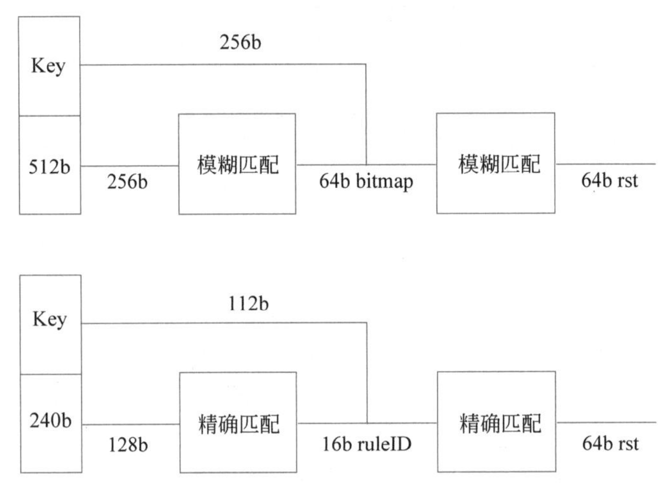

图3.6 级联多个规则表扩展关键字位宽

如图3.7所示,通过级联一个模糊匹配表和一个精确匹配表获得128b位宽的模糊匹配结果。第一级模糊匹配表输入256b位宽的关键字,获得16b的规则索引和64b的查找结果。第二级精确匹配表将上一级的输出规则索引作为输入得到64b的查找结果并与模糊匹配的查找结果合并得到最终的128b查找结果。同理,通过级联两个精确匹配表,采用相同的操作流程,即使输入的是128b的关键字,依然可以获得128b位宽的精确匹配结果。

需要注意的是,由于报文处理所需的规则表的匹配方式和匹配顺序可能与ASIC-Pipe匹配单元的排列顺序不同,或者报文处理规则表的匹配关键字位宽、查找结果位宽

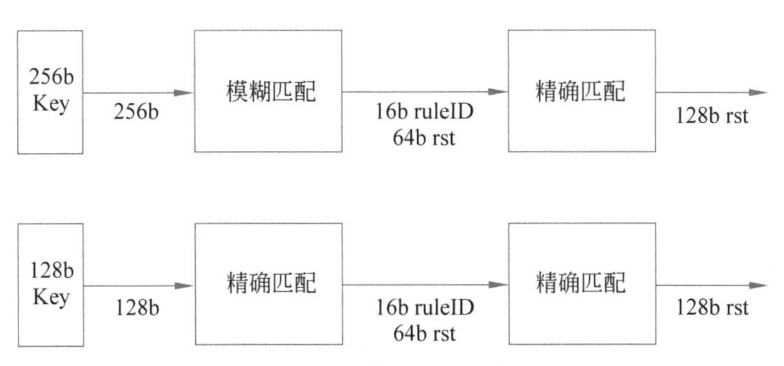

图 3.7　级联多个规则表扩展结果位宽

与 ASIC-Pipe 匹配单元的匹配、查找结果位宽不同，为此，在特定情况下需要为 ASIC-Pipe 进行匹配单元的重排。匹配单元的重排需要考虑以下两大问题。

(1) 匹配模式的差异，主要包括不同规则表匹配字段及其位宽的不同、不同规则表匹配方式的不同、不同规则表匹配结果及其位宽的不同、规则表数量的不确定性。

(2) 规则表的依赖关系，主要包括匹配依赖即前一级表的匹配结果是后一级表的匹配字段、结果依赖即前一级表的匹配字段是后一级表的匹配结果、控制依赖即前一级规则表的查找结果决定了后一级的规则表类型。

依据匹配模式的差异和规则表依赖关系两点考量，我们能够进行合理的匹配单元重排，以 L3 路由功能映射到 ASIC-Pipe 为例，如图 3.8 所示，该功能需要第一行中显示 5 个规则表，然后根据依赖关系得到第二行中规则表的大致排列顺序（包含了必要的前后关系和不必要的前后关系），最后根据协议无关映射表机制对所有涉及的模糊/精确匹配单元进行重排。在本案例中，L3 Routing 模块由于查找结果位宽大于 64b，因此需要进行扩展，需要分配一个模糊单元加上一个精确单元进行组合实现。另外由于 L3 Routing 会在 MAC Learning 之前分配到模糊匹配单元，因此，为了避免先出现的 L3 Routing 产生的结果影响本应该出现在前面的 L2 Learning 模块的结果，在 metadata 中添加 meta.sMac 防止覆盖 Eth.sMac。

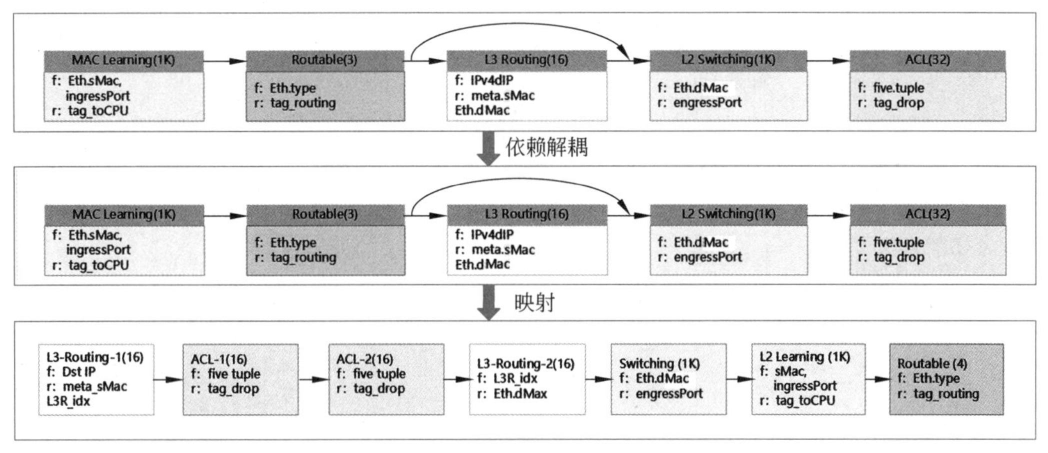

图 3.8　级联多个规则表扩展关键字位宽

3.3 基于 CPU+FPGA 的软硬件协同可重构分组处理流水线

NGNP 设计的软硬件协同可扩展分组处理架构一方面利用通用多核 CPU 的可编程灵活性和并发处理能力，支撑网络分组深度处理；另一方面利用 FPGA 具有的硬件可重构特性，支持数据平面处理及加速模块的按需部署[5]，使得 NGNP 具有转发模块与硬件加速模块的混合编排架构。本节将详细介绍在 NGNP 混合编排架构下实现的基于模块 ID 映射表的流水线功能动态扩展方法，能够有效支持软硬件功能的动态加载，提升网络处理器面向多场景的应用能力和未来新型业务协议的演化能力。

3.3.1 软硬件协同处理基础框架

高性能可演进的 NGNP 体系结构在报文的处理方面主要是基于通用多核处理器及可重构 FPGA 硬件构建，其中的设计重点是实现软硬件协同的分组处理流水线。NGNP 支持 CPU+FPGA 平台软硬件高效数据通信，并且利用转发模块与硬件加速模块的混合编排方法，设计了采用可编程硬件流水线、硬件流水线扩展、软件模块扩展以及软硬件协同扩展这 4 种方式提升网络处理器可编程及可演进能力，满足网络设备功能扩展的性能和灵活性要求。

如图 3.9 所示，软硬件流水线均包含多个在 CPU 上可按需动态加载的扩展模块，实现对不同处理功能的扩展。动态扩展模块可以实现通用路由交换处理的慢速路径功能（如分片重组），也可扩展实现一些新的如按需部署的安全防护网络功能。可定制处理模块还可将目的 IP 地址是本地的分组发送到控制平面处理。当 NGNP 通过网络接口接收不同的分组时，分组首先会送给 FPGA 中由可定制硬件处理模块组成的硬件流水线处

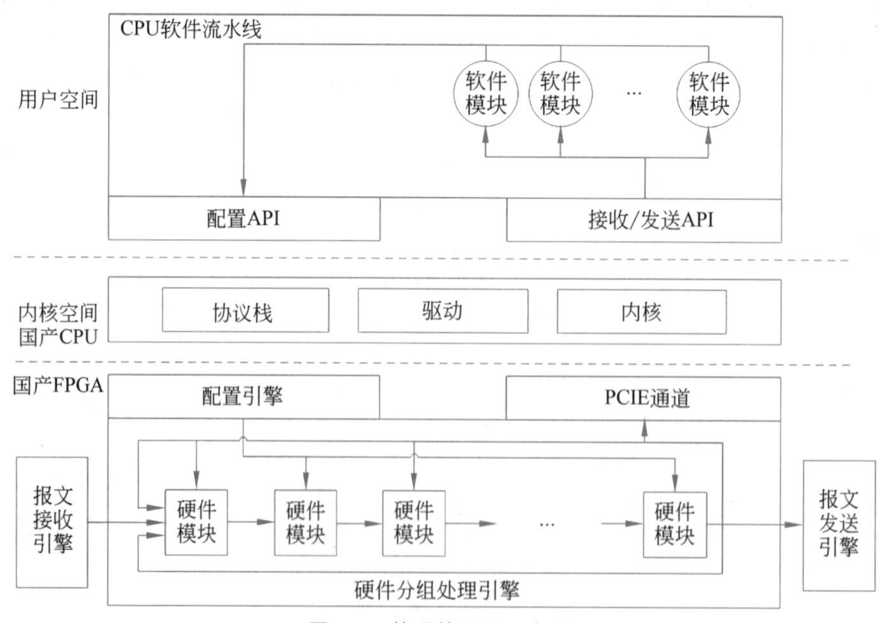

图 3.9 软硬协同处理框架

理，当需要调用更加适合当前分组处理应用的软件模块时，NGNP 会将报文送上对应的软件模块完成后续处理。此外，软件发出的分组可以对硬件流水线进行重入，进一步增加了下一代网络处理器处理的灵活性。由国产 CPU 内搭载的协议栈、驱动以及内核等通过良好定义的接口实现用户空间的交互，完成性能拓展。

基于上述通用多核 CPU 加 FPGA 的支持软硬件分组处理逻辑重构的可扩展分组处理架构，NGNP 能够在软件与硬件层通过加载、组合多种不同分组处理模块实现多种应用的部署，包括生成不同的软件层 App 以及硬件层分组处理引擎等。目前 NGNP 的软硬件协同分组处理流水线最主要的设计组成如图 3.10 和表 3.2 所示。

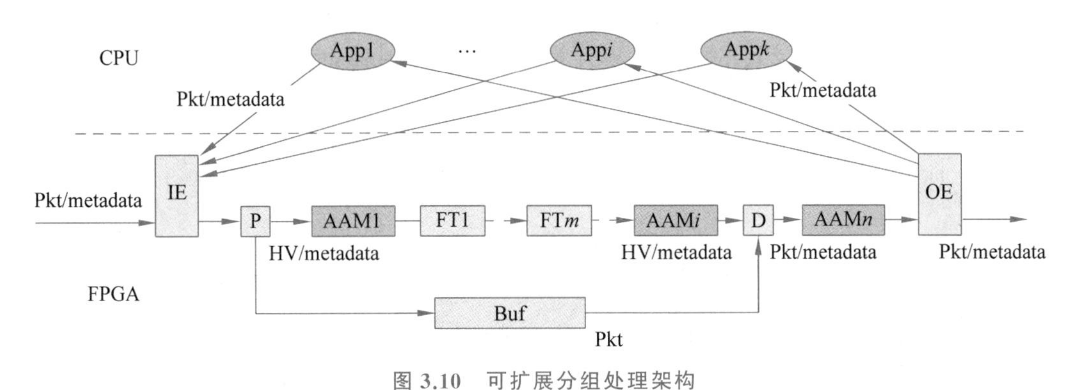

图 3.10　可扩展分组处理架构

表 3.2　软硬件协同处理主要组成模块

代号	模块名称	主要功能
IE	输入引擎	将从网络接口、CPU 上软件应用发出的分组聚集，送硬件流水线处理，支持对每个端口或应用到达的流量进行控制
OE	输出引擎	将硬件流水线处理的分组送网络接口发出，或发送至 CPU 上的软件应用。支持对发往每个端口或应用的数据流量进行控制
P	分组解析器(Parser)	对分组协议进行解析，剥离二层头，提取控制分组处理的关键字，如五元组信息等，生成头向量 HV，并修改 metadata 信息
D	分组反解析器(DeParser)	根据输出接口的特性，封装分组的二层头，或添加隧道封装等
AAM	应用加速模块	嵌入硬件流水线中、应用相关的加速逻辑，如判断分组是否属于特定集合的 Bloomfilter 实现、应用相关的分组加解密处理等
FT	流表模块	基于 Match-Action 模型的标准的分组查表和转发逻辑
Buf	分组缓冲模块	待转发分组的缓冲区，可以是 FIFO 单队列模型、PIFO 单队列模型，或者是多队列模型
App	应用模块	应用相关的软件处理程序，如有状态的防火墙处理，或者对性能要求不高的通用分组处理程序，如 IPv6 的链路 MTU 发现与处理

3.3.2 基于模块索引的可重构分组处理框架

目前大多数网络功能均可分解为多个功能模块，并且不同网络功能间可以共享处理逻辑相同的功能模块。为支持网络功能服务链的编排，NGNP需要根据不同服务的需求选择和指定模块的执行顺序。为此，我们在设计NGNP的过程中借鉴链表的思路，采用了一种基于模块索引的可重构分组处理框架。

NGNP的软硬件协同分组处理流水线为每个模块分配唯一的模块标识符Module ID(mid)，目前NGNP中设置的mid为8比特的标识，因此平台中最多支持256个模块。为了区分协同处理流水线中的软硬件模块，平台规定0～127为流水线中硬件模块的mid标识，128～255为软件模块的标识。硬件模块在实例化时通过外部连线获取mid，软件模块在初始化注册时获取自己的mid。此外，NGNP还使用destination mid(dmid)标识当前模块处理报文需要前往的下一个模块，用户能够通过在特定模块中指定dmid来选取特定的处理路径，旁路与当前报文处理无关的模块，具体操作流程如图3.11所示。

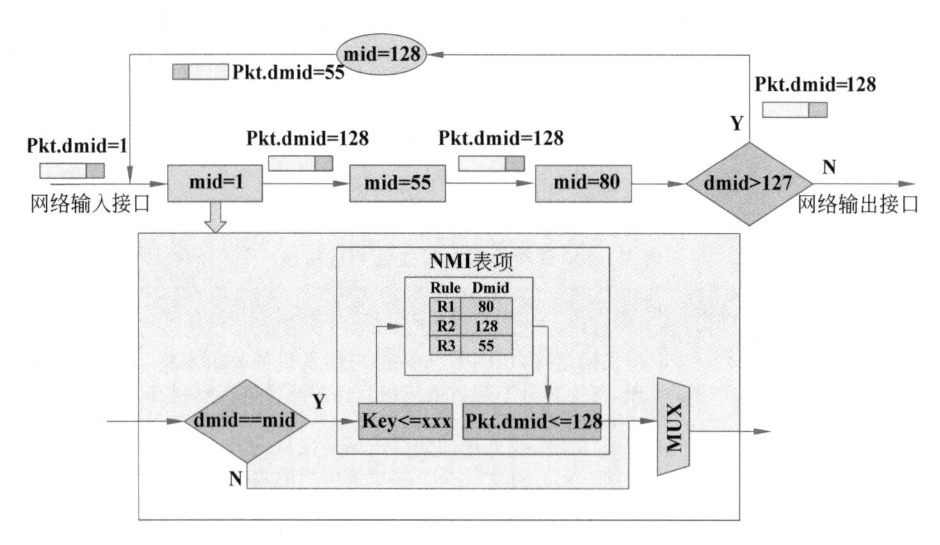

图3.11 基于模块索引的可重构分组处理框架

NGNP在每个分组处理模块中部署了一个NMI(Next Module ID)表项，当报文进入协同分组处理流水线时，模块的解析引擎根据流的五元组信息查找flow与dmid映射关系，获得下一个模块标识dmid，并将获得的dmid填写在元数据中，后续模块对比自身mid与元数据携带的dmid。若相等，则表示当前模块需要处理该报文并更新dmid；否则，报文可以跳过当前模块。因此，基于NMI映射表这一机制，NGNP能够实现分组处理流水线的动态重构。

3.3.3 基于模块索引的可重构分组处理框架优化机制

基于模块索引的可重构分组处理架构虽然能够在一定程度上满足软硬件协同流水线的灵活的分组处理需求，但是也存在一个较为严重的问题，就是倘若插入新的功能

模块可能需要修改上游所有模块的 NMI 表以增加相应规则指向新添加的功能模块,更新成本过高。因此,我们对基于模块索引的可重构分组处理框架进行了优化升级来解决这个问题。

如图 3.12 所示,优化后的可重构分组处理框架在原来流水线基础上(报文解析模块 P→关键字提取模块 E→报文分类模块 C→应用处理模块 A→报文转发模块 S→报文发送模块 T),添加了一个模块链分配模块 D,为每一条流分配了一个路径标识 pathID。因此,每一个模块在关键字提取以后需要进行 path 分配,即查找在模块中的 five tuple-pathID 映射表找到对应 pathID。其次,每个模块需要维护 pathID-dmid 映射关系,以构建用户所需的模块链。如图 3.12 所示,属于 flow3 的报文关键字与 five tuple-pathID 映射表中的 default 条目匹配,因此获得路径标识 path Ⅱ。后续模块只需要根据路径标识 path Ⅱ查找 pathID-dmid 映射表以获取 dmid 即可确定分组处理路径。整个优化模型的处理流程可以描述为:首先,分组处理流水线接收报文,并将其发送给报文解析和关键字提取模块执行基本处理;其次,路径分配模块获取此报文并根据五元组查找 five tuple-pathID 以及 pathID-dmid 映射表,获得 pathID 和 dmid,并将其填写在元数据 metadata 中;最后,后续模块比较报文元数据中携带的 dmid 与模块本身 mid,若相等,则表示当前模块需要处理该数据包,完成处理后继续查找 pathID-dmid 映射表以更新 dmid,反之则报文跳过当前处理模块。

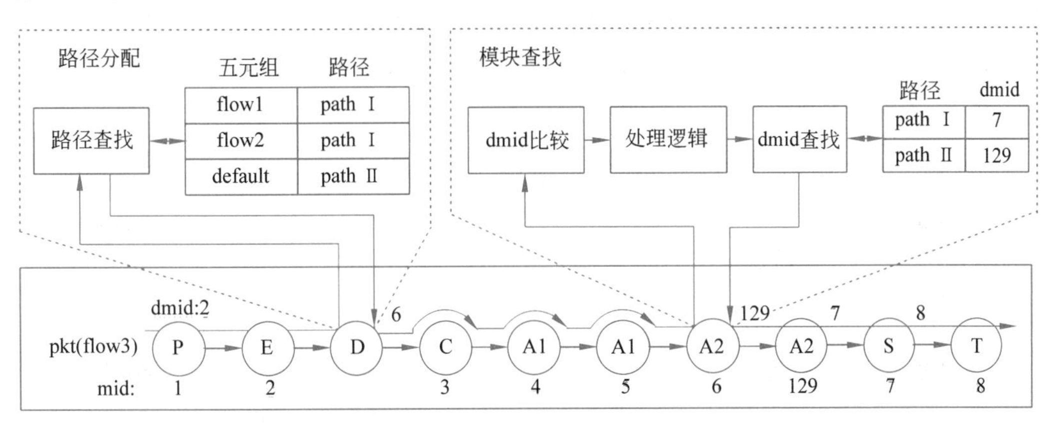

图 3.12 可重构分组处理框架优化

以上优化的基于模块索引的可重构分组处理流水线框架使用 pathID 的方式合并了大量原本相同的模块链,更加节省了表项存储资源。此外,模块可以直接使用 pathID 作为索引来查找 dmid 而不会产生任何哈希冲突,同时也避免了在插入新模块时更新成本过高的问题。

3.4 NGNP 的优化设计

为了进一步推动 NGNP 朝着高性能、可演进的融合架构方向发展,满足各种网络处理优化和应用加速等高性能要求,我们对 NGNP 架构的研究还包括了多级分组缓存管理

框架以及软硬件融合的分组调度方法，并通过设计硬件资源管理方法和可扩展 API 编程接口，为上层应用提供相应的基础开发接口。通过以上章节的介绍我们知道，基于异构加速平台架构的 NGNP 更加需要为用户提供高效、良好定义、可扩展的 API 接口和开发模型，支撑上层业务应用的开发。提供平台无关的 API 接口、支持高级语言编程不仅方便了业务应用开发周期，也使得所设计的网络处理器的场景适应能力增强，并在当前网络技术和人工智能结合的发展热点下能够拥有足够的资源将部分学习方法卸载进入网络处理器，细粒度、高效率地实现包转发处理。

3.4.1 多级缓存与分组调度

NGNP 架构实现 Cache、内存和外存相结合的多层次分组缓存管理，以打破“存储墙”问题对网络处理器系统性能瓶颈的影响，并将网络流量到缓存的调度与映射优化算法、多层次分组缓存动态管理与调度机制融入了本架构设计中。通过借鉴计算机体系架构的多级缓存设计模型[6]，基于 CPU Cache、内存、FPGA 内部 RAM 和 DDR 外存设计多层次存储框架实现多级缓存的分组统一管理与调度。针对突发数据流可能导致的拥塞状况，NGNP 具备动态缓存分配方案，以大容量 DRAM 作为备用队列缓存溢出流量。

NGNP 的多级缓存技术将虚拟共享外存、高速缓存以及内存进行统一管理，实现调度与映射优化算法和动态管理与调度机制，充分提升网络处理器性能。多级缓存管理框架如图 3.13 所示。

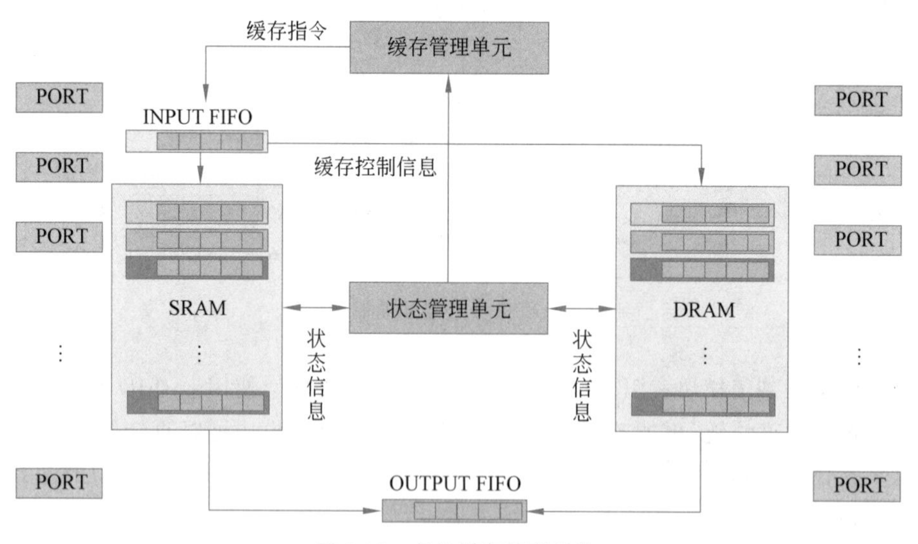

图 3.13 多级缓存管理架构

多级缓存管理架构中的主缓存使用 SRAM，备用缓存使用 DRAM，当其中某一端口收到来自其他网络设备发送来的数据包时各部分模块执行相应工作：状态管理模块根据进入的数据报文优先级和当前状态动态判断存储策略，并收集 SRAM 和 DRAM 的存储

信息形成缓存控制信息传递给缓存管理单元，由缓存管理模块实现数据包的分割和重构，回收数据包空间。因此，当流量较小并且没有突发时，仅主缓存就能满足流量转发的需求，所有分组均在主缓存中根据优先级进行处理转发。而当遇到网络突发时，小容量的主缓存产生溢出流量，缓存管理单元会通知输入队列切换并将下次收到的包存储到大容量备用缓存中，使得主缓存中所存队列逐渐减少，保证了数据包能被更快地转发。

此外，NGNP 支持基于多核分组路径感知的分组调度技术，如图 3.14 所示。

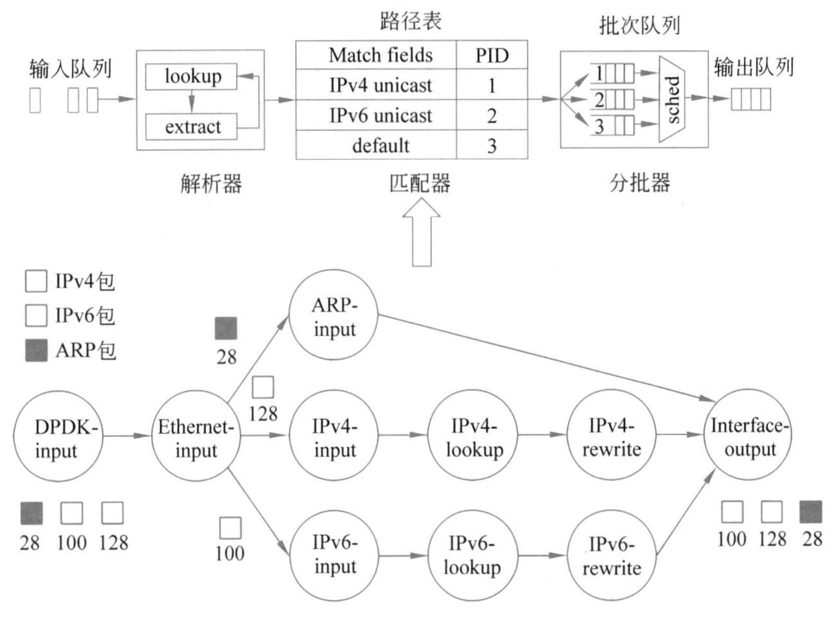

图 3.14　特征感知的分组调度方案

分组调度感知器按分组特征预先分类进入 CPU 的分组，生成无处理分支的报文向量，以减少 CPU 中转译后备缓冲器（Translation Lookaside Buffer，TLB）和 Cache 的失效。输入队列经过解析器、匹配器以及分配器进行分组的路径处理，以生成输出队列。各个硬件处理单元通过多项用户定义处理功能，降低分组 I/O 过程中的性能损失，提升并行化处理性能。

除了针对分组特征类型进行的分组调度，NGNP 还集成了一套基于负载均衡的分组调度机制。以网卡多队列技术、RSS＋＋负载均衡机制以及 DPDK 相关技术作为参考，我们构建适用于基于通用多核 CPU＋FPGA 的新型网络处理器的分组感知调度机制，相关的原理框图如图 3.15 所示。

网络处理器中的分组处理主要分为无状态和有状态两种，前者包括 L2 MAC 地址学习、L2 转发、L3 路由、ACL 过滤等；后者包括状态防火墙、SYN 泛洪攻击防御、网络入侵检测等。这两种处理都需要将数据包发送给对应的软件应用运行的 CPU 核心，以减少进程切换导致的开销。不同的是，无状态分组处理采用 round-robin 等简单的调度机制，将待处理数据包平均分配给所有运行对应应用的 CPU 核心。而有状态分组处理需要将

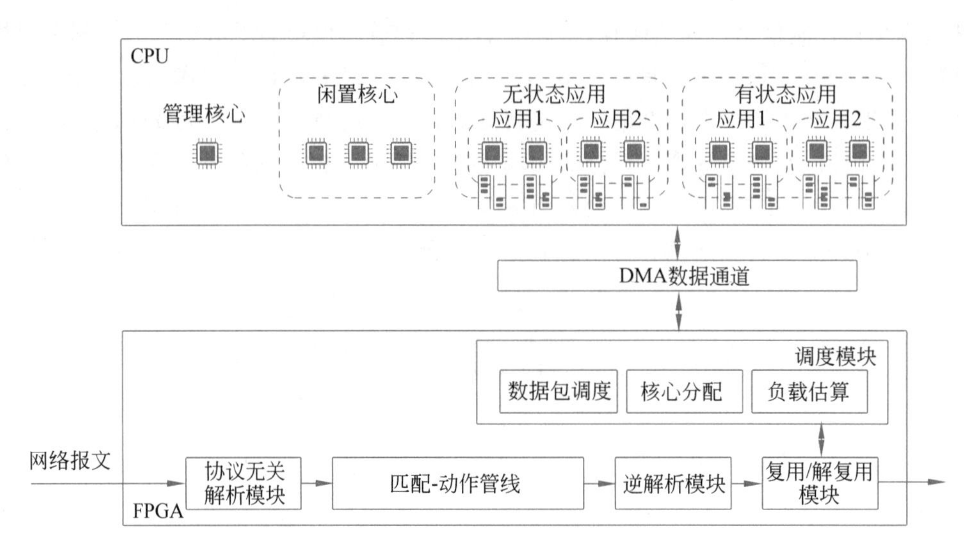

图 3.15 基于负载均衡的分组调度机制

同一个流的数据包分发给同一个 CPU 核心，以减少核间通信带来的开销，并根据从 CPU 反馈得到的各个核心负载进行负载均衡，以提高 CPU 效率。

在 NGNP 中，分组进入 FPGA 后，经解析器获得元数据，经匹配-动作表确定是否要上报 CPU，若需要上报 CPU，则经过调度模块，在确保 CPU-流亲和性的同时实现负载均衡，以提高系统吞吐量。调度模块包括负载估计、核心分配以及分组分发 3 个子模块，并通过 FPGA 与 CPU 之间实现的类似于现代网卡的多硬件队列以及对应的 DMA 引擎，以支持分组调度、分发以及 DMA 传输。

3.4.2 编程接口及进程实现

NGNP 将 CPU 核、FPGA 逻辑资源、内外部存储资源进行统一抽象，并支持按需配置和动态分配，完成分组业务应用到系统各类资源的重构、映射与调度。NGNP 资源管理与编程接口主要研究层次化的资源管理和可扩展 API 编程接口，基于优化的网络处理器平台架构，为用户提供可扩展 API 接口和开发模型，支撑上层业务应用的开发。分层处理结构分为内核态与用户态两部分，每一部分都是一个完整的开发环境，即包含内核态开发环境库和用户定义开发环境库。在每一个开发环境中都分为 3 层：底层通信模块、中间适配模块和上层应用模块。由于提供多层次封装编程接口，高层接口可以最大限度屏蔽底层硬件资源的感知[7]，完善底层接口支持对系统的深度调优。

一般地，网络处理器 NP 进程包括跨平台 C 语言库(Advanced C Library，ACL)线程、路由线程、编排调度、数据响应/请求、协议栈响应/请求以及控制响应/请求线程。NGNP 的进程中，线程间通信使用自定义 msg 消息，由编排调度负责具体搬运。每个 NP 平台服务线程都有两个队列，分别是 rxq 输入队列和 txq 输出队列。所有线程的服务拥有唯一标识号用于认证该线程的身份，具体如图 3.16 所示。

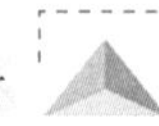

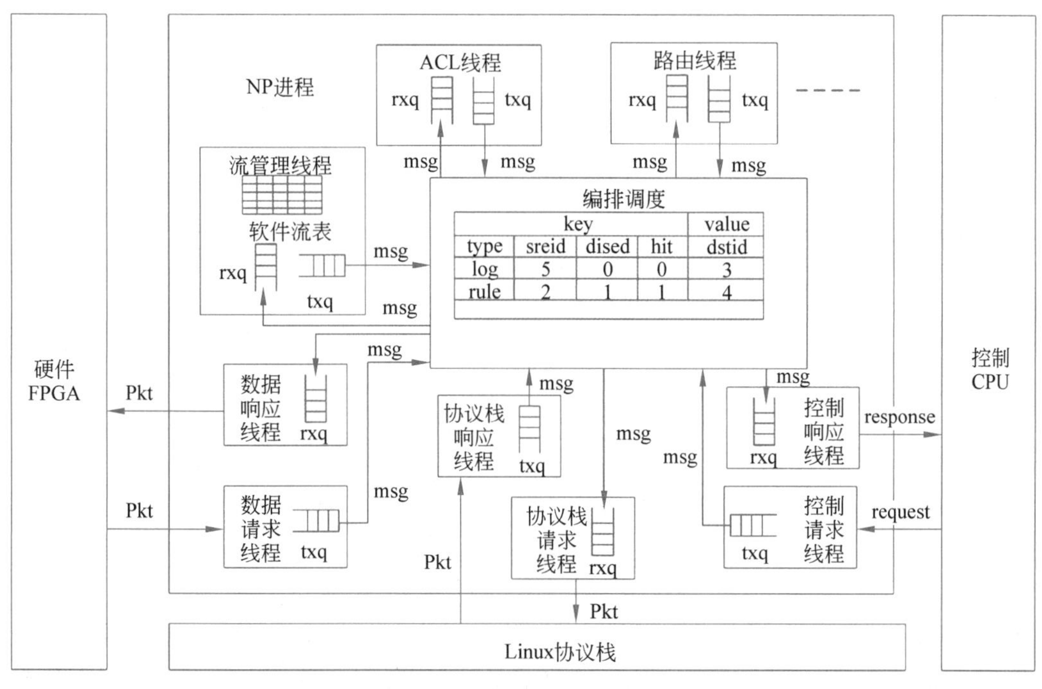

图 3.16　NGNP 进程实现架构

3.5　NGNP 原型系统实现

基于上文的设计架构，NGNP 采用国产 FPGA 和多核 CPU 实现了一套原型系统。系统包含 3 个数据处理子平面，最底层是基于 ASIC 的协议无关流水线 ASIC-Pipe，中间层是基于 FPGA 的可重构网络应用加速器 FAP，最上层是通用多核 CPU 阵列 MC-Array。此外，我们为 NGNP 的原型系统实现配置了一套应用开发服务软件系统，不仅能够为 NGNP 提供网络功能设计、开发、调试相关工具和丰富的编程接口，有效降低网络功能开发难度，而且还集成相关仿真器，支持各种网络应用所需的功能仿真和性能评估。NGNP 的整体系统实现架构如图 3.17 所示，从下往上一共包括了资源层、抽象层、接口层以及业务层 4 个层面。

3.5.1　NGNP 原型系统组成

NGNP 在资源层面实现的原型系统如图 3.18 所示，主要包含 3 个数据处理子平面，自底向上依次是协议无关流水线 ASIC-Pipe、可重构加速引擎 FAP，以及通用多核阵列 MC-Array，通过集成可配置、可重构、可编程处理资源满足业务映射在灵活性与性能等方面的需求。

最底层的 ASIC-Pipe 作为通用交换引擎，主要负责接口接入流水化实现、线速处理、通用转发交换卸载等任务。其包含五级协议无关处理单元，分别是可编程解析器、模糊匹

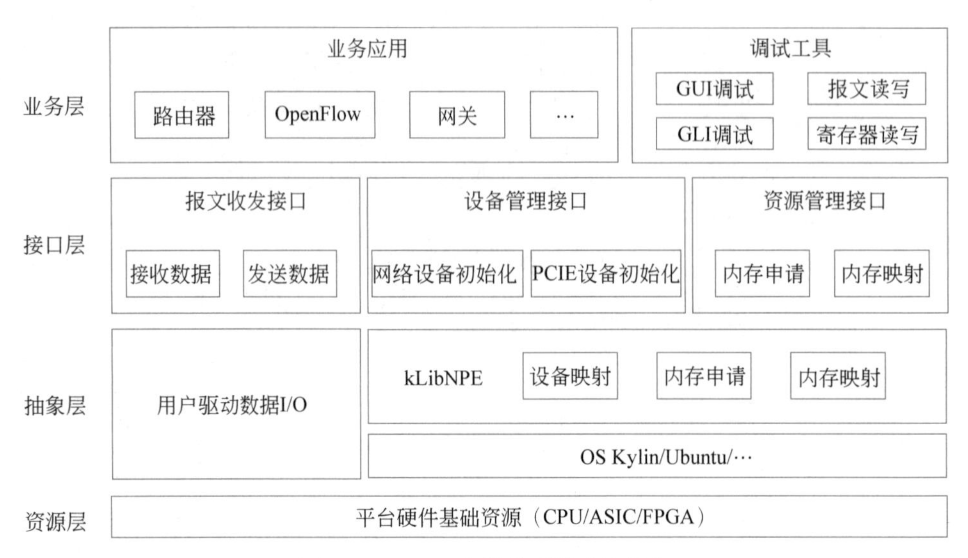

图 3.17 NGNP 的整体系统实现架构

配部件、精确匹配部件、流量管理部件和动作处理部件。ASIC-Pipe 流水线前后是数据交互部件，能够实现与 FAP、MC-Array 的数据交互功能。数据交互单元的外层是网络接口，负责实现从网络端口接收、发送报文的功能。此外，位于 ASIC-Pipe 最前面的可编程解析器和最后面的报文动作处理部件也负责实现与环形控制链的交互功能。

位于中间层的基于 FPGA 实现的 FAP 的主要目标是完成网络处理适配、加速、卸载以及线速处理，主要由平台处理逻辑（FPGA OS）和供用户开发的网络定制功能模块组成。FPGA OS 用于屏蔽与平台异构性相关的报文处理功能，例如报文收发、报文 DMA 等功能，为用户进行硬件模块开发提供共性服务，并使得用户开发的硬件模块具有更好的跨平台移植能力。同样，FAP 可以通过数据网络、环形配置链实现与 ASIC-Pipe 的数据、控制信号交互。FAP 与 MC-Array 的交互则是通过 DMA 的方式实现的，即 FAP 将报文 DMA 到 MC-Array 的内存中，或者通过 DMA 从内存中读取报文。

位于最上层的基于通用多核 CPU 实现的 MC-Array，利用其高并发性、高级语言可编程性、通用 OS 集成等特性，主要负责实现复杂报文处理功能。MC-Array 核各自独享一级指令、数据 Cache，但两个核共享二层 Cache，并且所有核之间则共享三层 Cache。同样，MC-Array 通过数据网络、环形配置链可实现与 ASIC-Pipe 的数据、控制信息交互。

值得一提的是，我们为 NGNP 定义了标准的数据交互格式，能够支持分布式的 3 种异构资源的协同处理。开发者仅仅需要遵守数据交互格式就可以采用自定义的资源互联方式。例如，NGNP 原型系统在开发的过程中采用 AXI 总线实现 ASIC-Pipe 与 MC-Array 的数据交互，并挂载了一个共享存储单元，能够同时被 ASIC-Pipe 与 MC-Array 访问，从而避免报文在 ASIC-Pipe 和 MC-Array 间复制。此外，在功能模块开发过程中，只需要在相关入口模块处添加标准数据格式转换逻辑即可实现模块间的数据共享，从而避免修改原先可供复用的基于标准数据格式开发的应用模块。

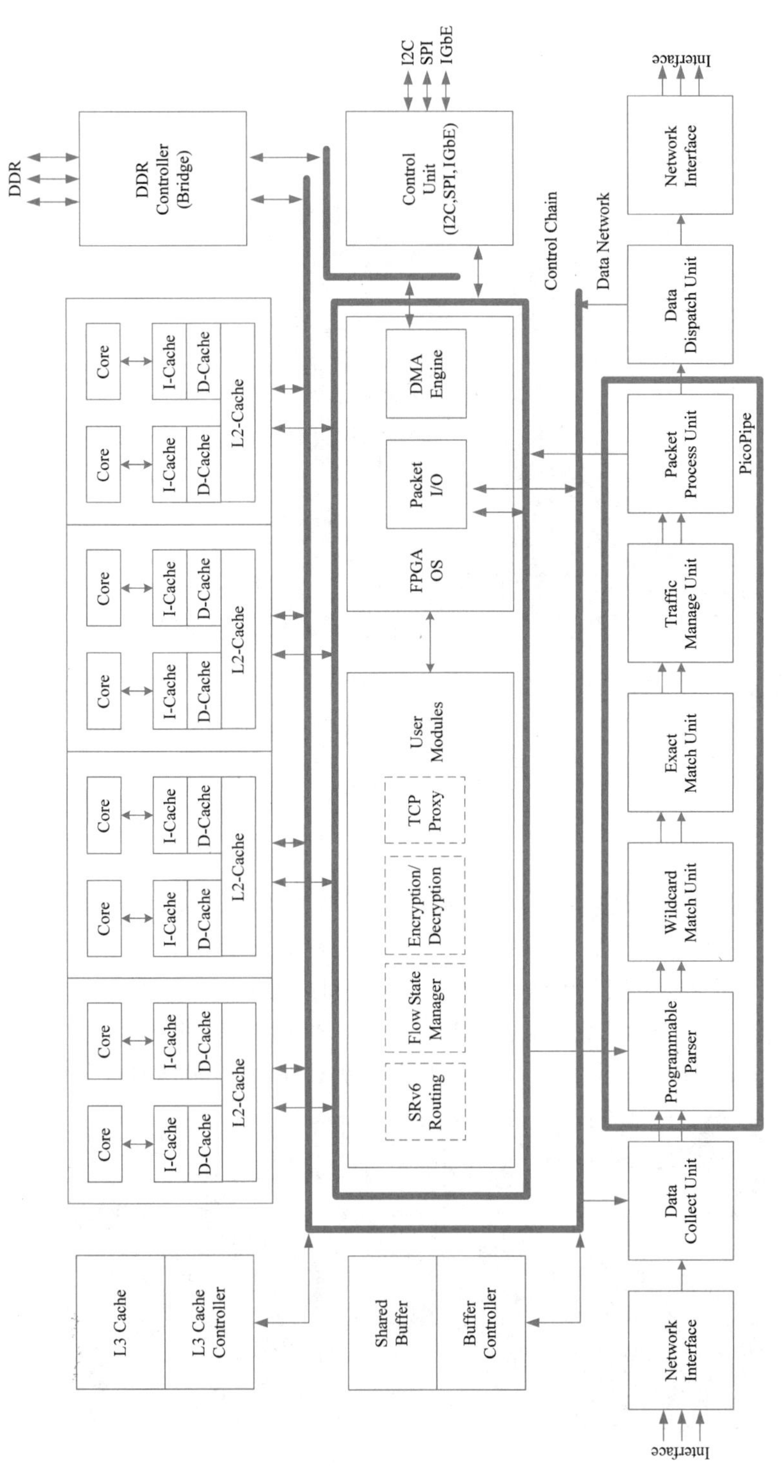

图 3.18　NGNP 在资源层面实现的原型系统

3.5.2 NGNP 原型系统实现与验证

最后,我们基于国产 FT2000 CPU、紫光同创 FPGA 和银河衡芯 ASIC 实现了 NGNP 的原型系统,如图 3.19 所示。NGNP 原型系统支持不少于 4 路 1GE 接口和 1 路 10G 接口,支持 4 个核心且核心频率不低于 1GHz,Cache 容量不低于 8MB,此外,NGNP 还集成有不低于 8 路全双工可配置高速收发器,传输速率不低于 3.125Gb/s。

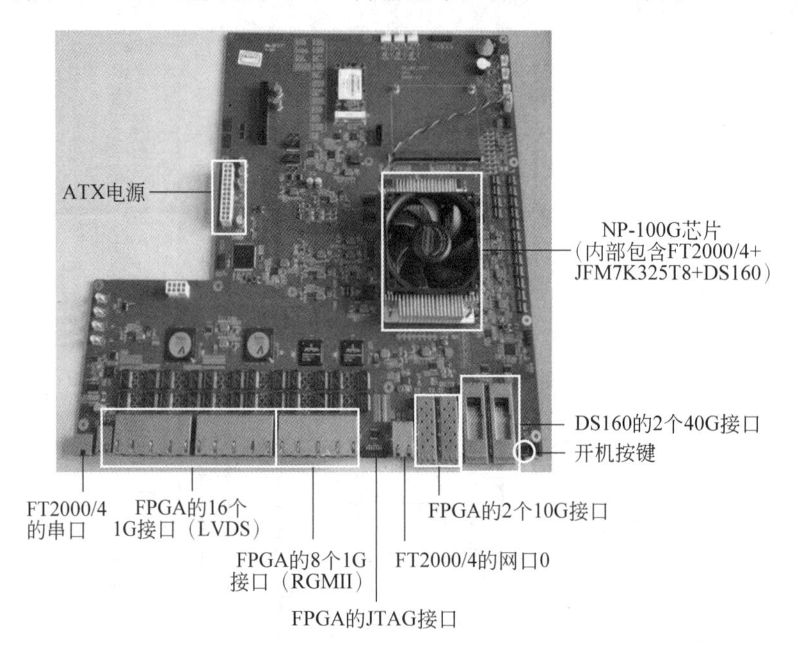

图 3.19 NGNP 原型系统

为了测试上述原型系统性能,采用自研的 T3000 网络测试仪,按照如图 3.20 所示的拓扑方式搭建了实验环境,对 NGNP 原型系统相关性能进行测试。其中,T3000 网络测试仪能够按测试要求构造测试流量,并产生发出帧和接收帧的 log 文件,提供支持图形化展示的离线分析软件。遥测服务器装有 Wireshark 软件,能够捕获所有上报的网络帧,并存储到相应的 log 文件中,同时配有 log 文件的分析软件,支持帧的时延分析。

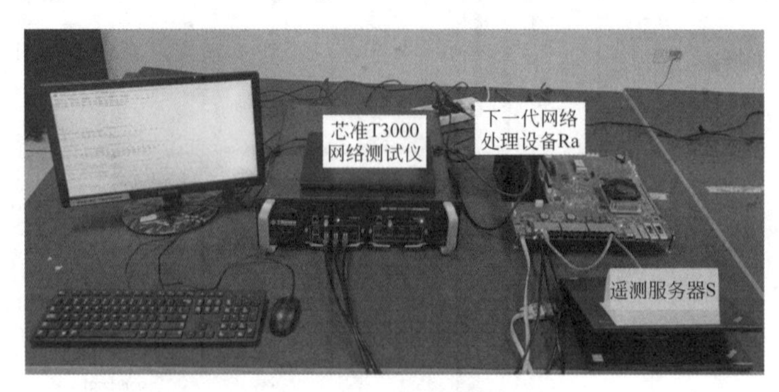

图 3.20 原型系统测试拓扑

原型系统测试主要是针对网络交换基础能力的测试，其包括接口指标、转发性能指标等。针对原型系统的千兆和万兆的接口测试，使用了网络测试仪对 NGNP 的性能进行测试，设置 T3000 网络测试仪使用千兆和万兆接口，每次发送 100 万个帧长为 64 字节的报文，并通过网络测试仪软件观察接收帧的数量和带宽。汇总的统计结果如图 3.21 所示，证明 NGNP 原型系统拥有千兆/万兆转发能力。

图 3.21　NGNP 原型系统接口能力演示

最后，针对流水线时延，利用相同的测试拓扑，配置网络测试仪发送帧长度为 104 字节、速率为 10Mb/s 的流量 X 至 NGNP，NGNP 在每个帧进入和离开的端口分别标记时间戳，并在服务器上使用 Wireshark 软件捕获流量 X 的报文 1000 个，分析每个帧到达和离开 NGNP 所标记的时间戳，计算转发时延的分布。通过帧时延分析结果界面，可观察到帧的最大时延、最小时延以及帧时延分布图，结果如图 3.22 所示。

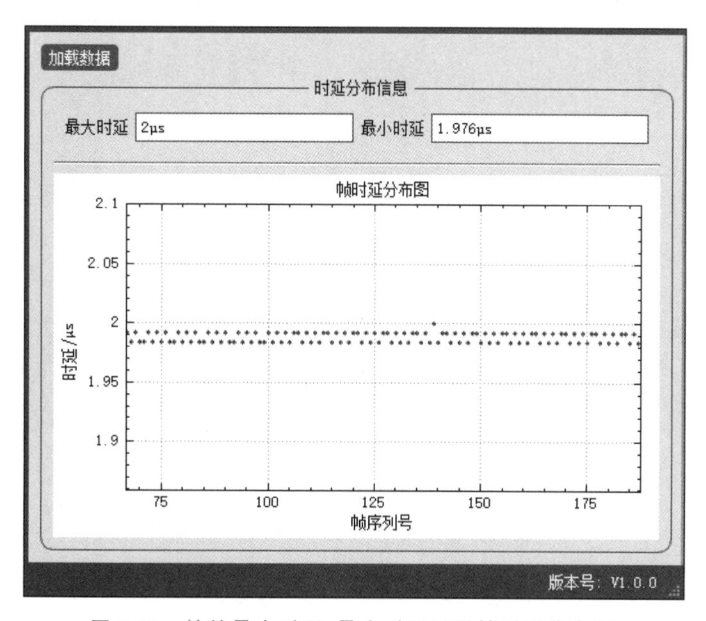

图 3.22　帧的最大时延、最小时延以及帧时延分布图

通过帧时延分布图的结果可以观察到，帧传输的最大时延为 2μs，最小时延为 1.976μs，证明了 NGNP 的网络流量处理速度极佳。

参考文献

[1] LEBRUN D,BONAVENTURE O. Implementing,IPv6 segment routing in the Linux kernel[C]//Proceedings of the Applied Networking Research Workshop, 2017: 35-41.

[2] TAN L,SU W,ZHANG W,et al. In-band network telemetry: A survey[J]. Computer Networks, 2021,186: 107763.

[3] CAI Z,WANG Z,ZHENG K,et al. A distributed TCAM coprocessor architecture for integrated longest prefix matching, policy filtering, and content filtering [J]. IEEE Transactions on Computers,2011,62(3): 417-427.

[4] HSIEH C L,WENG N. Many-field packet classification for software-defined networking switches [C]//Proceedings of the 2016 Symposium on Architectures for Networking and Communications Systems,2016: 13-24.

[5] YANG X, SUN Z, LI J, et al. Fast: Enabling fast software/hardware prototype for network experimentation[C]//Proceedings of the International Symposium on Quality of Service, 2019: 1-10.

[6] AGUILAR J, GARCIA G. An adaptive intelligent management system of advertising for social networks: A case study of Facebook[J]. IEEE Transactions on Computational Social Systems, 2017,5(1): 20-32.

[7] MENG X,WU C,GUO M,et al. PAM: An efficient power-aware multilevel cache policy to reduce energy consumption of storage systems[J]. Frontiers of Computer Science,2019,13: 850-863.

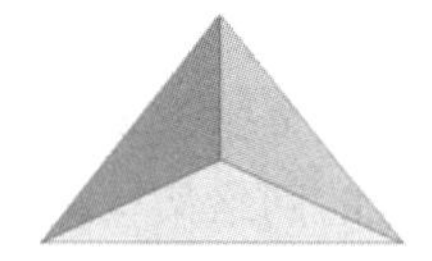

第 4 章 基于 NGNP 的网络测量

本章主要介绍基于 NGNP 的网络测量技术，包括网络测量技术的相关概念以及一个基于 NGNP 的网络测量系统。

4.1 网络测量技术

4.1.1 背景及意义

网络测量是指按照一定的方法和技术，利用软件或硬件工具来测试或验证表征网络状态指标的一系列活动的总和，主要涵盖了以下几方面。

(1) 网络质量监测：对于企业网络和互联网服务提供商来说，网络质量监测是非常重要的。在 2019 年，美国互联网服务提供商 Cloudflare 公司曾经遭受了一次大规模网络故障，导致全球数百万网站无法访问。这种情况下，网络质量监测可以帮助 ISP 快速定位故障，并且及时解决问题。

(2) 网络安全监测：网络测量技术可以帮助防范网络攻击和黑客入侵。例如，安全领域的专家经常使用网络流量分析技术和行为分析技术，监测和分析网络数据流量，来识别和分析网络犯罪活动。

(3) 应用程序监测：网络测量技术可以用来监测应用程序的性能和稳定性。例如，企业应用程序的业务用户经常发现应用程序的响应时间很慢，这会对企业生产造成很大影响。通过应用程序监测技术，可以及时发现和解决这些问题，确保应用程序运行稳定。

(4) 网络拓扑监测：网络拓扑监测是指对网络中的拓扑结构进行监测、检测和优化。通过网络拓扑监测，可以实时监控网络拓扑结构的变化、网络性能瓶颈和故障，并采取相应的措施进行优化和修复，从而保证网络的稳定性、可靠性和安全性。例如，当数据中心网络中有变更时，网络拓扑监测可以帮助管理员快速了解网络的变化，以便及时调整网络资源。

在互联网飞速发展的今天，网络测量技术的重要性也愈发明显。随着互联网规模不断扩大，用户数量的不断增加、应用场景的不断扩大，传统的网络管理技术已经难以满足监控、分析和优化庞大网络的需要。网络测量技术可以针对大规模互联网的数据流量波动情况进行实时分析和处理，从而实现网络的稳定可靠。同时，众多的应用场景对网络的性能要求越来越高，如在线游戏、视频会议、高清视频等，这也对网络测量技术提出了更高的要求。此外,复杂网络架构也需要更加智能化的管理。现代网络不仅包括基础架构,也包括云计算、物联网、大数据等技术的应用,这使得网络架构变得非常复杂,需要更加智能化、自动化的管理方式。网络测量技术可以通过智能化算法与工具,对复杂的网络架构进行监控和管理,进一步促进网络的稳定和发展。

综上所述,网络测量技术的发展迫在眉睫,是满足网络管理和保障现代化需求的必要手段。随着互联网的不断发展,网络测量技术将会越来越重要。

准确地测量网络性能是保证网络应用运行良好的关键。网络性能可以从以下几方面进行评估。

(1) 带宽:带宽是指网络传输数据的速率,通常用每秒传输的数据量(比特率)来衡量,较高的带宽意味着网络可以传输更多的数据,同时可提高网络响应速度。

(2) 时延:时延是指从数据发出至到达目的地所需的时间。具体而言可以分为以下几种类型。

- 发送时延:指数据从发送端发出到网络中的时间。
- 传播时延:指数据从发送端到达接收端传播所需物理距离所花费的时间。
- 处理时延:指节点处理数据的时间。
- 排队时延:指数据在网络节点中等待处理的时间。

(3) 丢包率:指在数据传输过程中丢失的数据包的比例。较低的丢包率意味着网络运行更加稳定。

(4) 吞吐量:吞吐量是指网络传输数据的能力,通常以每秒传输的数据量(比特率)来衡量。较高的吞吐量意味着网络可以传输更多的数据。

(5) 抖动:指数据传输时延的变化,通常用标准偏差来衡量。较低的抖动意味着网络传输数据的稳定性更高。

在大多数情况下,网络测量是通过主动测量和被动测量来实现的。

主动测量是指主动地向待测网络发送特定的网络探测包,根据网络中间的反馈信息分析这些包在网络中的传输结果,得到待测网络状态,以此来构造网络拓扑图或者分析当前网络性能和网络变化情况,评估网络特征的过程。主动测量的方式较多,常见的方法有如下几种。

(1) Ping 测试:发送控制消息到目标地址并接收回应,可用于测量网络的延迟和判断目标地址是否可达。

(2) Traceroute 测试:确定从本地计算机到目标地址的路径并分析路径的延迟,常用于检测网络节点的运行状态。

(3) 端口扫描:扫描目标计算机开放的端口,用于发现和识别网络上的服务和应用程序。

(4) 带宽测试:测试网络连接的可用带宽和吞吐量,帮助确定网络的瓶颈。

(5) DNS 测试:测试域名系统(Domain Name System,DNS)是否在缓存中缓存了目标计算机的记录,并且是否能够将域名解析为有效的 IP 地址。

(6) HTTP 测试:测试 HTTP 服务器的响应时间和剖析整个页面的加载时间,用于监测 Web 服务器的性能。

被动测量指的是在不注入新的流量的情况下监测网络流量的过程，可以出现在网络的不同有利位置上。由于被动测量不发送探测包，又称为非侵扰式测量。主要通过以下3种方式实施。

（1）网络探针测量：使用网络探针监测网络传输状态，分析捕获的数据包，实现对相关业务的测量。

（2）服务器端测量：在服务端安装测试代理，实时监测服务器的性能。

（3）用户端测量：将监测功能封装到客户应用中，从特定用户角度实时监测相关业务性能。

在网络测量中，网络遥测技术发挥着重要的作用，它利用数据平面直接驱动网络测量过程，提高了网络测量的实时性和准确性。其主要作用体现在以下几方面。

（1）实现大规模网络管理：随着互联网规模的不断扩大，网络设备数量的增多，网络管理任务正变得越来越复杂和艰难。通过引入网络遥测技术，可以轻松地实现对全球各地数以百万计的网络设备进行远程监测和管理，提高网络管理的效率和准确性。

（2）提高网络可靠性：网络故障是影响网络运行和性能的主要因素之一，而网络遥测技术可以及时发现网络设备的故障并通知管理员相应的维修措施，避免发生网络故障的时间和范围扩大，最终提高网络的可靠性和稳定性。

（3）实时监测服务质量：现代网络应用具有越来越高的等待时间和强制发送要求，须时刻注意网络服务质量，进行监测并及时调整网络服务。网络遥测技术可以实时监测网络服务质量并及时提供相关指标，防止大面积网络崩溃或服务中断等问题的发生。

（4）简化维护流程：在某些特殊场景下，例如严格的环境限制、距离限制或设备数量限制等，部署人员可能无法在设备出现问题时及时到达现场，而网络遥测技术可以解决这个问题，远程检修和调试设备，大大简化了维护流程。

然而，目前大部分的网络遥测技术仍不完善，具有缺乏运行时可编程性、时间空间开销巨大和丢包率高等问题。

此外，大多数现有的网络遥测框架都是由P4（Programming Protocol-independent Packet Processors）[1]实现的。尽管P4语言非常适合数据平面相关的网络处理，但其拥有的编程框架相对同质，不能灵活地重新配置用于多个处理逻辑的缺点，导致无法支持可变任务网络遥测框架。事实上，利用NGNP的灵活性和可扩展性来形成网络状态的多维视图已经成为网络遥测的目标之一。

4.1.2　相关工作

近年来，许多文献[1-3]已证明基于P4的网络遥测技术是可实现的。文献[1]的作者展示了如何在每个数据包中添加极少量信息的情况下实现网络遥测。文献[2]开发了LossSight系统，它解决了由于网络事件数据包丢失而导致的高速实时遥测信息丢失的问题。最近，文献[3]中提出了一种基于P4的选择性遥测方法，称为sINT，该方法可以调整遥测头的插入比，以减少监测引擎负载。然而，sINT不是完全可运行时编程的，因为基于P4的网络遥测框架过于固定，无法在运行时更改数据包处理逻辑。文献[4]提出了

Sel-Int,它可以在 POF 的基础上动态调整具有运行时可编程性的遥测数据类型。尽管如此,Sel-Int 的原理是将所有遥测信息扩展位预先嵌入数据包头中,并让控制器选择适当的位置来收集数据,而不是在运行时动态改变流水线的计算逻辑,以仅获得特定任务所需的遥测信息并将其携带到数据包中,其仍然产生与传统遥测方法一样的大量数据开销。

此外,文献[5~7]通过利用 FPGA 流水线的可重配置性,为定制网络处理功能提供了一种新的思路。类似地,文献[5]提到的 Drawpipe 和 FAST 优化了 FPGA 流水线,并实现了能够快速部署各种网络处理功能的可编程平台。然而,上述方法都没有用于网络遥测的应用程序开发和集成。文献[8]中讨论了一种基于 FPGA 的网络测量集成方法,该方法可以在不影响数据包转发的情况下获得测量信息,但这种方法仍然只用于数据包丢失和延迟测量,不适用于多任务测量场景。

简言之,目前在网络处理平台上部署网络遥测面临着系统性弱、数据收集效率低、任务类别有限和时空成本高的困境。

4.2 基于 NGNP 的网络测量系统

在本节中,将要介绍一种基于 NGNP 中 FPGA 动态可重构流水线的网络遥测系统 NT-RP,它可以以较低的时空开销,更灵活地获得不同链路级别的网络遥测信息。传统的网络测量系统主要是基于指标采集和监控,采用的通常是 SNMP、PING 等协议来获取网络设备的各种性能指标,再通过 MRTG、RRDtool 等工具展示监控数据,通常不包括控制器和分析器。而基于 NGNP 的网络测量系统的主要区别可以从以下几方面来看。

(1) 更准确的测量结果:基于 NGNP 的遥测系统对网络的信息采集和处理更加灵活和高效,可以实现更细粒度的数据采样和更全面的数据分析,从而提高了测量精度和准确性。

(2) 更好的可扩展性:NT-RP 遥测系统采用的是分布式结构,可以实现相对于传统的集中式监控系统更好的可扩展性。

(3) 更多的应用场景:NT-RP 遥测系统支持更广泛的应用场景,如面向数据中心网络、云计算网络以及边缘网络等,其应用范围相较传统网络测量系统更加广泛。

(4) 更高的系统鲁棒性:针对传统遥测数据包丢失导致的遥测信息缺失问题,NT-RP 通过精心设计的存储方式缓解此问题。

(5) 更低的测量开销:NT-RP 利用遥测融合机制、FPGA 的并行能力,缓解传统遥测时空开销巨大的缺陷。

动态可重构流水线(Dynamic Reconfigurable Pipeline,DRP)是一种可以在运行时根据应用需求进行动态配置的微处理器技术。这种技术可以为不同的应用程序提供定制化的处理能力,提高数据处理效率和系统性能。DRP 可以成为一个硬件 IP 核,它包含了一组可编程处理单元,也称为处理阶段,相当于流水线的各阶段。这些处理单元可以根据应用程序的执行要求和系统资源的可用性进行配置,组成某种具有优化性能的处理流水线。这使得 DRP 极具灵活性,能够满足不同的应用场景和数据处理任务的要求。DRP 还支持在运行时对处理流水线进行重新配置,并且不会中断现有的数据处理操作。在 DRP 的

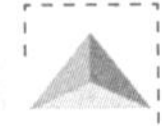

结构中，每个处理单元都有固定的宽度和深度，因此所有的数据都必须按照相同的宽度和宏指令的形式进行传输和处理。DRP 还提供了一些特殊的指令，例如跳转、转移、中断等，以便应用程序能够指定特定的流水线处理路径。考虑到 FPGA 的并行处理特性非常适合流水线架构，基于 FPGA 的流水线正成为低延迟、高通量网络处理系统的首选架构之一。目前，动态可重构流水线主要用于设计通用的可定制网络处理平台，尚未有研究人员将该技术应用于网络遥测。

NT-RP 将遥测任务视为多个细粒度遥测元数据（Network Telemetry Metadata，NTM）的组合结果，这些元数据可以由 NT-RP 直接测量。通过在运行时调整 NTM 计算模块，NT-RP 可以根据用户需求完成不同的遥测任务。此外，研究人员还提出了一个合理的 NTM 集合来优化基于 NT-RP 的链路级网络特性测量方法。

NT-RP 还包括一种分布式 NTM 循环存储策略。该策略在帮助 NT-RP 准确完成各种遥测任务的基础上，可以大大降低网络遥测信息在数据包中的存储开销。此外，得益于该策略的周期性数据存储能力，NT-RP 可以减轻由于数据包丢失造成的遥测信息丢失的影响，提高系统的鲁棒性。

NT-RP 使用 FPGA 硬件并行性将遥测功能与数据包转发集成的方法，使大部分遥测处理逻辑成为数据包转发操作的一部分，从而消除了遥测所需的额外时间开销。

总体而言，基于 NGNP 的网络遥测系统 NT-RP 是一种更加灵活和高效的网络测量方案，通过自适应控制的方法来实现对网络的实时监控和性能评估，较传统的网络测量系统具有更多的优势和应用价值。

4.2.1　系统框架

NT-RP 建立在 NGNP 上，一个 NGNP 节点包含用于数据包处理的 FPGA 和用于配置工作的 CPU，如图 4.1 所示，NT-RP 由 5 个处理阶段组成。在前 3 个阶段中的模块是固定的，而在后 2 个阶段中的部分模块可以通过接口来设置，这些接口有多个可供选择的并行子集。

第 1 阶段是输入阶段，输入处理器模块主要负责接收千兆比特介质独立接口（Gigabit Media Independent Interface，GMII）以及计算遥测所需的数据包参数，如数据包输入时间戳（Input Timestamp，IT）和数据包总长度。

第 2 阶段是数据包分类阶段，该阶段包括数据包区分模块和通用处理器模块两个固定模块，数据包区分模块基于数据包的内容将其分类为来自客户端的数据分组或控制分组。如果数据包是数据分组，则通用处理器模块将执行正常的 IP 操作，将 hop_limit 减 1。反之，通用处理器模块将解析指令所代表的任务类型，并将其存储在指令寄存器中。

第 3 阶段是 NT 预处理阶段，该阶段包括两个模块，主要负责确定节点的类型以及选择遥测任务。解析器模块根据指令寄存器是否被写入来确定节点是否为源节点，并根据指令寄存器或数据包的内容提取任务类型（如果它不是源节点）。选择器模块基于解析器模块的结果以一系列模块 ID（Module ID，MID）的形式确定后续处理逻辑，该模块 ID 被发送到后续阶段用于选择相应的模块，如图 4.1 所示，在 NT 预处理阶段之后，有 3 个模块包含多个并行子集，每个子集都由 MID 标识。

图 4.1　NT-RP 的 5 个处理阶段

第 4 阶段是 NT 数据包构建阶段，只有当节点被确定为源节点时，该阶段才会被激活。如图 4.1 所示，在此阶段加载不同的遥测构造函数，为不同类型的遥测任务构建 NT 数据包。根据之前模块的结果，本阶段将选择符合 NT 任务要求的构造函数，并嵌入 Measurement ID 表示在数据包指定位置的遥测任务，从而当 NT 数据包进入中间节点时，NT 预处理阶段可以判断遥测任务类型。

第 5 阶段是输出阶段，该阶段处理与 NTM 的数据包转发和计算相关的操作。数据包在通过传出处理器模块时标记有输出时间戳(Output Timestamp，OT)，从中可以获得 3 个最基本的数据包信息：IT、OT 和数据包长度。然后，输出阶段根据已获得的 3 个最基本的数据包信息，选择适当的 NTM 计算器来计算所需要的 NTM，如图 4.1 所示，将 NTM 计算器分为两个模块，这可以提高 NT-RP 的整体吞吐量，并提供更多的多维遥测服务，因为一些遥测任务中涉及的一些特定 NTM 的计算需要使用 NTM 计算器 1 的结果。

结合以上 5 个处理阶段，NT-RP 的总体工作流程可以总结如下：NT-RP 提取前 3 个处理阶段中数据包或指令中携带的遥测任务，以确定处理逻辑。然后，后 2 个处理阶段选择与处理逻辑相对应的模块，以形成新的流水线来计算任务所需的 NTM。

4.2.2　分布式 NTM 循环存储策略

由于信息的逐跳收集，传统网络遥测带来的巨大数据开销给原始服务信息的存储和转发带来了巨大压力。此外，在网络中的各种情况下，由于数据包丢失，遥测信息不可避免地会丢失，这也是传统网络遥测系统的致命缺陷之一。本节提出了一种分布式 NTM

循环存储策略，以缓解网络数据包丢失导致的遥测无效，并减少数据包中遥测信息的开销。

如图 4.2 所示，分布式循环存储策略分为两个阶段。在数据收集阶段，每个遥测数据包都被分配一个 flag_hop，以根据测量节点的数量确定应在哪个节点收集遥测信息 N 和数据包的序列号 Seq。

$$\text{flag\_hop} = \text{Seq} \% N \tag{4.1}$$

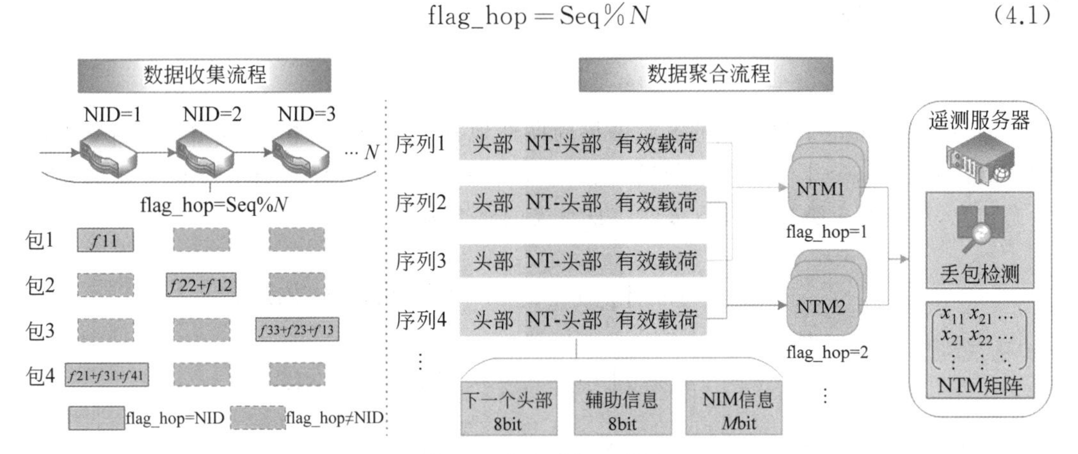

图 4.2 分布式循环存储

分配一个 NID 到每个节点(NGNP)进行标识，如果 flag_hop≠NID，基于该遥测数据包计算的 NTM 仅叠加在特定寄存器 Reg_n(n 表示 NTM 的类型)中。否则，遥测数据包会获取所有存储在 Reg_n 中的 NTM 信息(叠加和)并在 Reg_n 归零前将其插入遥测报头中的指定位置。然后，具有相同 flag_hop 的遥测数据包将计算它们的 Reg_n 之和，其结果 $x_{(m,n)}$(N_{collect} 指 flag_hop 等于模式 m 的 NID 数据包数量)将在遥测服务器中的数据聚合阶段中形成 NTM 矩阵。

$$x_{(m,n)} = \sum_{i=1}^{N_{\text{collect}}} \text{Reg}_n \tag{4.2}$$

假设 $S=\{s_1, s_2, \cdots, s_l\}$ 表示参与特定遥测任务的所有 NTM，f 表示用于计算此遥测任务结果的公式。f 所需的信息在 NTM 矩阵中表示为矩阵 $\boldsymbol{q}$，则对于遥测服务器中获得的链接 d 的遥测结果为 $y_d = f(q)$。

$$\boldsymbol{q} = \begin{bmatrix} x_{1,s_1} & \cdots & x_{1,s_l} \\ \vdots & \ddots & \vdots \\ x_{d,s_1} & \cdots & x_{d,s_l} \end{bmatrix} \tag{4.3}$$

分布式 NTM 循环存储策略可以大大降低所有类型遥测任务的数据包中携带的遥测信息的比特开销。假设有 N 节点，如图 4.2 所示，除了 M 比特 NTM 信息开销，由 NT-RP 构建的遥测报头仅携带 1 字节的 IPv6 下一报头遥测协议标识符和包括 Measurement ID 以及 flag_hop 的 1 字节辅助信息。在相同的测量环境和任务要求下，使用传统的网络遥测方法，每个数据包中分配给遥测信息的比特开销至少为 $M \times N$ 位。因此，与传统的网络遥测方法相比，NT-RP 中的遥测信息位开销至少减少了：

$$J=\frac{MN-(16+M)}{1500\times 8} \tag{4.4}$$

此外，分布式 NTM 循环存储策略使 NT-RP 能够具有数据的周期性存储器。假设节点的硬件设备导致每个跳不可避免的随机丢包率为 θ_m，第 k 节点在某个时间点具有网络事件。如果网络事件没有导致事件包丢失，那么在传统遥测情况下，每个遥测包导致事件信息丢失的概率为

$$P_{\text{int\_loss}}=1-\prod_{m=1}^{N}(1-\theta_m) \tag{4.5}$$

而 NT-RP 将每个数据包的遥测结果周期性地存储在 Reg_n 中，只要 flag_hop≠NID 的数据包到达第 $k+1$ 个节点之前没有丢失，即可在节点 k 中存储与事件相关联的遥测状态信息，因此每个数据包导致事件信息丢失的概率为

$$P_{\text{ntrp\_loss}}=\begin{cases}1-\prod_{m=1}^{k}(1-\theta_m), & \text{flag\_hop}\neq\text{NID}\\ 1-\prod_{m=1}^{N}(1-\theta_m), & \text{flag\_hop}=\text{NID}\end{cases} \tag{4.6}$$

显然，$P_{\text{ntrp\_loss}}\leqslant P_{\text{int\_loss}}$，这证实了 NT-RP 可以降低由于不可避免的随机数据包丢失而导致遥测信息丢失的概率。此外，如果网络事件在节点 K 处导致数据包丢失，对于传统的 INT 而言，因为无法收集到遥测信息，所以在事件持续期间无法定位恶意事件的确切位置。NT-RP 可以在一定程度上缓解这个问题。假设数据包丢失事件发生在遥测过程 C，期间，可以通过一些值的显著变化来定位这个事件。为了定义“显著变化”，首先将任意两个连续到达遥测服务器的遥测数据包之间的时间间隔 T_{interval} 与时间间隔阈值 $T(C)$ 进行比较，如果 $T_{\text{interval}}>T(C)$，需要进一步计算 Reg_n 与其同一 flag_hop 的正向数据包之间的差值 R_{dif}。假设 $R(C)$ 是 C 的阈值，则可以确定 N 个包中最后一个满足 $R_{\text{dif}}\leqslant R(C)$ 的数据包表示的节点是发生数据包丢失事件的节点的前一个节点。通过这两个检测阶段，NT-RP 可以在测量过程中及时确定数据包丢失的位置。

4.2.3 遥测功能融合机制

传统的网络遥测在控制时间成本方面明显不足，简单的逻辑堆叠使得网络遥测的功能模块不能与数据包转发操作完全集成，如图 4.3 所示，NT-RP 利用了 FPGA 硬件的可并行性，将 NTM 计算器移动到流水线的末端，作为输出阶段 GMII 接口逻辑的一部分进行融合，这最大限度地消除了遥测任务可能给数据包的正常转发带来的额外时间开销。

这种融合机制分为两个阶段。在 NTM 计算阶段，NTM 计算器与 GMII 发射模块并行工作。具体而言，GMII 发射模块执行数据包的位宽转换，每个时钟周期的输出都伴随着 NTM 计算器的逻辑推进。由于遥测头前面有一个 40 字节固定长度的 IP 头，并且每个 NTM 计算器完成逻辑计算所需的时间只有 1～2 个时钟周期，所以在处理固定长度头部的同时，NT-RP 完全能够完成各种 NTM 计算并将其存储到 Reg_n 中。

在 NTM 嵌入阶段，GMII 发射模块开始向链路发送 NT 报头及其后续分组内容，同

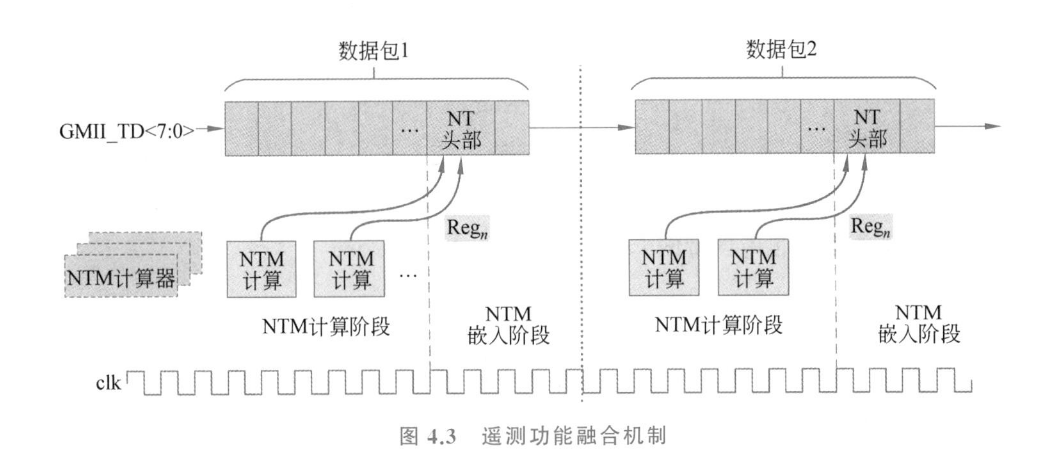

图 4.3　遥测功能融合机制

时将 Reg_n 插入前一阶段中计算到遥测报头的指定位置。

4.2.4　基于 NGNP 的网络测量方法

为了更合理、完整地了解网络状态，NT-RP 中配置了各种遥测任务，包括 3 个面向流量的遥测任务，即单向平均延迟、丢包率、流量吞吐量和面向链路的链路可用带宽。大多数遥测任务可以像 3 个流量遥测任务一样，由 NT-RP 中最简单的 NTM 直接完成。以下介绍了 4 种常见的 NTM，涵盖了大多数遥测任务。

（1）Packet_number：遥测数据包的数量。NTM 计算器维护 Reg_{number} 以计数遥测数据包的数量。

$$Reg_{number} = Reg_{number} + 1 \tag{4.7}$$

（2）Packet_length：所测流的数据包长度。当输入阶段执行位宽转换时记录 Packet_length，NTM 计算器维护 Reg_{length} 以计算流传输的总数据量。

$$Reg_{length} = Reg_{length} + Packet\_length \tag{4.8}$$

（3）Dwell_time：驻留时间，指节点中数据包的总延迟。IT 和 OT 之间的差异表示数据包在节点中的处理和排队延迟，而排队后发送到链路的数据包传输延迟可以表示为 $\frac{Packet\_length}{V}$，因为它与数据包的长度成比例，其中常数 V 表示硬件处理速度。

$$Dwell\_time = TS_{out} - TS_{in} + \frac{Packet\_length}{V} \tag{4.9}$$

$$Reg_{dwell} = Reg_{dwell} + Dwell\_time \tag{4.10}$$

（4）Span_time：两个连续遥测数据包之间的时间间隔。假设在输出阶段标记的两个连续遥测数据包的 OT 为 TS_{out1} 和 TS_{out2}：

$$Span\_time = TS_{out2} - TS_{out1} \tag{4.11}$$

$$Reg_{span} = Reg_{span} + Span\_time \tag{4.12}$$

假设遥测数据包的总数为 N_p 且满足 flag_hop==d 的数据包总数为 $N_{collect}$，可以使用 $f_1 \sim f_3$ 获取链路 d 的遥测结果：

（1）Flow one-way average latency：特定链路上流量的平均延迟。

Reg_{dwell_i} 表示第 i 个 flag_hop $==d$ 的遥测数据包中携带的驻留时间信息。

$$f_1 = \frac{\sum_{i=1}^{N_{collect}} Reg_{dwell\_i}}{N_p} \tag{4.13}$$

(2) Flow packet loss：特定链路上的流的数据包丢失。Reg_{number_i} 表示第 i 个 flag_hop $==d$ 的遥测数据包中携带的 Packet_number 信息。

$$f_2 = N_p - \sum_{i=1}^{N_{collect}} Reg_{number\_i} \tag{4.14}$$

(3) Flow average throughput：特定链路上流量的平均速度。Reg_{span_i} 和 Reg_{length_i} 分别表示 flag_hop $==d$ 的第 i 个遥测数据包中携带的 Packet_length 和 Span_time 信息。

$$f_3 = \frac{\sum_{i=1}^{N_{collect}} Reg_{length\_i}}{\sum_{i=1}^{N_{collect}} Reg_{span\_i}} \tag{4.15}$$

然而，一些遥测任务，如链路可用带宽，无法由上述最基本的 NTM 直接完成。因此，得益于 FPGA 提供准确硬件时间戳的能力，设计了一个基于 NT-RP 的更高效的可用带宽测量模型，并更新了 NTM 集。

受可用带宽测量模型 SMART [9] 的启发，基于 NT-RP 的可用带宽测量方法如图 4.4 所示。随机发送一定数量的短型遥测探针，并测量探针的最小逗留时间 T_{min}（即不涉及任何背景流量的节点中的平均 Dwell_time）。结合文献[9]的理论结果，如果探针的 Dwell_time 非常接近 T_{min}，则认为节点处于空闲状态，反之则认为节点处于繁忙状态。因此，在 NT-RP 中维护计数器 count_min 以计算 Dwell_time 接近 T_{min} 的探针数。此外，为了排除 Monte Carlo 随机性对某些确定性情况的影响，需维护计数器 count_double 以存储 Dwell_time 接近 T_{min} 的探针数量，适用于节点及其前置节点。通过计算这两个计数器的值，得到链路 i 的空闲率 $Free\_b_i$，并基于 $Free\_b_i$ 找到真实链路级可用带宽 $Avail\_bw_i$（其中，C_i 是链路 i 的最大带宽容量，$count\_min_i$ 和 $count\_double_i$ 分别代表链路 i 中对应寄存器的值）。

$$Free\_b_i = count\_double_i / count\_min_{i-1} \tag{4.16}$$

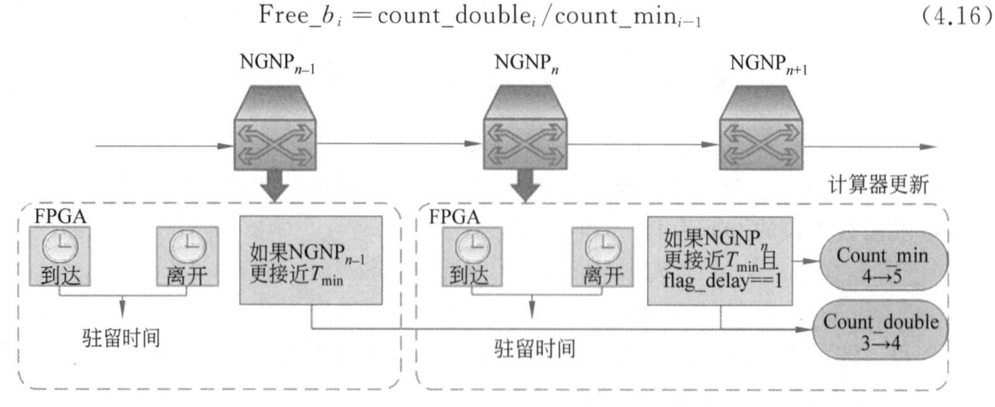

图 4.4 基于 NT-RP 的可用带宽测量方法

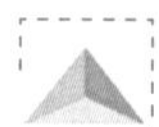

$$\text{Avail\_}bw_i = C_i \cdot \text{Free\_}b_i \tag{4.17}$$

在 NT-RP 中，计数器 count_min 和 count_double 均被视为 NTM，链路可用带宽函数 $f_{\text{Avail\_}bw}$ 被加载到遥测服务器中。该方法直接使用 NT-RP 提供的 Dwell_time 计算 count_min 和 count_double，解决了 SMART 在软件层面上延迟获取精度差的问题，从而有效平衡了链路可用带宽测量的精度和 NT-RP 服务的可用性。

总之，目前在 NT-RP 中加载了 5 种类型的 NTM 计算模块，其中，两个时间维度 Dwell_time 和 Span_time 在 NTM 计算器 1 中配置，Packet_number、Packet_length 和 count_min/count_double 在 NTM 计算器 2 中配置。表 4.1 列出了 NT-RP 中不同遥测任务使用的 NTM，并根据不同任务类型和节点角色定义了在流水线的最后两个阶段要选择的模块。

表 4.1　NT-RP 中不同遥测任务使用的 NTM

遥测类型	遥测任务	节点类型	NTM	遥测处理器	NTM 计算器 1	NTM 计算器 2
流量遥测	单向平均延迟	源节点	驻留时间	1	1	
	丢包率	源节点	数据包数量	2		1
	流速	源节点	数据包长度、时间间隔	3	2	2
	单向平均延迟	非源节点	驻留时间		1	
	丢包率	非源节点	数据包数量			1
	流速	非源节点	数据包长度、时间间隔		2	2
链路遥测	可用带宽	源节点/非源节点	计数器 count_min、count_double		1	3

4.2.5　实验设计与结果分析

NT-RP 原型部署在 3 个 NGNP 节点上，这些节点配备了一个时钟为 125MHz 的 FPGA 和两个 1000Mb/s 的以太网接口。NGNP 中的流水线模块采用 FAST 架构[7]，满足网络设备功能扩展的性能和灵活性要求。加载 NT-RP 的 3 个 NGNP 分别配置为遥测源节点、中间节点和尾部节点。通过进行 4 组实验来评估 NT-RP 的性能，这些实验从遥测结果的准确性、与正常转发的融合、面对数据包丢失时的系统鲁棒性和运行时可重新配置性 4 个角度验证了 NT-RP 的性能。

1. 遥测结果的准确性

图 4.5 显示了 4 个遥测任务的测量结果。正如预期的那样，与 FPGA 的处理速率一致的流单向平均延迟随着数据包大小的增加而增加，而对于不同的背景流强度，NT-RP 测量的丢失率始终保持在 0.1%左右，非常接近实际值。此外，与真实流量相比，不同数据包长度下的流量吞吐量的测量值非常准确。

图 4.5(d)比较了 NT-RP 和 SMART 在不同网络利用率情况下测量的可用带宽。

NT-RP 测量结果的相对误差始终保持在良好的范围内,并且小于 SMART 的相对误差。

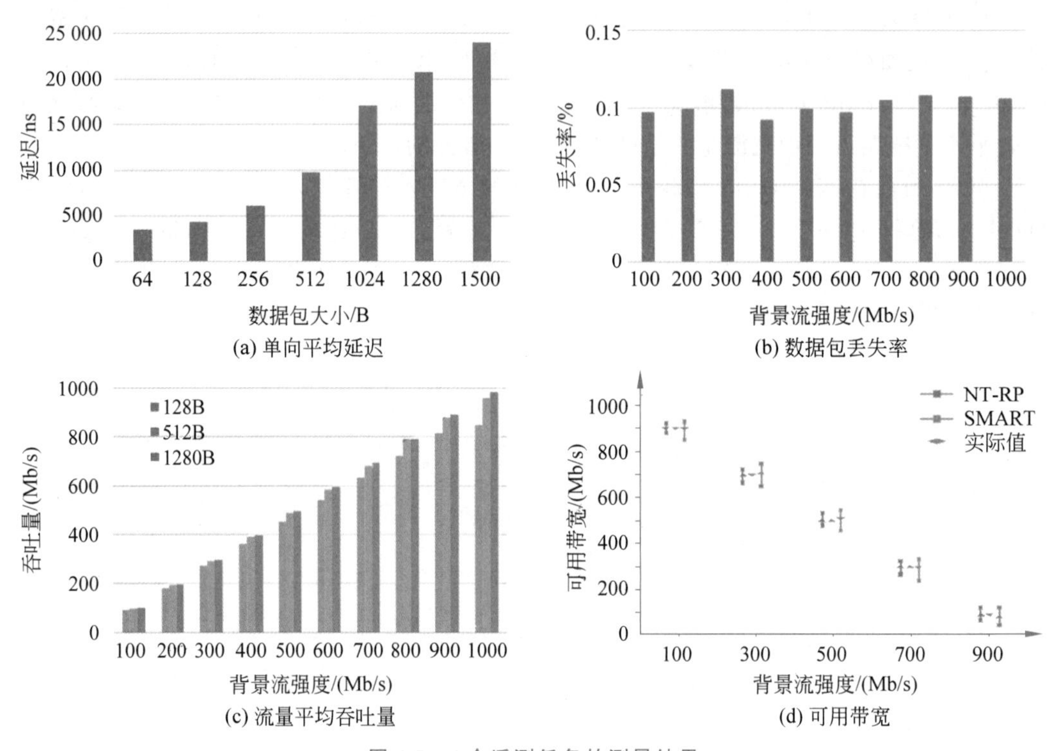

图 4.5　4 个遥测任务的测量结果

2. 与正常转发的融合

为了证明 NT-RP 的遥测功能与数据包的正常转发融合得很好,将加载 NT-RP 遥测流水线的 NGNP 和仅用作正常路由器的节点之间的平均数据包转发延迟和速率进行比较。在实验过程中,将后台流量设置为 1000Mb/s,并更改数据包大小以获得结果。

图 4.6(a)显示,加载 NT-RP 的节点在数据包转发中的平均延迟稍长,为 8ns,因为大多数额外的遥测处理逻辑已融合到正常转发中,并且只有无法融合的 NT 处理器模块会导致数据包转发的小的额外处理延迟。此外,NT-RP 对正常的数据包转发率只有很小的影响。

可以在图 4.6(b)中看到,在加载 NT-RP 的情况下,数据包转发率的损失随着数据包大小的增加而减少,当数据包大小达到 1024B 时,数据包传输率的损失降至 1%以下。

3. 面对数据包丢失时的系统鲁棒性

将丢包位置检测机制部署到遥测服务器中,并基于大量实验确定两个阈值:$T(C)=50\text{ms}$ 和 $R(C)=2\%$。

在遥测过程中的某个时间向中间节点注入大量流量,导致其拥塞并产生数据包丢失现象,如图 4.7(a)所示,在接收到 T_{interval} 超过 50ns 的数据包后,遥测服务器端会计算包

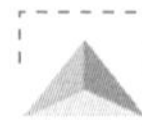

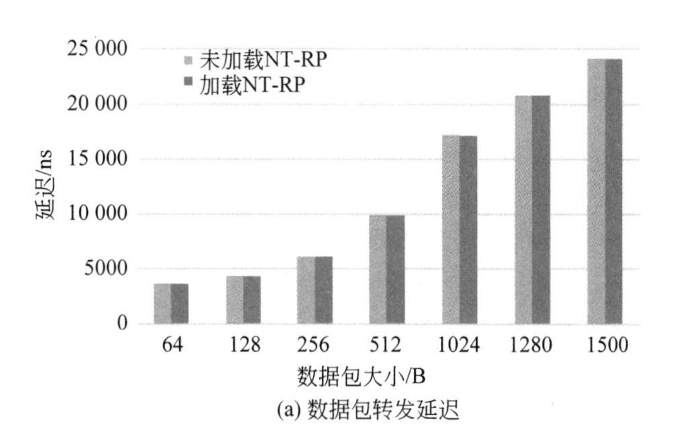

(a) 数据包转发延迟

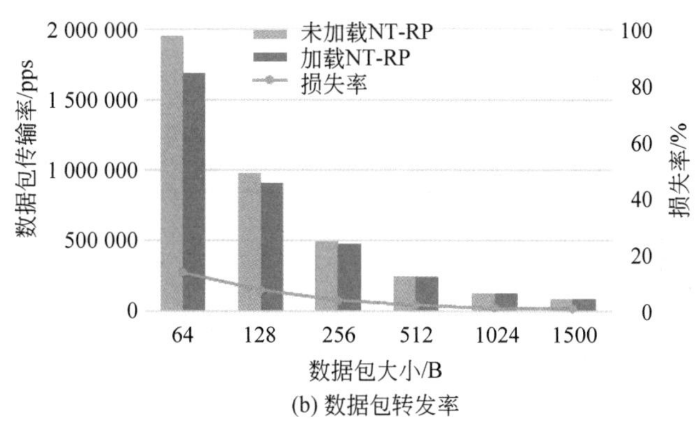

(b) 数据包转发率

图 4.6　NT-RP 节点的数据包转发情况

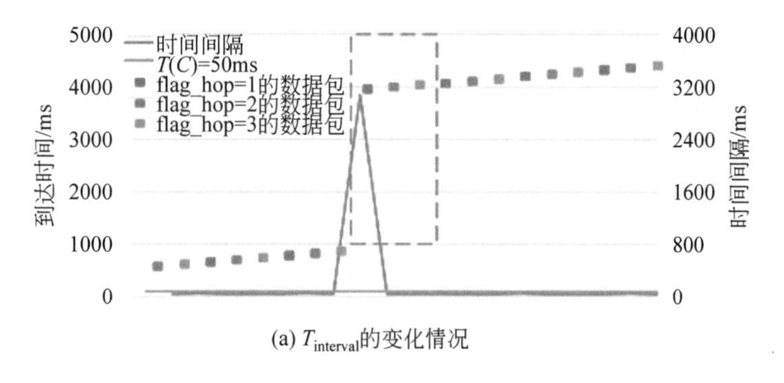

(a) $T_{interval}$的变化情况

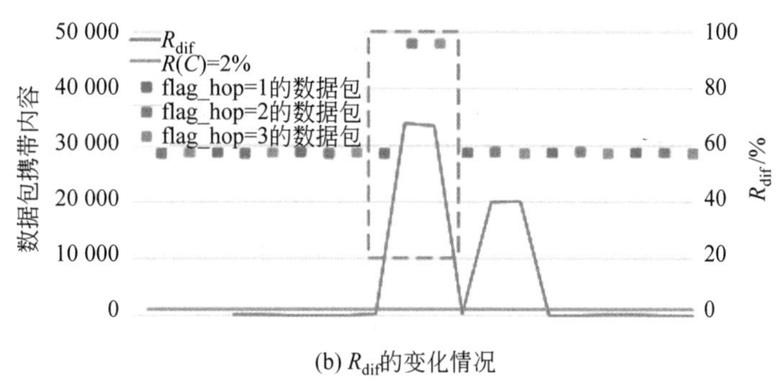

(b) R_{dif}的变化情况

图 4.7　拥塞状态下的处理情况

括该数据包在内的 3 个后续数据包的 R_{dif}。从图 4.7(b)中可以明显看出，最后一个 R_{dif} 不超过 2%的数据包的 flag_hop 等于 1，因此发生数据包丢失的位置是 flag_hop 为 2 的中间节点。

4. 运行时可重新配置性

通过在遥测过程中发送新的遥测任务命令并观察流量吞吐量是否受到影响，可以对 NT-RP 是否具有实时任务切换能力进行实验验证。

考虑 3 种情况，分别为：Measurement ID=0x01 以测量单向平均延迟；Measurement ID=0x02 以测量流量平均吞吐量；Measurement ID=0x03 以测量链路可用带宽。

图 4.8(a)显示，当任务命令更新时，流量吞吐量几乎不会发生变化，表明任务切换对系统没有额外的影响。图 4.8(b)的结果显示，根据不同的命令，遥测数据包中携带的 Measurement ID 成功改变。

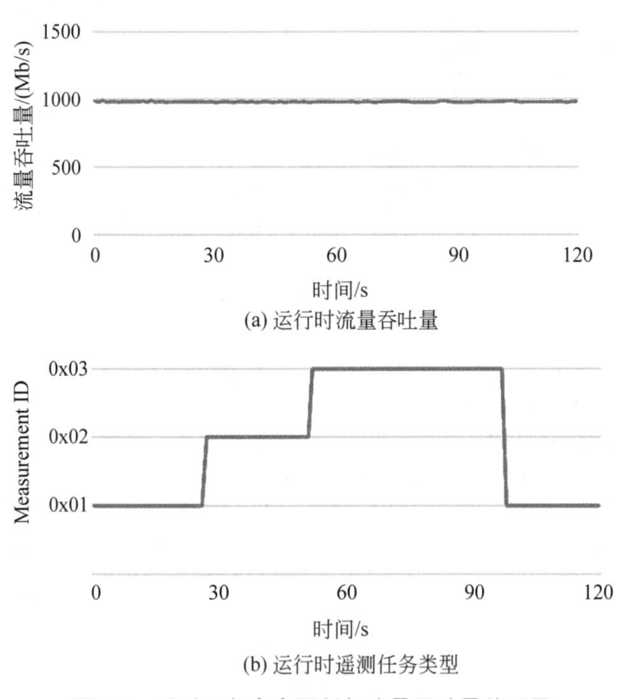

(a) 运行时流量吞吐量

(b) 运行时遥测任务类型

图 4.8 遥测任务命令更新与流量吞吐量关系图

实验结果表明，NT-RP 与数据包转发很好地融合在一起，节点上几乎没有额外的时间负载，并且可以用更少的数据开销实现精确的链路级网络遥测。同时，在由于意外事件导致遥测信息丢失的情况下，NT-RP 能够以高鲁棒性找到分组丢失的位置。

4.3 本章小结

本章主要介绍了基于 NGNP 的网络测量技术，并提出了基于 FPGA 的动态可重构流水线的网络遥测系统 NT-RP，它可以在运行时切换计算逻辑，以获得用户所需的数据。

实验结果证明，NT-RP在几乎没有额外时间消耗的情况下，很好地与数据包转发相结合，以较少的数据开销完成了准确的链路级遥测任务。同时，通过查找丢包位置，NT-RP能够缓解由数据包丢包引起的遥测信息缺失问题。与其他现有的网络遥测系统相比，NT-RP具有高灵活性、高可扩展性、高可靠性及低资源消耗的优势。可以预见，通过在NGNP集群等场景中部署NT-RP，能够更高效、鲁棒地并行业务流量传输和网络管理任务。

参考文献

[1] BEN BASAT R，RAMANATHAN S，LI Y，et al. PINT：Probabilistic in-band network telemetry [C]//Proceedings of the Annual Conference of the ACM Special Interest Group on Data Communication on the Applications，Technologies，Architectures，and Protocols for Computer Communication，20：662-680.

[2] TAN L，SU W，ZHANG W，et al. A packet loss monitoring system for in-band network telemetry：Detection，localization，diagnosis and recovery[J]. IEEE Transactions on Network and Service Management，2021，18(4)：4151-4168.

[3] KIM Y，SUH D，PACK S. Selective in-band network telemetry for overhead reduction[C]//2018 IEEE 7th International Conference on Cloud Networking (CloudNet). IEEE，2018：1-3.

[4] TANG S，LI D，NIU B，et al. Sel-INT：A runtime-programmable selective in-band network telemetry system[J]. IEEE Transactions on Network and Service Management，2019，17(2)：708-721.

[5] LI J，YANG X，SUN Z. Drawerpipe：A reconfigurable packet processing pipeline for FPGA[J]. Journal of Computer Research and Development，2018，55(4)：717-728.

[6] WANG T，YANG X，ANTICHI G，et al. Isolation mechanisms for {High-Speed} {Packet-Processing} pipelines [C]//19th USENIX Symposium on Networked Systems Design and Implementation (NSDI 22)，22：1289-1305.

[7] YANG X，SUN Z，LI J，et al. FAST：Enabling fast software/hardware prototype for network experimentation[C]//Proceedings of the International Symposium on Quality of Service，2019：1-10.

[8] PEZAROS D P，GEORGOPOULOS K，HUTCHISON D. High-speed，in-band performance measurement instrumentation for next generation IP networks[J]. Computer Networks，2010，54(18)：3246-3263.

[9] LIU M，SHI J L，LI ZH CH，et al. A new end-to-end measurement method for estimating available bandwidth[C]//Proceedings of the Eighth IEEE Symposium on Computers and Communications. ISCC 2003. IEEE，2003：1393-1400.

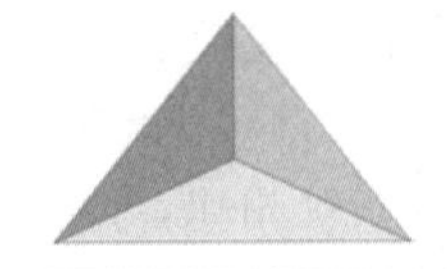

第 5 章 融合段路由的 NGNP 带内遥测

作为网络遥测的一个分支,带内遥测的显著特征便是借助数据平面的业务流量完成网络的测量并具备远程上报的能力。相较于依靠运行在监控节点中的代理来周期性地采集遥测数据并汇报给网络管理控制系统的遥测方式而言,带内遥测对交换机正常业务的侵占和影响更小。同时,带内网络遥测还具备支持更细粒度的测量、支持端到端状态的随路追踪和监控过程用户无感知等能力。上述优点使得带内遥测一经提出便吸引了学术界和工业界的广泛关注。带内遥测与段路由技术的结合能够使测量方案更轻量,减少测量开销。同时,利用 NGNP 的可编程特性,能够快速开发和部署融合段路由的带内遥测方案。

本章主要内容包含 3 部分: 第一部分介绍相关的前置知识,即段路由转发、带内遥测的背景及研究现状;第二部分则介绍了一种融合段路由的带内遥测方案;第三部分则尝试将该方案进行轻量化,以便更好地适配 NGNP。

5.1 段路由与带内遥测

5.1.1 带内遥测技术简介

根据网络测量系统测量的方式不同,网络测量技术可以进一步分为三大类: 主动测量、被动测量和以带内网络遥测(In-band Network Telemetry,INT)为典型代表的结合这两种方式的混合测量方式。

图 5.1 给出了网络测量研究架构图,主要部分从上向下可分为测量应用、测量算法、测量模型和测量工具。主动测量通过主动向网络注入的探针,根据网络中的反馈信息得到测量结果,其测量探针的格式、发送探针的时机以及频率可由用户决定,但随之而来的缺点是探针带来的额外开销,并且探针格式与常规业务量报文格式不一致,导致探针很可能在路由协议、转发规则等的干扰下经历不同的转发路径,从而对最终的测量结果带来一定的影响。网络性能被动测量通过截取经过待测点的数据包来对网络状态、协议类型等性能指标进行测量,该手段可以更加精确地反映当前网络的状态,但是同时上传了较多并且可能冗余的遥测数据,从而带来了较大的开销。而混合测量是近年来逐渐兴起的一种测量方式,它结合了主动测量和被动测量的特点重新对测量机制进行了设计与更改[1]。在本工作中,选取了其中更具代表性、测量粒度更细、精度更高的带内网络遥测作为研究

图 5.1　网络测量研究架构图

目标。

带内网络遥测是近年来提出的一种混合测量方案，其工作的简要原理是转发路径中的交换节点在转发数据包时按照一定的遥测规则插入元数据(metadata)进行网络状态测量。图 5.2 给出了简要的带内网络遥测工作流程，用户 1 向用户 2 发送正常数据包的过程中，数据包到达链路中第一个交换机时，第一个交换机作为测量源节点向数据包中插入含有指令的 INT 头以及含有相应遥测信息的元数据。数据包到达第二个交换机时，第二个交换机依据数据包内的 INT 指令向数据包内插入相应遥测信息。数据包到达遥测宿节点，即第三个交换机，交换机首先插入遥测信息，其次从数据包中提取 INT 头和 INT 元数据并生成报告发送至遥测服务器。

相对于前文涉及的测量方式，带内网络遥测粒度更细、实时性更强、对网络各状态的测量结果更精确。带内遥测支持包级别的细粒度监控[2]，相较于流级监控的秒级别的监控精度[3]，能够支持网络中微突发现象[4]的检测，使网络管理者对网络的运行状态拥有更细粒度的感知。目前，已有的较成熟的 INT 方案主要有 INT in 6TiSCH、INT Collector、PINT，本节将首先对这些既有方案进行简要介绍。

(1) **INT in 6TiSCH**：INT in 6TiSCH 是 Karaagac 等[5]为将带内网络遥测从有线网络拓展到无线网络场景中，针对工业无线传感器网络提出的一种带内网络遥测方案。该

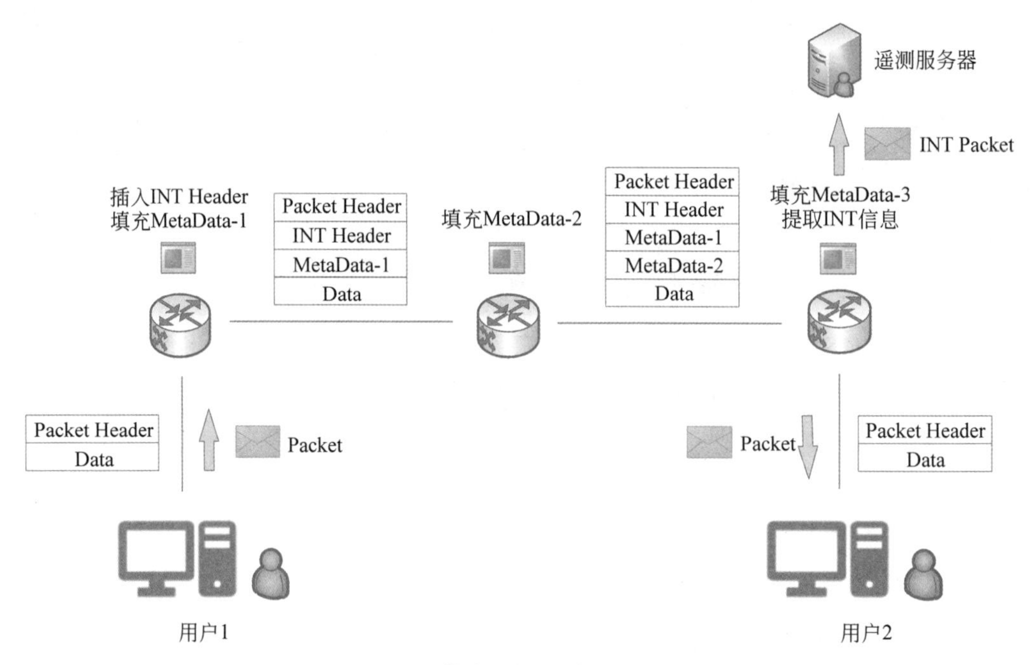

图 5.2　带内网络遥测工作流程

方案主要侧重于 6TiSCH 这类具有低功率、较可靠特点的无线网络协议栈。Karaagac 等设计的遥测方案最大限度地减小了资源消耗和通信开销，并且支持绝大多数测量操作和策略，可应对各种网络场景和用例。

(2) **INT Collector**：传统 INT 会将巨大的数据量发送到收集器中，从而对收集器的处理能力有较高的要求，为了解决该问题，Tu 等[6]提出了 INT Collector 的设计与实现。该机制最大的特点是拥有两个处理流程：一个是负责处理 INT 报告包的快速路径，另一个是处理网络事件并将结果存储到数据库的正常路径。通过这种设计，减少了需要存储的网络事件的数量，进而减少了 CPU 的使用和存储成本，同时仍然确保捕获并存储了重要的网络信息。

(3) **PINT**：为了解决 INT 开销过大的问题，Basat 等[7]提出了基于 P4 语言的 PINT 框架。通过概率计算的方法，PINT 限制了添加到每个数据包上的信息量，并且要求将数据编码在多个数据包上。Basat 等利用真实的拓扑结构和流量特性表明，PINT 在媲美当前技术水平的要求下，在一定场合下每个数据包仅使用 16 位开销，极大地缓解了 INT 开销过大的问题。

5.1.2　SRv6 介绍

Segment Routing(SR)是一种源路由技术。该技术为每个节点或链路分配 Segment，头节点将这些Segment 组合起来形成 Segment 序列，数据包在转发时即可按照 Segment 序列进行转发，从而实现网络编程能力，如图 5.3 所示，SRv6 技术在 IPv6 报文中新增 Segment Routing Header(SRH)报头，用于存储 128 比特 IPv6 地址格式的 SRv6 SID 列

表。作为 SRv6 技术的核心，SID 主要由 3 部分组成：标识节点位置的 LOC 字段、标识服务和功能的 FUNC 字段以及存储相关参数的 ARG 字段。

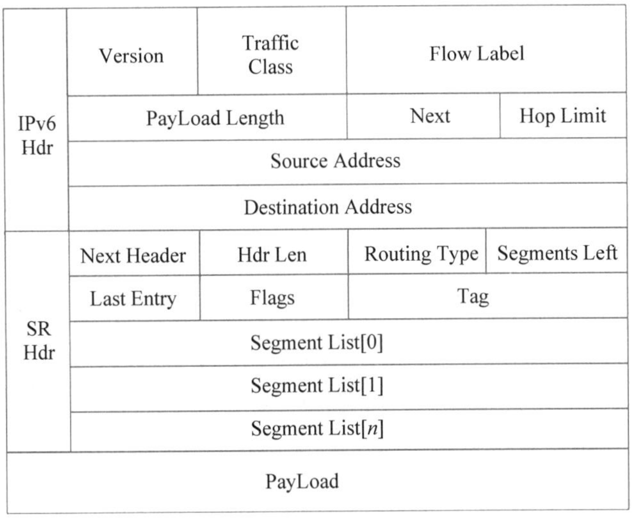

<table>
<tr><td rowspan="4">IPv6 Hdr</td><td>Version</td><td>Traffic Class</td><td colspan="2">Flow Label</td></tr>
<tr><td colspan="2">PayLoad Length</td><td>Next</td><td>Hop Limit</td></tr>
<tr><td colspan="4">Source Address</td></tr>
<tr><td colspan="4">Destination Address</td></tr>
<tr><td rowspan="5">SR Hdr</td><td>Next Header</td><td>Hdr Len</td><td>Routing Type</td><td>Segments Left</td></tr>
<tr><td>Last Entry</td><td>Flags</td><td colspan="2">Tag</td></tr>
<tr><td colspan="4">Segment List[0]</td></tr>
<tr><td colspan="4">Segment List[1]</td></tr>
<tr><td colspan="4">Segment List[n]</td></tr>
<tr><td colspan="5">PayLoad</td></tr>
</table>

图 5.3　SRv6 报文结构图

在 SR Hdr 中，较为重要的是 Segments Left 和 Last Entry 字段。Segments Left 字段表示还剩下多少个 Segment 等待转发，在实际转发时可用作指针指向待转发的地址；Last Entry 为索引字段，主要作用是给出 SRH 中实际包含的 Segment 的总数。因此，SRH 扩展头存储的内容相当于一个计算机程序，第一个要执行的指令是 Segment List[n]，Segments Left 相当于计算机程序的 PC 指针，永远指向当前正在执行的指令。

图 5.4 给出了 SRv6 报文的转发流程，节点 R1 指定路径转发到 R5，其中路径中支持 SRv6 的 NGNP 交换机设备按照转发规则对数据包进行修改，不支持 SRv6 的普通交换机例如 R4，仅将 SRv6 数据包视作普通 IPv6 数据包进行转发处理，SR Hdr 部分不进行处理。可从图中看出，数据包每经过一个 NGNP 交换机时，会根据 Segments Left 读取相应的字段进行路由处理，最后在转发前对数据包进行修改。不难看出，在整个转发过程中，数据包到达 NGNP 交换机时，该路径前序 IPv6 地址均失去使用价值，再结合 SRv6 的可编程特性可以利用该失效字段携带其他信息，这也为本工作的后续研究埋下伏笔。

可以看出，SRv6 对控制协议进行了简化操作，从而降低了后续运维工作的复杂度；并且 SRv6 具有良好的可扩展性，在头部节点进行路径编程，网络中间节点不感知路径状态信息；最为重要的是 SRv6 具有较好的可编程性和更可靠的快速重路由保护机制。这些独特的优势使得 SRv6 成为软件定义网络和下一代 IP 网络的核心技术，是目前国内外业界的研究热点。

5.1.3　SRv6＋INT 研究

软件定义网络（SDN）的快速发展推动了可编程数据平面思想的发展，这为实现强大而及时的网络监控带来了前所未有的机遇。P4 联盟在提出 INT 规范时，曾经提过“INT

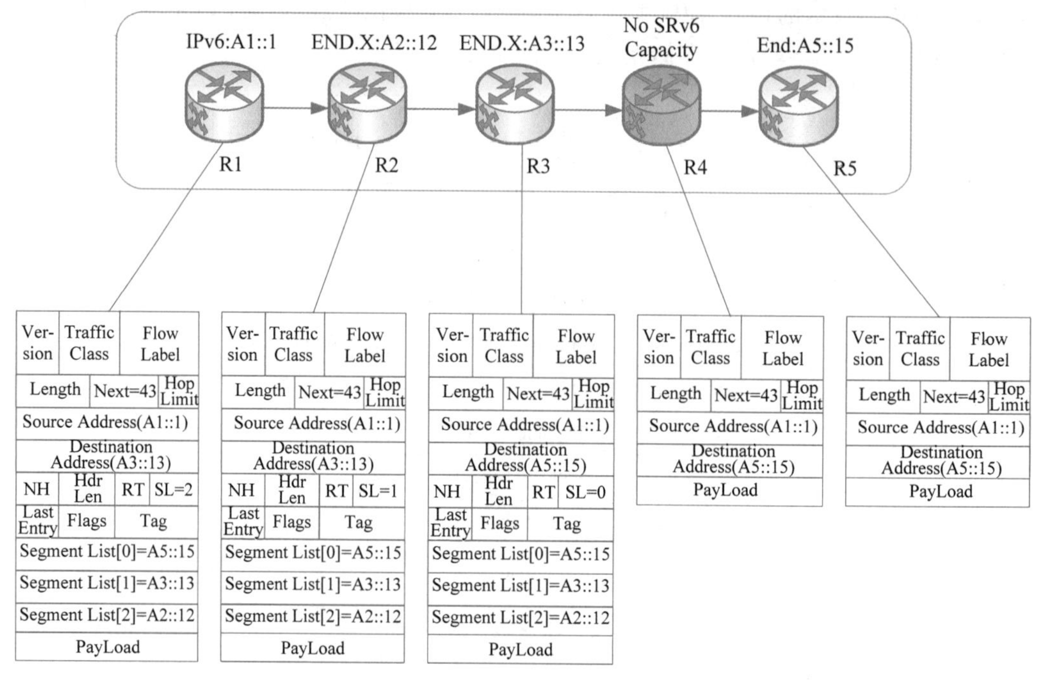

图 5.4　SRv6 报文的转发流程

over Everything”的概念，即可将 INT 数据封装在 TCP、UDP、NSH、Geneve、VXLAN 等一系列协议中[8]。因此也有很多学者对可编程数据平面的两大技术即分段路由(SR)和带内网络遥测(INT)技术进行同步研究，尝试将两者技术进行无缝合并以实现高效和自适应的网络监控。

NetVision 是清华大学 Liu 等[9]依据网络遥测即服务概念所提出的带内测量平台，其通过主动发送与网络状态和遥测任务相匹配的适当数量和格式的探针数据包进行测量。该方案设计了“SR+INT”的双栈网络探针结构，利用段路由对探测路径进行定制，从而实现了路径规划功能。图 5.5 给出了其所设计的探针结构。此外，该主动网络遥测平台利用可编程协议无关报文处理语言(P4)的特性，能够覆盖全网且具有较强的可扩展性，目前该平台在路径决策、流量工程等方向均已得到应用。

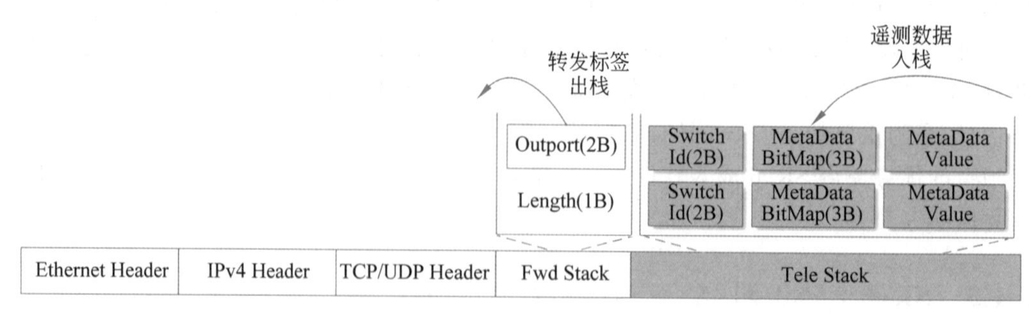

图 5.5　NetVision 探针结构

学者 Zheng 等[10]利用协议无意识转发(Protocol Oblivious Forwarding,POF)设计了 SR-INT 网络监控系统。其主要思想是对 SR 和 INT 的每个数据包中的报头字段进行时间复用,并且保持 SR-INT 数据包长度在端到端过程中不变。其设计的数据包格式如图 5.6 所示。SR-INT 通过流表的方式对数据包进行操作,这不仅降低了同时使用 SR 和 INT 的开销,而且降低了基于软件的 POF 交换机的操作复杂度,实现了高效和自适应的网络监控以进行故障诊断,并且可以将网络从软件失败中快速恢复。

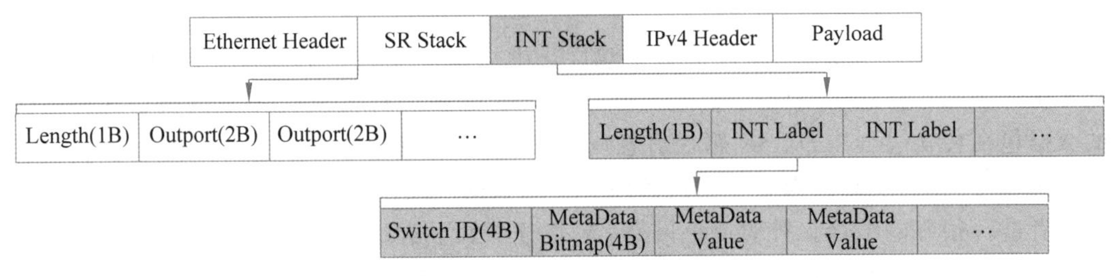

图 5.6 SR-INT 数据包格式

Lin 等[11]为数据中心网络提供了一种新的网络遥测框架——NetView。该框架可以按需支持各种遥测应用和频率,通过主动发送专用探针监测每个设备。在技术上,NetView 利用 SR 来转发探针,实现全覆盖。此外,Lin 等设计了一系列探针生成算法,在很大程度上减少了探针数量,提供了高可扩展性。图 5.7 给出了 NetView 探针结构。可以看出该结构同样采用了双栈结构,将转发地址以 SR 形式放入 Fwd Stack 中,以确保探针沿指定路径转发。

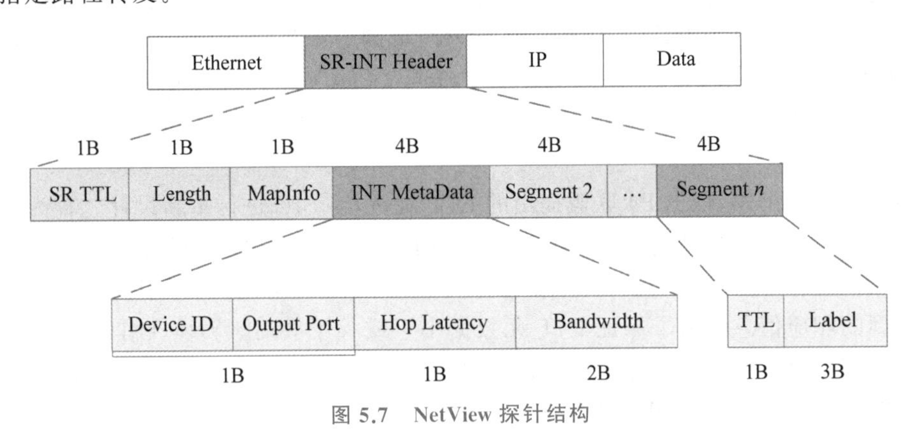

图 5.7 NetView 探针结构

综上所述,由于段路由技术的发展,越来越多的学者将其融入了 INT 的研究中,尝试利用段路由技术解决 INT 的一些传统问题。然而目前的研究仅在数据包中包含了 SR 和 INT 的相关字段,而没有注意到累积使用两个技术带来的开销,导致在大规模网络中难以部署。此外,目前的研究仅针对传统网络设计,无法应对大规模部署 NGNP 交换机的情况。例如,NetVision 和 NetView 均采用了双栈结构的探针结构,这种结构的探针由于同时携带了过多的信息导致开销过大,最大报文长度(Maximum Transmission Unit,MTU)也将受到限制。此外,由于 SR-INT 是针对 POF 交换机所设计的,在传统网络或者 SRv6 网络中均无法很好适配。

值得注意的是，SR 可以管理 INT 数据采集的配置，而 INT 可以根据网络状态辅助 SR 优化其设置。这实际上促使我们研究如何将它们无缝合并以最小化开销，实现高效和自适应的网络遥测。

5.2 基于段路由的遥测方案

将 SRv6 和带内网络遥测进行结合的首要难点便是数据包的设计。针对此问题，目前常用的数据包格式是双栈结构——同时包含 SR 路径信息栈和 INT 数据栈。这种结构的数据包在传输过程中，从 SR 路径信息栈获取下一跳信息，向 INT 数据栈插入信息。双栈同时进行处理，规则较为简单。然而该类型的数据包仅仅是包含了 SR 和 INT，并没有将两者进行很好的结合。针对以上问题，本节做了如下尝试：设计基于 SRv6 的 INT 数据包，并且设计了新的遥测原语。通过对原 SRv6 数据包的修改，使其可以携带 INT 遥测数据，并且依据 INT 标准在 SID 中添加了 INT 相应头部，使得数据包在传输过程中有迹可循。作为扩充，本工作还为 SRv6-Based INT 设计了高效、简洁的遥测原语，用户在使用 SRv6-Based INT 时可据此下发遥测指令，传达遥测任务。

5.2.1 基于 SRv6 的遥测数据包及遥测原语设计

在传统段路由网络环境中，在报文转发前会将路径每一跳地址写入头部 Segment List 字段中，再由指针指向下一跳地址，因此报文在网络传输中，每经过一跳指针便向下移动一次。但在该过程中，不难发现存在较为严重的资源浪费问题。例如该报文到达第 n 个 NGNP 交换机时，Segment List[0]～Segment List[$n-1$]这些地址所代表的 NGNP 交换机已经完成了转发任务，这些地址理论上已经失去了价值，则会造成 128 比特×n 的资源浪费。

本节从这点出发，依据 P4 联盟提出的 INT 规范，对 SID 进行重新设计。较为特殊的是 Segment List[0]，其中包含了 INT 一些头部信息，如 INT 的数据包类型、INT 首部长度等控制信息。后续 SID 均由 4 个 32 比特的 metadataStack 组成，用于携带在每一跳节点测量到的相应信息。为了保证 INT 元数据小于或等于 32 比特，本工作还借助了传统的乘法压缩手段，对 INT 数据进行压缩传输。图 5.8 对上述步骤进行了说明，并给出了所设计的 INT 元数据格式并加以说明。

对图 5.8 中定义的 INT 元数据字段解释如下。

type：占用 8 比特的空间。该字段用于表示 INT 数据包类型。本节中为随流检测的基于 SRv6 扩展后的 INT 数据包。

length：占用 8 比特的空间。该字段用于表示 INT 头部长度，可根据该字段判断 INT 数据从何处开始。

protocolType：占用 8 比特空间。由于 INT 可以封装在很多协议中，例如可封装于 UDP、TCP、NSH 的有效载荷，也可封装于 Geneve 的 option 选项中。protocolType 主要用于区分 INT 的头部的上层协议。在本工作中，INT 封装于 SRv6 数据报中，使用自定

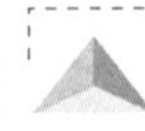

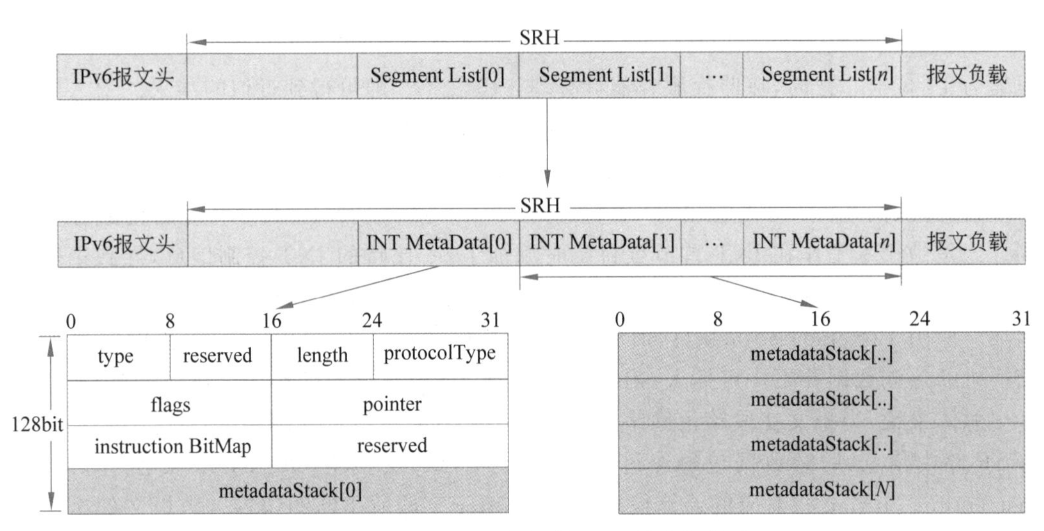

图 5.8　结合 INT 元数据的 SRv6 数据包格式

义的协议号 255 来表示 INT 层之后的上层协议 SRv6。

flags：占用 16 比特空间。该字段为标志位字段，用于表示 INT 协议的版本号等信息。

pointer：占用 8 比特空间。由于每一个 NGNP 交换机插入的数据量不确定，因此该字段指示了下一个可插入 INT 数据的头部地址。

reserved：暂无明确用意的保留位，后续进一步研究可能起到作用。目前在实际使用中仅起到填充的作用。

instruction BitMap：占用 16 比特的空间。该字段用于指示在 NGNP 交换机上收集的数据类型。其本质是一个双字节的位图，在后续章节中将介绍支持测量的元数据类型。对于 BitMap 中的置 1 位，NGNP 交换机将相应类型的 INT 数据插入数据包，即本工作的 SRv6-Based INT 支持在一跳中插入多个元数据字段。

metadataStack：占用 32 比特空间。该字段用于存储遥测数据。ID 和所对应的遥测数据构成键值对 $G(K,V)$，以这种数据结构来存储数据。其中 K 用于表示节点 ID，假设较为常见的段路由网络拓扑节点一般有 150 个左右，为了提高效率，通常 30% 的节点为 NGNP 交换机，则最少需要 6 比特开销作为节点 ID。对于遥测数据 E，在传统的 INT 中，常用的精确的时间表达需要 32 比特，此时：

$$G(K,V) \geqslant 38 \tag{5.1}$$

则对于一个完整的 SID 只能存放 3 份遥测信息，并且会带来 14 比特的空间浪费。但对于大多数应用程序，不需要知道 INT 收集的所有包所有流的精确信息。现有技术由于需要完善且精确的遥测信息而产生高昂的开销，对于大部分使用案例，较为正确的数值即可满足需求，原有技术则会产生不必要的开销与负担，例如在安全漏洞监测中，人们只关心局部时间内流量发生剧烈变化的区域，对流量较平稳的时间段并不关心。因此，此处引入乘法近似方法，在写入摘要时，以式(5.2)代替 $G(K,V)$。

$$a(K,V) = [\log_{(1+\epsilon)^2} G(K,V)] \tag{5.2}$$

其中，ϵ 为自定义参数，不同的值会带来不同的压缩效果，例如 $\epsilon=0.0025$ 时，可将 32 位值压缩为 16 位值。此时，在监控服务器计算 $(1+\epsilon)^{2\times a(K,V)}$ 即可得到近似的结果。引入乘法压缩带来了精确度上的损失，但在要求高精度的遥测场合 SRv6-Based INT 也可停止使用压缩手段，在带来较大开销的情况下获取准确的遥测结果。

另外，从图 5.8 中可以看出，INT MetaData[0]与后续 INT MetaData 的构成存在不同。这是由于本工作在 INT 首节点封装时添加了 96 比特的 INT 控制信息，导致第一个 SID 只能存放 32 比特的 INT 数据。在后续所有 SID 中，每一个 SID 均由 4 份遥测数据组成。但由于 metadataStack 与 SID 并不存在严格的对应关系，SID[n]所指向的 NGNP 交换机的遥测数据并不一定插入 SID[n]中，因此 pointer 字段的作用就愈加重要。

总体来说，当报文在段路由网络中传播时，在 INT 首节点处添加 INT 首部并且封装好 SR 路由信息，后续数据包每经过一个中间 NGNP 交换机，该 NGNP 交换机就根据 instruction BitMap 将对应的遥测信息插入 pointer 字段所指向的位置。当报文到达最后一跳时，将提取报文中所有的 INT 数据并且对报文进行还原，从而实现了对用户的透明。

此外，在计算机体系结构中，为了实现特定的功能，通常会将若干微指令组成一个原语。原语具有执行过程中无法被中断的特性，类似地，在遥测系统中为了获取某一测度的结果，同样需要特定的遥测原语设计。简单而高效的遥测原语可以直观地减少操作的复杂度。

为了简化遥测服务器对源节点的任务下发并且屏蔽遥测底层的逻辑复杂性，本小节将主要介绍为 SRv6-Based INT 所设计的遥测原语。该原语包含了必要的遥测元数据例如路径长度、逐跳时延等，还包括了一系列的查询网络拓扑节点、路径遥测信息等相关的查询语句。

如表 5.1 所示，SRv6 网络遥测元数据包含了链路、路径、设备节点信息三大类信息，共包括了常见的时延、带宽利用率等 15 种测度。如表 5.2 所示，在元数据原语基础上，本工作还仿照数据库查询语言 SQL 设计了网络遥测查询语句，该语句结合正确的参数即可作为遥测原语使用，为遥测服务器的任务下发奠定了基础。

表 5.1　SRv6 网络遥测原语

查询原语	功能描述	使用参数
PathQuery	查询路径信息	源节点和目的节点
NodeQuery	查询节点信息	节点 ID
Where	选择元数据	过滤语句
Select	查询元数据	元数据类型
Period	过滤遥测时间	时间段

网络遥测元数据和网络遥测查询语句相结合，即可为不同的测量任务生成指定的遥测原语。管理员确定遥测任务后，由遥测服务器生成遥测原语并下发给 SRv6 源节点，源节点据此为到达的数据包插入测量指令，传输路径上的 NGNP 交换机便可以按照指令插入相应的遥测数据。

表 5.2　SRv6 网络遥测查询语句

性　质	元　数　据	描　　述
链路	LinkUtilize	链路利用率
	LinkLatency	链路时延
路径	PathTrace	路由路径
	PathLength	路径长度
设备节点	IngressRate	入口流量速率
	EgressRate	出口流量速率
	IngressTime	入口时间标签
	EgressTime	出口时间标签
	IngressPortID	入端口号
	EgressPortID	出端口号
	SRv6SwitchID	NGNP 交换机标识符
	ActQueueLength	实时队列长度
	AvgQueueLength	平均队列长度
	HopLatency	逐跳时延
	SRv6SwitchCnt	NGNP 交换机总流量

值得注意的是，网络遥测查询语句仅展示了 SRv6-Based INT 的基础功能，在拥有了这些网络基础状态信息后，SRv6-Based INT 可做出进一步的推算，提供更复杂的功能，例如通过往返时延等信息计算出 NGNP 交换机合适的缓冲区大小，利用网络状态信息推断出出现网络拥塞的区域。

在前两节中，介绍了 SRv6-Based INT 的数据包格式及遥测原语。但是仍需注意的是，本工作遥测原语为网络管理员设计，网络管理员可以通过遥测原语将测量任务转换为遥测服务器可以理解的指令。然而在此基础上，要真正实现一个完备的测量系统还需要 NGNP 交换机支持对遥测任务的理解，如向数据包中插入哪些信息、如何插入这些信息、在哪里插入这些信息。这一系列的操作均离不开流表的设计与下发机制。并且一个高效的流表设计可以减少 NGNP 交换机对数据包的冗余操作。因此，后续便对基于 SRv6-Based INT 的 NGNP 交换机操作指令进行详细阐述。

传统的 SDN 架构将控制平面的测量任务(包含测度、采样率、测量目标流等参数)以流表的形式下发给数据平面。在此基础上，由于 SRv6 的转发特性，数据包会在首节点中封装路径相关信息，接下来数据包便会按照已有的路径信息进行传输。因此，对测量任务的封装需要在首节点处完成。简要来说，网络管理员以遥测原语的形式将此次测量任务下发给遥测服务器，在 INT 首节点处将其转为 16 比特的 instruction BitMap 并且封装在数据包首部。由于 NGNP 交换机中都预先安装了流表，支持对 instruction BitMap 的理解，因此当其与流表中的某一项相匹配时，便按照流表中的 Action 进行操作，将相应的数据以相应的形式封装到相应的位置。

接着，本工作对 instruction BitMap 字段进行了简要的描述，在此将对这 16 比特的分配及其含义进行更详细的描述。instruction BitMap 前 7 比特分别代表端口级带宽、端口级时延、入端口级速率、入端口级时间、出端口级时间、输入端口号、输出端口号。该 7 类数据均可直接从 NGNP 交换机中获取。第 8～10 比特代表较为复杂的测量任务，例如检测流中出现拥塞的情况(101)、计算 NGNP 交换机缓冲区的最佳大小(011)，第 11～13 比特表示采样率的设置，即在该流中每多少个包中会携带 INT 数据，第 14～15 比特表示此次测量采用的压缩手段，例如乘法压缩(01)、加法压缩(11)抑或是不使用压缩手段(00)。最后比特位作为保留空间。INT 首节点根据遥测任务封装完 instruction BitMap 字段，数据包在后续传输过程中每经过一个 NGNP 交换机，便拿该字段与流表进行匹配。

为实现遥测任务，操作有“增、删、改、查”4 种。删和查操作主要集中在 INT 数据库中，由数据库的 SQL 语句实现。而 NGNP 交换机对数据包的操作主要为增操作(在数据包中插入遥测数据)和改操作(修改 SID 或控制信息)。该操作在 NGNP 交换机原有的 add_field 和 modify_field 指令的基础上进行改进与扩展，使其支持 SRv6-Based INT 报文，详细的说明如下。

(1) add_int_field<pointer,BitMap>：该 NGNP 交换机操作指令主要用于向数据包中添加遥测数据。pointer 即为前文中所提字段，用于告知 NGNP 交换机插入 INT 数据在数据包中的起始位置。BitMap 参数给出了 NGNP 交换机插入的数据包的数据类型及插入方式。在入口 NGNP 交换机处，遥测控制器将 BitMap 设置为有效位图，例如本次测量任务是单纯监控入端口级速率、入端口级时间(SRv6-Based INT 在一次简单任务中可测量多个测度)并且使用默认采样率，采用乘法压缩手段，则 BitMap 被设置为 0x3004。然后数据包在传输过程中，在非入口 NGNP 交换机处通过将 BitMap 作为参数，使用 add 指令在 pointer 处添加遥测信息。值得一提的是，为了防止插入过长的 INT 数据，原 add_field 指令还包含了 MTU 检验，但是在本工作中，插入的 INT 数据均位于本来存储 Segment List 的空间中，且还存在数据压缩手段，因此 add_int_field 并不需要进行 MTU 检验。

(2) modify_hdr_field<pos,length,new_value>：该 NGNP 交换机操作指令主要修改数据包的头部控制信息。参数 pos 为要修改的信息起始位置，length 为要修改的信息长度，new_value 为要写入的新信息。例如数据包在传输中，每插入一次 INT 元数据，INT 头部中的 pointer 的值便需要更新一次；并且 SR 头部中的相应控制字段也需要修改，例如 Segments Left 字段每经过一跳都需要递减，hdr len 字段也会发生更改。关于头部控制信息的修改均由 modify_hdr_field 指令实现。更进一步，如果将 new_value 设置为空，该指令还可以实现删除的功能。在 INT 尾节点处，可通过该方式将所有遥测数据提取后删除，从而将一些中间节点的操作对用户进行屏蔽。

至此，本工作设计了 SRv6-Based INT 数据包格式、网络管理员用测量 API、NGNP 交换机处理指令。图 5.9 展示了 SRv6-Based INT 从管理员开始，具体到各 NGNP 交换机对数据包的操作流程。

可以从图中看出，测量 API、测量指令、NGNP 交换机指令等协同工作，共同组成了

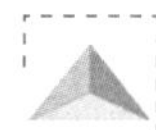

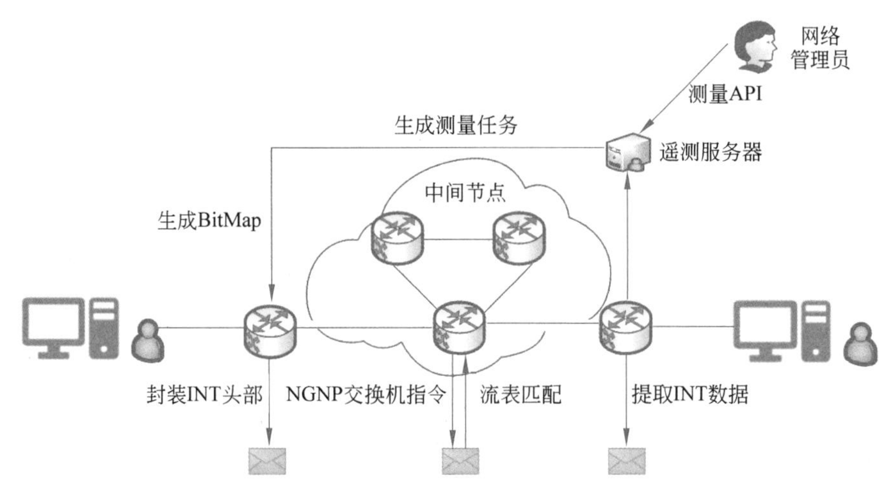

图 5.9 基础组件对 SRv6 数据包的操作流程

SRv6-Based INT 的基础组件，数据包在传输过程中受这些命令的控制，添加或删除遥测数据。有了这些组件，SRv6-Based INT 便有了基础的测量功能，本工作将在后续内容介绍如何使用 SRv6-Based INT 实现较为复杂的功能，例如主动测量端到端的可用带宽，被动随流测量 NGNP 交换机最佳缓冲区大小。

5.2.2 SRv6-Based INT 复杂测量案例

1. 端到端的可用带宽测量

可用带宽可理解为链路的实际工作效率，其在拥塞控制、流媒体应用、服务质量(QoS)验证等方面都具有重要的参考依据。然而可用带宽的测量却存在一些困难。首先，可用带宽至今没有特别精确的定义，其计算公式也存在许多版本，其次可用带宽在一定的时间范围内会表现出高度的可变性，因此离开时间谈论可用带宽便失去了意义。在本工作中，尝试利用数据包的单程时延变化推断出端到端的可用带宽的所处区间，而不是给出一个精确的数值。结合段路由数据包转发前封装好路径这一特性，使用 SRv6-Based INT 可以轻松避开对可用带宽影响较大的“瓶颈链路”从而得出较为精确的测量结果。

首先，本工作分析一种直观但较为精确的可用带宽计算方式。

假设端到端的路径中包含了 H 个链路，链路 i 的容量为 C_i，链路 i 的利用率为 u_i，则链路 i 在 t_0 时的可用带宽为

$$A_i = C_i \cdot [1 - u_i] \tag{5.3}$$

由于受到路径中瓶颈链路的影响，端到端的可用带宽将取 H 个链路中可用带宽的最小值：

$$A = \min_{i=1,\cdots,H} \{C_i \cdot [1 - u_i]\} \tag{5.4}$$

式(5.4)其实给出了一个端到端的可用带宽计算方式，但是要使用该方法，需要事先得知端到端路径中所有链路的容量，并且测量出所有链路的利用率。在实际情况下，若一

个端到端的链路有15跳(即 $H=15$),那么要计算可用带宽一共需要30个参数,这便使得测量可用带宽失去了意义。但如果从另一个角度解释式(5.4),不难发现端到端的可用带宽也可以被定义为在不降低速率的情况下,路径能够为流量提供的最大速率。而在网络中,速率的另一种体现方式便是数据包的单程时延(One-Way-Delay,OWD),因此可以周期性地控制流的发送速度,当数据流的速度高于可用带宽时,该数据流的单程时延呈现出明显的上升趋势。这也是使用SRv6-Based INT测量可用带宽的核心思想。实际上,TCP拥塞控制算法中,通过连续收到3个重复的ACK来推断网络出现拥塞也采用了类似的思想。

接着,本工作将介绍SRv6-Based INT如何测量单向时延。

假设流 f 中有 K 个数据包,且数据包 k 的大小为 L byte,流的发送速率为 R_f,则用传统方法计算该流中数据包 k 的单向时延公式如下:

$$\mathrm{OWD}_k=\sum_{i=1}^{H}\left(\frac{L}{C_i}+\frac{q_i^k}{C_i}\right) \tag{5.5}$$

其中,q_i^k 代表数据包在到达时NGNP交换机时,NGNP交换机中的队列大小。但是若直接采用该方法计算单向时延,则忽略了一个较为严重的问题:发送端和接收端的时钟同步问题。在计算往返时时延,由于在同一台计算机中统计时间,因此不会出现该问题。但计算单程时时延,不同机器之间时钟差异会随着时间的推移而发生变化,导致SRv6-Based INT在发送周期性的流数据时,测量所得的时延存在较大的误差。

在本项工作中,通过引入网络时间协议NTP来解决时钟同步问题。简要来说,该协议将机器组织成一个树状的层次结构,将各机器的时间信息同步到根服务器,最终将时间传播到层次结构中较低的节点上从而保证精度在100μs甚至在10μs以内。图5.10展示了使用SRv6-Based INT测量单向时时延(使用NTP和不使用NTP的情况)。其中,SRv6-Based INT采用了ICMP Jitter的手段,通过控制源端以1ms的时间间隔发送100s的ICMP报文,统计单向时延在发送报文期间的变化情况。可以从图中看出,引入了NTP解决了不同机器之间的时间同步问题,从而得到了可靠的单程时延结果。

最后,本节将介绍如何根据流不同的发送速率下单向时延的变化情况,从而推断出可用带宽的所处区间。发送速率、单向时延、可用带宽三者的关系可由下面两条结论进行概括:

若发送速率 $R_f \leqslant$ Avail_bw,周期性稳定流所发送的数据包将以较为稳定的OWD到达。

若发送速率 $R_f >$ Avail_bw,周期性稳定流所发送的数据包将以越来越大的OWD到达。

接下来将对该两条结论进行证明。首先当 $R_f \leqslant$ Avail_bw 时,根据带宽定义可知此时路径可为数据包提供更高的传输速率,那该情况下数据包的单程时延不受可用带宽的限制,仅仅和 C_i 有关,数据包自然会以较为稳定的单程时延到达;当 $R_f >$ Avail_bw 时,在式(5.5)中给出了流中数据包 k 的单向时延计算公式,那么数据包 k 与数据包 $k+1$ 之间单向时延的变化情况 $\Delta\mathrm{OWD}_k$ 计算公式如下:

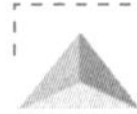

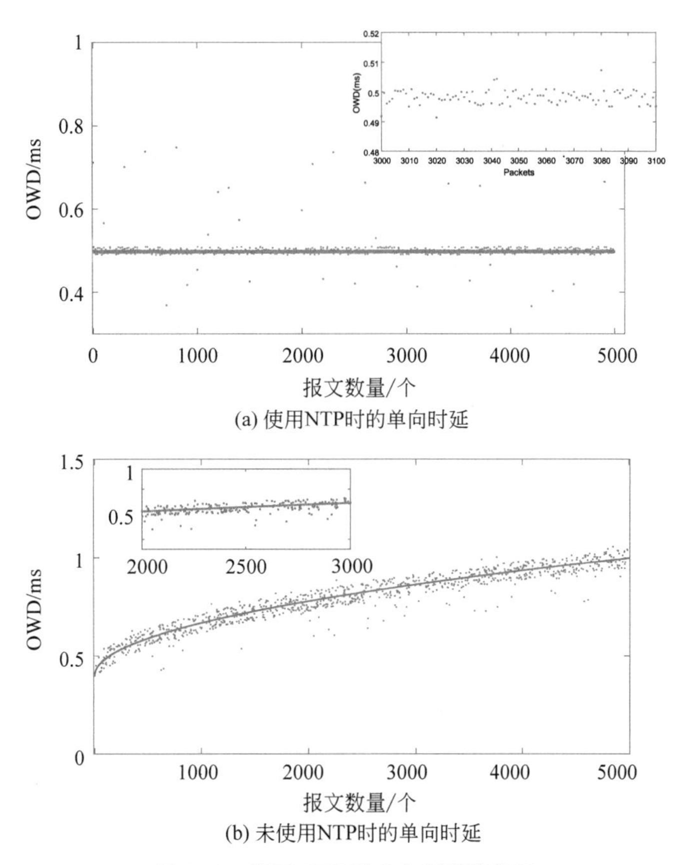

(a) 使用NTP时的单向时延

(b) 未使用NTP时的单向时延

图 5.10　有无 NTP 时单向时延变化图

$$
\begin{aligned}
\Delta \mathrm{OWD}_k &= \mathrm{OWD}_{k+1} - \mathrm{OWD}_k = \sum_{i=1}^{H}\left(\frac{L}{C_i} + \frac{q_i^{k+1}}{C_i}\right) - \sum_{i=1}^{H}\left(\frac{L}{C_i} + \frac{q_i^k}{C_i}\right) \\
&= \sum_{i=1}^{H}\left(\frac{q_i^{k+1} - q_i^k}{C_i}\right) = \sum_{i=1}^{H}\left(\frac{\Delta q_i^k}{C_i}\right) = \sum_{i=1}^{H}\left(\frac{q_i^{k+1} - q_i^k}{C_i}\right) \\
&= \sum_{i=1}^{H}\left(\frac{\Delta q_i^k}{C_i}\right)
\end{aligned}
\tag{5.6}
$$

假设数据包 k 到达链路时的时间为 t^k，则在时间$[t^k, t^k+T)$，$T=\dfrac{L}{R_f}$中，链路中会出现数据包积压的情况，这是因为数据包到达的速率比链路的容量要大，即

$$
R_f + u_i \cdot C_i = C_i + R_f - A > C_i \tag{5.7}
$$

在相同的时间间隔内，链路共收到了 $L + u_i \cdot C_i \cdot \dfrac{L}{R_f}$ 比特的数据，但是由于处理能力有限，只处理了 $C_i \cdot \dfrac{L}{R_f}$ 比特的数据，那么式(5.6)中：

$$
\Delta q_i^k = \left(L + u_i \cdot C_i \cdot \frac{L}{R_f}\right) - \left(C_i \cdot \frac{L}{R_f}\right) = T \cdot [R_f + C_i(u_i - 1)]
$$

$$=T \cdot (R_f - A) > 0 \tag{5.8}$$

即若发送速率 $R_f>$Avail_bw,周期性稳定流所发送的数据包将以越来越大的 OWD 到达。至此,对于两个推论的证明完毕,可以利用该结论不断进行迭代从而推断可用带宽所处区间:首先控制发送方以 R_f 的速度发送流,接收方通过分析 OWD 的变化判断 R_f 与可用带宽 A 之间的关系;若 $R_f \leqslant A$,则提高发送速率;若 $R_f > A$,则降低发送速率。算法 5.1 给出了 R_f 的迭代方式及该步骤的具体伪代码。其中 φ 为用户输入的估计分辨率,φ 的值直接决定了测量可用带宽的精度。F_thresh 与 S_thresh 为用户输入的 OWD 变化幅度门限。

算法 5.1　可用带宽测量算法

输入:流发送速率 R_f、数据包单向时延 OWD、估计分辨率 φ
输出:可用带宽 A 所处区间(A_{LL},A_{UL})

```
1   A_LL ← 0, A_UL ← Integer-max_value
2   While(A_UL − A_LL > φ)
3       ΔOWD ← OWD_f − OWD_{f+1}
4       IF(ΔOWD > F_thresh) Then
5           A_UL ← R_f
6       End IF
7       IF(ΔOWD < S_thresh) Then
8           A_LL ← R_f
9       End IF
10  End While
11  Return(A_LL, A_UL)
```

2. 交换机最佳缓冲区大小计算

在研究中发现,交换机的缓冲区大小设置对网络的性能有很大的影响。在默认情况下,NGNP 的缓冲区会被静态配置成一个较大的空间,这导致在实际环境中,这些空间往往会被报文填满,从而大大增加了数据包的往返时间(Round-Trip Time,RTT),降低了网络的性能。此外,较大的缓存空间也带来了相对较长的寻址空间并且增加了设备成本。相应地,如果将缓冲区的大小设置得过小,网络中出现瞬时爆发情况时,大量数据包将被丢弃,也会对网络性能造成较大的影响。因此,可以利用 SRv6-Based INT 对网络进行测量,根据实际测量结果得出合适的缓冲区大小,最后将结果呈现给网络管理员,由管理员决定是否对 NGNP 交换机的缓冲区进行调整。

在以往的工作中,建议将缓冲区的大小设置为带宽时延乘积(BDP)除以活跃流数量的平方根[12]。然而正如前文所述,带宽在广泛的时间范围内表现出高度的可变性,因此本工作对最佳缓冲区大小的计算避开了带宽,而基于如下公式:

$$\text{BufferSize}_i = \alpha \cdot (C \cdot \text{RTT})/\sqrt{N} + (1-\alpha)\,\text{BufferSize}_{i-1} \tag{5.9}$$

其中,C 为 NGNP 交换机的端口流量,可从 NGNP 交换机信息中直接获取。$\alpha(0 \leqslant \alpha \leqslant 1)$ 为平滑系数,引入该系数的主要原因是防止缓冲区大小变动频繁且过大导致网络中出现抖动现象。在本工作中,α 的默认取值为 0.125。N 为网络中长流的数目,在计算中过滤

掉短流是因为短流对缓冲区的影响非常小。算法 5.2 给出了统计网络中长流数目 N 的伪代码,其主要思想为检查该流的数据包数量在某个时间窗口内是否超过预定的阈值(C_THRESH)。在接收到一个数据包时,会获取该数据包所属流的前一个数据包时间戳,并更新该流的当前时间戳。如果当前和以前的时间戳之间的差值低于预定的阈值(T_THRESH),并且如果数据包总数达到 C_THRESH,则该流被确定为一个长流,计数会增加。最后,如果数据包上有 FIN 标志(流量正在离开),并且如果它是一个长流量,则计数器 N 递减。接着,将单独说明如何获取 RTT 的值。

式(5.9)的提出同样考虑到了网络中长短流公平性的因素。若当前网络中长流较多,并且缓存空间较大,则短流的转发公平性得不到保证,可能会出现过长时间等待的问题,因此公式中引入了长流数目作为参数用以调整 NGNP 交换机的缓存大小。

常规端到端的 RTT 的计算方法是利用 TCP 中的可选字段 timestamp 记录发送当前请求数据包的时间戳,当收到接收方的 ACK 报文时使用当前的时间和 ACK 报文中的时间进行相减,即用当前时间减去数据包中 timestamp 选项的回显时间,从而计算出 RTT。或者通过主动发送 ICMP 探针,计算请求-响应探针之间的时间差作为 RTT。类似地,在 SRv6-Based INT 中采用被动测量的手段,通过使用序列号将传出的 TCP 数据包与具有相应确认号的传入数据包进行匹配,计算出时间差即可得到 RTT。图 5.11 给出了该方法的简要思想。

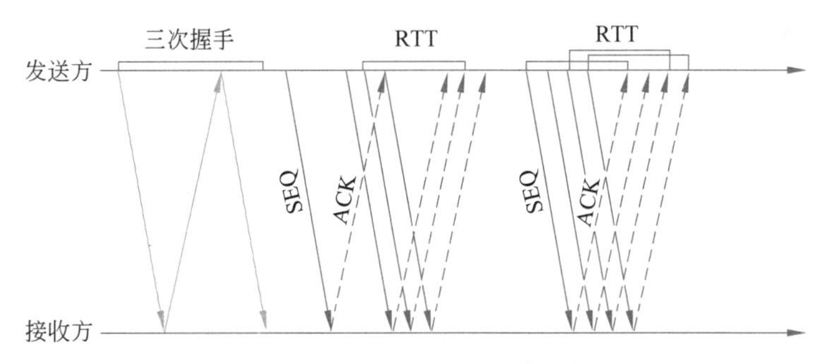

图 5.11　端到端的 RTT 计算示意图

然而,若直接使用该手段则会产生一些问题。例如网络中存在延迟 ACK 机制。该机制本质上是由 TCP 实现的一种优化,通过不立即发回一个 ACK 包响应数据,主机就有机会将未来的响应数据与该确认一起捎带回来从而减少了单独发送 ACK 带来的开销。为了减小延迟 ACK 机制对 RTT 计算的影响,本工作只采集全尺寸数据包所产生的 RTT,这是因为 NGNP 交换机不允许收到两个连续的全尺寸数据包时使用延迟 ACK。

算法 5.2　长流数目统计算法

输入: 流标志 FID、数据包头部 hdr、流时间戳 tstamps、数据包数量 counts、数据包数量门限 C_THRESH、时间间隔门限 T_THRESH

输出: 长流的统计数量 N

1　Prev_tstamp←tstamps[FID]

2　tstamps[FID]←S_{tstamp}

```
3    IF tstamps[FID]－prev_tstamp<T_THRESH Then
4      IF counts[FID] >=C_THRESH Then        //包数量满足门限要求
5          N←N+1
6      Else
7          counts[FID]←counts[FID]+1
8      End IF
9    Else          //不满足时间间隔门限,必定不是长流
10     counts[FID]←0
11   End IF
12   IF hdr.flags==Fin Then          //如果一个长流结束
13     IF counts[FID]==C_THRESH Then
14         N←N－1
15     End IF
16   End IF
17   Return N
```

5.2.3 实验设计与结果分析

本节实验的软硬件配置如表5.3所示。本节实验主要使用C语言对Linux内核进行修改以实现在转发SRv6数据包时插入INT数据。

表5.3 实验软硬件配置

名　称	版　本
硬件环境	CPU：AMD Threadripper PRO 3975WX/32 RAM：16GB
Linux内核	Linux-4-13-15
Mininet	Mininet 2-3-0d1
C语言	C89/C11

在流量构建方面,若主动测量可用带宽参数,则使用基本灌包工具Iperf3主动向网络中注入周期性的TCP或UDP包,并且可以通过Iperf3参数对流的速度进行控制;若测试SRv6-Based INT的被动逐流或逐包测量,则使用CAIDA所提供的真实流量。CAIDA中的数据由互联网数据分析合作协会公开进行收集,数据真实性和可靠性都有一定程度的保证。使用真实流量可以更好地模拟出网络中的波动情况,也可以测出SRv6-Based INT的实际使用价值,这也是本工作选取CAIDA流量作为背景流的主要原因。

图5.12给出了本节实验所搭建的实验拓扑及相应的转发规则。值得一提的是,该拓扑可根据实际情况进行拓展,可在中间节点区域添加NGNP交换机。网络拓扑的搭建及SRv6数据包的转发规则使用Python语言实现,并且于仿真平台Mininet中进行仿真测试。Mininet是用户可自定义添加NGNP交换机、终端节点的高自由网络仿真器。采用轻量级的虚拟化技术使得系统运行速度和可靠性类似于真实环境。由于使用了SRv6技

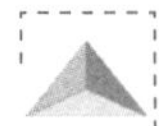

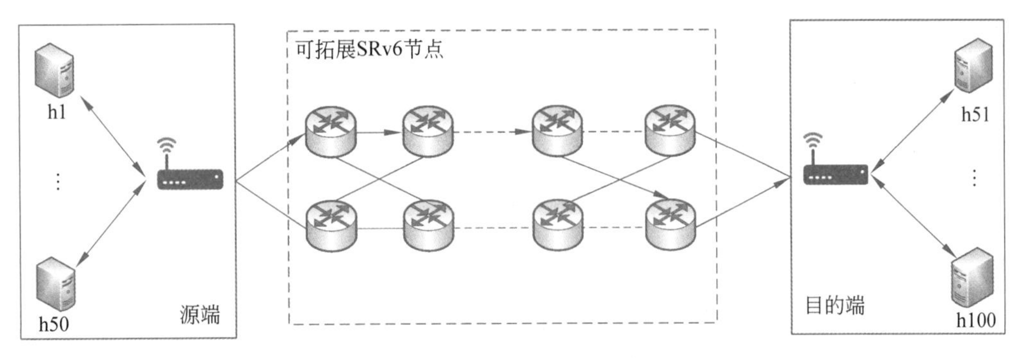

图 5.12　可拓展的网络拓扑图

术，因此数据包的转发规则已下发给 NGNP 交换机，图中灰色箭头代表了数据包的转发路径。

接着设计实验对测量功能进行验证，即证实 SRv6-Based INT 对 SRv6 数据包转发时插入 INT 数据、利用 SRv6-Based INT 可测出正确的可用带宽、利用 SRv6-Based INT 可以给出较合适的 NGNP 交换机缓冲区大小。

1. SRv6-Based INT 可用带宽测试

本次实验中，首先通过分析实际情况下单程时延随着可用带宽和发送速率之间关系的变动来验证使用 SRv6-Based INT 进行可用带宽测试的可行性。图 5.13 分别展示了单程时延在不同流之中的变化情况。这两条流都经过 12 跳 NGNP 交换机并且均发送了 100 个数据包。本工作首先使用已有带宽测试工具 Iperf3 测出 5 分钟内可用带宽均值为 74Mb/s。在图 5.13(a)中，流的速度为 96Mb/s，即长期处于大于可用带宽阶段。可从图中看出，连续数据包之间的 OWD 并不是严格递增，但是 OWD 呈现出了非常明显的上升趋势，这与式(5.8)的推导是相符合的。图 5.13(b)中，流的速度为 35Mb/s，即长期处于远小于可用带宽的情况。尽管图 5.13(b)中 OWD 有短期的上升情况(例如数据包 90～95 期间)，但是 OWD 明显没有一个完全的上升趋势，相对图 5.13(a)而言较为平稳。这也与上文提出的推论相符合。通过该实验，对本工作通过 OWD 的变化来推算出可用带宽的大小提供了证明。因此，可以通过不断控制发送方的发送速度来推算出可用带宽所处区间。

接着对使用 SRv6-Based INT 测出的可用带宽精确度进行验证。图 5.14 给出了 15 次独立实验中分别使用 Iperf3 和 SRv6-Based INT 对可用带宽的测试结果。由于 SRv6-Based INT 测出的是可用带宽所处区间，因此本工作在图中取区间中值作为和 Iperf3 的对比基准。可从图中看出，15 次独立实验中出现 4 次 Iperf3 测量结果不在区间内的情况，其余情况 SRv6-Based INT 的结果区间均包含了 Iperf3 测量结果。经计算，SRv6-Based INT 和 Iperf3 的误差在 4%以内，考虑到可用带宽随时间的可变性，真实情况误差会更小。

2. SRv6-Based INT 运行开销测试

作为监控网络运行状态的测量系统，SRv6-Based INT 在运行期间不能占用过多的网

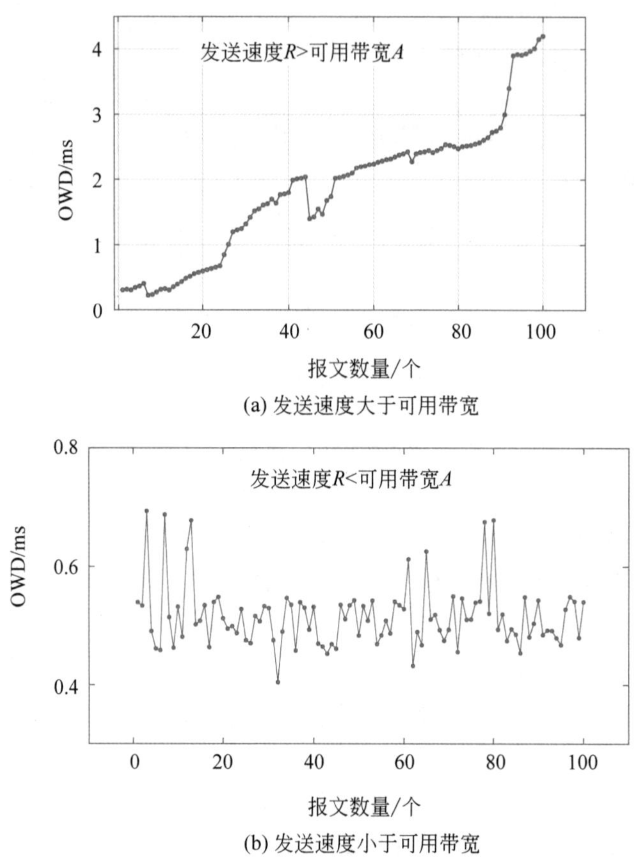

(a) 发送速度大于可用带宽

(b) 发送速度小于可用带宽

图 5.13　单程时延变化示意图

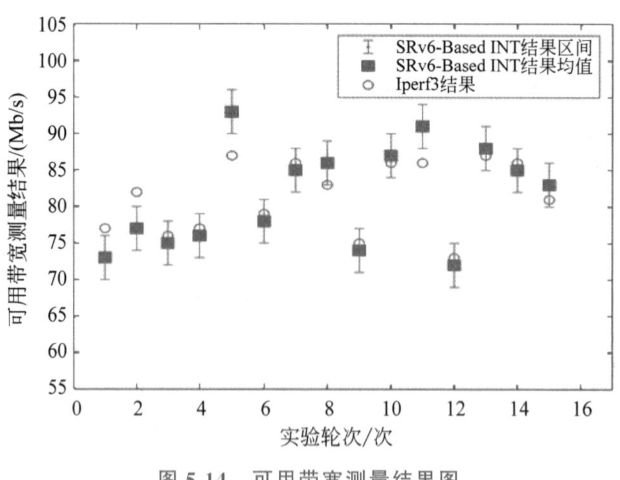

图 5.14　可用带宽测量结果图

络资源，也不能对正常业务流产生影响。因此本工作对 SRv6-Based INT 各方面的开销进行测试。

首先为了验证控制器是否会成为瓶颈，本次实验评估了 SRv6-Based INT 在不同

NGNP 交换机数量下的控制器开销。本次重复每组实验 200 次，并取平均值。对于内存占用而言，如图 5.15(a)所示，即使在 200 台 NGNP 交换机组成的网络中，控制器的内存占用也低于 60MB，并且随着 NGNP 交换机数量的增长而线性增长。这对于控制器来说可以忽略不计。在 CPU 占有率方面，如图 5.15(b)所示。

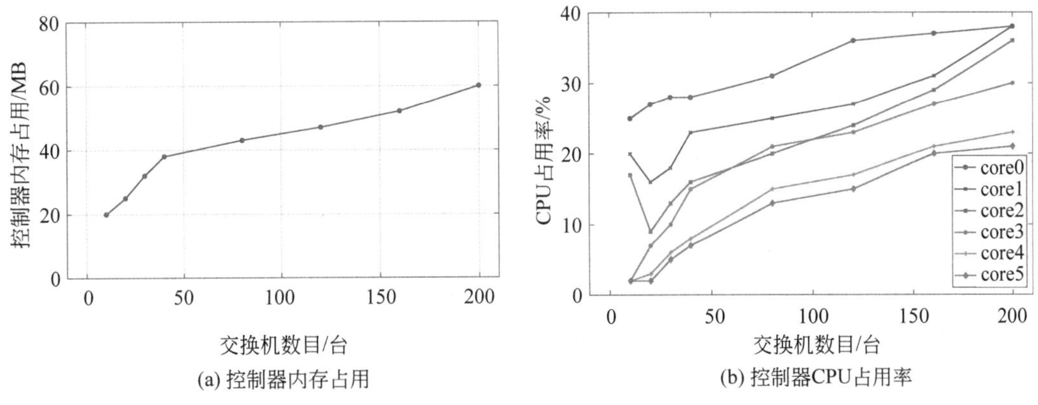

图 5.15　控制器内存占用及 CPU 占用率示意图

当拓扑中 NGNP 交换机数目增加时，控制器的 CPU 占用率显著上升，当 NGNP 交换机数目达到 200 时，6 个核的 CPU 占用率平均达到了 25%。在此基础上，本实验还统计了当网络中存在多个流时，以测量时延为例，控制器完成遥测任务的计算时间(不包括遥测数据收集时间)。从图 5.16 可以看出，随着流的数目增加，遥测任务的计算时间呈线性上升的趋势并没有出现指数型上涨的趋势。即使网络中存在 50 条流，遥测任务的计算时间也没有超过 500ms，这便保证了遥测结果的实时性。

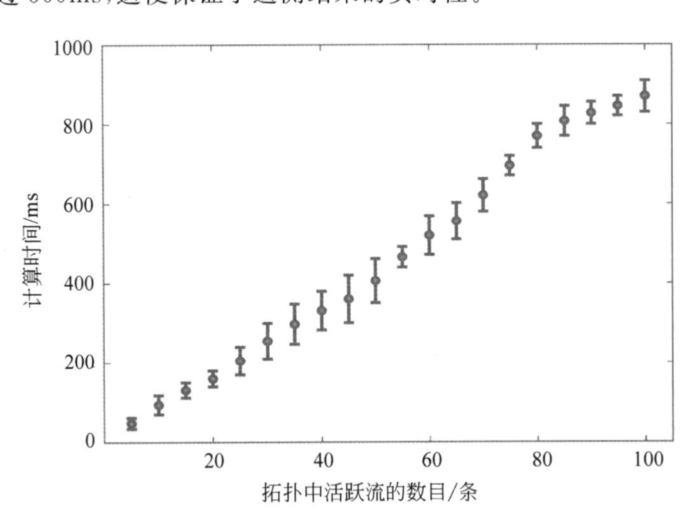

图 5.16　不同流的数目下遥测任务的计算时间

最后，遥测系统的总体可用带宽占用也是一个重要的评价指标。例如，假设一个链路的最大带宽是 70Mb/s，当不进行测量时业务流占用了 50Mb/s 的可用带宽，当需要进行测量时由于要在业务流中传输测量信息，业务流占用的可用带宽上升到65Mb/s，该链路上测量系统占用的可用带宽就是15Mb/s。遥测系统的总体可用带宽占用即为各链路可用带宽占用总和。

此处，控制两个变量来测试遥测对带宽的占用：不同规模的网络拓扑以及不同采样率的设置。首先，在同样的网络拓扑及同样的测量任务（测量主机之间的单程时延）的前提下，控制采样率的不同来对比SRv6-Based INT和INT_Path的带宽占用情况。如图5.17(a)所示，当采样率逐渐提高时，两者都出现了明显的上升，这是由于采样率上升时需要上传更多的测量数据，不可避免地占据了更多的带宽。但在相同的采样率前提下，SRv6-Based INT占用的带宽比INT_Path小了近一半，这是由于SRv6-Based INT并不是单纯在数据包中添加遥测数据，而是利用原有的比特开销携带遥测数据，并且SRv6-Based INT测量的目标是节点而不是链路，通过节点信息计算出链路信息，从而大大减小了遥测数据量。接着，在控制采样率相同、依旧同样的查询任务下对比不同规模的网络拓扑对遥测系统的影响，如图5.17(b)所示，当网络规模变大时，两者都占据了更大的可用带宽，这是由于网络中链路的增加。但在相同网络规模下，SRv6-Based INT的总可用带宽占用并没有占据过多优势，这是由于INT_Path规划出了完全不重复的遥测路径，而SRv6-Based INT的遥测路径会出现重复的情况。关于遥测路径规划问题，将在后续内容介绍。

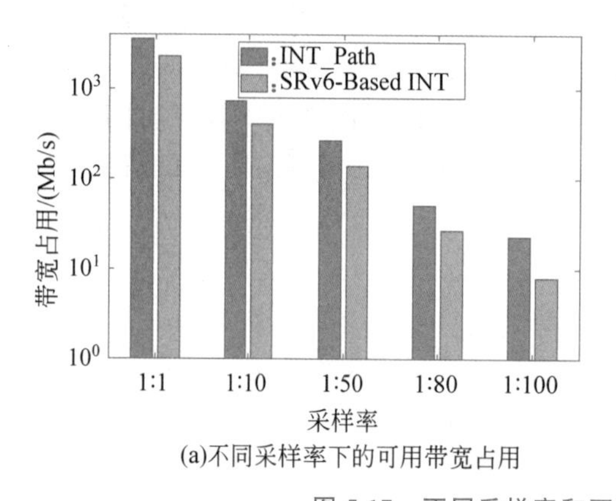

(a)不同采样率下的可用带宽占用

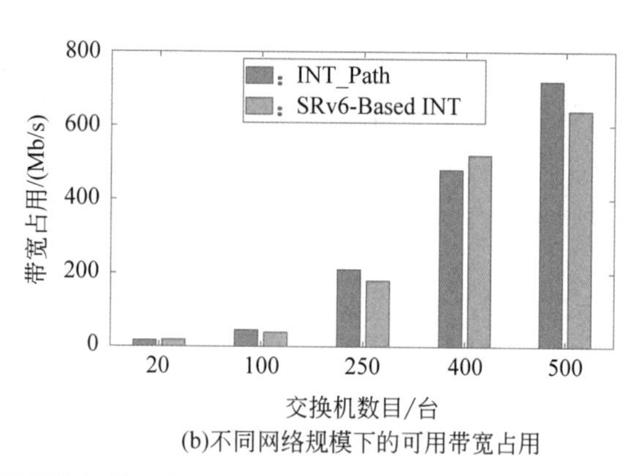

(b)不同网络规模下的可用带宽占用

图5.17　不同采样率和不同网络规模下的可用带宽占用

本节首先分析了传统遥测存在的问题：数据包遥测开销随遥测路径增长而线性增加。针对此问题，本节利用段路由的传输特性设计了基于段路由的遥测数据包格式、测量原语以及NGNP交换机指令。有了这些核心组件，SRv6-Based INT便可以直接从NGNP交换机处获取基础测度值。接着本节通过严格的数学证明提出了如何使用SRv6-Based INT测量可用带宽以及推算NGNP交换机最佳缓存大小的具体方法。本节提出的两个方法通过组合SRv6-Based INT的基础功能，扩展了其应用范围，为网络管理员提供了更好的数据依据。

最后的实验结果证明，本小节提出的基于段路由的带内网络遥测方法大大减小了数据包携带遥测信息的开销，并且不会对核心业务带来过大的干扰。通过SRv6-Based INT可以获得一定时间段的可用带宽，并且可以利用SRv6-Based INT动态设置NGNP交换

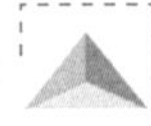

机缓存大小，在降低 RTT 提高网络稳定性等方面有较大的应用价值。

5.3 面向 NGNP 的轻量化自适应段路由遥测方案

针对 INT 存在流内信息冗余的特点——对于同一条信息流，上传的遥测数据若过于密集则会包含过多的抖动和噪声，本节第一个重点聚焦于利用历史遥测数据指导后续遥测策略的制定，对 SRv6-Based INT 的采样策略进行实时调整，通过计算决定对哪些流执行遥测策略并且将如何指定遥测策略参数，从而构建自适应的遥测闭环。

在此基础上，SRv6-Based INT 的轻量化实现是提高遥测覆盖率、降低遥测开销的必要条件，目前学术界所使用的数据压缩和流表下发方式可以较好地对 SRv6-Based INT 进行轻量化处理，在此基础上，需要对 SRv6-Based INT 的遥测路径进行更加精细的规划。本节第二个重点将聚焦于利用段路由的转发特性，设计算法对测量路径进行规划，从而减少对同一路径的反复测量，达到降低遥测带来的开销从而不影响主干业务流的目的。

减少测量任务带来的开销、降低测量任务对核心业务的影响一直以来是遥测系统务必考虑的重点。在本工作的研究过程中发现，对流内的冗余信息采集、对流间的重复测量给遥测系统带来了巨大的额外开销。

流内冗余：在实际网络中，流的发送速率差距极大，例如最小发送速率可达到 0.001Mb/s，最高发送速率可达到 10Mb/s[13]。如果要进行逐流采样，传统的网络遥测系统对不同速率的流会采用同样的采样率（即对于业务流，每 N 个数据包中有 1 个数据包携带遥测数据）。这会导致一个较严重的后果：若采样率过高，则采样间隔过于密集，将在短时间内收集到大量重复冗余的遥测信息；若采样率过低，则采样间隔过大，会导致收集的信息夹杂较大的噪声，并且会记录下流中的抖动情况。

如图 5.18 所示，假设在网络中存在两条发送速率不同的活跃流，流一的发送速率为 1Gb/s，流二的发送速率为 4Gb/s。在图中，用黑色表示该数据包携带 INT 数据。如果对网络中不同速率的流都采用一样的采样率执行 INT 策略，可以从图中发现，路径一的 INT 数据采集会出现过于稀疏并且该采样率严重小于最优值的情况，而路径二由于发送速率较快，数据包比较密集，这样的采样结果会携带大量的重复信息并且会记录队列抖动。

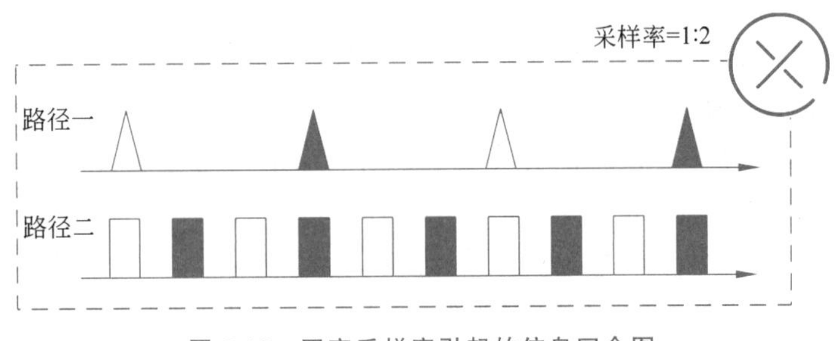

图 5.18　固定采样率引起的信息冗余图

路径冗余：学术界目前已使能了各种遥测方案，但作为一个底层基元，INT 仅仅定义了如何提取设备的内部状态，如入口速率、出口流量等。然而，由于缺乏与路径有关的先验知识，INT 本身不能主动决定监测哪条路径。例如，将 INT 头嵌入 IP 数据包中，遥测路径将由其目的 IP 地址和每个 NGNP 交换机的路由表决定，完全不受 INT 服务器的控制。即使 SRv6 的流路径由 SID 事先进行规定，但规划路径时并没有考虑遥测的覆盖率等因素，导致如果随流进行带内测量，测量的路径区域较集中，并且存在很大程度上的冗余问题。

针对上述问题，本节做出了如下尝试。

（1）自适应调整遥测采样率，以适应不同速率的流。利用历史的 INT 数据，对后续的 INT 采样率进行计算更新，使得不同速率的流有不同的采样率。具体到刚刚提及的案例中，可以将路径一的采样率设为 1∶1，路径二的采样率设为 1∶3，可从图 5.18 中看出，不同速率的路径拥有不同的采样率，采样间隔不会过于稀疏并且也不会过于密集，有效避免了本节一开始提到的问题。

（2）自适应规划路径，以减少对路径的重复测量。SRv6 不同于传统 IP 网络，其路径在数据包转发前以 SID 格式写入 SR 扩展头，在转发时不会受到路由的影响。因此，本工作充分利用该特性，确定流的起点和终点后，再结合历史 INT 数据，如其余流经过的路径、网络拥塞程度等信息，指导流在网络中以更均匀的方式分布，这样在随流遥测时，可减少对链路的冗余测量，并且能够有效提高遥测的覆盖率。

本节的后续小节便将以此两个问题展开，详细描述如何对 SRv6-Based INT 进行优化，以自适应测量为主要手段，实现 SRv6-Based INT 的轻量化测量。

5.3.1 采样率调节方法

在原有的遥测架构上，SRv6-Based INT 添加了动态自适应模块，但为了不影响正常遥测功能的使用，如图 5.19 所示，本工作将配置阶段分为静态配置与动态自适应配置两个阶段。图中浅灰色的箭头表示遥测数据的收集阶段，而深灰色的箭头代表了最新遥测规则的产生及下发过程。可以看出，最新的遥测策略只会下发给 INT 首尾节点，中间节点并不会受到影响。

静态配置阶段：在系统运行前，本工作将静态配置规则安装到数据平面中，并且保持此类配置在系统运行时维持不变。这些配置包括对设计的报文格式的识别、设计的遥测原语的识别、INT 元数据的封装规则等。在系统运行时，控制平面会将流选择结果传达给数据平面，数据平面据此对选中的流执行 INT，并且将遥测结果（例如流经过的链路、流的起始时间等）上传给控制平面，从而为后续动态自适应配置提供数据基础。

动态自适应配置阶段：该配置主要依据数据平面上传的遥测数据作为输入，在运行时通过相应的算法进行计算得出实时的遥测策略（在本工作中，主要为采样流的选择以及采样率的更改）。随后 SRv6-Based INT 控制器在数据平面对相应的规则进行安装或修改。此外，值得注意的是，由于 SRv6-Based INT 会在源节点处给数据包中的 Segment List 添加遥测指令，并且在传输过程中该指令不会丢失，因此只需要 INT 路径中的源节点处更新遥测指令即可，后续节点可通过静态配置中的流表匹配规则进行识别。这种方式充分利用了段路由的转发特性，只会带来较小的额外开销，并且避免了遥测路径之间的

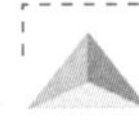

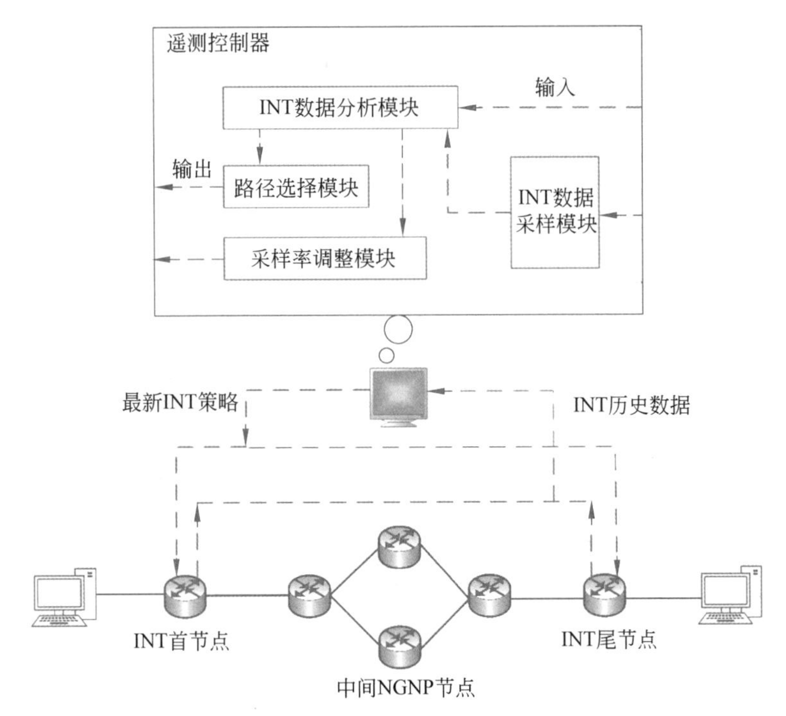

图5.19　自适应模块概览图

策略不一致问题。需要说明的是，动态自适应配置阶段需要历史遥测数据作为输入参数，因此建议在有一定的数据基础后再开启自适应配置。

接下来，将详细分析如何实现动态自适应配置中的采样率更新算法。

首先需要了解的前提理论知识是：对于一条给定的流，如果对流中每一个数据包都进行采样，则会产生大量的重复数据，并且遥测服务器难以承担如此大量的重复数据。学者Yang等[14]曾指出只有当采样率达到某一特定值 I_{appt} 时，才可保留流中的功率谱、获得流的主要信息。具体而言，40Gb/s发送速率流的采样间隔 I_{appt} 为250ms、10Gb/s发送速率流的采样间隔 I_{appt} 为1ms、1Gb/s发送速率流的采样间隔 I_{appt} 为10ms。对于任意发送速率的流，其 I_{appt} 也可以根据Yang等的结论进行推导。

基于以上结论，对于第 i 次遥测任务，采样率的设置需要满足如下等式：

$$N_i=\frac{\sum_{j=1}^{i} r_j}{i\cdot(I_{max}-I_{min})}\cdot I_{appt}\cdot\beta \tag{5.10}$$

在上述公式中：N_i 表示第 i 次测量任务的采样率，即对流中每 N_i 个数据报进行一次采样；r_i 为流的发送速率；I_{max} 为前 i 次任务中 I_{appt} 为当前发送速率所对应的最优采样率，可通过Yang等的结论进行推导；β 为遥测任务的完成度，简单来说，当遥测任务接近完成时，采样率应减少。

从式(5.10)可以看出，对于每一次遥测任务而言，其采样率的设置与之前流的相关参数有关，因此在动态配置中，需要以历史遥测信息为依据进行计算，从而达到自适应的采样效果。

有了如上方案，SRv6-Based INT 即可根据已有的 INT 结果，对任意一次遥测任务的采样率进行更改，从而在随流检测时，对不同速率的流采用不同的采样率进行测量，避免了本节开头提及的抖动、重复采样等问题。图 5.20 给出了经过自适应调整采样率过后对路径一和路径二的采用示意图，可以看出，由于两个流速率的不同，不同的采样率使得收集的 INT 数据分布更加均匀且更加平滑。

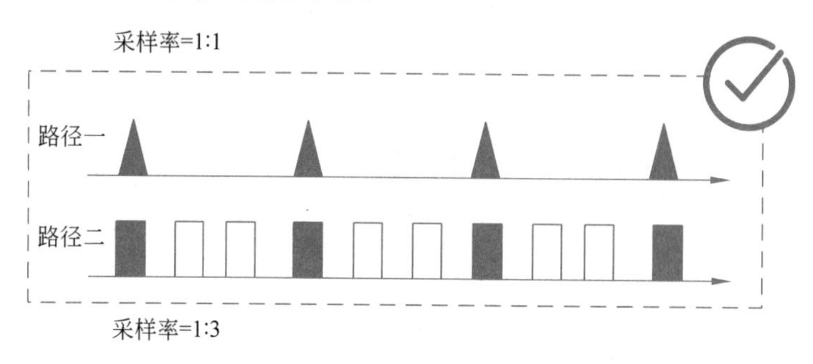

图 5.20　消除信息冗余示意图

5.3.2　路径规划算法

路径规划算法设计的核心在于，在保证业务流都能顺利抵达的基础上，利用 SRv6 的转发特性将流较均匀地分布在网络中，从而提高逐流遥测范围。与此同时，由于本书根据遥测需求重新更改了流的转发路径，因此提高遥测范围的同时还要能减少路径的重叠，如何取得两者之间的平衡是本算法的关键。借助数学模型可高效、直观地解决此问题。表 5.4 给出了本节使用的主要符号说明。

表 5.4　本节使用的主要符号说明

符　号	简　介	符　号	简　介
$G=(V,E)$	无向连通图	t_s,t_e	流的开始时间与结束时间
v_i	图中节点	Num	计数函数
f	网络中的业务流	l	流中的节点个数

网络拓扑：本工作中将网络拓扑建模为简单的无向连通图 $G=(V,E)$，网络中的各个设备抽象成图中的顶点，则网络中的各条链路即可抽象为连通图中的边。由于网络链路是双向的，即对于$(v_i,v_j)\in E$，通常情况下$(v_i,v_j)\neq(v_j,v_i)$，但是为了便于流选择的实现，本工作中将链路抽象为无向边，对于反方向的链路，得益于 SRv6 传输特性，只需在头部封装相反方向的路径，即可使链路的双向都可以被测量到。

流：本工作中将流抽象为六元组 $f=(\text{tuple},r,\text{flag},t_s,t_e,\text{path})$。其中 tuple 为数据包五元组，即指源 IP 地址、目的 IP 地址、源端口、目的端口和传输层协议，具有相同五元组的数据包构成了流，因此可以将 tuple 视作流的 ID，不同的五元组可以用于区分流；r 表示流中报文平均发送速率，可由 SRv6-Based INT 测量获得；flag 为该流是否活跃的标

识，1 表示该流为活跃状态，可以纳入测量范围，0 表示该流为不活跃状态，不纳入测量的考虑范围，值得一提的是当检测到流时，会将 flag 默认设置为 1；t_s 为该流的开始时间，t_e 为该流的结束时间，则 $t_e - t_s$ 即可计算出流的持续时间；path 表示该流所经过的路径，由于本工作在 SRv6 环境下进行，可直接由报文头部的 SID 字段获取流所经过路径，因此 path 可表示为：$\text{path}(f) = (\text{SID}[n], \cdots, \text{SID}[2], \text{SID}[i]) = (v_1, v_2, \cdots, v_n)$，显然有 $v_1 \in V, (v_1, v_1) \in E$。有了如上表述方式，后续工作便可以将问题抽象为数学问题，利用数学工具解决网络中的问题。在 $t_e - t_s$ 时间段内，对于所有活跃的流，其构成了集合 $F = \{f_1, f_2, \cdots, f_n\}$，对于其中任意一条流，都有原有的转发路径（配置在 SRv6 源节点中），即 $\forall i \in n, \text{path}(f_i) = (v_{i1}, v_{i2}, \cdots, v_{il})$，现在对其路径根据遥测需求进行修改，假设修改后的路径为 $\forall i \in n, \text{path}(f_i) = (v'_{i1}, v'_{i2}, \cdots, v'_{iL})$。那么本算法的目标之一便是减少活跃流之间的重叠概率，从而提高遥测覆盖率，即

$$\begin{gathered}\text{Target1: Min}[\text{Num}((v'_{ih}, v'_{ih+1}) == (v'_{jk}, v'_{jk+1}))] \\ \forall i, j \in n, \forall h \in (1, L_i), \forall k \in (1, 1_{L_j}), \text{flag}_i = 1, \text{flag}_j = 1\end{gathered} \tag{5.11}$$

在此基础上，要减小由于流路径变化带来的总跳数变化，例如原流集合所有的跳数为 $n \times L$，不能仅为了提高遥测范围而将总跳数扩大为 $2n \times L$ 甚至更大，否则会极大地影响正常业务流的处理。这是由于跳数的变化会带来更多的 NGNP 交换机处理时延，从而对原有的服务质量带来影响。因此本算法的目标之二为

$$\text{Target2: Min}\left[\sum_{i=1}^{n} |L_i - l_i| \times \text{flag}_i\right] \tag{5.12}$$

可以看出，如不考虑目标二的限制，则该问题是传统欧拉路径问题的一个变种。传统欧拉路径问题目前较著名的解法是由 Pan 等[15]提出的 INT_Path 算法。根据 INT_Path 的相关结论可知，若一个连通图中有 $2k$ 个奇点（相连的链路数是奇数的点称为奇点），则至少存在 k 条非重叠、不存在公共边的路径，并且这些路径可以共同覆盖连通图中所有的边，可以描述为，对于有 $2k$ 个奇点的无向连通图 $G = (V, E)$，至少存在 k 条路径 $\{p_1, p_2, \cdots, p_k\}$，并且有 $E(G) = E(p_1) \cup E(p_2) \cdots \cup E(p_k)$。但是 INT_Path 生成的路径 $\{p_1, p_2, \cdots, p_k\}$ 都以一个奇点为起点，以另一个奇点为终点。然而在本书中，进行随流检测时，路径的起点和终点是由业务流固定的，并不是所有的节点都可作为起点，也并不是所有起点和终点都是奇点。因此无法直接将 INT_Path 引入该问题进去求解，但 INT_Path 的求解过程及结论仍具有很大的参考意义。

在此基础上，本节接下来将对两个目标进行分析，将复杂问题分解为简单的问题组合，再利用 INT_Path 的思想进行求解。

从目标一和目标二可以看出，该问题不是简单的单一问题，为了解决该问题，接下来将其分解成若干更简单的子问题，逐个进行求解。通过对两个目标的计算可以发现，在解决该问题前，需要对流是否活跃进行判断，过多的不活跃流参与计算在一定程度上会给算法带来不必要的开销。因此，为了达到两个目标的要求，第一个子问题便是如何根据流的已有信息及历史信息，判断该流是否活跃。

针对目标一及目标二，问题进一步分解的基本思想为：首先将已有流的路径转换为连通图 G 的子图 G'，在固定流的起点和终点的基础上，在 G' 中使用欧拉路径算法的变种

算法，严格确保遥测任务不对正常业务流产生影响。但由于没严格按照 INT_Path 要求进行求解，当有多条流同时抵达时容易产生重叠的路径。接着，再通过添加辅助节点的手段，将重叠的路径进行拆分，从而提高了遥测范围，同时很好地满足了目标一和目标二的要求。本节后续是具体分析过程。

首先，如图 5.21 所示，INT_Path 生成的路径严格满足路径之间不重叠的要求，但是生成的路径的起点和终点不一定满足本书的要求，并且对路径起点的奇数度要求过于严格。如果在真实环境下，节点 B 只能作为流的终点，则生成的路径中便存在无法使用的情况。

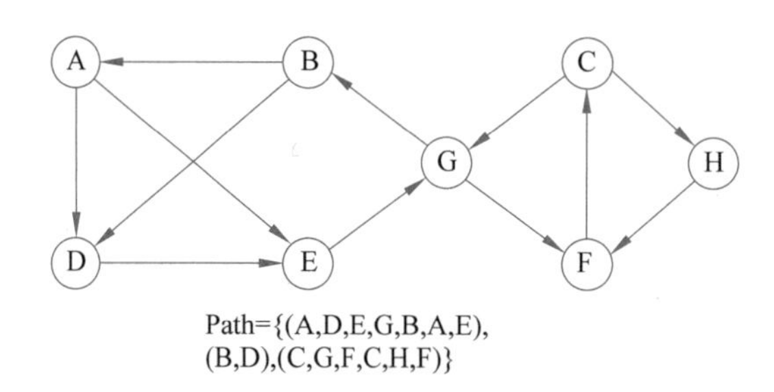

图 5.21　INT_Path 生成路径示意图

接着，如图 5.22 所示，网络拓扑中链路被反复测量主要有两种情况：第一种是由于路径规划问题，导致该链路被两条或多条的遥测路径经过，即多条遥测路径存在公共边；第二种是由于流的某些需求，导致这条链路被该流两次或者多次经过，即 $\exists f_i$，$\exists h,k \in (0,L_i)$ 使得 $(v_h,v_{h+1})==(v_k,v_{k+1})$。但不管是由于哪些原因，只要该链路每被多测量了一次，便在图中为其添加一个节点，通过节点引出新的路径。添加辅助节点的思想：一方面可以将重叠路径消除并且由于添加了新的路径从而提高了遥测范围，另一方面可以将原来度为偶数的节点变为奇点，便于路径规划算法的执行。

但是辅助节点的添加并不是随心所欲的。由于本书的实际应用场景是 SRv6 网络环境中的自适应规划路径，因此添加的辅助节点必须在连通图 G 中，即不能凭空添加一个不存在的节点；并且该节点与目标节点之间必须有连通的链路，即不能凭空添加一条不存在的链路。因此，添加辅助节点的基本准则为：只能针对生成的重复遥测路径进行添加，而且不能在连通图 G 中引入新的节点，优先选择 $\{G-G'\}$ 中的节点，优先选择偶数度节点，如不存在该类节点，则不进行添加。

综上所述，将原本较为复杂的问题分解成以下 3 个子问题。

(1) 如何根据流的已有信息及历史信息，判断该流是否活跃。该问题的求解是解决后续两个问题的基础。

(2) 如何在确定流的起点和终点的条件下，在连通图 G' 中规划出重叠数较少的遥测路径方案。

(3) 如何通过添加辅助点的手段，将重叠的路径进行迁移，从而降低冗余，提高遥测的覆盖率。

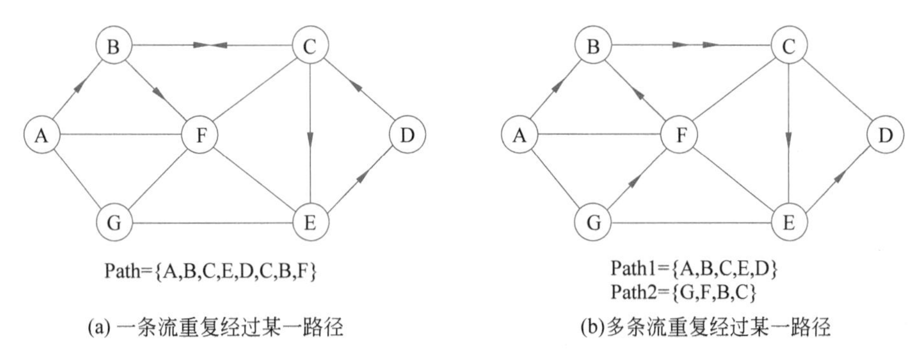

(a) 一条流重复经过某一路径　　(b)多条流重复经过某一路径

图 5.22　多条流重复经过某一路径

接着对 3 个子问题逐一进行分析并求解，最后得出解决面向 SRv6-Based INT 的路径规划问题的完整求解算法。

基于上述分析，接下来将对 3 个子问题逐一进行求解。首先，对于流是否活跃，参考上文提出的对长流短流的判断手段，本工作以如下公式进行判断：

在 t_e-t_s 时间段内，通过计算可得，该流共发送的数据量为$(t_e-t_s)\times r$，若

$$\frac{(t_e-t_s)\times r}{\sum_{i=1}^{n}(t_{e_i}-t_{s_i})\times r_i\times \text{flag}_i}>\text{flow}_{\text{TH}} \tag{5.13}$$

则判断该流为活跃流，将其 flag 置 1。公式中通过 flag_i 的值来筛选出已有的活跃流，flow_{TH}为判断当前流是否活跃的阈值，其计算方法如式(5.14)所示：

$$\text{flow}_{\text{TH}}=\frac{\sum_{i=1}^{n}(t_{e_i}-t_{s_i})}{\sum_{i=1}^{n}\text{flag}_i}\times\left[\frac{\sum_{i=1}^{n}(r-\bar{r})^2}{n}-\partial\right] \tag{5.14}$$

从式(5.14)可以看出，阈值的设定与流速方差有较大的联系。当方差小于某一范围∂(用户自定参数值)时，flow_{TH}的值会趋于 0，即当所有流在某一时间片内发送的数据量较统一时，则可以放宽对活跃流的判断；当方差较大时，阈值的设定与速率偏差较大流占所有活跃流的比例有关，即若当前流在某一时间片内发送的数据量远小于目前活跃流的均值，则该流被判定为不活跃流的可能性较大。

有了如上判定依据，便可以利用历史 INT 数据对目前流是否活跃做出判定，这为后续算法的提出提供了必要的先验知识。由于子问题一相对独立并且复杂度不高，解决相对而言较为容易。接下来，将对子问题二和子问题三进行分析，进而提出完整的面向 SRv6-Based INT 的路径规划算法。

首先，子问题二的解决离不开图论的相关知识。为了可以更好地介绍子问题二的求解思路，将直接给出子问题二用到的相关图论结论。

(1) 没有奇数度的连通图有且仅有一条不重复路径。

(2) 只有一个奇数度的连通图不存在不重复路径。

(3) 对于有两个奇数度的连通图,存在一条不重复路径,并且该路径从一个奇数度端点开始,并在另一个奇数度端点结束。

(4) 对于有 $2n$ 个奇数度端点的连通图,至少有 n 条不同的路径。这些不重复路径会覆盖图中的所有边。

事实上,定理四已经指出覆盖特定图形的最小非重叠路径数的理论值。传统路径规划算法为了达到理论上的最小值,每次在图中删除从一个奇数度端点开始,到另一个奇数度端点结束的一条路径,即可删除图中一对奇数度端点。在图中反复迭代该过程,直到图中所有的端点与路径均被提取出来。对于一个有 $2n$ 个奇数度端点的连通图,该算法可以提取出 n 条不同的路径来覆盖网络拓扑中的所有链路,可达到理论上的最小值。但可从 5.3.2 节的分析中得出,该迭代步骤有两个地方无法适配 SRv6-Based INT。首先,SRv6-Based INT 随流测量时无法指定路径的起点与终点;其次,起点与终点难以保证均为奇点。

因此,以生成有重复的路径为代价,本节对迭代步骤进行如下修改:首先在由所有活跃流的原路径转化的连通图 G' 中确定好每一条流的起点与终点的对应关系,接着在 G' 中使用路径规划算法,生成路径结果集 E',如算法 5.3 所示。在 G' 而不是 G 进行路径规划是出于减小对正常业务的干扰的考虑,因为测量只是附加功能,不能对正常业务流产生过大的干扰,而且原路径由路由算法生成,综合了时间、效率等多个角度的考虑,如果完全弃之不顾便失去了测量的初衷。相应地,如果要指定对某一特定链路进行测量,并且该链路很少有流经过,则可直接将路径写入 SID。

算法 5.3　SRv6-Based 路径规划算法

输入: 流原路径连通图 G'; 起点与终点映射关系 F'

输出: 路径规划结果集 E'

```
1   While (F'≠∅)
2       E'←E'+FindLongestEulerTrails(findOddVertices(G',V))       //先对 G'中奇数点
    //寻找覆盖率最大的路径
3       F'←F'-PathToMap(E')       //去除已经规划好的路径
4       For Each Startpoint in F'
5           E'←E'+Findnon-overlappingTrails(Startpoint);       //以 Startpoint 为起点寻找
    //尽可能不重叠的路径
6           F'←F'-PathToMap(E')
7       End For
8   End While
9   Return E'
```

在生成的路径结果集 E' 中,若有重复路径,则使用算法 5.4 在 $\{G-G'\}$ 中选取相邻的节点,引入 G' 以外的路径,尽可能消除重叠的路径。在选取节点时,由于受实际问题限制只能选取链路相邻的节点,并且不能凭空捏造节点。图 5.23 给出了添加节点的示意图,可从图中看出原重叠的链路,在引入了新的节点和新的路径后,可降低冗余度并且添加了新的测量路径。伪代码如算法 5.4 所示。

算法 5.4 重叠路径消除算法

输入：路径规划结果集 E'；连通图 G；流原路径连通图 G'
输出：去除冗余后的路径结果集 R

```
1   For Each path in E'
2       IF(path_i == path_j) Then
3           T←T+path_j                    //统计所有重叠路径
4       End IF
5   End For
6   While(T≠∅)
7       For Each path in T
8           point←SelectAuxPoint(path,G−G')        //为重叠路径选取辅助节点
9           Path_t←ConstructionPath(path,point)    //利用辅助节点构造新的路径
10          T←T-path
11          R←RenewResult(Path_t)
12      End For
13  End While
14  Return R
```

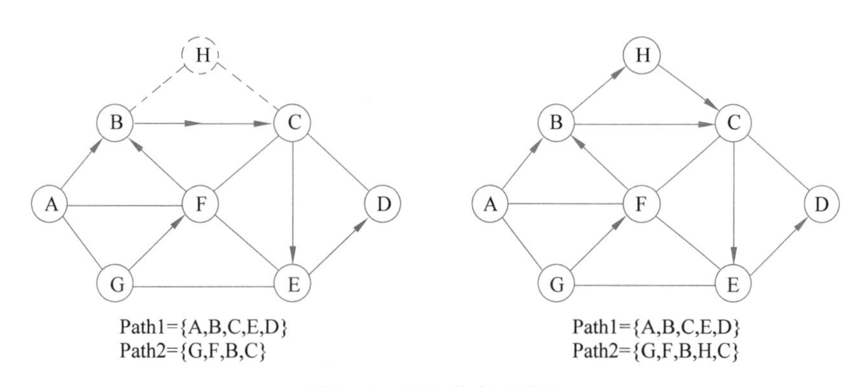

图 5.23 添加节点示意图

至此，提出的两个子问题得到了解决。有了 SRv6-Based 路径规划算法和重叠路径消除算法，自适应模块便可为拓扑中的流规划出更合适的路径，在提高遥测范围的同时，对遥测系统进行了轻量化处理。综上所述，此处提出的以自适应手段来对 SRv6-Based INT 进行轻量化处理已介绍完毕。

5.3.3 实验设计与结果分析

本节实验仍采取同样的软硬件环境。在测试面向 SRv6-Based INT 的路径规划算法时，一共有两种基本类型的拓扑图：第一种是使用 Python 编写的随机拓扑生成工具，用于生成真实环境下出现概率较小的特殊网络拓扑；第二种为以 FatTree 结构和 LeafSpine 结构为代表的数据中心网络拓扑图，该类网络拓扑代表了真实网络环境下较为常见的网络拓扑。

1. 自适应调节采样率测试

在本次实验中，主要测试采用自适应调节采样率前后 SRv6-Based INT 上传的测量数据量变化。实验中，使用 SRv6-Based INT 完成端到端的可用带宽测量任务，并且不启用数据压缩功能。

图 5.24(a)给出了上传遥测数据(MB/s)和采样率之间的关系。可以看出，当没有开启自适应调节采样率功能时，上传遥测数据速率较开启自适应调节采样率上升了一个数量级。这是由于任务进行时采样率没有发生变化，因此上传的遥测数据量随着时间整体呈现出线性上升的趋势，遥测数据的上传速度也没有明显的变化，这也符合对遥测任务的直观印象。相应地，当开启自适应调节采样率功能后，由于采样率发生了变化，上传的速率不再保持不变。因此，开启自适应调节采样率后，上传的遥测数据有了明显下降。图 5.24(b)给出了开启自适应功能后遥测信息熵的变化趋势。图中较为明显地展现出当未开启自适应调节采样率功能前，遥测信息熵逐渐下降的趋势，尤其在任务解决完成阶段遥测信息熵降到了 40%，这主要是由于遥测任务已趋近完成，而上传遥测数据的速率并没有发生变化，因此可用于计算的遥测数据量便大大减小。而当开启自适应调节功能后，遥测信息熵随着时间变化较为稳定，虽然也有下降趋势，但在最后趋于 85%。这是由于采样率自适应调整后，上传数据的冗余度下降，可直接用于计算的信息量增加。

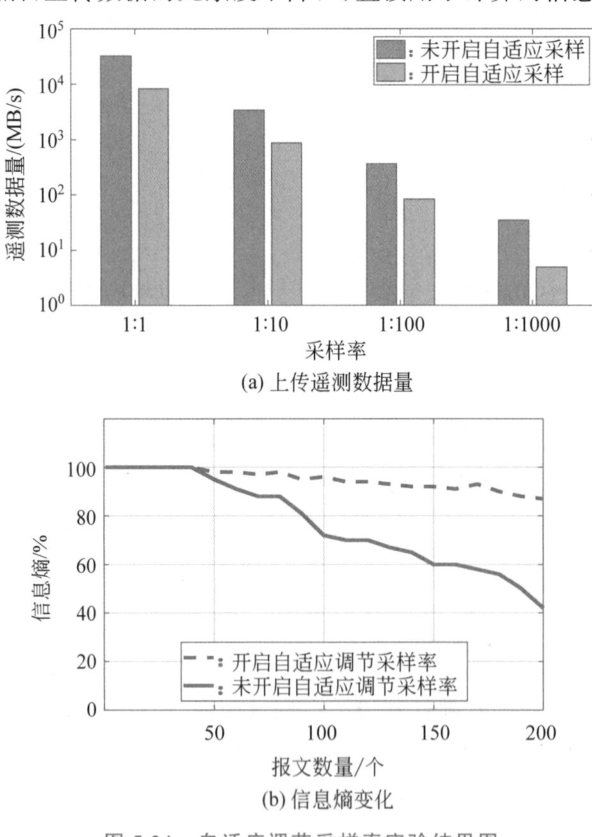

(a) 上传遥测数据量

(b) 信息熵变化

图 5.24 自适应调节采样率实验结果图

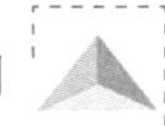

2. 面向 SRv6-Based INT 的路径规划算法评估

本次实验主要对提出的路径规划算法进行评估。首先，就该算法的运行时间进行测试。为了更好地控制拓扑图中的顶点数，使用 Python 生成顶点数不同的拓扑结构图，并且确定好起点与终点之间的对应关系。

此外，为了研究图中奇数度点对算法执行时间的影响，针对相同顶点数的拓扑图，还控制了不同奇数度端点的个数，最终实验结果如图 5.25 所示。可从图中看出，算法执行时间随着顶点总数增长而增加，此外当顶点个数相同时，奇数度点越多(40%)，算法所需要的执行时间越短，这是因为奇数度点可利用 INT_Path 思想生成不重叠的路径从而减少了添加辅助节点的时间。

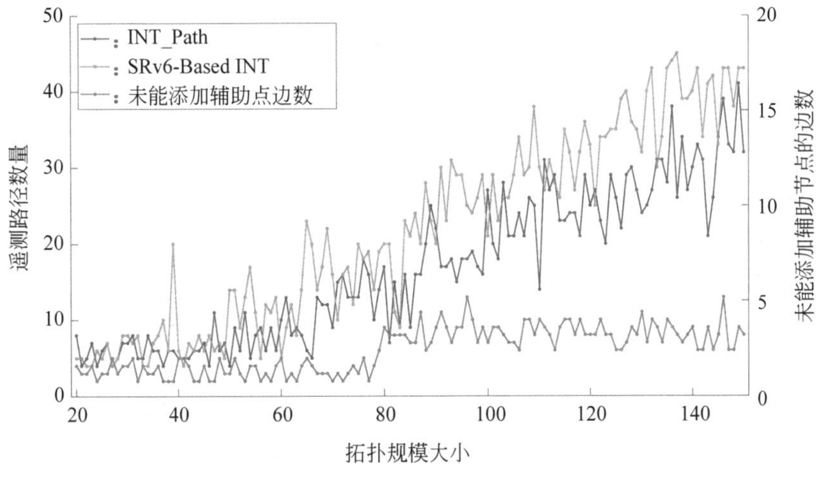

图 5.25　算法执行时间图

接着，对面向 SRv6-Based INT 的路径规划算法的路径重叠数目比例 N_o 进行探究。为此，要统计出使用该算法在不同拓扑图下生成的测量链路总数量并且统计出重复测量的链路数。图 5.26 给出了在不同顶点数下路径规划算法所探测的链路总数与重复探测的链路数。

从图中可以看出，虽然存在重叠路径消除算法，但由于实际问题的限制仍然难以避免对链路的重复测量。但路径重叠数目比例 N_o 基本维持在一个较低的水平。在测量的链路总数方面，其随着顶点总数的增加而增加，这保证了拓扑中有更多的链路都参与了测量，从而提供了更全面的遥测数据。

本节首先对遥测系统存在的两个问题，即对流内的冗余采集信息、对流间的重复测量进行了充分分析。针对该两个问题，本节提出了面向 SRv6-Based INT 的采样率调节方法以及路径规划算法。采样率调节方法通过流的速度以及遥测任务的完成度对采样率进行动态调整，从而使流内的信息采集冗余度下降；路径规划算法通过对子拓扑的重新划分，再通过添加辅助节点的手段，对重复链路尽可能消除。

最后的实验结果证明，本节提出的自适应采样率调节方法可有效地减少上传的冗余信息，并且提高了遥测信息熵；而路径规划算法在较短的时间内，生成了路径重叠数目比

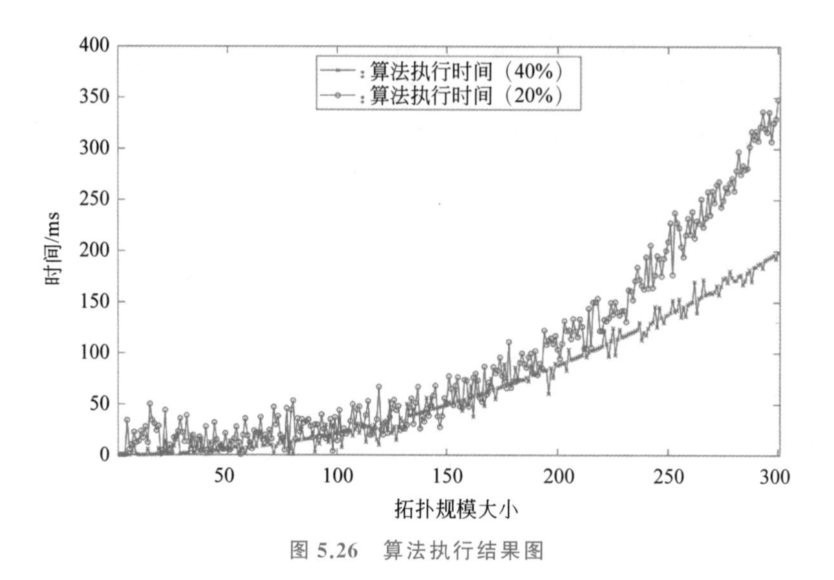

图 5.26　算法执行结果图

例较小的结果，大量减少了对重复链路的测量。该两种方法相互结合，为轻量化 SRv6-Based INT 提供了可行的方案

5.4　本章小结

随着网络不断地更新升级、网络流量以及设备数量大幅增长，网络的管理与监测面临严峻挑战。带内网络遥测技术可以对网络进行实时性、细粒度的网络测量，然而当前网络对测量方案提出了更高的要求：灵活部署、动态部署、高效部署。首先，传统 INT 技术缺乏合适的载体，数据包的开销随遥测路径长度线性增加，从而导致遥测监控的性能瓶颈问题。其次，传统 INT 技术进行全网测量时只能监控部分流，测量不完全，系统中存在安全隐患。最后，面对动态网络的多变性，传统 INT 技术的静态策略无法做出灵活的变化。

基于此，本章提出了基于段路由的带内网络遥测方法。该方法利用段路由转发特性，使 NGNP 交换机在转发数据包的同时将数据包中的路径信息替换成遥测数据，从而降低了插入遥测数据带来的开销。在此基础上，本章通过自适应调整采样率、消除重叠路径等手段进一步降低信息的冗余程度。

本章具体完成工作如下。

(1) 针对传统带内网络遥测系统比特开销大，存在高效部署困难的问题，本章提出了基于 SRv6 的遥测体系设计方案。本工作通过研究减轻 INT 和 SRv6 的开销，将两者无缝结合以实现轻量级且自适应的遥测方法。通过设计 INT 的元数据格式，将其与 SID 进行结合，然后在每一跳中根据数据包中的相应指令将 SID 替换成成相应的 INT 元数据。该方法充分结合了两项技术的优点，并将开销控制在合理的范围，优于传统的带内网络遥测方法。研究表明，本章提出的方法对照传统的 INT 系统精确度达到了 97%，同时比特开销有了较大的减小，约为传统 INT 的 76%。

(2) 针对传统带内网络遥测存在路径冗余，流穿越网络时会共享重叠的链路和

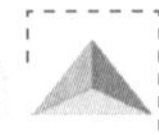

NGNP 交换机序列，从而导致灵活部署困难的问题，本章对 SRv6-Based INT 进行轻量化处理，利用先前 INT 数据提供的信息指导后续 INT 数据的收集策略。首先提出自适应调整采样率的方法，为不同速率、任务完成度不同的流自适应设置不同的采样率，从而降低了流内信息的冗余度；接着在不影响正常业务流的情况下，为流规划出重叠数少的转发路径，从而降低了对同一链路的多次测量，降低了流间信息的冗余度。

参考文献

[1] ZHOU Y, SUN C, LIU H H, et al. Flow event telemetry on programmable data plane[C]//Proceedings of the Annual Conference of the ACM Special Interest Group on Data Communication on the Applications, Technologies, Architectures, and Protocols for Computer Communication, 2020: 76-89.

[2] 唐绍飞. 基于带内遥测的自适应网络监控技术研究[D]. 安徽：中国科学技术大学，2022.

[3] CASE J, FEDOR M, SCHOFFSTALL M, et al. A simple network management protocol(SNMP)[EB/OL].[2023-04-14]. https://tools.ietf.org/html/rfc1157.

[4] JEYAKUMAR V, ALIZADEH M, GENG Y, et al. Millions of little minions: Using packets for low latency network programming and visibility[J]. ACM SIGCOMM Computer Communication Review, 2014, 44(4): 3-14.

[5] KARAAGAC A, DE POORTER E, HOEBEKE J. In-band network telemetry in industrial wireless sensor networks[J]. IEEE Transactions on Network and Service Management, 2019, 17(1): 517-531.

[6] VAN TU N, HYUN J, KIM G Y, et al. Intcollector: A high-performance collector for in-band network telemetry[C]//2018 14th International Conference on Network and Service Management (CNSM). IEEE, 2018: 10-18.

[7] BASAT R, RAMANATHAN S, LI Y, et al. PINT: Probabilistic in-band network telemetry[C]//Proceedings of the Annual Conference of the ACM Special Interest Group on Data Communication on the Applications, Technologies, Architectures, and Protocols for Computer Communication, 2020: 662-680.

[8] The P4.org Applications Working Group. In-band network telemetry(INT) dataplane specification (Version 1.0) [EB/OL].[2022-09-23]. https://github.com/p4lang/p4-applications/tree/master/docs/INT_v1_0.

[9] LIU Z Z, BI J, ZHOU Y, et al. Netvision: Towards network telemetry as a service[C]//2018 IEEE 26th International Conference on Network Protocols (ICNP). IEEE, 2018: 247-248.

[10] ZHENG Q, TANG S, CHEN B, et al. Highly-efficient and adaptive network monitoring: When INT meets segment routing[J]. IEEE Transactions on Network and Service Management, 2021, 18(3): 2587-2597.

[11] LIN Y, ZHOU Y, LIU Z, et al. NetView: Towards on-demand network-wide telemetry in the data center[C]//ICC 2020-2020 IEEE International Conference on Communications (ICC). IEEE, 2020: 1-6.

[12] APPENZELLER G, KESLASSY I, MCKEOWN N. Sizing router buffers[J]. ACM SIGCOMM Computer Communication Review, 2004, 34(4): 281-292.

[13] LIN X，MA Y，ZHANG J，et al. GSO-simulcast：Global stream orchestration in simulcast video conferencing systems[C]//Proceedings of the ACM SIGCOMM 2022 Conference，2022：826-839.

[14] YANG X，LIN H，LI Z，et al. Mobile access bandwidth in practice：Measurement，analysis，and implications[C]//Proceedings of the ACM SIGCOMM 2022 Conference，2022：114-128.

[15] PAN T，SONG E，BIAN Z，et al. Int-path：Towards optimal path planning for in-band network-wide telemetry[C]//IEEE INFOCOM 2019-IEEE Conference on Computer Communications. IEEE，2019：487-495.

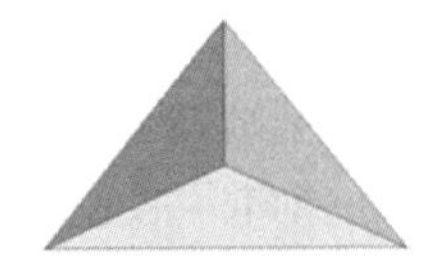

第 6 章

利用 NGNP 的多维资源视图聚合和处理

6.1 弹性智能物联网

当下,物联网(Internet of Things,IoT)设备广泛应用于电网之中,这些设备运行状态的复杂反馈对于提高工作效率和减少事故具有重要意义。为了对具有异构操作系统、设备数量动态增减的弹性智能物联网进行精细化管理,本章提出了一种多维资源自适应测量方法(Multidimensional Resource Adaptive Measurement,MRAM),该方法可以对管辖范围中所有设备的多维资源视图(Multidimensional Resource View,MRV)进行快照。MRAM 采用了基于 CPU+FPGA+ASIC 的 NGNP 实现对物联网设备反馈资源的汇聚,解放了被监控设备的本地资源。MRAM 采用改进的长短期记忆网络算法 ELSTM,检测 MRV 中的突变。ELSTM 算法能够确定 MRAM 是否进入异常状态,并基于此来驱动自适应测量状态机。MRAM 根据状态机对 MRV 的及时更新来实时调整测量粒度。在仿真实验中,我们测试了 MRAM 在电力物联网中进行测量任务时的收敛时间和占用带宽。实验结果证实了 MRAM 的实用性和鲁棒性,以及证实了多维资源视图是更适合上层电网管理的数据。另外,本章还构建了一个真实的环境来测试这种方法的性能。结果表明 MRAM 具有较高的测量精度,突变检测的精度能达到 98.41%。

6.1.1 背景及意义

通过构建一个连接所有用户和链路设备的智能系统,电网物联网实现了对系统整体状态的动态采集、实时感知和在线监控[1]。实现对电网设备准确深入的状态调查可以得到精确的态势感知信息和对电网各组成部分的有效实时监测。在现有的能源系统下,电网物联网整合了各种能源类型的特点,因此准确、快速地绘制和监测电网物联网设备和链路多维资源视图非常重要,能够提高系统整体的能源利用效率。

另外,电网物联网的异构控制平面和复杂操作系统也在推动新的测量架构和方法的发展。在我们之前在 IEEE/ACM 国际服务质量研讨会(IWQoS 2021)上发表的文章中,针对底层设备和异构操作系统随机变化的复杂物联网环境设计了一种测量方法。基于此方法,本章使用下一代网络处理器对电网物联网系统进行自适应测量,并提高连接到复杂异构底层设备的电网物联网的传输效率。下一代网络处理器的灵活性和高性能性的特点可以很好地适应物联网设备个性化的终端系统和显著异构化的特点。它可以在时间敏感网络（Time Sensitive Networking，TSN）和定位导航授时（Positioning Navigation Timing，PNT）等物联网设备上执行情报收集、指令发布等操作，除此之外还能实现统一部署专有服务。基于这种情况，本章在输电系统中提出了弹性智能电网物联网（Resilience Intelligence Power Grids IoT，RIIoT）架构。

RIIoT 作为下一代新型网络架构的电网物联网智能传输解决方案，具有两个基本属性：弹性冗余和智能管理控制。弹性冗余反映在灵活接入或退出的电网物联网设备上，表现为多个具有相同功能的异构执行体在 RIIoT 架构下实现有机共存。智能管理控制的属性具体体现在可编程网关上，可以实现在边缘计算和核心承载网络之间进行数据交互和处理。通过这种架构，可以使电网物联网设备实现灵活接入和智能化的宏观网络监管。

RIIoT 可以嵌入现有的 IP 网络，并基于智能控制的特点为 IP 网络提供灵活的数据交换、定制化的保密通信以及内生安全保护等多样化服务。另外，该架构还能够为具有高鲁棒性要求的工业通信网络提供可靠的系统架构和信息传输解决方案，如时间敏感网络和定位导航系统。我们创新性地升级了 RIIoT 基础设施，并将其命名为下一代网络处理器的智能大脑中心（Intellectual Brain Center，IBC）。下一代网络处理器是一种类似于路由器的独立网络设备，由现场可编程门阵列和 CPU 芯片组成，其灵活性主要由用户空间底层的屏蔽控制器来保证。FPGA 利用可重新配置的特性接收 IBC 的指令，并完成对物联网设备通过 NGNP 的数据包解析规则、转发规则以及其他特殊规则的修改和改进。IBC 可以实现闭环控制，并根据需要在弹性覆盖网络中动态部署下一代网络处理器功能，以便根据策略为智能电表、检测机器人和其他设备提供不同的服务。

目前，使用可编程网关实现网络的弹性化和智能化管理已成为学术研究的热点。然而，现有的大多数网络测量方法仍需要在实际网络环境中部署更新能力差、灵活性低的测量节点。这种方法首先需要对业务处理流程进行简化，然而面对电网物联网中各种新兴服务带来的复杂流量，部署过多固定时间粒度间隔的测量节点和方法无法准确感知出当前的网络状态。在弹性智能网络环境中，弹性覆盖网络的各种资源检测时间滞后，粒度无法灵活调整，这直接导致了物联网设备服务效率降低，甚至为网络攻击留下了攻击漏洞。另外也会抢占正常业务流量资源，干扰正常业务进行。弹性分层网络中的大多数服务都需要可靠的消息传输。由于电网中物联网设备的资源有限，过度占用设备资源进行网络测量将无法保证消息传输的效率，也无法应对突发事件产生的资源占用。综上，在正常的业务过程中突然启用网络测量方法并传输测量结果会占用大量硬件资源，导致业务效率降低和服务质量下降。本章提出的 RIIoT 架构在更新调度策略的过程中需要具有适当时间粒度和高测量精度的全局资源视图。单个固定的测量节点不能形成控制器的可靠资源视图，并且在更新测量任务后的信息的更新速度很差。

针对上述问题，本章提出了一种称为 MRAM 的 RIIoT 自适应电网测量方法，该方法借鉴了分布式方法和软硬件结合的思想，并在实验室现有的工作基础上改进了 RIIoT 的管理。MRAM 可以适应下一代网络处理器和电网物联网的边界资源。它可以在不干扰业务流量的情况下生成 MRV，这能够实现在保持网络状态稳定的前提下提高网络监控的质量。本章的主要工作内容如下。

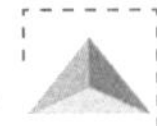

(1) 提出了一种用于 RIIoT 的多维资源自适应测量体系结构(MRAM),基于可编程硬件下一代网络处理器报告的多维资源信息来判断当前物联网的状态情况,并自适应地更新测量粒度,以确保电网管理和服务质量之间的平衡。

(2) 将具有可编程能力的高性能下一代网络处理器部署于电力物联网边缘中。执行测量任务时,它对设备反馈的测量结果进行汇聚,降低信息的冗余和减少资源的占用,加快测量任务执行速度的同时,避免了基于简单网络管理协议(Simple Network Management Protocol,SNMP)等监控方法相关的风险。

(3) 提出在 IBC 上部署 ELSTM 方法,其使用滑动窗口和其他算法来消除历史 MRV 的异常值,之后判断新报告的 MRV 是否异常,并根据突变检测结果改变测量状态机。准确的预测结果有效指导了测量任务是否下达,进一步保证了数据更新和管理的及时性。

(4) 实现了一个可以部署在电网物联网中的测量系统。仿真和真实的 RIIoT 环境测试结果证明,本章提出的方法可以实现良好的测量速度和精度,同时确保电网物联网中设备的正常业务不受干扰。

6.1.2　相关工作

鉴于当下应用于输电系统的物联网网络架构日益复杂化,并在提高性能方面有了更高的要求,导致电网物联网的承载压力正在迅速增加。在可预见的未来,电网物联网的管理和测量必将成为工业界和学术界的研究热点和难点。面向管理的 RIIoT 测量具有全新的测量架构,具有软硬件结合,管理平面和数据平面解耦的特点和发展趋势。

首先介绍新测量架构 RIIoT。该架构对许多物联网设备进行集群管理,并分配一个边缘化设备或可编程路由器用于命令传输、测量任务分发和信息搜集,是许多新测量方法的首选架构。使用可编程节点对弹性智能物联网进行测量的研究是有先例的,Ding 等[2]在软件定义的传感器网络中设计并实现了可编程节点,并提出了一种基于软件定义网络的物联网网络测量架构,称为软件定义传感器网络(SDSN),由一个集中式控制器和几个可编程路由器组成。该架构规避了物联网设备的异构型,并将测量工作集中在可编程路由器上。Zhao 等[3]还将近似化的思想用于物联网网络测量工作,他们配备集中控制器用于控制分发测量任务,物联网设备仅用于传输通用数据包和携带基本测量代理。与传统的物联网边缘相比,其设计的可编程节点具有更高的灵活性和可扩展性。然而,这些方法的测量任务很大程度上依赖于人工操作,而控制平面缺乏智能化制导,导致数据平面经常出现过度测量的情况,影响正常的服务。

其次介绍 RIIoT 软硬件结合的测量方法。将物联网设备聚集在同一位置,并为其部署专用的硬件和软件设施,可以加快测量过程和提高测量精度。Oeldemann 等[4]设计了一个开源网络测量测试器 FlueNT10G,该测试器通过流量工程实现数据包延迟、速率和带宽的测量。FlueNT10G 使用 FPGA 加载物联网网络测量任务,从而提高测量的效率和准确性。基于多包机器学习和标签训练技术,Bhamare 等[5]使用 P4 实现了 10GbE 物联网流量监管和测量。这种方法对于复杂冗余网络的测量十分有效,并且能实现闭环控制。面向物联网网络流量,Wu 等[6]提出了一种高性能、高扩展性的被动网络测量方法 Ares,以搜集准确的流量指标。Ares 可以部署在多核交换机中,利用 I/O 引擎和高度优化的硬件来在尽可能少的CPU核心使用数下实现数据包的高速接收。这种方法可以提高物联网流量的测量效率和准确性，在硬件支持下，可以保持高达100Gb/s的流量速率并提供相同水平的流量分析。

从学者们已有的研究工作中可以看出，软硬件结合的方法可以加速电网物联网的自适应测量[7]，这同样也是本章的一个重要研究目的。Hynek等[8]提出了一种可用于异步物联网的高精度低抖动测量架构。它使用区间直方图方法，并引入惩罚函数来消除测量任务本身对精度的影响。另外，Puš等[9]在本章中主要提供视频流应用下的实验方法指导。Naeem等[10]在处理和分析100Gb/s规模的网络流量时引入了FPGA等可编程板卡。该方法提高了用于负载平衡的哈希函数的配置能力，以在多个CPU核心之间分配流量处理任务。

最后介绍现有研究工作的局限性。上述方法对RIIoT的测量架构以及通过软硬件结合的方法来加速测量任务对本章研究做出了重要贡献。然而，这些设计没有考虑历史测量数据对测量任务发布的影响。首先，这些已有的方法有的导致频繁下发测量任务从而影响正常的物联网服务，有的测量结果更新缓慢，无法满足网络管理的实时要求。其次，这些方法所依赖的可编程路由器或设备的通用性和性能较差，这严重影响了测量任务的分配和测量结果的准确性。最后，这些方法对物联网设备具有很高的要求，有的甚至需要为每个不同的物联网设备协议栈开发不同的测量应用程序。这些测量应用程序也消耗了过多的设备资源，无法满足当下弹性智能物联网的需求。

本章采用由CPU、FPGA、ASIC组成的下一代网络处理器来卸载电网物联网设备集群的细粒度测量任务。此外，本章还提出了一种自适应网络测量方法，该方法可以分布在下一代网络处理器和IBC中，用于灵活智能的物联网网络测量，很好地平衡了测量精度和资源占用之间的矛盾，确保了历史测量数据对当下新测量任务的影响和指导，避免了对电网正常业务服务的影响。

6.2 面向弹性智能物联网的自适应测量

6.2.1 系统架构

电网物联网设备主要用于电网状态检测和检查服务，而网络通信功能主要由控制平面实现。这些设备的网络功能基本上由控制平面或者类似设备的简单数据交互实现，例如命令下发和信息接收、系统状态更新、设备数据收集和报告等。这些交互可以通过轻量级通信协议消息队列遥测传输（Message Queuing Telemetry Transport，MQTT）或一些私有协议实现。物联网设备的网络和硬件资源的测量失准、报告滞后等问题，很容易导致电力系统整体管理能力的下降，从而降低电网的服务效率和安全性。另外，过于频繁地部署测量任务也会占用过多的设备资源，影响正常的服务，从而降低用户体验。借鉴SmartNIC的经验教训，我们在集群接入网络位置前部署下一代网络处理器并利用其与云计算的互补功能来卸载弹性智能物联网测量任务，通过这种方法能够平衡电网物联网的测量任务和主要业务服务的资源消耗。

RIIoT 包括 3 部分：智能大脑中心(IBC)、弹性智能边界层和电网物联网集群，如图 6.1 所示。电网物联网集群主要包括使用边缘路由器连接网络的设备集群，如控制终端、监控装置、智能电表和检测机器人。它们通过接入网络(如物联网边缘)连接到下一代网络处理器，并具有主动或被动传输 CPU 利用率和可用存储等信息的能力。下一代网络处理器和边缘网络接入设备，如无线路由器、交换机和基站共同构成了弹性智能边界层。下一代网络处理器可以缓存并简单地构建物联网集群传输的信息。IBC 携带的多维资源视图(MRV)数据库存储其管辖范围内的网络和设备资源数据。通过本章提出的算法可以计算出突变检测的最新集合视图。IBC 可以通过自适应测量算法更新粒度，并为电网管理和调度等北向应用更新全局 MRV。

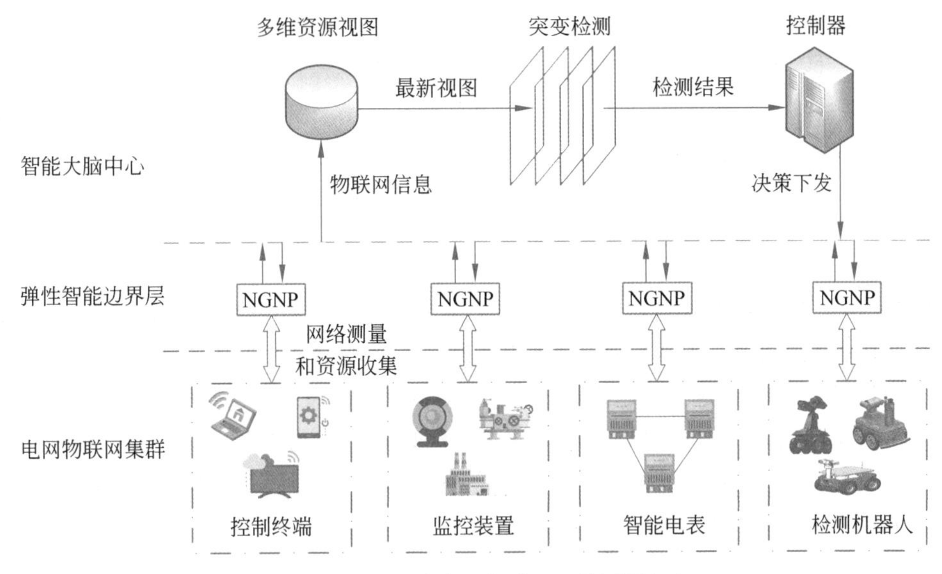

图 6.1　弹性智能电网物联网网络测量框架

通常，下行设备可以设置在固定的时间内进行测量，并通过下一代网络处理器报告测量结果。通过网络管理员的观察 MRV 的实时更新结果可以反映 IBC 管理域中的许多网络问题。管理员也可以通过下一代网络处理器手动调整出现问题的物联网设备集群。然而，上述这种调整方法的粒度较粗且消耗大量人力资源，也同样会增加物联网设备的资源消耗。

对于 RIIoT，我们提出了一种多维资源自适应测量方法，该方法可以有机调动多个设备，在减少对底层服务干扰的情况下准确地更新 MRV。同时，MRV 可用于 MRAM 的态势感知和威胁警告。

如图 6.2 所示，下一代网络处理器可以测量其管辖范围内物联网设备的延迟、带宽、丢包率、吞吐量以及流量摘要等网络资源。借助下一代网络处理器中的 FPGA 开发板，可以根据 IBC 的具体需要进行重构，例如带内测量、数据包结构测量、结果报告以及设备测量和缓冲等。在获得弹性智能边界层中的结构化多维资源数据并将其报告给云后，IBC 的 MRV 数据库进行重组和更新。

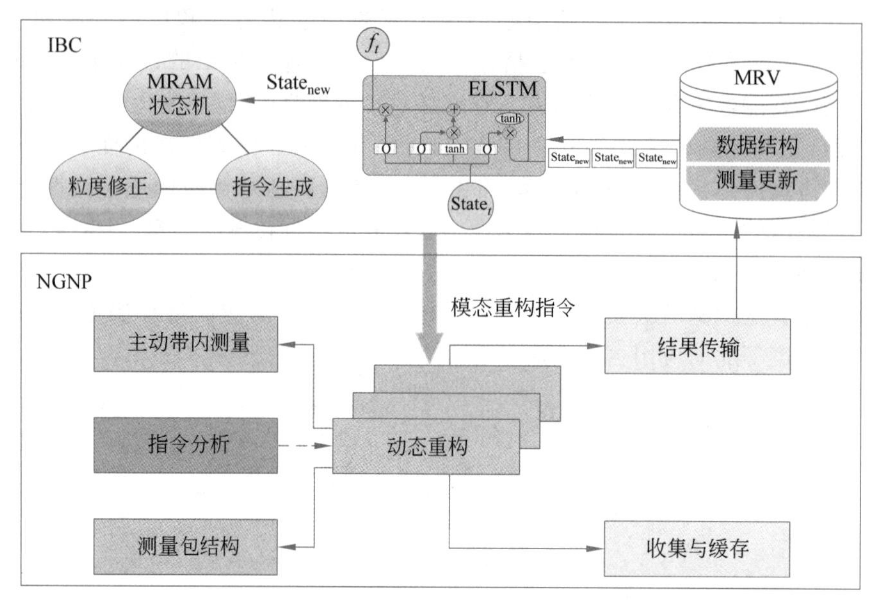

图 6.2　MRAM 体系结构图

同时，将最新的采集结果发送给改进的长短期记忆(LSTM)神经网络算法，并对下一代网络处理器报告的新 MRV 进行分类和判断。在获得新的 MRV 和状态判断结果后，自适应测量模块开始更新测量状态机，并生成细粒度的修改策略，如物联网设备层硬件资源的报告时间和网络资源的测量间隔。测量策略以模型重构指令的形式发布至弹性智能边界层，并交给下一代网络处理器部署任务，完成自适应测量控制的闭环。接下来的章节将详细介绍 MRAM 中的算法。

6.2.2　多维资源视图聚合

管理电网物联网的前提是搜集和构建终端设备及网络的状态数据，这部分由 MRAM 测量模块实现。设备的状态可以反映物联网业务的总体情况，而网络状态是电网正常运行服务的重要指标。对于一个物联网设备而言，其 CPU 和内存使用率是最能反映状态的指标。这些指标可以描述终端设备在特定时间内的计算和存储能力。另外，选择设备的接入网络时延、丢包率和可用带宽反映物联网集群的网络状态，从而监控物联网设备与云或其他设备间的交互是否存在异常。本章将设备的 CPU 利用率、内存使用率、接入网络延迟、丢包率和带宽作为 MRV 的主要指标，能够直观地反映物联网设备的日常运行状态和负载情况。

弹性智能物联网由多个集群组成，这里定义 MRAM 集群接入数量为 n，下一代网络处理器是每个集群接入交换机的前端节点，因此下一代网络处理器的数量也是 n，表示为 E^n。若集群中有 m 个设备，将 E 标记为当前设备，则单个设备的状态集 S^{nm} 可以表示为

$$S^{nm}=\{M_{E^{nm}},U_{E^{nm}},T_{E^{nm}},B_{E^{nm}},L_{E^{nm}},\cdots\} \tag{6.1}$$

在上述公式中，M 表示物联网设备的内存利用率；U 表示 CPU 使用率，且满足

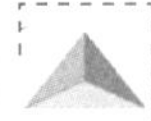

$M_{E^{nm}}$，$U_{E^{nm}} \in [0,1]$，T、B、L 分别表示物联网设备的延迟，设备的当前带宽和丢包率。

在当前阶段，包括电网物联网在内的大多数物联网设备仍选择使用轻量级通信协议进行通信。MQTT 和基本的 IP 协议栈都有用于编码测量协议扩展的选项字段。因此，本章认为，测量应该有效利用所有智能设备所具有的可扩展、可兼容和交互式的通信协议。可以通过 IP 协议栈在设备生成的流量上构建带时间戳的原始套接字信息来获得 MRV 中的延迟信息。$T_{E^{nm}}$ 可以通过从下一代网络处理器中的物联网设备时间戳减去原始时间戳来计算获得。下一代网络处理器可以提供微秒级别的时间戳，当计算时间过于复杂时，微秒时间戳也可近似于毫秒时间戳。MRAM 在 FPGA 中设置了一个专用的扩展模块，以确保在统计时域内实时统计不同物联网设备发送的数据包量。下一代网络处理器将数据包的序列号与该时段内要发送的包数量进行比较，并可以计算指定时段内丢失包的数量 $L_{E^{nm}}$。

物联网设备的可用带宽表示为 $B_{E^{nm}}$，根据当前通用的测量方法，可以通过双向近似的方法来获得。首先，由下一代网络处理器构造一个带时间戳的、固定大小的探测包，并将其发送到某条链路上的连接终端设备。假设 B 是瞬时带宽，S 是数据包大小，T_{ij} 是从第 k 个数据包到第 $k+1$ 个数据包的发送间隔时间，R_{ij} 是从第 k 个分组到第 $k+1$ 个分组的接收间隔时间。当探测消息队列被发送后，上述参数开始进行计算。对于每 α 个分组，计算瞬时带宽占用的比重 ω，具体的计算公式如下：

$$\omega = \frac{\sum_{k=1}^{\alpha-1} I(R_{ij} - T_{ij})}{\alpha - 1} \tag{6.2}$$

其中，$I(R_{ij} - T_{ij})$ 表示当 $R_{ij} - T_{ij}$ 大于 0 时，被记录为 1，否则被记为 0。当 $\omega \leqslant 0.5$ 时，$T_{ij} - \Delta t$ 继续发送；当 $\omega > 0.5$ 时，$T_{ij} + \Delta t$ 继续发送，直到找到 ω 最接近 0.5 的点。通过公式 $B = S/T_{ij}$ 计算链路的当前可用带宽。

物联网设备的内存和 CPU 使用率可以从设备本身获得，由于该设备的大多数操作系统（通常是 Linux 系统）都是开源和统一的，本章将监控程序植入系统中，可以直接在维护日志中获得这两个参数。之后，通过嵌入式代理，下一代网络处理器可以通过被动测量获得这两个指标参数。

由于通过主动和被动测量获得的多维资源信息的维度复杂且单位不一致，需要对获得的参数进行归一化处理来减少计算量并构建 MRV。在获得各指标的测量结果后，MRAM 直接使用 FPGA 扩展模块对数据进行归一化处理，对原始数据进行线性变换，使其范围约束在 0～1 的范围内。由于下一代网络处理器下的物联网集群内部规模通常不会太大，可以忽略归一化运算带来的误差。

$$x^* = \frac{x - x_{\min}}{x_{\max} - x_{\min}} \tag{6.3}$$

至此，多维资源视图聚合已经完成。在时间 t 内报告的全局概览资源 $\boldsymbol{S}_t$ 是一个矩阵，其维度可达到 $n \times m_{\max}$。在经过多个数据包的传输后，IBC 最终获得的 MRV 如下：

$$\boldsymbol{S}_t = \begin{bmatrix} S^{11} & \cdots & S^{1m} \\ \vdots & \ddots & \vdots \\ S^{n1} & \cdots & S^{nm} \end{bmatrix} \tag{6.4}$$

测量任务的具体发布时间应根据 MRV 的变化程度来确定。IBC 利用历史 MRV 信息并使用 ELSTM 方法来确定 RIIoT 在某个时间内是否出现异常，然后 MRAM 测量模块改变测量粒度，下一代网络处理器根据该粒度启用并下发测量任务。

6.2.3 基于多维资源视图的突变检测

集群下的物联网设备 E^{nm} 在特定时间 t 内获得测量状态集 S^{nm} 的 $\boldsymbol{S}_t$ 矩阵。测量结果通过下一代网络处理器上传到 IBC，生成具有时间序列特征的 MRVV$\{S_t, S_{t-1}, S_{t-2}, \cdots, S_1\}$。在电网物联网的应用场景中，物联网设备的突变会对整个电网服务产生巨大影响，甚至引发测量风暴。IBC 将根据之前时间 $t-1$ 的 MRV 历史数据准确预测 S_t 的范围，并确定在时间 t 获得的 MRV 数据是否出现异常。这可以指导下一代网络处理器改变测量粒度，在突变检测后，IBC 可以发布测量粒度调整，以准确控制其管辖范围内的下一代网络处理器。该方法收集的 MRV 概况能充分反映电网的运行状态，为电网的管理和控制提供一定参考。

集群中的物联网设备的状态和网络情况满足水平相关关系，并在时间序列方面满足垂直相关关系。这类数据的机器学习需要包括反馈输入，并在下一时刻将神经元的输出传递给自身，以保留上一时刻的信息，达到保留前一阶段学习内容的目的。然而，经典的循环神经网络(Recurrent Neural Network，RNN)算法具有权重共享和前向反馈机制，容易出现梯度爆炸、梯度消失和长期记忆能力不足问题。Hochreiter 等[11]之前已经提出了一种神经网络 LSTM，这是一种改进的机器学习算法，将训练集的时间特征加入了学习的过程。LSTM 使用记忆细胞而不是传统的神经元，在学习的过程中每个记忆细胞都连接到一个输入层、一个遗忘层和一个输出层进行数据训练。这种记忆细胞取代分层网络的方式可以有效地学习 MRV 中包含的时间序列信息，并为下一代网络处理器报告的最新结果提供准确的突变预警信息。输入层用于控制信息的输入，遗忘层用于控制信元历史状态信息的保留，输出层用于控制信号输出。通过对 $t-1$ 时间内获得的历史 MRV 信息进行学习和训练，LSTM 在时间 t 预测的新数据 S_t 表示如下：

$$\hat{S}_t = g(S_{t-1}, S_{t-2}, \cdots, S_1; \theta_{t-1}^*) \tag{6.5}$$

上述公式中的 $g(\cdot)$ 是一个动态提取时间序列特征的函数。该函数使用隐藏层和非线性单元预测，能够更好地表示测量的时间。θ_{t-1}^* 是通过该方法从 $t-1$ 时刻开始学习的参数。当新的测量结果 S_t 到达时，该算法执行均方误差减小操作，以使用最小化的损失函数更新参数 θ。

$$\theta_t^* = \arg\max(S_t - g(S_{t-1}, S_{t-2}, \cdots, S_1; \theta_t))^2 \tag{6.6}$$

尽管 LSTM 的工作原理可以很好地学习时间序列特征，但电网中的物联网设备的运行状态差异很大，并非所有过去的数据都需要在学习过程中得到充分反映。本章提出了一种更适合电网场景的易于部署的算法 ELSTM，并调整训练数据集中异常值的权重以提高分类精度。ELSTM 首先对多维资源视图矩阵 $\boldsymbol{S}_t$ 执行以下操作：

$$i_t = \sigma(\boldsymbol{W}_i \boldsymbol{S}_t + \boldsymbol{U}_i h_{t-1} + \boldsymbol{b}_i) \tag{6.7}$$

$$f_t = \sigma(\boldsymbol{W}_f \boldsymbol{S}_t + \boldsymbol{U}_f h_{t-1} + \boldsymbol{b}_f) \tag{6.8}$$

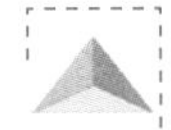

$$o_t = \sigma(\boldsymbol{W}_o \boldsymbol{S}_t + \boldsymbol{U}_o h_{t-1} + \boldsymbol{b}_o) \tag{6.9}$$

其中，h_{t-1}是隐藏层在 $t-1$ 时刻的输出。$\boldsymbol{W}$ 是从输入层到隐藏层的参数矩阵，$\boldsymbol{U}$ 是从隐藏层到本身的自循环参数矩阵，$\boldsymbol{b}$ 是偏置参数矩阵，σ 是 sigmoid 函数，以确保 3 个门到流测量矩阵的输出保持在 0～1。

通过上述 3 个门对模型进行训练后，ELSTM 将下一代网络处理器在最近时刻收集的 MRV 信息和隐藏层最后一次的输出 h_{t-1}获取为多个副本。之后这些输入被随机初始化且被分配不同的权重，并且该算法获得新的变换信息 c_t'：

$$c_t = \tanh(\boldsymbol{W}_c \boldsymbol{S}_t + \boldsymbol{U}_c h_{t-1} + \boldsymbol{b}_c) \tag{6.10}$$

为了确保突变检测不会过于频繁干扰电网物联网的正常服务，遗忘门 f_t 和输入门 i_t 用于控制有多少历史测量信息 c_{t-1} 被遗忘，以及有多少单元被保存以输出新的测量信息 c_t'，这可以更新内部存储器状态 c_t，公式如下：

$$c_t = f_t \otimes c_{t-1} + i_t \otimes c_t' \tag{6.11}$$

最后，ELSTM 使用多用输出门 o_t 来控制从内部存储单元 c_t 输出到隐藏层的信息量，并输出 h_t，从而预测 IoT 集群在下一周期应该报告的测量值。

$$h_t = o_t \otimes \tanh(c_t) \tag{6.12}$$

计量学的基本原理告诉我们，无论测量序列面向何种场景，都必须具有时间特性，并且会包含不可忽略的测量误差。下一代网络处理器收集和构建的 $\mathrm{MRVState}_{\mathrm{new}}$信息中的一些度量可能存在错误，例如物联网设备传输的数据包发生突变，产生异常值。这可能是由测量算法、网络抖动或信号失真造成的。然而，在某些情况下，设备的测量值将在长时间窗口内快速变化。变更点是真实报告给 IBC 的数据，管理员很可能会将其误认为是变更点或异常值。异常值和变更点的行为特征相似，但具有完全不同的实际意义。如果机器学习算法对两种数据赋予相同的权重，则最终的分类结果必然失真，从而影响测量状态机的驱动。ELSTM 必须采取某些措施，以避免在培训过程中出现混淆。

在下一代网络处理器构建了最新的 MRV 报告后，安装在 IBC 上的 ELSTM 算法必须首先区分这些数据的异常值和变化点，以防止混淆。在这个过程中，应该使用一些功能，如上下文相关性、抖动持续时间或窗口校对，来分离异常值并降低其权重。当报告新的 $\mathrm{MRVState}_{\mathrm{new}}$信息时，ELSTM 使用过滤模块提取并分类超过警报阈值的结果。首先，通过式(6.13)计算缓存在 MRV 中本次测量的 $\mathrm{State}_{\mathrm{new}}$和最后一次测量之间的抖动。

$$M_{\mathrm{Jitter}} = \frac{\mathrm{State}_{\mathrm{new}} - \mathrm{State}_{\mathrm{old}}}{\mathrm{State}_{\mathrm{old}}} \tag{6.13}$$

除非发生小概率停电事件或者极端的网络攻击[3]，M_{Jitter}发生 5s 内的延迟，否则带宽变化不会超过 20%。ELSTM 收紧了限制，并将阈值设置为 18%，以对更多可疑结果进行分类。

之后，IBC 将 M_{Jitter}超过 18%的 $\mathrm{State}_{\mathrm{new}}$的标签预先存储在内存中，这便于 ELSTM 调用。对于具有时间序列特征的 MRV，下一代网络处理器上传消息中的时间戳为分类提供了基础。本章借鉴了 Guo 等[12]的研究工作，他们认为识别异常值和变化点的重点应该放在可变环境窗口中。本章提出的 ELSTM 方法优化了历史 MRV 数据集中异常值的权重变化算法。ELSTM 在时间序列测量消息上维护一维滑动窗口，并将其初始化为窗口中每个数据点的相对概率值 p。之后，在某个时刻更新窗口的权重 W：

$$W_t = W_{t-1} - \eta \cdot \{\beta_t \nabla E(W_{t-1})\} \tag{6.14}$$

在上述公式中，β_t 是 MRV 提取的时间梯度。在特定时域的滑动窗口内，ELSTM 为超过阈值的测量结果（可疑点）分配可疑度，以便于后续分类。这些点的怀疑程度表示为

$$s_t = \frac{\sum_{i=t-1}^{t-w} \prod \{p_i > i - \alpha \text{ or } p_i < \alpha\}}{w} \tag{6.15}$$

上述公式中，$\prod\{\cdot\}$是时域窗口中测量数据的怀疑函数中的怀疑指数，它进一步细化了这些点在时间序列上的表现，用于分类。在此基础上，β_t 可以表示如下：

$$\beta_t = \lambda \cdot e^{-d_t \prod\{d_t \geqslant \gamma\}} + (1-\lambda) \cdot s_t \tag{6.16}$$

在表示上述窗口的权重函数中，$\lambda \in [0,1]$表示异常值和变化点的权重指数。此外，$e^{-d_t \prod\{d_t \geqslant \gamma\}}$ 是 0 和 1 之间变化率的漂移度，而 γ 表示漂移度的先验概念。

ELSTM 更新了窗口内可疑点的怀疑程度后，这些数据将有成为异常值或变化点的趋势，并且在训练过程中也可以根据该值更新权重。在分类过程中，具有时间梯度和怀疑等多种特征的最新时刻 MRVState_t 可以最大限度地减少异常值的负面影响。初始分类后，IBC 使用 ELSTM 对 $\text{State}_{\text{new}}$进行突变检测。查明当前电网物联网网络是否异常是调整测量粒度的重要一步。ELSTM 使 MRAM 方法的测量更加准确，操作更加详细，结果更加可靠。在此基础上，管理者可以有效地调度和优化电网。

6.2.4 自适应测量粒度修正

MRAM 的主要目的是测量准确、实时和结构化的 MRV，为电网管理应用程序提供可靠的数据支持。ELSTM 模块使用历史测量结果来预测未来阶段的测量结果，实时收集的测量结果会与预测结果有一些差距。面对智能电网的管理要求，MRAM 根据“MRAM 异常阈值”确定这些缺口是否属于正常范围。

如果新的测量结果被判断为异常，则触发自适应测量机制以加速测量的反馈，从而可以更快、更准确地更新 MRV。这些测量反过来成为 ELSTM 的新训练集，为下一个时域提供新的指导和预测结果。如果检测结果异常，则需要调整 MRAM 的测量粒度，并尽快收集最新的 MRV，以便上级管理业务进行预警和判断。

在异常状态下，MRAM 指示 IBC 使相关下一代网络处理器调整主动和被动测量间隔 t_M，并控制最新 $\text{MRVState}_{\text{new}}$的报告周期。从 IBC 管理和控制的全局角度来看，测量任务的时间间隔必须大于物联网集群测量开始到下一代网络处理器信息收集完成之间的时间，并且小于 MRAM 可以容忍的最大响应时间 L。

$$\max\{g(S^{nm})\} < t_M \leqslant L \tag{6.17}$$

$g(\cdot)$表示下一代网络处理器在物联网网络中部署主动和被动测量过程所花费的时间。一旦 MRAM 突变检测完成，并且 $\text{State}_{\text{new}}$ 显示明显异常，测量状态机将更新异常标志 f，整个 IBC 管辖系统将进入全局概览突变状态。

在系统进入异常状态期间，MRAM 首先观察下一轮测量的原始测量粒度，并收集结果。当最新测量值的总体变化率仍超过 MRAM 异常阈值时，认为电网物联网集群已进

入异常状态，并根据相应的算法修改粒度。此时，t_M 遵循自适应测量调整策略，利用乘性增加和乘性减少的原理对时间间隔进行细粒度校正和更新。在 IBC 对未来 $State_{new}$ 的判断仍然异常的情况下，MRAM 将把测量时间减半，直到 α。最小测量时间粒度阈值 α 由下一代网络处理器硬件设计确定。经过实验，在下一代网络处理器的现状下，当连接大约 10 个物联网设备时，它最快可以支持大约 2890ms 的测量任务部署。因此，将 α 设置为 3s。

MRAM 希望通过不断加快测量过程，为电网上层应用提供最新的 MRV，用于电力设备管理和检修。经过一段时间的维护，整个环境必须能够达到正常状态，测量结果也会通过 ELSTM 判断为正常。

此时，可以放慢测量时间。当 $State_{new}$ 最终被确定为正常时，查询时间减半。如果总是接收到正常结果，则时间粒度将被校正到公差值 L，根据上述方法，公差值为 2min。

对于状态机的异常转义模式，还有另一种方法。在上述过程中，MRAM 还记录 $State_{new}$ 在突变条件下正常的次数，并将其分配给回归指标 r。如果异常时间超过 1min，RIIoT 中管理的 IoT 设备将被干预和修复。因此，β 设置为 25。也就是说，如果在最细的测量粒度（即 α）下 75s 内没有判断出异常状态，则认为处于正常状态。当 r 上升到设定的阈值 β 时，MRAM 状态机被更新以进入正常状态。在正常模式下，根据时间粒度进行测量。有关 MRAM 自适应测量中的粒度校正算法的详细信息，请参阅算法 6.1。

算法 6.1　MRAM 粒度修正

Input：Latest MRV $State_{new}$，Mutation identification f，Regression indicator r
Initialize：α，β，f，r
Output：Updated granularity t_M

```
1   IF(State==normal) Then
2       IF(f==1) Then
3           r←r+1
4           t_M←2×t_M
5       End IF
6       IF(r>β) Then
7           f←0
8       End IF
9   End IF
10  t_M 维持不变
11  Return t_M
12  IF(State=abnormal) Then
13     f←1, r←0
14     IF t_M/2≤α Then
15         t_M维持不变
16     Else
17         f←1
18     更新粒度 t_M=t_M/2
19     End IF
20  End IF
21  Return
```

当弹性智能物联网集群的节点和链路状态波动较大时，MRAM 可以持续减少详细的测量时间间隔。它使用乘法增减的调整方法以及计算和存储等资源的收敛来限制测量时间间隔的程度。当电网网络持续波动时，可以将测量任务保持在异常状态，以确保 MRV 的可读性。

6.2.5 实验设计与结果分析

在本节中，我们将评估和分析 MRAM 的性能。模拟仿真实验中，MRAM 与其他现有的测量算法进行了比较，以评估测量收敛时间和节点在该方法下的网络资源消耗。构建了多个物联网设备、下一代网络处理器和 IBC 的实验台。实验中，对 MRAM 中的测量模块、基于 ELSTM 的突变检测模块和自适应状态机模块从多个维度进行了评估。

首先是仿真实验部分。为了测试 MRAM 的通用性，本章在 mininet 上建立了一个模拟网络拓扑。在模拟中，模拟了两个级别的终端系统或设备。靠近交换机的边缘节点用作下一代网络处理器，连接到交换机的终端系统用作电网物联网设备。因为在真实场景中，连接到下一代网络处理器的设备数量是不确定的。在模拟实验中，下一代网络处理器和交换机管辖下的终端系统数量在 5～20。交换机之间的骨干链路带宽设置为 10Gb/s，交换机到下一代网络处理器和终端系统的带宽设置为 100Mb/s，以尽可能符合下一代网络处理器在真实场景中部署的网络条件。模拟包括 3 种场景，包括 100 个物联网终端节点、15 个交换机/下一代网络处理器；1000 个物联网终端节点，150 个交换机/下一代网络处理器；10 000 个物联网终端节点，1500 个交换机/下一代网络处理器。所有模拟都是在 3.6GHz Intel Core CPU，32GB RAM，运行 64 位 Centos 7 操作系统，Linux 内核为 5.10.84 的环境中进行的。

对于类似于电网物联网架构的 SDN 架构，工业界和学术界有许多测量方法。本章选择了 3 种开源、可重复的测量方法，即 Nagios[13]、Trumpet[14]、Ares[6] 和本章提出的方法 MRAM，用于模拟测试和比较。将所有节点测量结果收集到控制器的第一时间是测量收敛时间，这也是 IBC 中 MRV 的第一个结构的时间。表 6.1 显示了 MRAM 与其他方法测量收敛时间的比较。

表 6.1 MRAM 与其他方法测量收敛时间的比较

方　法	节点数量/个		
	100	1000	10 000
	收敛时间/s		
Nagios	1.44	5.59	12.97
Trumpet	2.56	6.97	13.25
Ares	1.78	4.67	10.80
MRAM	1.98	6.42	11.91

Ares 在几个场景中表现非常好。在模拟场景中，它可以更快地收敛控制面需求的各

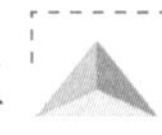

种度量。由于Ares独特的设计，尽管在节点数量较少时，各方法性能表现类似，但当节点数量增加时，测量结果的收敛时间的增长速度慢于其他方法。Ares的缺陷在于，它只能部署在SDN环境中，并且必须具有强大存储或计算功能的统一核心控制器。对于模拟环境，不需要逐层报告其收敛性。然而，它不能部署在真正的RIIoT环境中。我们的模拟环境不能完全还原真实场景，这也使得Ares优于各种方法的收敛时间。Nagios测量方法的主要特点是准确性。可以看出，当获得精确测量时，MRAM的收敛时间与Nagios方法的收敛时间相似。然而，实验结果表明，只有在1000个节点的情况下，MRAM的收敛时间比其他方法慢1s以上，我们认为这是一个绝对可以容忍的差距。MRAM在10 000个节点上甚至比Nagios更快，因为它使用下一代网络处理器进行迭代测量反馈。可以预测的是，随着节点的增加，MRAM在收敛时间测量上会表现得更好。

Trumpet是一种带内遥测方法。它在大规模测量中消耗的主要资源是控制层的CPU，但根据其他研究人员的实验，其结果相对来说不准确。在实验中运行Trumpet时，控制器的CPU利用率达到100%，远高于其他方法的65%左右。它的测量收敛速度也相对较慢，是几种方法中最差的。尽管MRAM的测量收敛速度慢于理想Ares的测量收敛速度。在设定的3种场景中，其收敛时间与主流Nagios方法相同，MRAM的平均速度比Trumpet快13.55%。

实验结果可以证明，当MRAM部署在大规模RIIoT场景中时，它可以尽快收敛测量结果，在最短的时间内构建MRV，并为上层控制提供智能控制和多维资源视图。

为了测试MRAM对RIIoT中正常网络通信服务的干扰，本章在模拟中使用Iperf3创建后台流量，便于与其他流量统计数据区分。所有模拟电网物联网节点都在向不同服务器发送消息的持续时间内执行了全链路负载传输速率。这确保了从端节点到下一代网络处理器的带宽占用率达到100%，即电网业务包的平均发送速率应为100Mb/s。在此前提下，我们在不同场景的模拟中启用每种方法，以观察其对正常业务流量的影响。我们在60s内测试了各种方法对物联网正常业务流程的影响，结果是每种方法在极端情况下的收敛时间约为13s。这使得各种方法有充足的时间来收敛测量并执行多轮迭代。

MRAM和前面提到的几种测量方法在物联网边缘网络上的带宽占用情况如图6.3所示。从整体角度来看，当启用MRAM时，它在节点数量的不同场景中表现良好。尽管它比主要目的是减少带宽占用的带内测量方法Trumpet稍差，但对正常电网物联网服务的影响仍然小于其他两种方法。

随着这些方法的端节点数量的增加，测量算法所需的数据包也增加，带宽被占用得越多。Trumpet利用带内测量的特性，成功地将测量插入正常服务消息的选项中。因此，随着节点数量的增加，主要的带宽占用是控制命令消息。值得注意的是，在10 000个节点的环境中，正常流量仍然可以以接近96Mb/s的速率传输。在不同节点数的情况下，其在实验期间的性能相对稳定。然而，Trumpet需要修改电网物联网设备的协议栈，以支持数据包中携带的测量结果。这样，测量占用的带宽将只发生在测量任务的通信和MRV结果的报告期间，这导致Trumpet占用的带宽比其他方法小得多。也就是说，为正常服务保留了更多的带宽。我们可以在模拟中对端节点进行批量协议栈修改，但在现实世界中修改所有设备是非常困难或不可能的。相比之下，MRAM只需要在电网物联网

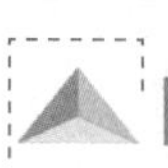

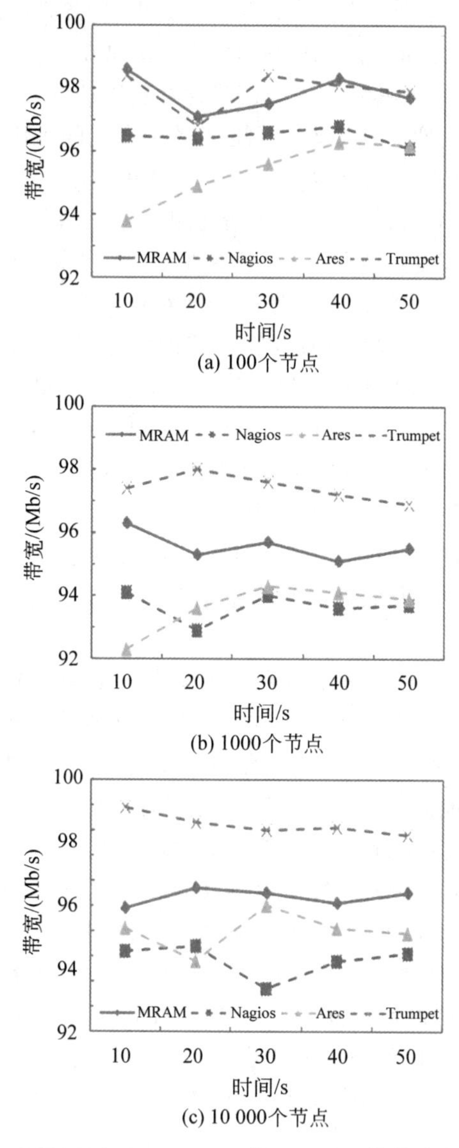

图 6.3　MRAM 与 Nagios、Ares 和 Trumpet 的带宽占用比较

设备的用户模式下加载一些程序。

Nagios 是被动测量的经典解决方案。随着节点数量的增加，其过度的代理部署和细粒度的测量导致性能快速下降。在几种环境中，Nagios 对正常物联网服务的影响分别约为 3.7%、6.2%和 10.3%。这也是用于正常网络通信的许多网络测量算法所占用的带宽。Ares 的表现平平。尽管它的测量策略可以在短时间内收集所有结果，但很难通过结果再次调整。从结果中可以清楚地看出，随着时间的推移，Ares 对带宽的占用率越来越高。在 1000 个节点的情况下，实验的性能已经开始下降 30s。在 10 000 个节点的情况下，性能下降更为明显，50s 时的带宽占用接近 9.8Mb/s。与其他方法相比，Ares 中的节点没有部署代理，因此这些算法会严重影响正常的物联网服务。这也说明了在 Ares 设计最初，

并没有考虑真实的、大规模的物联网环境中的部署问题。

总之,MRAM在仿真中表现非常好。该方法对带宽影响的波动与收敛时间和收敛周期一致。当节点数量较少时,MRAM相当于Trumpet方法,并且两者都具有接近98Mb/s的正常业务通信。即使节点数量增加,其性能仍然比Nagios和Ares更强,带宽利用率始终保持在8%以下。仿真结果证明,尽管MRAM在收敛时间和带宽占用等单方面措施方面略逊于一些无法在RIIoT中部署的比较方法,但差距不大。面对冗余和异构的复杂场景,MRAM可以满足电网物联网管理的及时性、准确性和资源占用等要求。

为了进一步测试MRAM对物联网设备和下一代网络处理器的消耗以及测试结果的准确性,本章建立了真实的网络拓扑结构,用于进一步的实验。在电网物联网环境中,各种智能设备集群具有复杂的服务和多样化的流量行为,因此有必要建立一个真实的网络实验环境来测试MRAM。将我们提出的MRAM与当前的测量方法在实际网络环境中进行比较,可以更好地反映其可部署性和实用性。本章使用图6.4所示的实验环境,将MRAM的准确性、持续时间和其他措施与Nagios和其他方法进行了比较。

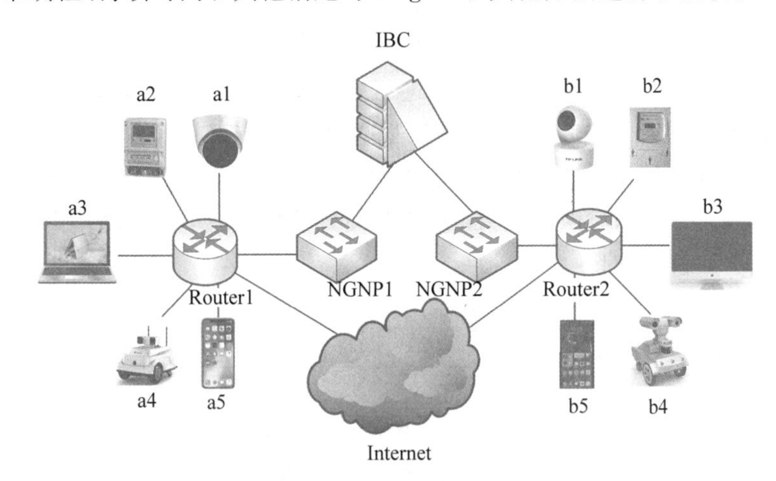

图6.4　实验拓扑结构图

在实验拓扑结构中构建了多个物联网集群。本章建立了两个物联网集群a和b,它们具有不同的业务和冗余的内部结构。集群中的每个设备都可以通过路由器访问互联网,这些路由器以有线或无线连接到下一代网络处理器,作为集群前端节点。通常,将所有实验设备的网卡功能调整为100Mb/s全双工模式可以满足绝大多数的物联网业务需求。本章为每个集群配备了5个设备。集群a有1部手机(iPhone 11)、1台台式计算机(联想Y720)、1个智能摄像头(HIKVISION DS-IPC-B12HV2-IA)、1个智能电表(广州光丹)和1个监控机器人(YNEN)。集群b有1部手机(华为Mate Xs)、1台台式计算机(苹果Mac)、1个智能摄像头(小米MJSXJ11CM)、1块智能电表(泰安万和)和1个监控机器人。实验中的所有设备都通过自包含或后加载的方式实现了TCP/IP协议栈和MQTT协议,从而更好地完成物联网控制数据包传输以及带内主动和被动测量任务。实验中的智能手机已经部署了一些电网物联网控制软件,如用于物联网设备的监视器和智能电表读数反馈。经过一段时间的调试,所有设备都可以正常与控制平面通信以接收指令,并在指定的时间段内完成自己的业务。

管理员在路由器上部署了多个常见的物联网边缘防火墙,以隔离设备和集群,确保设备的正常运行。这也降低了 IBC 和下一代网络处理器在测试数据收集过程中被黑客入侵的可能性。

实验中两个集群中使用的路由器都是 Netgear R6400。IBC 使用高性能桌面,其 CPU 型号为 i7-10700。为了处理更高性能的机器学习计算,它还配备了 GTX 1660S 显卡和 6GB GDDR6 缓存。IBC 和下一代网络处理器的操作系统都是 Centos 7,内核也进行了升级和统一。每个链路带宽设置为 1000Mb/s,满足电网物联网的场景。

MRV 有用的前提是它可以准确地反映各种措施。本章首先进行了 MRAM 的测量精度实验。本章使用下一代网络处理器分别加载 MRAM 和 Nagios,并对集群内的设备进行上述测量。测量完成后,下一代网络处理器通过路由器将结果转发给 IBC,以便与实验结果进行比较。

接下来是 MRAM 测量模块的性能测试。整个实验的一个基本部分是验证 MRAM 测量的准确性。在实验中,将 MRAM 部署的下一代网络处理器底层测量模块中获得的多测量结果与 Nagios 获得的测量结果进行了比较。如上所述,Nagios 是一款基于 SNMP 协议的开源网络监控软件,广泛用于物联网设备监控。

在具有复杂链路和大量节点的实际物联网网络测量中,比较每个度量的测量相对误差具有重要意义。使用相对误差对测量结果进行计数也有助于对照组结果的比较。平均测量相对误差 $\bar{E}_m$ 表示如下:

$$\bar{E}_m = \frac{\sum_{i=1}^{N} \frac{(m_{\text{MRAM}} - m_{\text{Nagios}}) \times 100\%}{m_{\text{Nagios}}}}{N} \tag{6.18}$$

在该公式中,$\bar{E}_m$ 表示某个指标的度量误差(如带宽),N 表示通过特定度量获得的测量结果数量。m_{MRAM}表示 MRAM 在一定测量条件下的测量结果,则 m_{Nagios}表示在该条件下 Nagios 方法的实际监测值。我们希望平均误差 $\bar{E}_m$ 尽可能小,因为这代表了 MRAM 方法的更高可靠性和准确性。在实验中,两种方法的测量结果在 60min 内收集,通过式(6.18)进行相对误差计算,如图 6.5 所示。

从图 6.5 中的曲线可以清楚地看出,MRAM 和 Nagios 的相对误差非常小,并且在短时期内趋于稳定。5 条曲线的每个点的值是每分钟获得的 n 次测量的 $\bar{E}_m$,其中 n 是 MRAM 和 Nagios 在该分钟的某个时刻测量的结果的数量。由于本实验中节点数量较少,并且有两个下一代网络处理器为 MRAM 提供测量服务,因此将 n 设置为 60。也就是说,控制器每秒收集 MRAM 和 Nagios 的测量结果。具体来说,这两种方法的丢包率大致相同,因此结果没有太大差异。其他电网物联网测量的测量结果在 60min 内的最大误差为 2.96%,平均误差为 0.8%。延迟的结果有点波动,但误差保证在微秒级,该结果产生的 MRV 不会影响上层电网的服务或管理。这两种方法都使用指令来控制轮询物联网设备的内部代理获得 CPU 和内存使用率,因此它们的相对误差很小。

从实验可以看出,MRAM 的测量模块具有高精度和良好的实时性能,与物联网测量

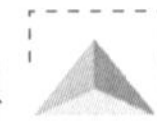

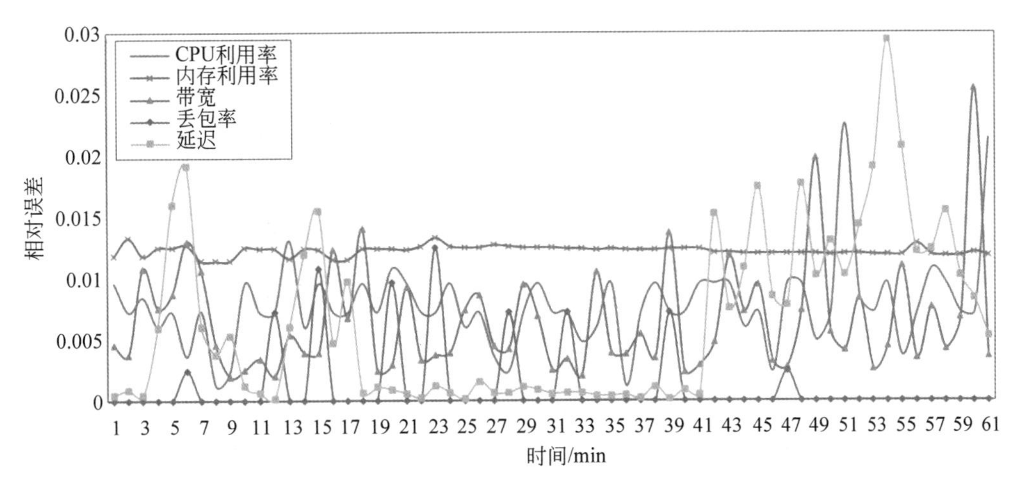

图 6.5　MRAM 和 Nagios 之间的相对误差

的主流监测方法相比相对误差较小。这些结果可以生成 MRV，该 MRV 由下一代网络处理器提供给 IBC 用于机器学习和驱动自适应测量状态机的更新。

之后是 MRV 的突变检测实验。为了确保电网中资源的调度，MRV 获得的及时性和可用性在整个架构中至关重要。本节将介绍 ELSTM 对最新 MRV 进行分类的准确性，并显示算法在训练阶段区分异常值和变化点的结果。整个实验持续了几十小时，以获得接近真实场景的物联网集群运行数据，并确保 ELSTM 的训练和分类阶段得到充分测试。

本节使用上述实验环境收集了 50h 的多维资源数据，并将其存储在 IBC 中，使每个物联网设备处于稳定状态。ELSTM 使用这个 50h 的测量结果数据集作为训练数据，对其基本分类器进行基本训练。在这些训练数据集中，我们还故意通过路由器添加异常链路抖动，以干扰实验结果并产生异常值。这些数据集将用于突变检测以消除异常值对模型的影响。经过训练后，ELSTM 可以对新报告的 MRV 进行分类，还可以自我更新分类器以适应场景变化。本实验继续收集 5h 的测量数据，并将其与 ELSTM 基于前 50h 数据的预测结果进行比较。训练阶段数据集的异常值筛选如图 6.6 所示。

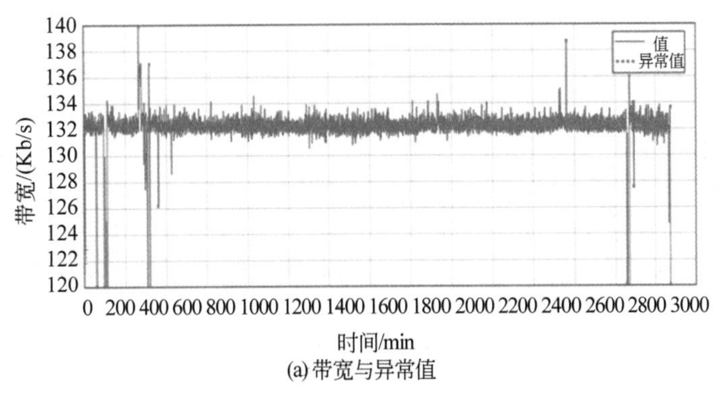

图 6.6　训练阶段数据集的异常值筛选

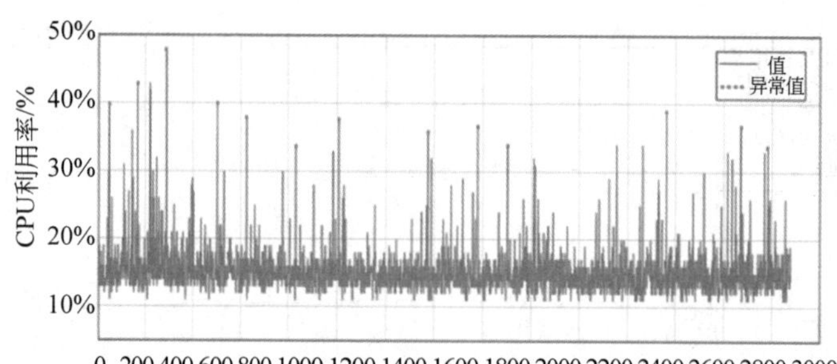

(b) CPU利用率与异常值

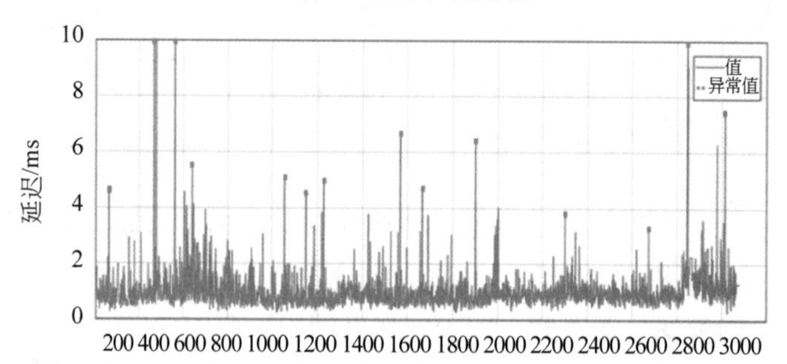

(c) 延迟与异常值

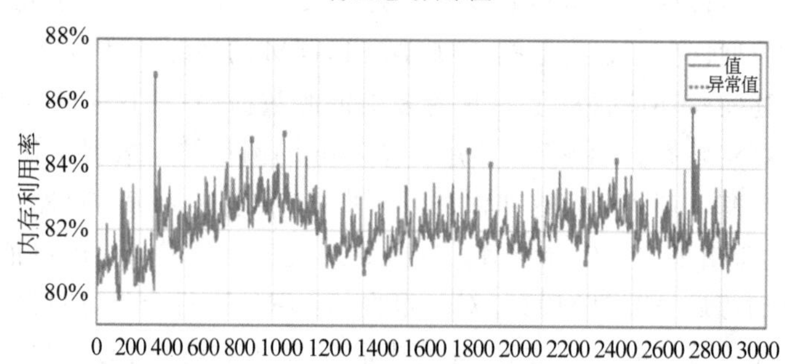

(d) 内存利用率与异常值

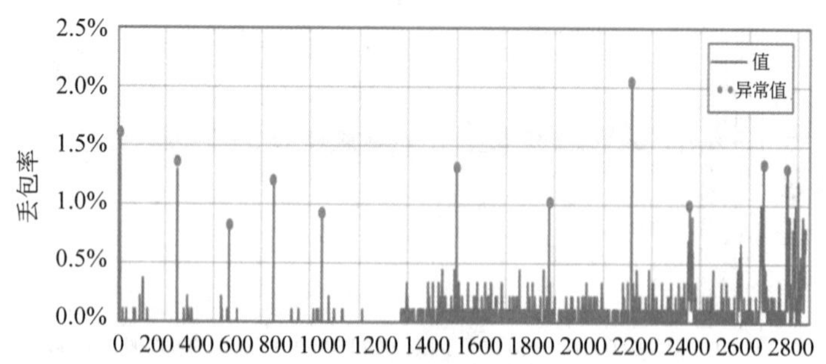

(e) 丢包率与异常值

图 6.6 （续）

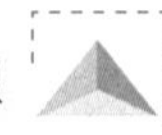

在训练数据集中，即前 50h 的数据中，MRAM 使用 ELSTM 算法来发现异常值，如测量方法错误、混乱数据和网络抖动，这些异常值不是由电网物联网设备的主动变化引起的。训练阶段的突变检测是针对物联网设备的。为了便于读者理解，本节选择 b5 设备的结果进行显示，如图 6.6 所示。

图中的黑色标记是异常点。面对主动添加的 17 个异常值，ELSTM 的识别准确率可达 82.35%。ELSTM 在带宽上的突变检测结果符合电网物联网设备在正常业务条件下的运行规律。物联网设备的通信服务相对静态，除非管理员提出要求或受到网络攻击。因此，设备与控制层之间的通信也是周期性的，因此物联网设备占用的物联网网络带宽会周期性地反映微小的变化。CPU 利用率和设备链路延迟是衡量分布式拒绝攻击（DDoS）和代码注入等状态异常的两个关键指标。从结果中可以清楚地看出，这两个度量的异常值分布不均匀，并且由于数量庞大而难以区分。从数量上讲，ELSTM 在这两个测量中识别出 13 个和 14 个异常值。ELSTM 在区分时可能会被误判，但总体而言，它仍然可以有效地测量 CPU 利用率和延迟。内存利用率和丢包率是物联网设备和链路相对稳定的状态参数，它们在结果中也往往是平坦的。ELSTM 分别过滤掉 11 和 10 处的异常值。通过分析 b5 设备的测量，我们发现 ELSTM 算法没有将变化点误判为异常值，但也没有过滤掉所有异常值。当然，算法很好地识别了大多数异常值，并在训练阶段调整了权重，这使得 ELSTM 能够分析随后新反馈的 MRV。

我们认为，如果不消除这些异常值并允许其进入训练过程，预测结果将受到影响，预测将不准确。为了验证上述想法，我们比较了在不去除异常值的情况下原始 LSTM 方法的预测值和 b5 设备带宽上的 ELSTM 方法的预测值。图 6.7 显示了两种方法的预测值。黑色曲线是最近 5h 内的实际带宽，深灰色曲线是 ELSTM 方法的预测值，浅灰色曲线是 LSTM 方法的预测值。b5 设备的带宽利用率一直在 131～135Kb/s 波动。图 6.7 直观地表明，ELSTM 的预测值基本符合实际情况。尽管没有很好地预测到第 7 秒左右带宽利用率的突然增加，但预测的其余时间结果在小于 1.1Kb/s 的基线附近抖动。

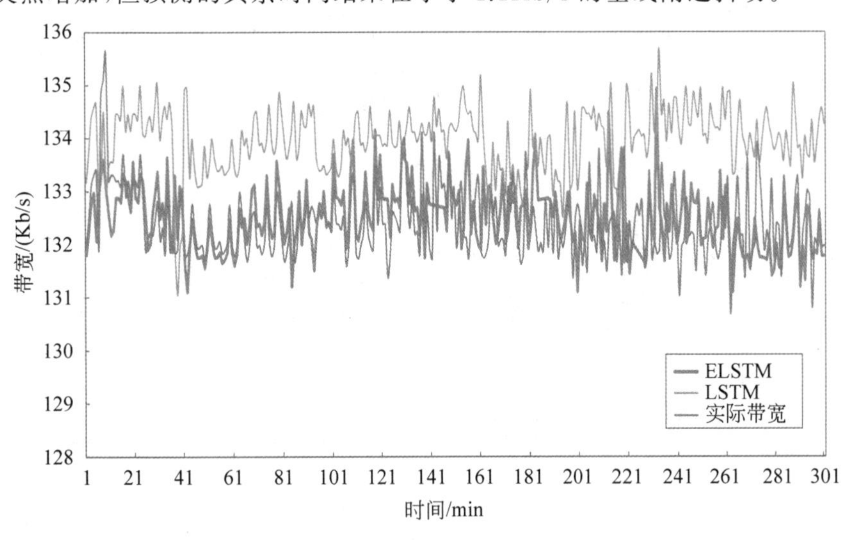

图 6.7　b5 设备用于带宽预测的 ELSTM 和 LSTM 方法比较

LSTM 的预测值显著高于实际带宽利用率，并且波动很大。一般来说，电网物联网设备的多维测度的异常值都是大值。如果历史数据中的这些大结果没有被消除并直接投入训练过程中，那么预测的结果肯定会更大。经计算，LSTM 的预测值平均比实际值高1.6%。此外，LSTM 的 MAPE 高达 35.7%。与本轮实验中 ELSTM 的 14.16%的 MAPE 相比，LSTM 预测性能远不如 ELSTM。在这种情况下，MRAM 新收集的测量值可能都在阈值范围内，自适应测量值无法触发，管理员无法实时查看更新的 MRV。

在训练过程中，ELSTM 使用相关模块通过调整滑动窗口来发现新报告的 MRV 中的可疑点，然后确定它们是否为异常值，这具有重要意义。之后，ELSTM 在训练中去除异常值并改进可疑点的权重分布，以尽可能减少分类偏差。类似地，我们使用 b5 设备来显示预测的 MRV 和实际的 MRV 之间的比较。对比实验结果如图 6.8 所示。

对于设备 b5，IBC 基于在前 50h 内去除异常值并改变可疑点权重的相关模型，预测未来 5h 内 120 组物联网设备的物联网设备和链路测量结果。同时，ELSTM 继续存储 MRV，并根据模型更新算法更新分类器，以满足实时测量。在图 6.8 中，深灰色曲线表示 ELSTM 的预测值，浅灰色曲线表示 b5 的某个测量值。这些值没有经过尺寸变换操作。在电网物联网应用场景中，本章选择的 5 项措施的值不为 0。因此，引入 MAPE 和 MSE 从宏观上评估 ELSTM 的性能。

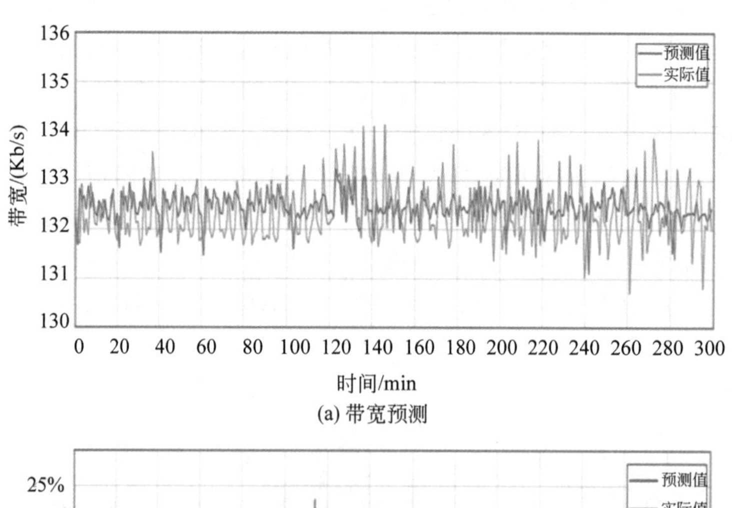

(a) 带宽预测

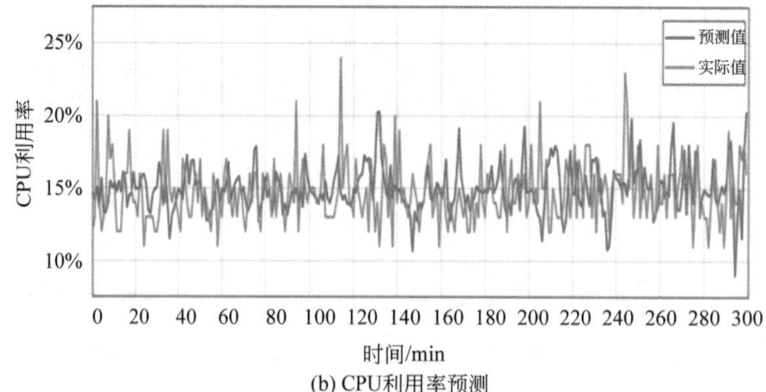

(b) CPU利用率预测

图 6.8 多维资源预测图

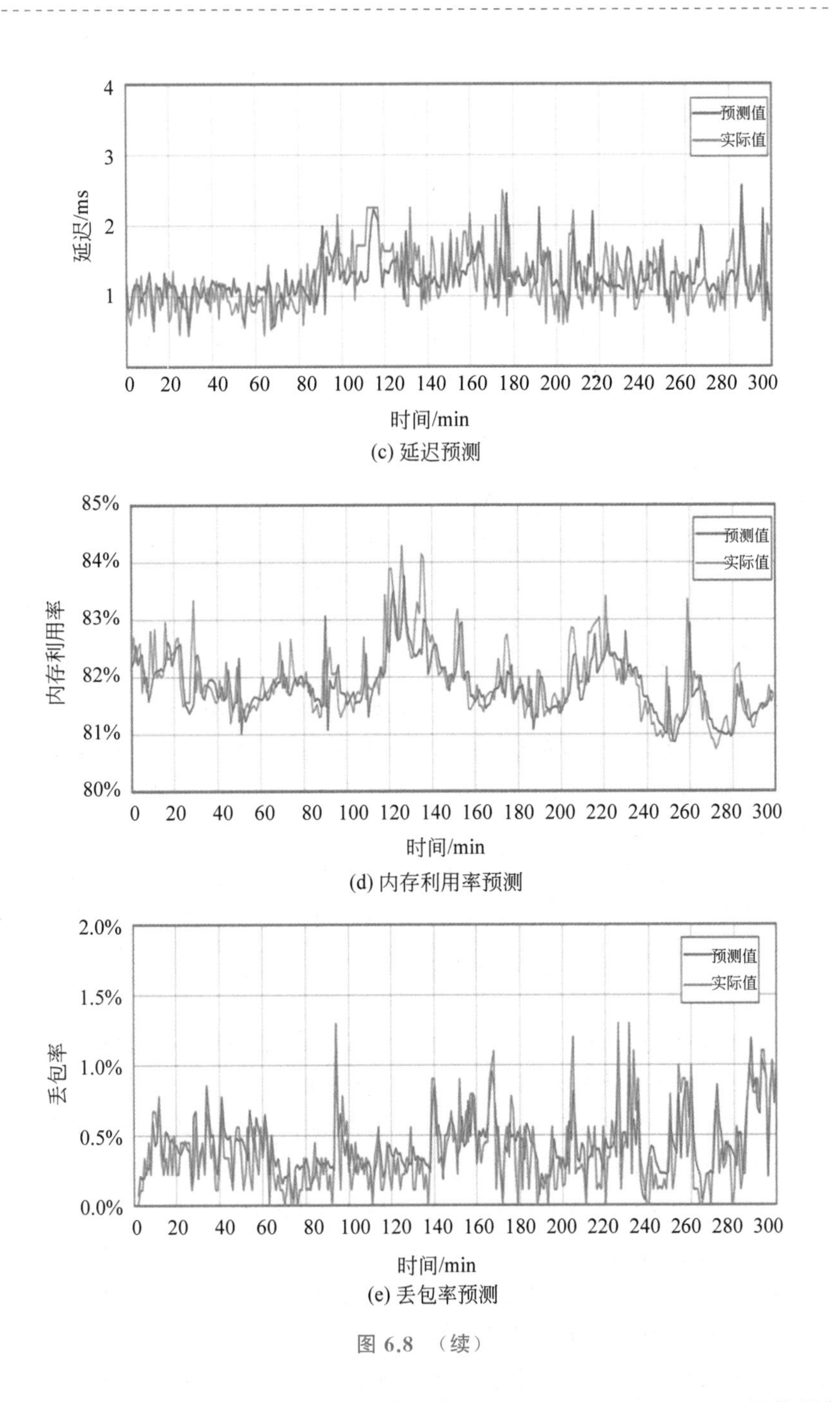

(c) 延迟预测

(d) 内存利用率预测

(e) 丢包率预测

图 6.8 （续）

表 6.2 显示了文献[15]中列出的两个度量标准，即 MAPE 和 MSE。性能最好的两个指标是 CPU 和内存利用率，这两个指标预测的 MAPE 仅为 2.57%和 0.39%。延迟和丢包率的性能也基本稳定，其 MAPE 徘徊在 2%左右。这表明 ELSTM 在丰富的历史数据上的训练可以为预测提供更好的模型。然而，由于物联网设备的带宽占用率波动较小，在短期内的变化点对预测有很大的影响。

表 6.2　ELSTM 在 5 个维度方面的 MAPE 和 MSE

度量	带宽	CPU 利用率	延迟	内存利用率	丢包率
MAPE	13.89%	2.57%	10.74%	0.39%	1.439%
MSE	0.216	0.007	0.170	0.0002	0.033

ELSTM 在带宽上的 MAPE 仅为 13.89%。与其他测量相比,带宽预测的准确性更差。MSE 是预测中极端误差的指标。结果表明,这 5 种测量的 MSE 相对较低,这表明了 ELSTM 消除异常值的重要性,也证实了 ELSTM 可以在下一步指导 MRAM 自适应测量状态机的操作。

接下来,我们具体分析了 ELSTM 对几种措施的预测及其对自适应措施的影响。在带宽方面,在最极端的情况下,ELSTM 的预测值和测量值之间的差异小于 2Kb/s,与 100Mb/s 的链路固有带宽相比,这是可以忽略不计的。从 ELSTM 方法的运行机制来看,对于波动较大的训练集,该模型可以充分学习和反映更真实的情况。对于两个高抖动测量,该方法内存利用率和丢包率的预测结果比相当平坦的带宽测量要好得多。

在阈值范围内,CPU 利用率和延迟的预测结果也优于带宽,准确率分别为 97.64%和 95.21%。本实验的阈值设置为 1.5%。这里的阈值设置仍然引入了式(6.13)定义的抖动概念。当抖动在 1.5%左右时,拥塞控制模块会被触发,导致传输速率大幅下降,使各种测量方法无法及时得到反馈。因此,当预测值的抖动超过这个阈值时,它在拥塞控制等上层应用中的使用将在传输中引起更多问题。经过实验比较,阈值范围内的精度可达 98.41%左右。ELSTM 的预测结果可以很好地支持 MRAM 测量状态机进行自适应闭环更新。

突变检测实验证明,MRAM 上的 ELSTM 模块可以准确判断最新提交的多维资源是正常的还是突变的。它还为自适应测量状态机的更新提供了精确的指示,以确保 MRV 实用地反映当前的物联网状态。

最后考虑 MRAM 的资源消耗。电网物联网设备的使用环境通常更具限制性,这意味着它们的可用计算和存储资源较少,涉及的业务相对单一。因此,如果要在真实的 RIIoT 环境中部署 MRAM,它必须在底层 IoT 集群层中尽可能少地占用每个设备的各种资源。为了验证 MRAM 的可部署性,在上述实验场景中对 10 个设备的硬件和网络资源进行了 MRAM 的消耗测试。本章选择了 Apache HTTP、Redis 和 MQTT 等几种常见的电网物联网应用程序,将设备的硬件资源消耗与 MRAM 的底层测量模块进行比较。类似地,本节仍然使用现有的设备监控方法 Nagios 作为控制组,在开启 MRAM 测量模块时比较物联网设备的 CPU 利用率和内存利用率。

表 6.3 显示了启用 MRAM 测量模块及其相关算法时,拓扑中 2 个集群、10 个智能设备的平均硬件消耗。当 MRAM 运行时,物联网设备的 CPU 和内存利用率都相对较低。鉴于物联网通常不会满负荷运行,该方法对其自身业务的影响极其有限。与 Nagios 的资源占用率比较,MRAM 对物联网设备运行的影响符合主流方法。在提供更多上层服务的情况下,在物联网设备中,MRAM 仅比 Nagios 多占用 0.2%的 CPU 和 1610KB 的内存。MRAM 在 CPU 利用率方面与 Nagios 相似,仅略高于这些常见应用程序约 1%。就内存利用率而言,MRAM 的存储容量仅比轻量级通信协议 MQTT 多 2417KB。MRAM

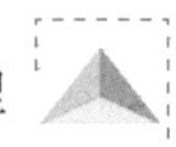

自身带来的管理效益远大于对硬件资源的投资,能够使这些物联网设备更平稳地运行。

表 6.3　电网物联网设备资源消耗

服务类型	CPU 利用率/%	存储容量/KB
MRAM	4.3	6321
Nagios	4.1	4711
Apache HTTP	4.2	4298
Redis	2.9	3853
MQTT	3.2	3904

基于表 6.4 所示的结果,可认为 MRAM 可以部署在底层,使用下一代网络处理器自适应地收集 MRV,并将其提供给电网管理员进行高效管理。

表 6.4　下一代网络处理器和 IBC 资源消耗

设备类型	CPU 利用率/%	存储容量/KB
NGNP1	3.6	143 075
NGNP2	3.3	141 682
Router1	23.1	529 891
Router2	22.5	508 346
IBC	9.1	276 468

表 6.4 显示,根据实验拓扑,当两个物联网集群安装在 IBC 上时,1h 内的平均 CPU 负载为 7.8%。在实际情况下,IBC 可以实现云化,更高的硬件性能也支持它承载更多的物联网集群,MRAM 相关服务将更顺畅地运行。当每个集群包含 5 个设备时,下一代网络处理器的硬件资源主要用于流量转发、测量收集和指令发布。

根据目前的情况,如果下一代网络处理器负责 5 个设备的 MRAM 测量收集,并且只使用约 3.5%的 CPU 和 140MB 的内存,那么部署在约 100 个设备的物联网集群边缘的每个下一代网络处理器仍然可以正常使用。如果物联网集群中的设备数量很大,网络管理者将使用更多的辅助设备,如交换机,以提高传输性能。在这种情况下,在切换之前使用下一代网络处理器作为前端节点仍然可以确保 MRAM 和 IoT 服务的运行和性能。

对于路由器来说,测量结果和 MRV 传输毕竟不是主要业务。为了确保对 MRAM 影响的细粒度和全面反映,实验没有单独计算路由器中 MRAM 模块的资源消耗,而是计算路由器的实时总消耗。路由器在这个实验场景中的消耗仍然有近 70%的空闲 CPU 可用于其他应用,这证实了下一代网络处理器在真实场景中的出色性能。此外,如果改进路由器的架构,将下一代网络处理器的可重构模块直接加载到路由器上,将为物联网测量架构提供更多支持。当 5 个异构设备连接到下一代网络处理器时,MRAM 所需的网络基础设施,如 IBC、下一代网络处理器和路由器,都显示出良好的性能。这些基础设施的主要指标也支持其在电网物联网环境中的部署,并启用 MRAM。在正常情况下,在 MRAM

和这些网络基础设施的帮助下，MRV 可以正常更新并提供给上层调度服务。

仿真和真实实验都表明，MRAM 能够快速捕捉电网物联网，并提供收敛时间短、精度高的 MRV。与主流管理方法相比，结果表明，MRAM 可以很容易地被物联网设备和网络关键基础设施加载，并可以部署在各种电网场景中。

6.3 本章小结

电网物联网的管理需要精确的测量。高效的网络测量可以减少资源消耗，提供当前网络环境的结构化 MRV，提高电网的效率。相反，过度测量会减慢电网的运行速度，并造成经济损失。本章提出了用于 RIIoT 的 MRAM，它面向具有严格闭环控制的柔性电网智能物联网集群。MRAM 解放了物联网设备的资源占用，将测量任务转移到下一代网络处理器，确保电网物联网正常业务的顺利运行。在基于云的 IBC 上，ELSTM 在训练历史数据时去除异常值，对最新的 MRV 进行突变检测，并根据检测结果实时更新自适应测量状态机。实验结果表明，MRAM 的测量是准确的，具有部署简单、对业务影响小的优点。更多的电网管理服务可以使用 MRAM 进行整体调度，例如物联网监控设备的图像质量调整、检查系统的更新和控制系统的升级。

我们已经开始尝试升级下一代网络处理器的架构，并为其芯片化提供理论和实验支持。在可预见的未来，MRAM 将直接嵌入电网 IoT 的交换机中，甚至可以直接以硬件的形式进行部署。下一步工作将是在更多的物联网环境中部署下一代网络处理器和 MRAM，如智能制造工厂，以验证该方法的性能。

参 考 文 献

[1] BADR M M, IBRAHEM M I, MAHMOUD M, et al. Detection of false-reading attacks in smart grid net-metering system[J]. IEEE Internet of Things Journal, 2022, 9(2): 1386-1401.

[2] DING C, SHEN L. Design and implementation of programmable nodes in software defined sensor networks[C]//2017 IEEE 85th Vehicular Technology Conference (VTC Spring). IEEE, 2017: 1-5.

[3] ZHAO Y, CHENG G, DUAN Y, et al. Secure IoT edge: Threat situation awareness based on network traffic[J]. Computer Networks, 2021, 201: 108525.

[4] OELDEMANN A, WILD T, HERKERSDORF A. FlueNT10G: A programmable FPGA-based network tester for multi-10-gigabit ethernet[C]//2018 28th International Conference on Field Programmable Logic and Applications (FPL). IEEE, 2018: 178-1787.

[5] BHAMARE D, KASSLER A, VESTIN J, et al. IntOpt: In-band network telemetry optimization framework to monitor network slices using P4[J]. Computer Networks, 2022, 216: 109214.

[6] WU X, LUO Y, BEZERRA J, et al. Ares: A scalable high-performance passive measurement tool using a multicore system[C]//2019 IEEE International Conference on Networking, Architecture and Storage (NAS). IEEE, 2019: 1-8.

[7] CHEN X, NG D W K, YU W, et al. Massive access for 5G and beyond[J]. IEEE Journal on Selected Areas in Communications, 2020, 39(3): 615-637.

[8] HYNEK K, BENEŠ T, BARTÍK M, et al. Ultra high resolution jitter measurement method for ethernet based networks[C]//2019 IEEE 9th Annual Computing and Communication Workshop and Conference (CCWC). IEEE, 2019: 847-851.

[9] PUŠ V, VELAN P, KEKELY L, et al. Hardware accelerated flow measurement of 100 Gb ethernet [C]//2015 IFIP/IEEE International Symposium on Integrated Network Management (IM). IEEE, 2015: 1147-1148.

[10] NAEEM F, TARIQ M, POOR H V. SDN-enabled energy-efficient routing optimization framework for industrial Internet of Things[J]. IEEE Transactions on Industrial Informatics, 2021, 17(8): 5660-5667.

[11] HOCHREITER S, SCHMIDHUBER J. Long short-term memory[J]. Neural Computation, 1997, 9(8): 1735-1780.

[12] GUO T, XU Z, YAO X, et al. Robust online time series prediction with recurrent neural networks [C]//2016 IEEE International Conference on Data Science and Advanced Analytics (DSAA). IEEE, 2016: 816-825.

[13] CANZARI M, DI CARLO M, DOLCI M, et al. Using nagios to monitor the telescope manager (TM) of the square kilometre array (SKA)[J]. arXiv Preprint arXiv:1902.07575, 2019.

[14] MOSHREF M, YU M, GOVINDAN R, et al. Trumpet: Timely and precise triggers in data centers[C]//Proceedings of the 2016 ACM SIGCOMM Conference, 2016: 129-143.

[15] MUGHEES N, MOHSIN S A, MUGHEES A, et al. Deep sequence to sequence Bi-LSTM neural networks for day-ahead peak load forecasting[J]. Expert Systems with Applications, 2021, 175: 114844.

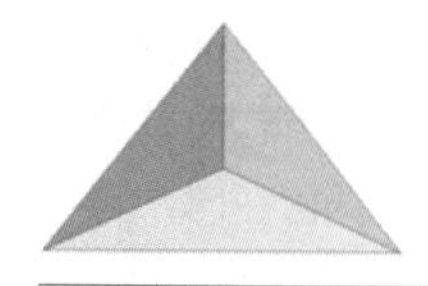

第 7 章 面向 NGNP 的公平拥塞控制

7.1 网络拥塞控制

7.1.1 背景及意义

使用丢包作为网络拥塞的信号,将使 TCP 处于传输速率不断增长并在检测到丢包时降低的循环中。当总流量达到带宽瓶颈时,数据包将被缓存在路由器的缓冲区中,直到缓冲区溢出导致数据包丢失。端主机将因为路由器中的丢包而盲目地降低速度,之后开始新一轮盲目增速。在缓冲区溢出之前,网络延迟随着缓冲区报文数量的增加而增加。这种情况下的平均延迟很大,也会出现相当严重的延迟抖动。丢包与否作为一个二进制信号,它只能提供是否出现网络拥塞的信息,无法提供关于拥塞严重程度的信息。即使链路中所有的丢包都是由路由器拥塞引起的,端主机仍很难根据丢包情况来评估当前网络的拥塞程度。因此,拥塞窗口只能设置为一个经验值,如先验窗口的 50%或 70%。在端主机降速后,探测带宽将导致非常低的带宽利用率。不可靠链路中的随机丢包对这类算法有很大的影响。当存在一定程度的随机丢包时,这种机制无法确定链路是否已经达到了瓶颈带宽,特别是在无线网络中,大部分的丢包是由误码引起的。误码将导致拥塞窗口异常减小。在 RTT 为 100ms、最大报文段大小为 1500 字节的网络中,为了达到 10Gb/s 的吞吐量,单条 TCP 流的拥塞窗口需要达到 83333MSS。为了达到接近 100%的链路利用率,平均丢包率必须小于 2×10^{-10},这对信道可靠性提出了很高的要求。

使用丢包作为拥塞信号有很多缺点,因此高带宽低延迟网络在拥塞控制算法中逐渐放弃了丢包作为拥塞信号。高精度的链路延迟和带宽测量对当前的算法有很高的依赖性,例如 TCP-BBR、Timely[1]。在发生丢包的情况下,这类算法只进行数据包重传策略,不再进行任何降速操作。传输速率控制取决于测量的瓶颈带宽。传输速率达到瓶颈带宽时触发控制操作,将路由器的缓冲区占用率控制在最低水平。虽然这些算法在吞吐量和延迟方面有很好的表现,但延迟测量本身的精度仍是一个热门方向,其不仅需要算法的合理性,还需要高精度硬件设备的支持,因此在复杂网络环境中的性能仍然需要测试。

拥塞控制算法无论基于丢包还是延迟,都是传统的端到端控制模式。因为它把当前网络看作一个黑盒来进行探测,所以造成信息和精度的不足。为了使 TCP 拥塞控制更加准确,一种可行的方法是由路由器主动反馈当前的负载水平。显式拥塞通知(Explicit Congestion Notification,ECN)[2]在路由器缓冲区达到特定阈值时,在 IP 报文的头部做

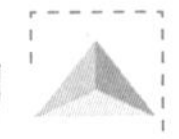

一个拥塞标记，从而要求端主机提前降低速率。当路由器和端主机应用主动反馈方案，部署主动队列管理（Active Queue Management，AQM）[3]时，就不必等到缓冲区溢出丢弃数据包。这样丢包率和延迟都大大降低了。但是 ECN 仍然只能携带 1 比特的信息，端主机无法通过这个来评估网络拥塞的程度。因此，端主机的拥塞控制方法只能用丢包的方式来处理这种情况。ECN 只在链路拥塞阶段起作用，不能在链路空闲阶段快速提高链路利用率。

本章介绍了一种拥塞控制协议 BCTCP，并在 Linux 内核中实现。通过利用下一代网络处理器反馈的信息，BCTCP 可以准确调节传输速率。该协议通过搭载的方式获得瓶颈处的负载系数。端主机根据负载系数成指数地提高链路利用率，使链路利用率在瓶颈带宽附近上下波动。瓶颈处的缓冲数据包数量被控制在一定范围内，既实现了高链路利用率，又降低了吞吐量和延迟的变化，适用于当今的高速网络。

7.1.2　相关工作

本节主要分析了当前 TCP 拥塞控制在提高链路利用率、降低链路延迟和提高公平性方面的主要研究成果，以及当前拥塞控制还需要解决的问题。

1. 链路利用和公平性之间的矛盾

TCP 拥塞控制最早由 TCP-Reno 的加性增加乘性减少（Additive Increase Multiplicative Decrease，AIMD）算法[4]采用。当时，该算法不仅具有较高的链路利用率，而且公平性也得到了证明。但是，在今天的高带宽网络中，TCP 流需要一个非常大的拥塞窗口来充分利用带宽。达到这个窗口所需的时间与带宽延迟积成正比，导致带宽越大链路利用率越低。TCP-Reno 的改进算法试图提高带宽探测速度，以便快速提高链路利用率。如式(7.1)所示，HSTCP[5]增加了加性增加（Additive Increase，AI）的步长，并使每个 RTT 的增长与当前窗口绑定，当前传输速率越快，收敛速度就越快。HSTCP 虽然大大提高了收敛速度，但也造成了严重的公平性问题。AIMD 的公平性收敛速度和链路利用率之间存在一定的矛盾。如式(7.2)所示，MD[6]使用的系数 β 越小，公平性收敛速度越快，而链路利用率越低。

$$\text{AI:}\ \text{cwnd}(t+\text{rtt})=\text{cwnd}(t)+\alpha \tag{7.1}$$

$$\text{MD:}\ \text{cwnd}(t+\text{rtt})=\text{cwnd}(t)\times\beta \tag{7.2}$$

综合使用 MI、AI 和 MD 策略，当链路处于低利用率状态时，使用 MI 加速传输速率。之后，端主机保持在 AI-MD 的循环中。不同大小的流在 AI-MD 阶段收敛到公平的带宽分配策略，既能保证链路利用率高于设定值，又能实现公平性目标。VCP[7]采用这种三阶段策略，确保链路利用率高于目标值，但其公平性收敛速度仍与带宽成正比。MD 的收敛速度越大，链路利用率越低。MLCP[8]在 VCP 的基础上增加了一个反向增长（Inverse Increase，II）的过程，它与当前速率成反比，当前速率越大，增长速率就越慢。在一定程度上，加快了公平性收敛过程。

2. 链路利用和网络延迟之间的矛盾

用户感知的链路延迟由链路基础传播延迟和队列延迟组成。为了获得高吞吐量并降低丢包率，网络中的路由器经常设置一个代表值为 BDP 的大缓冲区。拥塞控制算法不合理地占用缓冲区导致网络中出现大量的缓冲数据包。这种情况下，缓冲区不仅不能吸收突发流量，还成为链路延迟的一部分。这种现象也被称为“缓冲区膨胀”。

为了解决这个问题，TCP 需要准确地感知传输速率达到瓶颈带宽的时间点。在这个时间点停止速率的增加或开始降低速率，可以有效地避免路由器中队列的形成。BBR 算法[9]根据延迟变化来判断传输速率是否达到了该时间点，并设置传输速率。在 2019 年的 SIGCOMM 会议上，阿里巴巴的研究人员提出了一种 HPCC 方法[10]。HPCC 方法也使用 ACK 或相关报文的选项来携带和反馈测量数据或有效信息，由可编程网卡实现。然而，这种方法需要中间网络设备定制功能网卡，而且其算法非常复杂，这表明和下一代网络处理器的结合是拥塞控制方法的发展趋势。VCP 协议和 MLCP 协议根据反馈的链路负载系数来调整传输速率。负载系数的计算包括传输速率与瓶颈带宽的比值，当传输速率达到瓶颈带宽时，使用 MD 下降策略。

理想情况下，当所有的流达到瓶颈带宽时，不再调整拥塞窗口，而是以该速率稳定地发送数据包，路由器端不会出现队列，可以实现最大的链路利用率。但是网络是一个动态的过程，总会有新流进入，旧流结束。在无法感知到网络中流的准确数量的前提下，流只能得到或放弃部分带宽。RCP[11] 和 XCP[12] 将链路的瓶颈带宽平均分配给每条流，通过显式反馈通知端主机，在公平性控制、链路利用率和延迟方面得到了不错的结果。但这基于路由器准确估计当前活跃链路流的数量，将导致算法复杂度很高。VCP 和 MLCP 可以在不估计流的数量情况下获得准确的链路反馈，但仍然需要使用 AIMD 来探测公平带宽，其传输速率在一定区间内波动。如果端主机在传输速率达到瓶颈带宽时进行 MD，则算法可以获得最优的延迟，但链路利用率会在目标链路利用率至 100%之间波动，如图 7.1 所示，根据 VCP 策略，当目标利用率设置为 90%时，可以基本避免路由器端队列的出现，但会导致平均链路利用率低于 95%。

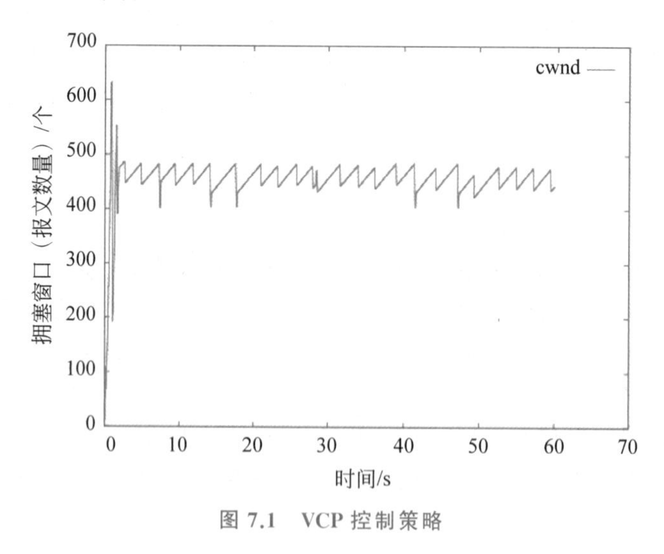

图 7.1　VCP 控制策略

当传输速率等于瓶颈带宽时，由于瓶颈带宽不是一个稳定的状态，因此传输速率处于

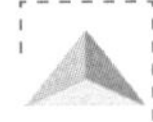

波动状态，这导致了最优的延迟和最佳的链路利用率无法同时实现。如果要实现绝对的低延迟，路由器必须清空其缓冲区，这可能导致路由器长时间处于饥饿状态。实现高利用率需要路由器在大部分时间内有数据包缓冲，这样可以为路由器提前准备一定数量的数据包，但又会使延迟增加。

DCTCP[13] 在不使用缓冲区和过度使用缓冲区之间取得了一个平衡。端主机可以主动占用路由器的一部分缓冲区来提高链路利用率，但占用的量必须控制在一定范围内。DCTCP 设置为 1/7 BDP，得到了链路利用率和延迟之间的平衡。以适当增加延迟为代价，链路利用率能够接近 100%。

7.2 面向 NGNP 的拥塞控制

7.2.1 协议设计

1. BCTCP 协议

BCTCP 将当前网络的最大负载系数从 NGNP 带回，并将信息反馈给端主机，如图 7.2 所示，NGNP 需要在转发之前将 NGNP 的负载系数写入数据包。NGNP 需要将自己的负载系数与前一个路由记录的最大负载系数进行比较。如果当前 NGNP 的负载系数大于前一个 NGNP 的负载系数，记录的值将更新为当前 NGNP 的负载系数。当报文到达接收端时，记录了瓶颈处的负载系数。端主机通过 ACK 数据包将负载系数返回给另一端，并根据负载系数调节传输速率。

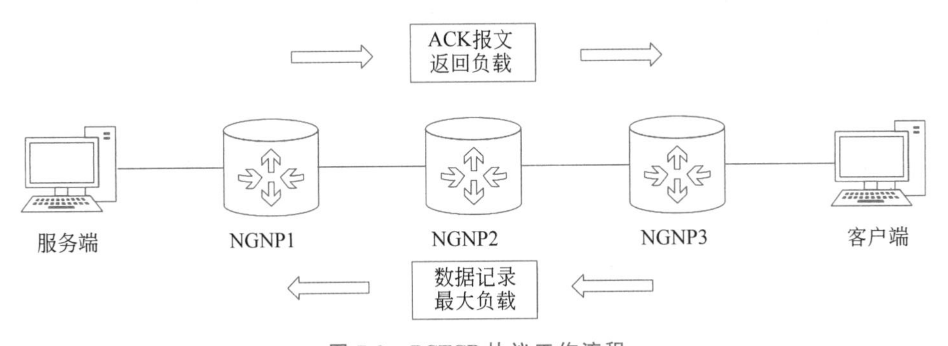

图 7.2　BCTCP 协议工作流程

BCTCP 使用 IPv4 头部的 IP 选项和 TCP 头部的 TCP 选项来存储负载系数。IP 选项用于转发方向，记录 NGNP 的负载系数，TCP 选项用于 ACK 数据包，返回负载系数。

2. 负载系数的计算和表示

NGNP 网络接口维护一个输出队列。当工作带宽允许时，网卡总是从队列中读取和转发数据包。当数据包入队速率大于出队速率时，NGNP 端的队列长度增加。当队列长度达到一定的阈值时，NGNP 必须根据队列管理算法丢弃数据包。数据包入队速率、网卡带宽和队列长度表示 NGNP 的负载系数。上述过程如图 7.3 所示。

式(7.3)是 BCTCP 的负载系数计算公式。ρ 是 NGNP 的负载系数，λ_l 是 t_p 内入队数

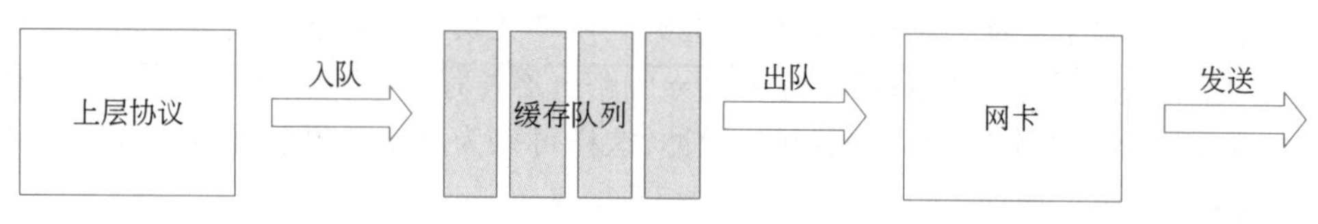

图 7.3 NGNP 队列

据的量，q_l 是 t_p 内的平均队列长度，c_l 是网卡的工作带宽，k_q 是队列长度在负载系数计算中的比例系数。t_p 是测量时间间隔，一般取略大于 RTT 的值。

$$\rho=\frac{\lambda_l+k_q\cdot q_l}{c_l\cdot t_p} \tag{7.3}$$

在 ρ 小于 1 且没有突发流的情况下，ρ 的含义基本上与链路利用率相同。它表示 NGNP 有空闲带宽，$1-\rho$ 是剩余带宽。这时端主机可以根据剩余量增加传输速率。如果 ρ 大于 1，表示 NGNP 正在满负荷运行或链路中的突发流量导致 NGNP 缓存了一些数据包。$\rho-1$ 表示端主机滥用的速率，这时端主机可以根据超出瓶颈带宽的比例减少传输速率。

3. 拥塞控制

BCTCP 采用了一种基于速率的拥塞控制机制，并辅以拥塞窗口。端主机根据网络的负载系数每隔固定时间更新最大传输速率，并通过速率和当前 RTT 的乘积计算拥塞窗口的 CWND 大小。端主机同时使用 PACING 机制以均匀的速率发送数据包，并将 CWND 设置为当前网络中未确认数据包的数量的上限。与基于拥塞窗口的控制模式相比，基于速率的控制模式大大减少了链路中的突发流量，并有助于 NGNP 更准确地估计负载系数。具体算法如下。

算法 7.1 BCTCP 拥塞控制算法

Input：Load Factor ρ
Output：acing Rate in Next RTT

```
1   Upon Ack
2   IF NOT bCwndValidate Then
3       Return
4   End IF
5   IF ρ<λ_l Then
6       CALL mi()
7   Else IF ρ<μ Then
8       CALL ai()
9   Else
10      CALL md()
11  End IF
12  cwnd=rate·rtt·1.25
13  Return
```

BCTCP 端主机需要根据负载系数和当前的速率在低负载阶段计算下一个 RTT 的

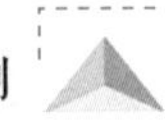

速率，所以 BCTCP 协议的可靠性直接受到上一个 RTT 的传输速率和 NGNP 反馈的负载系数的匹配程度的影响。一些 TCP 连接的应用层写入速率远低于 TCP 允许的最大速率。这时不能根据负载系数和当前的传输速率计算下一个周期的传输速率。BCTCP 判断前一个 RTT 发送的实际数据量是否达到了传输窗口的 80%。如果没有达到，就不在该周期内进行更新。

发送方应根据当前的链路拥塞情况进行传输。如果上一个周期的传输速率低于理想值，就增加传输窗口，如果高于理想值，就减小传输窗口。否则保持一个相对稳定的值。如式(7.4)所示，当链路负载为负载系数时，可以根据当前窗口计算下一个周期的发送窗口大小。

$$\mathrm{cwnd}(t+\mathrm{rtt})=\frac{\mathrm{cwnd}(t)}{\rho} \tag{7.4}$$

MI 和 MD 是调节带宽利用率的控制策略。当 $\rho<1$ 时，公式等价于式(7.5)和式(7.6)所示的 MI 控制策略，即每个周期的窗口乘以一个小于 1 的常数 α。当 $\rho>1$ 时，公式等价于式(7.5)和式(7.6)所示的 MD 控制策略，即每个周期的窗口乘以一个大于 1 的常数 β。α 和 β 的大小与 ρ 的大小有关。

$$\mathrm{MI}:\mathrm{cwnd}(t+\mathrm{rtt})=\mathrm{cwnd}(t)\times\alpha \tag{7.5}$$

$$\mathrm{MD}:\mathrm{cwnd}(t+\mathrm{rtt})=\mathrm{cwnd}(t)\times\beta \tag{7.6}$$

BCTCP 根据负载系数将拥塞控制分为 3 个阶段。第一阶段是低利用率阶段。即当负载系数小于设定的低负载阈值时，端主机使用 MI 策略快速提高链路利用率。为了保证系统的稳定性，MI 阶段在多个周期内收敛到目标利用率 γ。利用率增加率由常数 k 控制。第二阶段是稳定增长阶段。在这个阶段，当负载系数小于速度下降点时，采用 AI 策略，每个更新周期按一个常数增加传输速率。最后一个阶段是下降阶段。负载系数大于速度下降点，采用 MD 策略，将负载系数收敛到 γ。因为拥塞控制窗口与传输速率成正比，这两个参数在控制过程中可以互换。两个常数表示拥塞窗口的调整方向。通过将负载度 ρ 引入公式，得到控制策略方程。每种策略的速率算法如以下公式所示。

$$\mathrm{MI}:\mathrm{rate}(t+t_p)=\mathrm{rate}(t)+\mathrm{rate}(t)\,\frac{\gamma-\rho}{\rho\cdot k} \tag{7.7}$$

$$\mathrm{AI}:\mathrm{rate}(t+t_p)=\mathrm{rate}(t)+\alpha \tag{7.8}$$

$$\mathrm{MD}:\mathrm{rate}(t+t_p)=\mathrm{rate}(t)\,\frac{\gamma}{\rho} \tag{7.9}$$

$$\mathrm{cwnd}(t+t_p)=\mathrm{rate}(t+t_p)\cdot\mathrm{rtt}\cdot 1.25 \tag{7.10}$$

BCTCP 根据速率和 RTT 计算拥塞窗口，将其乘以 1.25 进行扩展，发送方恒定以 $\mathrm{rate}(t+t_p)$的速率发送报文。BCTCP 通过窗口机制将流水线中未确认的数据包数量限制在小于 $\mathrm{cwnd}(t+t_p)$的范围内。

4. 参数

t_p 既是 NGNP 更新负载系数的间隔，也是端主机更新拥塞窗口的间隔。BCTCP 中的 NGNP 在时间 t_p 内统计进出数据包的数量，并计算负载系数。只有在 NGNP 感知到上一次更新并反馈给端主机后，才能计算下一个拥塞窗口，这要求 t_p 稍大于 RTT。

BCTCP 协议选择固定值 250ms，大于大多数 TCP 流的 RTT。表 7.1 显示了 BCTCP 的核心参数。

表 7.1　BCTCP 的核心参数

参　数	默　认　值	含　义
t_p	250ms	负载系数更新间隔
γ	0.95	目标链路利用率
μ	1.05	速度下降点
k	2	MI 增长率
α	MSS/t_p	常数

γ 是目标链路利用率的设定值，当链路利用率低于这个值时，MI 会快速地将链路利用率拉到这个值 γ。因此，端主机进入 AI-MD 周期。这个值越大，链路利用率越高。同时，公平性的收敛速度越慢，延迟越大，本节将这个值的设定为 0.95。

μ 是 BCTCP 的速度下降点，当负载系数大于 μ 时，端主机进入 MD 阶段，$\mu-\gamma$ 是一个 AI-MD 控制范围。这个值越大，收敛速度越快，链路利用率越低。

5. Linux 内核实现

在设置了相关参数和内核调整状态公式后，BCTCP 将在 Linux 内核中实现相关方法。方法的核心代码分布在发送方、接收方和 NGNP 中。发送方的主要功能是确保三阶段策略调整窗口。修改 net/ipv4/tcp_input.c 和 net/ipv4/ip_output.c；接收方主要添加了 ECN 选项并分析选项字段内容，文件路径修改为 net/ipv4/ip_options.c 和 net/ipv4/tcp_output.c，结构定义在 include/linux/tcp.h 中；使用 red 队列管理的基本变化，在 NGNP 中实现 AIMD 和 MIMD。

上述过程中，NGNP 收集的数据是 t_p 等 BCTCP 相关参数的计算基准。实现多终端系统同步调整的主程序是 NGNP 速率统计程序。

“出队”和“入队”速率统计的相关算法如下：

算法 7.2　BCTCP 数据包大小统计方法

Input：data packet skb

Output：data packet size bstats.byte

```
1    spinlock_t * rate_lock=&(q->rate_lock)
2    spin_lock(rate_lock) //lock up
3    /* update send or receive packet size */
4    sch->bstats.bytes +=qdisc_pkt_len(skb)
5    spin_unlock(rate_lock) //release lock
6    Return
```

算法 7.3　BCTCP 平均速率计算方法

Input：data packet size bstats.byte

Output：average speed spd_out & spd _in

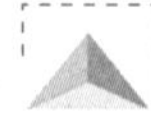

```
1    /* record the receiving rate in t_p */
2    bstats->spd_in=bstats->bytes_in>>15
3    /* record the sending rate in t_p */
4    bstats->spd_out=bstats->bytes_in>>15
5    spin_lock(rate_lock) //lock up
6    bstats->bytes_out=0
7    bstats->bytes_in=0
8    spin_unlock(rate_lock) //release lock
```

6. 链路利用率分析

当负载系数小于 γ 时，MI 可以指数级别地增加利用率。在大多数时间里，端主机处于 AI-MD 阶段，负载系数的值在 γ 和 μ 之间波动。当 μ 设定为小于 1 时，利用率在 γ 和 μ 之间线性增加，平均利用率小于$(\gamma+\mu)/2$。当 μ 大于 1 且 ρ 小于 1 时，链路利用率为 ρ。当链路流量大于瓶颈带宽时，链路利用率为 1。当 ρ 大于 1 时，NGNP 缓存一些数据包，平均链路利用率大于$(\gamma+\mu)/2$。当 γ 设定为大于 1 时，NGNP 中存在部分缓存的报文，平均链路利用率接近 1。

7. 时延分析

在没有突发流量的网络中，当 μ 小于 1 时，NGNP 中几乎没有缓存的数据包，延迟在这个时候是最小的。当 μ 设定为大于 1 的值时，ρ 从 μ 变化到 1，而 NGNP 中有一定数量的队列。当 ρ 在 γ 和 1 之间时，NGNP 端的队列被维持，平均延迟小于 $\mu\cdot$ rtt。

7.2.2 实验设计与结果分析

BCTCP 是在 Linux 内核中实现的，包括负载系数反馈体系和拥塞控制算法。其在实验室网络中部署和测试。网络环境的拓扑结构如图 7.4 所示。瓶颈带宽为 100Mb/s，模拟延迟为 10～200ms。本节介绍了 BCTCP 协议在不同场景下的实验结果，重点在与传统控制算法相比，利用率、延迟和公平性的提高。

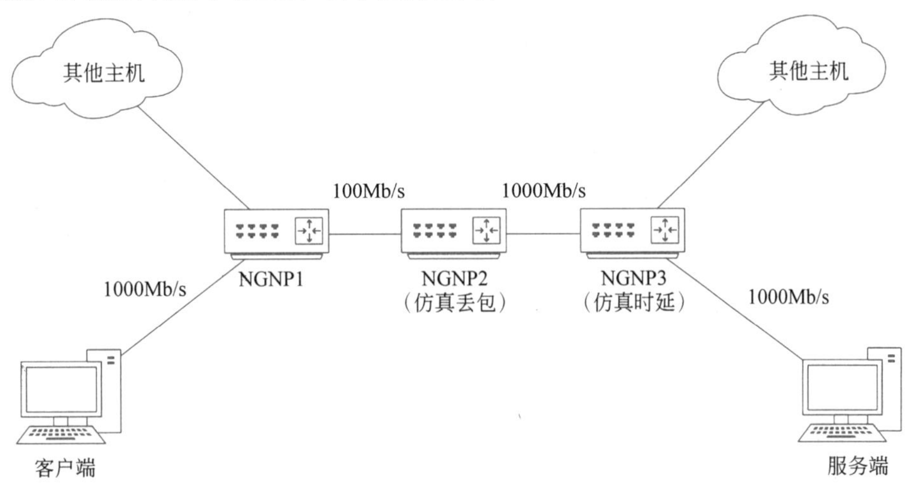

图 7.4　网络环境的拓扑结构

1. 利用率提升

根据负载系数，BCTCP 的 MI 策略的速率和准确性相比传统的 TCP 有了很大的提高，如图 7.5 所示，在这个环境中，BCTCP 流稳定传输期间，50%的流突然中断，导致利用率急剧下降到 50%。可以看出，BCTCP 的利用率呈指数增长恢复到接近 100%，而 TCP-Cubic 和 TCP-Vegas 算法在相同条件下需要更长的恢复周期，而 TCP-BBR 难以恢复至稳定状态。

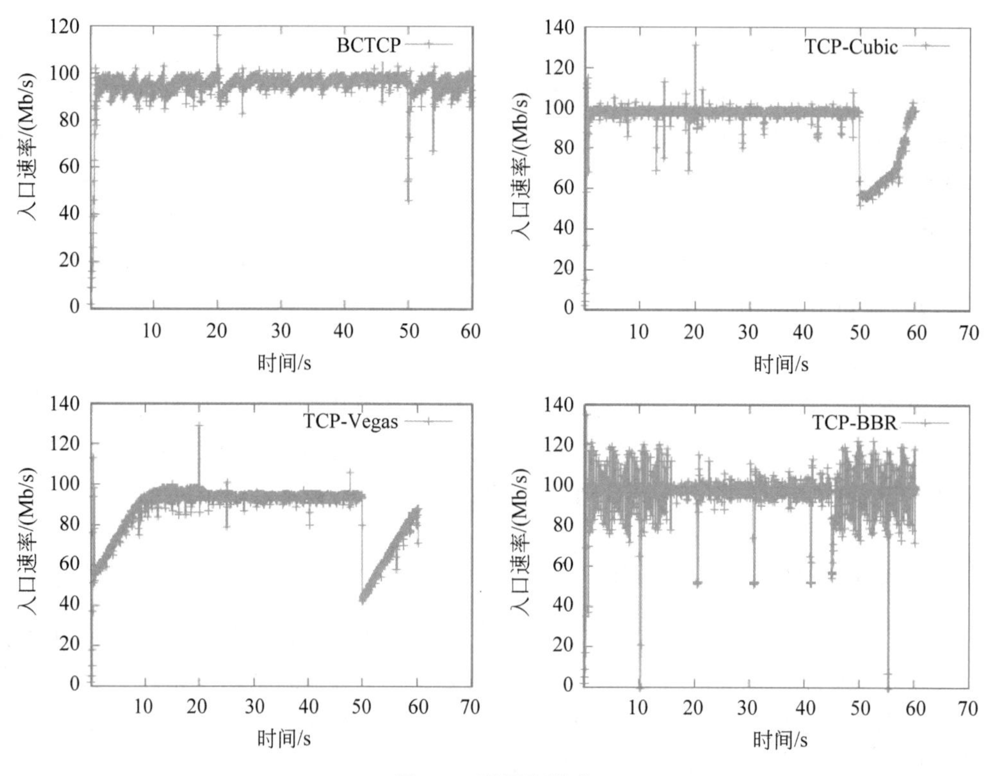

图 7.5 利用率提升

2. 高丢包环境

BCTCP 完全依靠 NGNP 的反馈来调整传输速率。仿真结果证实了链路利用率不受随机丢包的影响。在有一定随机丢包的网络环境中，BCTCP 的吞吐量远高于传统 TCP，如图 7.6 所示，在丢包率从 0%增加到 0.3%的过程中，该算法的平均吞吐量基本不受影响，TCP-BBR 也可以无视丢包的影响。相比之下，传统的拥塞控制算法，如 TCP-Cubic 和 TCP-Vegas，链路利用率迅速下降到 10%以下。

3. 突发流量环境

为了在仿真网络中产生突发流量，首先创建一个 Iperf3 流，并在 20s 时立即增加一条 50Mb/s 的 UDP 流，使得 NGNP 端队列约为 200KB，如图 7.7 所示。可以看出端主机快

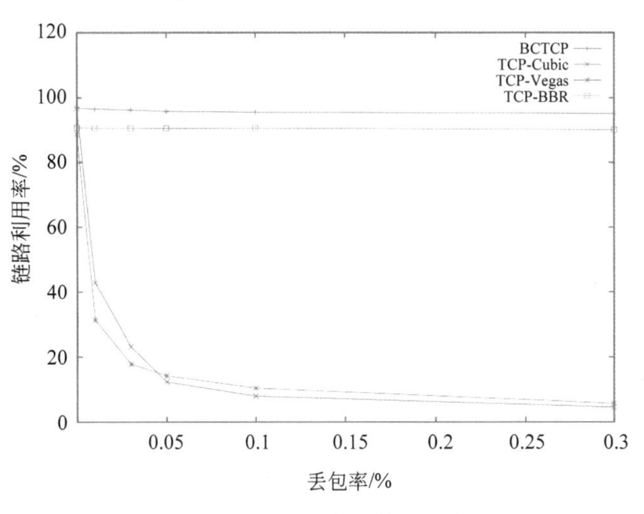

图 7.6　不同丢包下的吞吐率

速调整传输速率，并清空由突发流量引起的队列。同时，算法有效地控制了队列的大小。TCP-Vegas 也可以快速消除 NGNP 端队列。然而，基于包的 TCP-Cubic 和基于延迟的 TCP-BBR 都难以消除由突发流量导致的大队列。BCTCP 中合理处理突发流量由反馈负载系数实现。

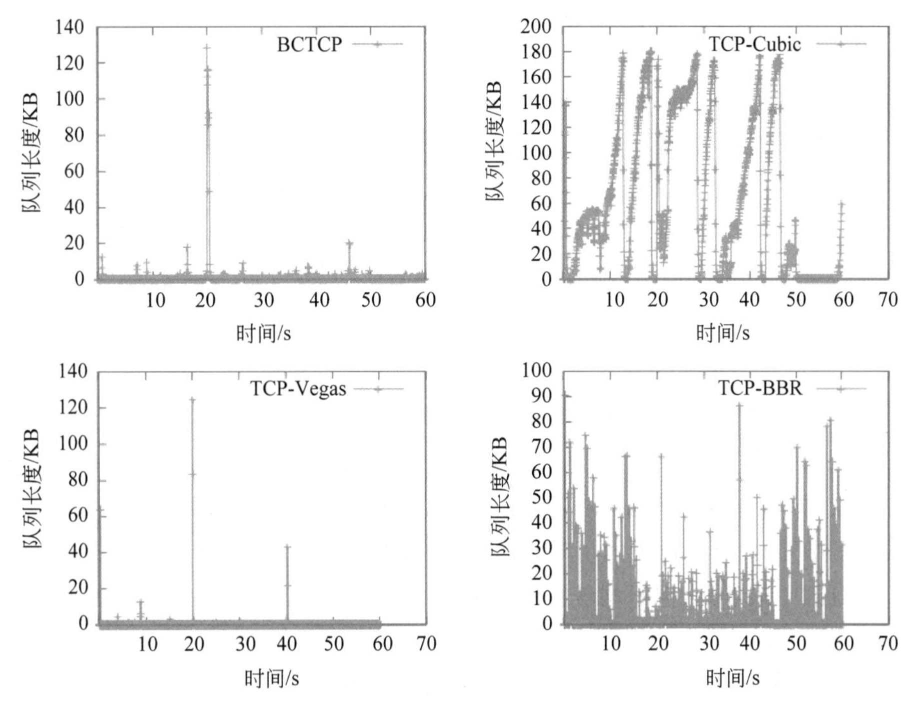

图 7.7　突发流量环境

4. 公平性收敛

如图 7.8 所示，当一条新的 BCTCP 流加入到网络中时，BCTCP 可以在 20s 内收敛到一个公平的带宽，随后是一个相对稳定的状态。在传统的拥塞控制方法中，TCP-Vegas 的收敛结果与该算法类似。TCP-Cubic 给出了一个相对较差的结果，甚至不能维持一个稳定的状态。TCP-BBR 的公平性收敛也不如意，由于其特征检测带宽和延迟测量周期，拥塞窗口非常不稳定。

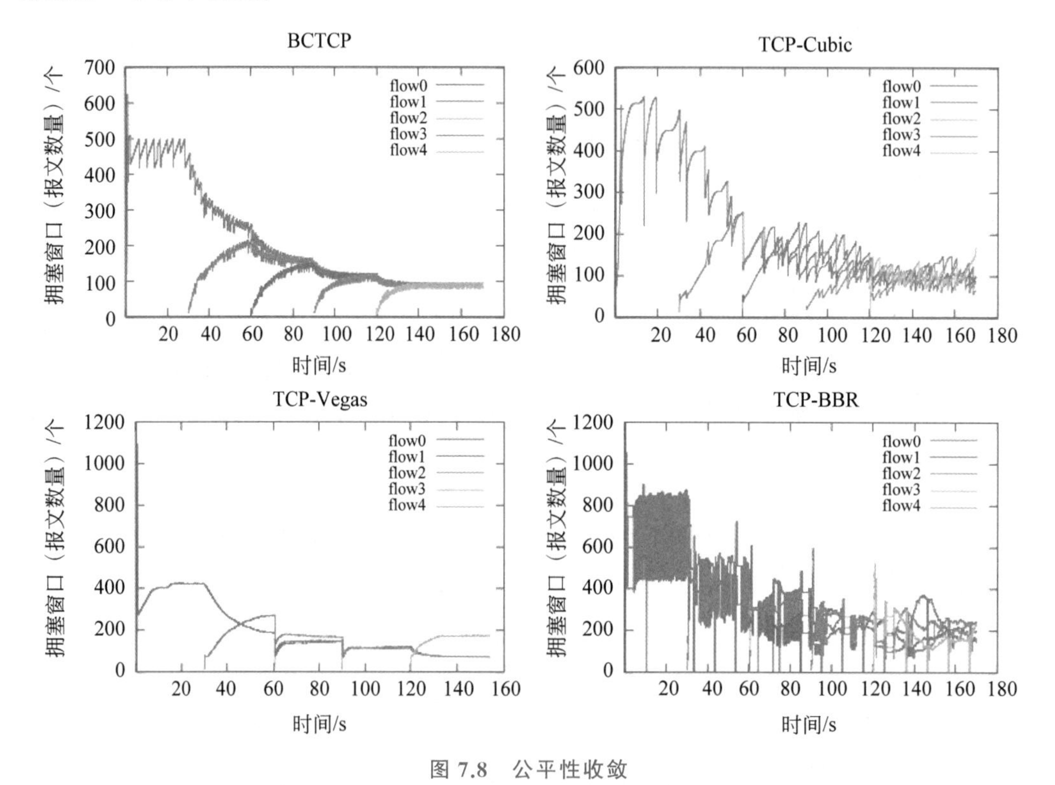

图 7.8 公平性收敛

5. 窗口降低阈值和链路利用

为了更公正地比较不同的算法，在当前的背景下，μ 和 γ（AI-MD 的空间）之间的差异大于 0.1。通过选择不同的 MD 点，可以观察链路利用率和延迟之间的最优平衡点。图 7.9 展示了在不同 MD 点选择下，所有流传输速率之和以及 NGNP 的队列长度。

如图 7.10 所示，当 γ 设置为 1 时，瓶颈的负载在 0.9～1，没有连续的队列建立。在这种配置下，延迟是最低的，但平均链路利用率小于 93%。当 γ 设置为 1.05 时，瓶颈的负载在 0.95～1.05 波动，队列长度在 0～50KB。这种配置下的链路利用率是 97%。当 γ 大于 1.05 时，链路利用率没有有效增加，但在链路中形成了连续的队列，导致延迟显著增加。

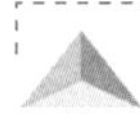

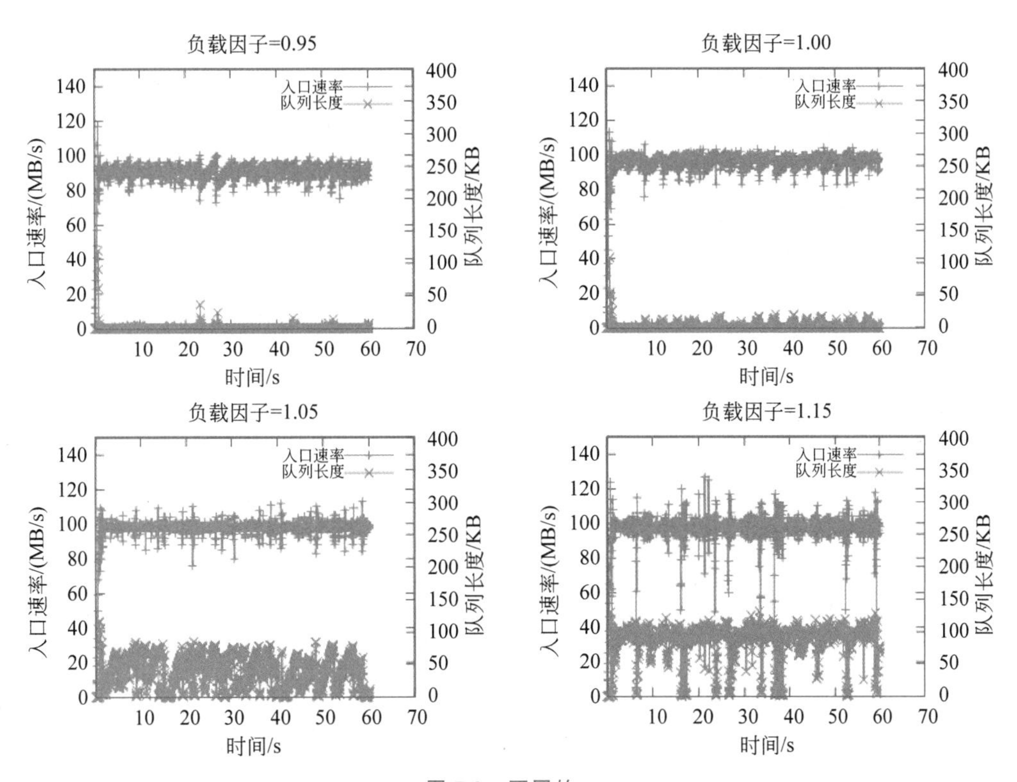

图 7.9　不同的 μ

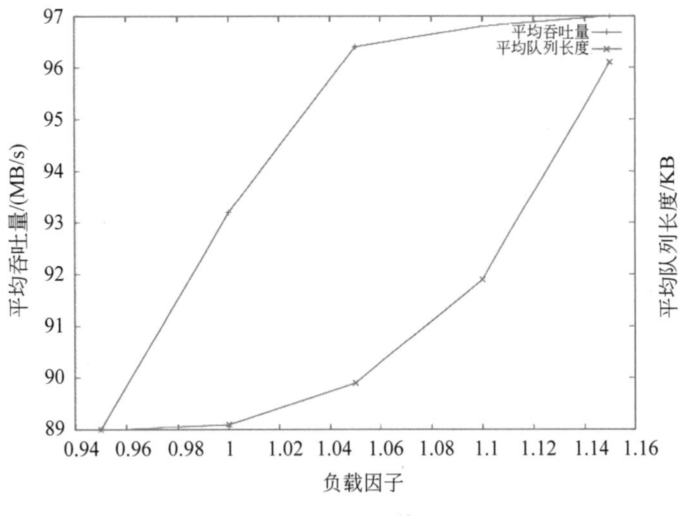

图 7.10　不同的 γ

7.3 本章小结

本章分析了拥塞控制算法的发展趋势，讨论了需要解决的问题，包括如何在延迟、吞吐量和公平性之间实现平衡。本章设计并实现了一种基于链路反馈的拥塞控制协议BCTCP，介绍了BCTCP在控制NGNP缓冲区大小方面的作用。根据实验室的网络部署，认为该协议在链路利用率、延迟和公平性方面取得了满意的结果。它可以很好地应对突发流量，适合高吞吐量和延迟要求的网络。

参考文献

[1] MITTAL R, LAM V T, DUKKIPATI N, et al. TIMELY: RTT-based congestion control for the datacenter[J]. ACM SIGCOMM Computer Communication Review, 2015, 45(4): 537-550.

[2] KIMURA M, IMAIZUMI M, NAKAGAWA T. Optimal policy of window flow control based on packet transmission interval with explicit congestion notification [J]. International Journal of Reliability, Quality and Safety Engineering, 2019, 26(5): 1950024.

[3] SUTER B, LAKSHMAN T V, STILIADIS D, et al. Buffer management schemes for supporting TCP in gigabit routers with per-flow queueing [J]. IEEE Journal on Selected Areas in Communications, 1999, 17(6): 1159-1169.

[4] ANANTH C. Enhancement of TCP throughput using enhanced TCP reno scheme[J]. Social Science Electronic Publishing, 2017, 2(25): 71-82.

[5] FENG K, HAO J N, LIU J X, et al. Genome-wide identification, classification, and expression analysis of TCP transcription factors in carrot[J]. Canadian Journal of Plant Science, 2019, 99(4): 525-535.

[6] ALTMAN E, AVRACHENKOV K E, PRABHU B J. Fairness in MIMD congestion control algorithms[J]. Telecommunication Systems, 2005, 30: 387-415.

[7] XIA Y, SUBRAMANIAN L, STOCAL I, et al. One more bit is enough [J]. IEEE/ACM Transactions on Networking, 2008, 16(6): 1281-1294.

[8] QAZO I A, ZNATI T. On the design of load factor based congestion control protocols for next-generation networks[J]. Computer Networks, 2011, 55(1): 45-60.

[9] CARDWELL N, CHENG Y, GUNN C S, et al. BBR: Congestion-based congestion control[J]. Communications of the ACM, 2017, 60(2): 58-66.

[10] LI Y, MIAO R, LIU H H, et al. HPCC: High precision congestion control[C]//Proceedings of the ACM Special Interest Group on Data Communication, 2019: 44-58.

[11] DUKKIPATI N. Rate control protocol (RCP): Congestion control to make flows complete quickly[M]. California: Stanford University Press, 2008.

[12] ZHAO L, DU M, CHEN L. A new multi-resource allocation mechanism: A tradeoff between fairness and efficiency in cloud computing[J]. China Communications, 2018, 15(3): 57-77.

[13] ALIZADEH M, GREENBERG A, MALTZ D A, et al. Data center TCP (DCTCP) [C]// Proceedings of the ACM SIGCOMM 2010 Conference, 2010: 63-74.

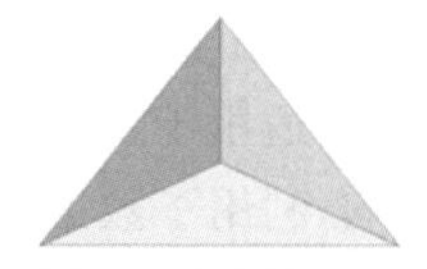

第 8 章

基于 NGNP 的 DDoS 防御

8.1 DDoS 攻击检测与防御

8.1.1 背景及意义

DDoS 攻击与防御一直是学术界和工业界的研究热点。随着互联网规模的扩大，尤其是物联网的发展，DDoS 愈发成为威胁网络安全的首要因素之一。根据 NETSCOUT 发布的 *Threat Intelligence Report 1H 2021*[1]，仅在 2021 年第一季度全球便发生 540 万次 DDoS 攻击，该数量相较于 2020 年提升了 20%，DDoS 攻击峰值更是达到 1.5Tb/s。同时该报告指出，多向量攻击（Multi-Vector DDoS，MVD）同比增加了 106%，MVD 指的是攻击者在攻击时会迅速地从一种 DDoS 攻击（如 SYN 攻击）切换至另一种 DDoS 攻击（如 7 层应用层 DDoS 攻击），可见 DDoS 攻击呈现攻击成本愈发低廉、攻击方式越来越多样、攻击流量越来越大的特点。

DDoS 防御包含检测、分类、防御反制 3 个阶段。目前业内流行的 DDoS 防御方法通常采用流量清洗机制，即检测到 DDoS 攻击发生之后将流量牵引至流量清洗中心（Traffic Scrubbing Center，TSC），借助清洗中心服务器集群庞大的计算能力和部署在其上的各种防御策略，实现全生命周期（识别、分类、反制）的 DDoS 防御。尽管这种方式行之有效，但依旧存在诸多问题：

（1）流量清洗防御机制通常位于服务器端，无法做到位于中间节点完成 DDoS 检测、分类、缓解，因此缺乏实时的 DDoS 防御能力。

（2）流量被牵引至清洗中心，经过一系列识别、分类、过滤等防御操作再牵引回至正常用户，这一系列繁杂的操作带来了额外的链路花销，破坏了用户的服务质量（Quality of Service，QoS）与体验质量（Quality of Experience，QoE）。

（3）通常流量涉及用户的隐私问题，流量被牵引至第三方服务器集群，如果第三方服务提供商不可信，则会给用户的隐私带来极大威胁。

在 DDoS 检测与分类方法上，目前的研究热点是机器学习与深度学习，文献[2]将卷积神经网络（Convolutional Neural Network，CNN）应用于 DDoS 检测与分类任务，在 NSL-KDD 数据集上获取了 99%的二分类准确率。同样，文献[3]实现了集成的深层 CNN 模型，结合多个 CNN 模型的输出结果进行 DDoS 检测，但其和文献[2]存在同样的问题，即模型尺寸较大，不适用于资源受限的设备。LUCID[4]提出了适用于资源受限平台的基于 CNN 的轻量级 DDoS 检测框架，尽管其具有良好的识别效率，但其提出的模型频繁采用了最大池化层，这么做会导致流量特征信息的过度丢失，且其架构不适用于在硬件层面部署。DAD-MCNN[5] 创造性地考虑多维度特征对 DDoS 检测的影响，利用了数据包特征信息和主机特征信息进行 DDoS 检测，相较于单通道 CNN 模型，该模型具有较高精度且在训练数据不足的情况下也能取得较高性能，但其不同维度的特征（单一维度特征个数不一致）需要单独经过不同的全连接层转换为具有相同维度的特征张量后才统一进行处理，这种方式导致了处理器缓存的频繁丢失，浪费了大量计算资源，且随着通道维度的上升，模型缺乏通道间的信息交互，丢失大量的有效信息。

在基于可编程设备的 DDoS 防御方面，文献[6]提出了现场可编程门阵列加速的 DDoS 攻击防御方法，通过 FPGA 提取数据包特征并上传控制器处理，并依据控制器结果在硬件层面实施反制，但其没有完全利用可编程设备的硬件能力，仍然具有极大的改进空间。POSEIDON[7] 实现了高层次防御原语（High Level Defense Primitive，HLDP）到低层次硬件资源的抽象映射，能够动态防御已知和未知 DDoS 攻击，但其原语个数较少，在面对复杂的多向量攻击时缺乏有效的定制化精细防御机制。Jaqen[8] 提出了适用于互联网服务提供商（Internet Service Provider，ISP）环境下的 DDoS 防御方法，通过资源管理模块实现多台可编程设备的联合防御，尽管其提供的应用接口相较于 POSEIDON 能够高效灵活地完成 DDoS 防御，但其将 DDoS 防御生命周期（检测、分类、防御反制）划分至不同的交换机中，不能及时有效地在单一节点完成 DDoS 防御，无形中扩大了 DDoS 攻击流量的传播范围。文献[9]设计了用于识别和清除威胁流量的 FPGA+CPU 的云计算设备，在面临 DDoS 攻击和扫描攻击时，该设备在 KDD99 和 UNSW-NB15 数据集上达到了 91%的成功率，但是该方法简单地依赖于流的统计信息和五元组对应的熵值，并不适合部署在日益复杂的互联网环境中。

NGNP 的出现为 DDoS 防御研究提供了全新的视角与机会。第一，NGNP 通过编程实现硬件功能定制化，这种功能灵活性降低了从硬件层面更新新型 DDoS 攻击防御策略的成本；第二，NGNP 开发简单，且价格相较于传统服务器十分低廉，能够提高厂商的生产效率、降低开发成本，从而进一步降低用户的服务购买成本[解决问题(1)]；第三，NGNP 通过硬件流水线，极大地提高了数据处理的并行度和计算速度，为 DDoS 检测带来了实时性[解决问题(2)]；第四，将可编程设备交换机部署至链路中间节点，搭配 DDoS 防御机制，利用其硬件流水线的高计算能力、并行能力和软件层面的精细化定制能力，能够实现链路中间节点的细粒度 DDoS 防御，防止了 DDoS 流量的进一步扩散；第五，将 DDoS 防御部署到 NGNP 这一单一设备之上，避免将用户隐私数据传输给第三方服务厂商，从而减少了用户隐私遭到泄露的可能性[解决问题(3)]。

尽管实现基于 NGNP 的 DDoS 防御存在诸多优点，但 NGNP 自身的特性也向 DDoS 防御研究提出了新的要求。NGNP 位于互联网链路中间节点，其上承载着庞大用户流量，DDoS 防御需要在保证用户 QoS 与 QoE 的前提下实现实时检测；并且，NGNP 在保障正常服务的情况下只存在有限的资源进行防御，DDoS 防御需要确保轻量化，足够部署在资源受限的 NGNP 之上。

基于上述背景，NGNP 为 DDoS 防御提供了无限的可能。NGNP 采用软硬件协同架

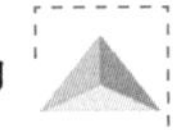

构，支持 FPGA＋CPU 平台软硬件高效数据通信，采用可编程硬件流水线、硬件流水线扩展、软件模块扩展以及软硬件协同扩展 4 种方式提升可编程设备的可编程能力及可演进能力，既满足网络功能拓展的性能和灵活性需求，又能够高效且动态地实现 DDoS 防御。

8.1.2　相关工作

本节主要介绍相关的背景技术，涵盖了基于统计特征、机器学习和深度学习的 DDoS 检测与分类方法，以及面向 NGNP 的防御反制方法。

1. 基于统计的 DDoS 检测与分类方法

通过统计特征从宏观角度检测和分类 DDoS 攻击的主要方法是熵值(entropy)算法，包括信息熵、相对熵(KL 散度)和交叉熵。信息熵由香农在 1948 年提出，其公式如式(8.1)所示，其中 x 代表取值范围为$\{x_1, x_2, \cdots, x_n\}$的随机变量，$p(x_i)$表示 x 取值 x_i($i\in[1,n]$)的概率，通常 x 可以取源/目的 IP 地址、源/目的 MAC 地址[10]、源/目的端口[11]和 TCP Flag[12] 等数据包特定字段。在特定应用环境中，还可以取与环境相关的特征，如在软件定义网络(Software Defined Network，SDN)下 Packet_in 报文生成速率也可以作为熵值计算的输入。式(8.1)中 $\log(p(x_i))$称为事件 x_i 的自信息，$H(x)$即为所有事件的自信息的加权和，衡量信息系统的稳定程度。

$$H(x)=-\sum_{i=1}^{n}p(x_i)\log(p(x_i)) \tag{8.1}$$

单一的属性检测只能覆盖较小的攻击面，且信息熵只能表明信息分布分散程度的差异性，无法体现相似性。因此交叉熵被提出，其提供了一种表达两种概率分布差异性的方法，公式如式(8.2)所示，其中 p 与 q 为两种不同的概率分布。

$$H_q(x)=-\sum_{i=1}^{n}p(x_i)\log(q(x_i)) \tag{8.2}$$

在此基础之上，KL 散度又被提出。KL 散度为交叉熵与信息熵的差值，其衡量了两种分布之间的距离，公式如式(8.3)所示。

$$D_{\mathrm{KL}}(p\parallel q)=H_q(p)-H(p(x)) \tag{8.3}$$

基于上述工作，Wang 等[13]按照目的 IP 地址将流量聚合，并计算对应的信息熵，若当前熵与正常状态下的熵均值的差值超过阈值 δ，则方法可能判定为 DDoS 攻击发生。为了减少突发流量带来的误判，该方法需要在 M 次时间窗口内出现 N 次超过阈值事件才会真正触发 DDoS 预警，因此，DDoS 检测的准确性、实时性与阈值、M 和 N 的值息息相关，使得模型不具备通用性。

Kalkan 等[11]首次将联合熵(Joint Entropy，JE)引入 DDoS 检测领域，该方法采用数据包大小、生存时间值(Time To Live，TTL)、协议类型等多种特征作为输入，不仅可以分类已知攻击，而且可以分类未知类型攻击，在面对已知 DDoS 攻击方面(SYN、NTP、DNS 攻击)，其准确率均接近 1。在面对未知攻击方面，其最高只有 88.7%的准确度。面对混合攻击方面，该方法可以达到 70%准确度，但方法计算过程较为复杂，算法的很多阶段对应复杂度达到了 $O(n^2)$。

Ujjan 等[12]将信息熵与 Renyi 熵集合，使得香农熵在估计相关特性方面能力更强。除此之外，方法还采用广义熵（Generalised Entropy，GE）来计算特征信息间的距离，从而剔除无用且多余的流量特征，并在此基础之上使用栈式自动编码（Stacked Auto Encoder，SAE）和 CNN 算法进行进一步的 DDoS 检测，准确率分别达到 94%和 93%。Koay 等[10]除了使用传统的特征（五元组、源/目的 MAC 等），还使用 Separation IP/Port/MAC 等作为信息熵的输入，其中 Separation IP 指源与目的 IP 地址的分离速度，Separation Port 指源与目的端口的分离速度。

基于统计特征熵值的 DDoS 检测与分类方法在真实环境中的应用效果并不理想，因为在真实环境下流量较大时，熵值计算往往需要消耗极大的计算资源。且该方法只依赖于单一的熵值，无法应对情况日益复杂的 DDoS 攻击，往往容易带来误判。除此之外，熵值计算结果需要与某一阈值进行比较后才可判断是否发生 DDoS 攻击，阈值的选择对于检测分类准确度影响甚大，且与特定环境相关，缺乏通用性。

2. 基于机器学习的 DDoS 检测与分类方法

为了突破上述统计方法的局限性，学者开始探究基于机器学习的 DDoS 检测与分类算法，Ahmed 等[14]提出了面向 SDN 的基于 Dirichlet 过程混合模型（Dirichlet Process Mixture Model，DPMM）的 DNS DDoS 攻击检测算法，该方法利用 SDN 控制器拥有全局视角的特性，通过 ofp_flow_stats_request/reply 消息周期性地收集 OpenFlow 交换机的流量特征矩阵，该特征矩阵包括传输的数据包总数（Total number of Packets，ToP）、源/目的字节比率（Ratio of Source and Destination bytes，RoSD）以及连接持续时间（Connection duration Time，CT），在连接数为 300 以下时总体准确率达到 65%，在连接数达到 400 时下降到 55%，不适用于复杂网络。

Zhang 等[15]提出将熵检测和堆叠式自动编码支持向量机（Stacked Sparse AutoEncoder Support Vector Machine，SSAE-SVM）算法结合的混合 DDoS 检测模型，熵算法与 SVM 各自发挥优势，熵算法在处理伪造源 IP 地址的 DDoS 攻击和针对 SDN 的新型攻击方面具有优势，SVM 算法采用高斯核函数作为方案基础，擅长于处理应用层高交互 DDoS 攻击，实验结果表明该方法可识别 98%以上的 DDoS 攻击流量。

Doshi 等[16]使用 *K* 近邻（*K*-Nearest Neighbor，KNN）、线性支持向量机（Linear Support Vector Machine，LSVM）、决策树（Decision Tree，DT）和随机森林（Random Forest，RF）分别实现 DDoS 检测，模型采用 IoT 特定网络的数据包维度行为作为输入。方法将捕获到的数据包按照特定 IoT 设备进行区分，并提取对应特征。其中，特征分为无状态（stateless）特征和有状态（stateful）特征。无状态特征包括数据包大小、协议类型和数据包时间间隔等；有状态特征则包括链路带宽、目的 IP 地址等。实验结果表明 LSVM 表现最差，只有 87%的召回率，决策树表现最好，召回率为 99.99%；实验还表明，无状态特征显著优于有状态特征，同时由于无状态特征易于提取，在实时检测方面优于有状态特征。

文献[17]提出针对 Ping of Death 攻击的随机森林检测模型，模型由自动化工具 Weka 实现，在 NSLKDD 数据集上达到了 99.76%的准确率，但其并没有指出实验所使

用的具体特征个数与类别。Revathi 等[18]使用 spark 标准化技术来进行数据预处理：替换缺失值，移除多余值，采用语义多线性成分分析(Semantic Multilinear Component Analysis，SMCA)算法提取特征并提出 DSM-SVM(Discrete Scalable Memory based Support Vector Machine)模型用于 DDoS 检测，在 KDD 数据集上达到了 99.7%的准确率。

Batchu 等[19]综合比较线性回归(Linear Regression，LR)、决策树、梯度提升(Gradient Boost，GB)、KNN 和 SVM 在 DDoS 检测方面的性能，实验结果指出不同的模型在面对不同的数据集时各有优势，其中决策树在处理没有经过 BD/WHT 超参数微调时具有最好的性能，而 GB 在经过 BD/HT 超参数微调时具有最好的性能，二者准确率均高达 99.95%。该实验还指出特征工程极大地影响了机器学习算法性能，不同的数据预处理显著影响同一模型准确率。

与文献[19]类似，Tuan 等[20]综合比较了 SVM、决策树、朴素贝叶斯(Naïve Bayesian，NB)、人工神经网络(Artificial Neural Network，ANN)和 K-means 在 DDoS 检测方面的性能，实验结果指出在 UNBS-NB15 数据集上，K-means 性能最佳，K-means 识别僵尸网络的准确率达到 94.78%，决策树与 SVM 次之，它们的准确率均在 80%以上，NB 和 ANN 准确率不尽如人意，准确率都在 75%以下；作者同样在 KDD99 数据集上进行了实验，K-means 依旧达到最优性能，准确率高达 98.08%，SVM 准确率最低，只有 91.55%。

上述研究表明，尽管机器学习算法已经在准确率等指标方面获得了巨大的成功，但在特征工程方面仍需要进行包括特征创造、特征排序、特征筛选等在内的繁杂的特征预处理工作，需要研究人员具有较强的专业知识和技能；同时随着互联网规模的不断扩大，网络环境的日益复杂，当模型部署于不同的环境时，需要重新针对当前环境进行特征工程，耗费巨大。

3. 基于深度学习的 DDoS 检测与分类方法

互联网规模扩大，DDoS 攻击日益复杂，传统的机器学习算法开始变得难堪大任，深度学习能够自动学习模式特征，减少人为设计特征所带来的不完备性，逐渐成为目前 DDoS 学术界的研究热点。

Jia 等[21]提出了安全防御链(Security Chain，SC)的概念，将 DDoS 防御划分为检测、识别、分类与反制 4 个阶段，并针对不同阶段采取不同的方法。检测阶段通过熵值算法检测 DDoS 攻击的发生，识别阶段采用长短期记忆网络(Long-Short Term Memory，LSTM)模型以进一步标识 DDoS 流量，在分类阶段使用基于 CNN 的模型实现 4 类 DDoS 攻击分类，这两个模型在 CIC-DDoS2019 数据集上均达到了 99%的准确率，但文献并没有详细展示识别与分类模型对应的架构，且过分切分了安全链。本章将检测与识别阶段进一步合并，以减少多一层模型带来的花销。同时，4 分类问题也不适用于复杂的真实网络环境，对此本章提出的分类算法能识别 9 类 DDoS 攻击。

Yu 等[22]提出基于 CNN 的多层次化处理模型 PBCNN，第一层从 pcap 文件中单一数据的字节中自动化提取抽象特征，第二层从一条流的多个数据包中进一步构建表达空间，该模型在检测 Sloworis、Goldeneye、Hulk DoS 攻击以及 LOIC-HTTP 和 HOIC DDoS 方面，均达到接近于 1 的准确率，尽管面临 LOIC-UDP DDoS 时分类性能相对较差，但其准确率依旧达到94.34%。可惜的是该方法需要对pcap包进行处理,无法在线识别DDoS攻击。

Wei等[23]提出了基于两种深度学习模型的AE-MLP,其中AE(AutoEncoder)部分负责自动化提取与攻击最相关的流量特征,MLP(Multi-Layer Perceptron)使用经过AE模型压缩和筛选的特征集合作为输入,实现DDoS的6分类,该模型在CIC-DDoS2019数据集上或许超过98%的准确率和F1-score。

Haider等[3]结合了多种深度学习算法,提出了混合深层分类模型框架。框架将模型M1和模型M2的输出及其对应标签y经由add函数拼接为新的张量(x,y),并将(x,y)交给模型M3进行进一步分类。作者提出了两种集成框架,分别为集成RNN/LSTM的框架和集成CNN的框架,实验结果表明集成CNN模型优于集成RNN/LSTM模型,但其在设计模型时没有考虑模型尺寸,RNN和LSTM大量采用多神经元的全连接层,而CNN架构隐藏层数较多,从而导致冗余参数过多。

Yuan等[24]使用一些连续的数据包作为循环神经网络(Recurrent Neural Network,RNN)模型的输入,从而RNN能够利用历史信息来进行DDoS检测。同时,RNN不依赖于输入窗口的大小,窗口大小在传统机器学习中与特定任务相关,因此使用RNN可以增加模型通用性,使用该RNN模型,其错误率只有2.103%。

Doriguzzi-Corin等[4]提出了适用于资源受限平台的基于CNN的轻量级DDoS检测框架,尽管其具有良好的识别效率(在CIC-DDoS2017获得99.67%的准确率),但其模型采用了最大池化层,容易造成特征图之间的信息损失。

上述所有模型均只考虑了单一维度特征,即数据包维度特征或者流维度特征,尽管在二分类问题上获得了较好的分类结果,但在面临日益复杂的DDoS攻击(多向量攻击)时便弊端尽显。对此,Chen等[5]提出DAD-CNN,该模型综合考虑多维度特征对DDoS检测的影响,利用了多种特征信息识别DDoS攻击,相较于单通道CNN模型,该模型具有较高精度且在训练数据不足的情况下也能取得较高性能,但其不同维度的特征需要单独经过不同的全连接层转换为具有同维度的张量以进行统一处理,在线识别时需要消耗大量计算资源,且随着通道维度的上升,缺乏通道间的信息交互,丢失大量的有效信息。对此,本章研究综合多维特征与通道级注意力机制,其中多维特征统一进行张量化处理形成多通道输入,通道级注意力机制则负责通道间信息交互,避免了特征区别处理以及信息过度丢失的问题。

4. 面向SDN的DDoS反制方法

互联网规模的扩大使得传统网络难以满足需求,SDN应运而生,其将控制平面与数据平面解耦合,控制平面由SDN控制器构成,负责SDN网络逻辑上的集中控制;数据平面由SDN交换机构成,负责接收控制器发来的命令和查表转发操作,但这种架构使得SDN控制器很容易成为DDoS攻击的目标,因此DDoS防御研究领域涌现了大量针对SDN环境的DDoS防御方法。

Kuka等[6]提出了FPGA加速的DDoS攻击防御方法,通过FPGA提取数据包特征并上传控制器处理,并依据控制器处理结果在硬件层面实施反制,但其没有完全利用可编程设备的硬件能力,仍然具有极大的改进空间,在本章提出的系统架构中,FPGA不仅实

现了多维特征提取，而且实现了基于 CNN 的量化 DDoS 检测方法。

杨翔瑞[25]提出了面向 SDN 的软硬件协同 DDoS 防御框架，该框架将 DDoS 攻击的不同阶段进行分析解耦，并将不同功能阶段合理划分至数据平面和控制平面。框架将 DDoS 检测与分类阶段划分为粗粒度检测和细粒度检测，粗粒度检测依据流量大小和流量对称性实现 DDoS 初步预警，细粒度检测借助自动编码器实现 DDoS 流量进一步分类并进行跨平面协同的僵尸网络溯源；在 DDoS 反制手段上，其提出了智能防御应用，针对不同的 DDoS 实现不同的 DDoS 防御执行器，解决了 DDoS 响应机制单一的问题。

除了传统利用 SDN 控制平面与数据平面分离特性的 DDoS 攻击防御方法，目前也有少量将移动防御技术（Moving Target Defense，MTD）技术与 SDN 技术相结合的 DDoS 防御方法。Udhaya 等[26]提出了 SDN 环境下的针对 ICMP 攻击的 MTD 技术，该技术通过评分机制为不同的客户端 IP 提供不同的 QoS 保障，一旦检测到 DDoS 攻击，则采用端址跳变技术和 IP 变异技术，以实现服务器端址跳变从而躲避 DDoS 攻击，实验结果表明该方法可以有效缓解 DDoS 攻击。

Steinberger 等[27]同样结合了 SDN 与 MTD，其实现了网络级 MTD 与主机级 MTD，其中网络级 MTD 技术基于不同的 BGPNGNP，边界 NGNP 作为策略分发者，主机级 MTD 则部署在单一设备之上，并在其上运行 IP 地址跳变技术以躲避 DDoS 攻击。实验结果表明，SDN 与 MTD 结合可以充分发挥各自的优势。

上述现有研究表明，深度学习相较于传统特征统计熵值算法、机器学习算法具有显著优势，CNN 在深度学习中以其权重共享、硬件友好特性赢得更多关注，因此，本章以 CNN 作为技术基础，提出基于 CNN 的 DDoS 检测与分类算法。

8.2　基于 FPGA 加速和 CNN 量化的 DDoS 检测方法

本章的研究目标是基于 NGNP 的 DDoS 防御方法，检测作为 DDoS 防御链的第一环，其重要性不言而喻。NGNP 属于资源受限设备，并且其上运行着庞大的用户正常流量，因此，实现基于 NGNP 的 DDoS 检测需要占用尽可能少的资源，在保障用户的正常服务体验的情况下完成检测，使 DDoS 检测做到对用户不可感知；同时，NGNP 处于链路中间节点，需要处理较大流量，在峰值情况下甚至需要处理 Tb/s 级别的流量，因此实现基于 NGNP 的 DDoS 检测需要满足实时性，能以极快的速度处理流量并做到识别 DDoS 攻击；除此之外，DDoS 检测需要确保高准确，需要正确检测 DDoS 攻击的发生，而不能产生误判，浪费本就稀缺的设备资源。

针对上述内容，本节做了如下工作。

（1）提出基于 CNN 的 DDoS 检测算法，该算法将流维度特征转换为特征灰度图作为输入，实现流级别的 DDoS 检测。为了更好地训练卷积神经网络，研究基于 CIC-DDoS2019 数据集，提取不同攻击流量和正常流量作为数据集，并对此数据集进行数据预处理，形成最终模型训练验证数据集。

（2）为了使模型占用更少的硬件资源，对（1）中训练出的模型进行量化操作，将模型权重由 32 比特全精度表示量化至 2、4、6、8、16 比特，并从不同测度综合比较量化后模型性能,选择最优模型部署至 FPGA。

(3) 使用 HLS 将最优量化模型部署至 FPGA 层面,借助 FPGA 硬件计算能力实现 DDoS 的纳秒级检测。

8.2.1 基于 CNN 的 DDoS 攻击检测方法

1. CIC-DDoS2019 数据集及预处理

CIC-DDoS2019 数据集由加拿大网络安全研究所(Canadian Institute for Cybersecurity, CIC)提供,与现有的数据集相比,CIC-DDoS2019 数据集包含更多的 DDoS 攻击类型及对应的原始流量。总的来说,数据集包含两种类型的 DDoS 攻击:基于反射的攻击(Reflection Attacks)和基于利用的攻击(Exploitation Attacks)。根据所采用的协议不同又可进一步细分,该数据集总计提供 13 种类型的 DDoS 攻击数据。反射攻击都是由攻击者发送报文给反射服务器,其中报文的源 IP 地址伪造为受害者的 IP 地址,从而引导反射服务器返回大量报文给受害主机,造成受害主机处理器、内存、带宽等资源耗尽,该攻击的核心是利用协议请求报文与应答报文的大小非对称性;基于利用的 DDoS 攻击采用协议实现缺陷发动攻击,从而耗尽受害主机资源。以 SYN Flood 攻击为例(如图 8.1 所示),攻击者利用大量僵尸主机向受害者发送大量 SYN 报文,请求受害主机建立连接,受害主机接收到 SYN 报文之后,便会维持半连接列表以等待攻击者第三次握手,导致受害主机大量资源无法释放。

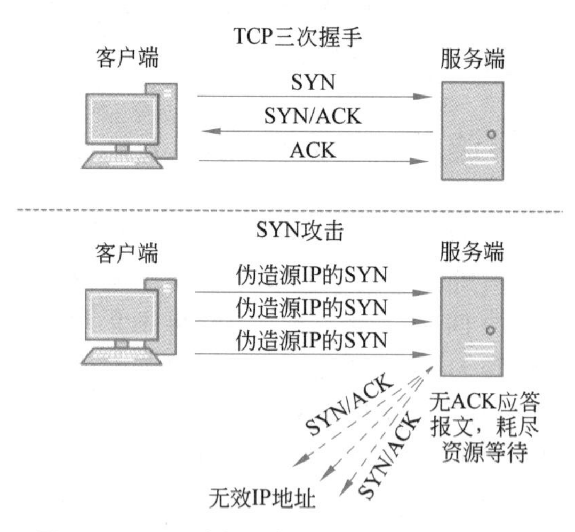

图 8.1 TCP 三次握手与 SYN Flood 流程对比图

CIC-DDoS2019 数据集流量数据在 2 天内采集,分别为训练日和测试日,其中训练日数据包含 12 种不同的 DDoS 攻击,包括 NTP、DNS、MSSQL、LDAP、NetBIOS、SNMP、SSDP、UDP Flood、UDP-Lag、TFTP、Web DDoS 以及 SYN Flood,测试日数据包含 7 种 DDoS 攻击,包括 NetBIOS、PORTMAP、LDAP、UDP Flood、UDP-Lag、MSSQL 以及 SYN Flood。CIC-DDoS2019 数据集总共包含 13 种 DDoS 攻击类型,提供了每种攻击对应的 CSV 文件,提供的 CSV 文件总共包含 88 种流维度特征。

本节研究聚焦于 DDoS 检测，在数据集处理时，从原始 pcap 包中提取 75 000 条正常流量，从每种攻击对应的 CSV 数据中各提取 75 000 数据流，并进行如下处理。

(1) 由于数据样本存在 NaN 与 Inf 值，研究将 Inf 替换为 NaN；并将具有 NaN 项的样本数据丢弃。

(2) 丢弃不具备通用性的特征，如数据流源/目的 IP、源/目的端口、流 ID 和捕获时间戳等，这么做是为了使训练出的模型与特定网络无关，更具有通用性。

(3) 将非数值特征编码，如采用独热编码和单词计数。

(4) 为了加快模型收敛速度，对样本数据的每个特征按照最大最小值归一化处理。其公式如式(8.4)所示，x 表示单个特征数据的取值，$x_{\min}$ 和 $x_{\max}$ 分别指数据所属特征的所有值的最小值与最大值。

$$x' = \frac{x - x_{\min}}{x_{\max} - x_{\min}} \tag{8.4}$$

(5) 针对每种 DDoS 攻击，各提取原始数据流的 10% 作为最终数据集 DDoS 攻击类别，同时在此基础之上混杂正常流量构成最终检测数据集，数据集组成如表 8.1 所示。

表 8.1　数据集组成

类　别	数　量
DDoS(1)	75 351
BENIGH(0)	75 000

(6) 对于流划分问题，LUCID[4] 指出在数据样本足够多的情况下，时间窗口对 CNN 模型性能影响较小，因此按照文献设置时间窗口为 1s，依据该时间窗口划分进行流维度特征的提取。

2. CNN 模型架构

本节提出基于 CNN 的 DDoS 检测方法，该方法利用流维度特征作为模型的输入。相较于其他 DDoS 检测算法(统计学、机器学习)，基于 CNN 的 DDoS 检测算法具有以下优点。

(1) 权重共享，每一个卷积核的权重都作用到输入之上，使得相较于标准神经网络，其计算量与内存需求更小。

(2) 无需特征工程，相较于传统的机器学习，CNN 自动作用于输入之上，自动提取关键特征完成流量识别，不需要复杂的特征选择、特征排序等需要专业人员才可以完成的工作。

(3) 硬件友好，核与核之间的卷积操作互不干扰，适合硬件并行运算，同时经过量化的 CNN 模型最低只需要 2 比特便可以表达权重，因此非常适合部署在 FPGA 上。

图 8.2 为本书提出的基于 CNN 的 DDoS 检测模型示意图。模型以流为单位实现 DDoS 检测，在固定时间窗口 T 内，同属于同一条流的若干数据包经由流特征提取模块提取流维度特征，所提取流特征个数为 81 个，研究方法将其转为 9×9×1 的灰度图作为本节提出的 DDoS 检测模型的输入。经过 CNN 模型之后，模型将当前灰度图对应所属的

流标记为两种类别之一：良性(Benign)和恶性(Malicious)，良性指代正常服务流量，恶性指代疑似 DDoS 攻击流量。

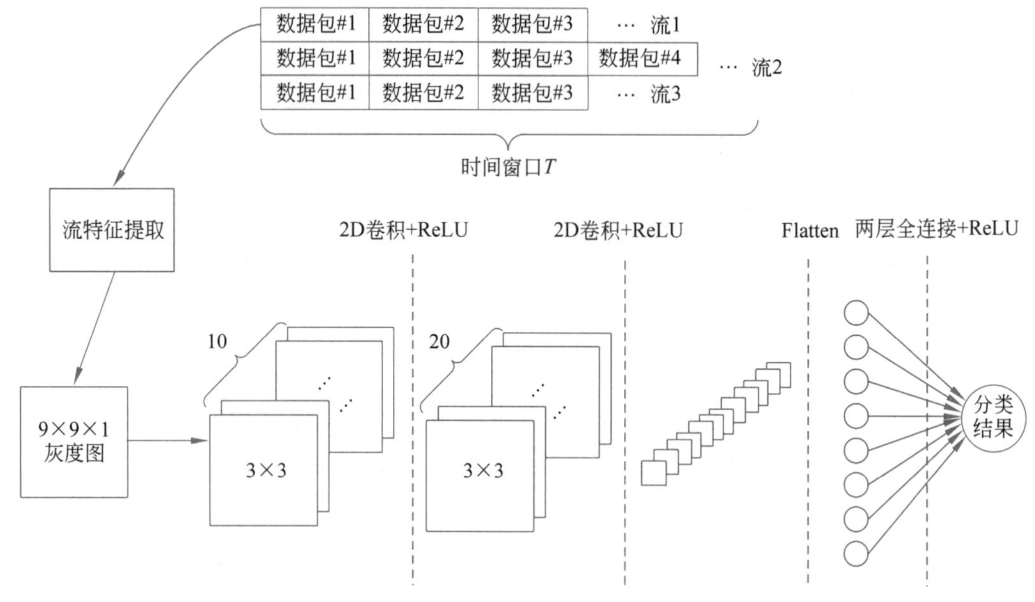

图 8.2 基于 CNN 的 DDoS 检测模型示意图

模型采用两层标准卷积层与两层全连接层作为模型的隐藏层，每一层隐藏层的卷积核大小为 3×3，本节提出的架构摒弃了池化层，因为模型的输入为 9×9×1 的灰度图，不同于常规的 224×224×3 的彩色图，其输入维度较小，不需要额外的降维操作来减少计算量或者防止过拟合。实验结果也表明，没有池化层的 CNN 准确性更高，因为其不会过分丢失特征信息。

浮点计算次数(Floating Point Operations，FLOP)和参数量(Parameters)是静态衡量模型的主要性能指标，衡量的分别是模型所需计算次数与模型的大小。模型的整体计算量等于模型中所有算子计算量总和。针对标准卷积，其计算量公式如式(8.5)所示。

$$\text{FLOP}=2H\cdot W(C_{\text{in}}K^2+1)C_{\text{out}} \tag{8.5}$$

其中，C_{in} 和 C_{out} 分别为卷积层输入张量和输出张量的通道数，K 为卷积核大小，H 和 W 分别为输入张量的高与宽。以第一层卷积层为例，其对应的 FLOP 为 $2\times9\times9\times(1\times3^2+1)\times10=16\ 200$。按照该公式，本节提出模型总体 FLOP 为 199 573，相较于文献[3]和[4]提出的高达数百万 FLOP 的 deepCNN 模型，在模型计算次数上具有显著优势，更适合资源受限设备。

从表 8.2 可以看出，模型只采用两层卷积层，其引入的参数量只有 1920，两个全连接层引入稍多参数量，参数量为 2517，模型整体参数量为 4437，在未经过量化处理的情况下，每个参数占 32 比特计算机存储，故 DDoS 检测模型尺寸为 $4437\times\frac{4}{1024}\approx17.33\text{KB}$，模型尺寸不足 20KB，在不进行量化处理的情况下依旧适合资源受限平台。

表 8.2　DDoS 检测模型具体架构

类型/步长	卷积核大小	输出尺寸	参数大小
Con2d/s1	3×3×1×10	7×7×10	100
Con2d/s1	3×3×1×20	5×5×20	1820
Flatten	—	1×500	0
dense	500×5	1×1×5	2505
dense	5×2	1×1×2	12

3. 模型量化

量化是将高精度表达转换为低精度表达的一种手段。量化技术存在诸多优点，相较于浮点数，使用定点数表示权重，能够有效地减少存储空间，例如将 32 比特权重量转换为 8 比特，后者所需存储空间为前者的 1/4，矩阵计算所需代价为前者的 1/16；同时，单位时间内使用定点数能够处理更多数据，减少乘积累加运算次数，加快数据处理；并且，量化后的模型更易于在 FPGA 等硬件平台上部署。因此为了进一步减小检测模型的尺寸，使其便于部署在 FPGA 之上提高其推理速度，增加 DDoS 检测的实时性，本书采用量化技术将模型高精度浮点数权重转换到低精度的整数权重。

$$q=\text{round}\left(\frac{r}{S}+Z\right) \tag{8.6}$$

典型的量化方法有线性量化，32 比特浮点数转换为整型的线性换算公式如式(8.6)所示，其中 r 为 32 比特浮点实数，在 CNN 模型中为每一层对应权重值；q 为量化后的定点数值；Z 为零点，其含义为浮点数 0 量化后对应的点。S 为缩放因子(Scale)，表示实数与整数值域之间的比例关系，q 为量化后的整数表达，可以通过式(8.7)转换为其对应的原实数表达 r。

$$r=S(q-Z) \tag{8.7}$$

尽管线性量化行之有效，但其量化后的权重值通常过于离散不适用于硬件实现。对此，针对 2/4/8/16 比特卷积层权重与激活层权重量化，本节采用式(8.8)量化浮点数尾数部分，其中 bits 为量化目标比特数，integer 代表浮点数的小数点左边的整数位数，round(x)操作返回浮点数的四舍五入值，clip 操作将量化范围限制在$[-2^{\text{bits}-1},2^{\text{bits}-1}-1]$之间，该操作可以防范数值溢出的风险；scale 为缩放因子，用于将浮点数映射到定点数。

$$2^{\text{integer}-\text{bits}+1}\,\text{clip}(\text{round}(x\cdot\text{scale}),-2^{\text{bits}-1},2^{\text{bits}-1}-1) \tag{8.8}$$

研究采用的缩放因子 scale 如式(8.9)所示，考虑到模型需部署至硬件 FPGA 之上，硬件层处理位移操作只需要单个移位或多个移位寄存器便可以实现，因此采用 2 的指数形式作为缩放因子。

$$\text{scale}=2^{\text{integer}-\text{bits}-1} \tag{8.9}$$

量化采用了 round 操作[式(8.8)]，使得损失函数不可导，在后向传播时梯度处处为 0，解决该问题的常见方法有直通估计器(Straight-Through Estimator，STE)技术。该方法忽略量化操作带来的影响，在后向传播时使梯度始终为 1，从而使得损失函数在后向传播时可导。但该方法无法反映真实的量化误差，梯度始终为1忽略了表达空间（量化位数）的改变所带来的影响。

$$\varphi(x) = s \cdot \tanh(k(x - m_i)), \quad \text{if } x \in P_i \tag{8.10}$$

$$m_i = 1 + (i + 0.5)\Delta \tag{8.11}$$

$$s = \frac{1}{\tanh(0.5k)\Delta} \tag{8.12}$$

针对上述问题，可微分软量化（Differentiable Soft Quantization，DSQ）引入式(8.10)来模拟取整操作(round)，其中 m_i 与 s 分别由式(8.11)与式(8.12)表示，1为实数域上的最小值，Δ 为量化间隔长度，P_i 对应于第 i 个间隔长度，由于其可微分的特性，DSQ能够在后向传播时通过模拟 round 以趋于正确的梯度，从而减少 STE 量化带来的误差，因此本节在量化时采用 DSQ 方法。图8.3形式化描述了DSQ模拟 round 操作的过程。

依据量化的方式不同，量化可以分为后训练量化（Post Training Quantization，PTQ）以及训练感知量化（Quantization Aware Training，QAT）。图8.4为PTQ与QAT的量化过程对比。PTQ在已经训练完成的模型之上完成量化操作，但由于模型训练时未考虑量化约束，因此该方法存在量化误差或精度误差较大的问题；相比之下，QAT通过在线微调，使得模型对量化表现更为友好，因此不会造成精度的较大损失，且更适用于8比特等低比特量化。因此，本节基于前文所训练模型参数，采取QAT量化。

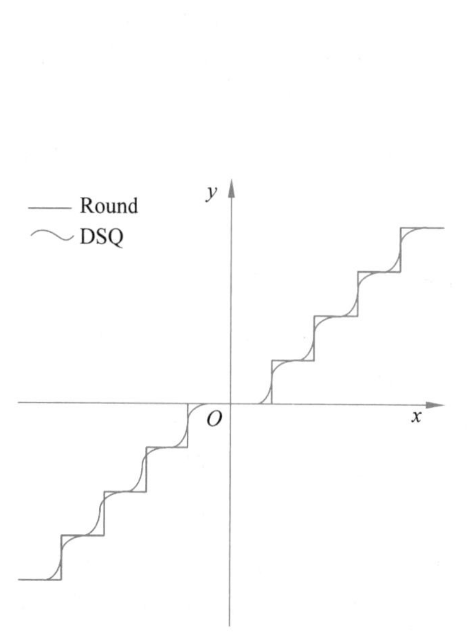

图8.3 DSQ模拟 round 操作的过程

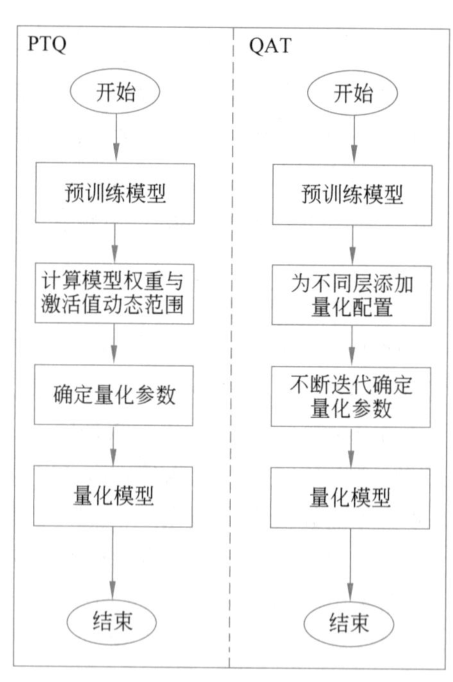

图8.4 PTQ与QAT的量化过程对比

在CNN中，各隐藏层可以被分为数据操作层以及数据转化层。其中数据操作层对张量进行特定形式的计算，可能会改变输入张量的类型，而数据转发层进行输入张量的布局，并不会改变输入数据的类型。本节拟实现数据操作层的量化，忽略数据转发层的量

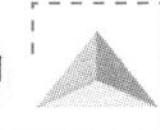

化，典型的数据操作层包括卷积层、全连接层和激活层，数据转化层有 Flatten 层。

8.2.2　FPGA 实现

FPGA 加速 CNN 在计算机视觉领域已经有诸多应用，但鲜有面向于 DDoS 研究领域的 FPGA 加速的 CNN 应用。本节提出的基于 FPGA 加速和 CNN 量化技术的 DDoS 检测模型，使用 PYNQ-Z2 作为 CNN 的硬件承载体，高层次综合（High Level Synthesis，HLS）作为硬件开发工具。

1. HLS 介绍

HLS 是由 Xilinx 公司于 2012 年发布的面向可编程逻辑器件设计和开发的工具。借助于 HLS，用户可以使用不同的高级语言（C、C++ 等语言）进行算法设计，并通过仿真、优化、综合等步骤将高级语言转化为 RTL 代码形式输出，输出形式可以为网表形式，也可以是 Xilinx 的 IP 核。尽管 HLS 生成电路相较于使用 Verilog 或者 VHDL 编写生成的电路在性能方面具有部分局限性，但 HLS 在硬件与软件之间搭建起了一座桥梁，提供了诸多便利，其提高硬件设计人员的工作效率，在创建高性能硬件时，硬件设计人员可以在更高的抽象级别上工作；软件人员使用 HLS 设计算法，只需要重点关注功能的设计与实现，能够极大地降低软件开发者通过硬件实现算法的成本，缩短开发周期；同时 HLS 也为软件设计人员改进了系统性能，软件开发人员可以在新的编译目标 FPGA 上加速算法中计算密集的部分。

通过使用 HLS，开发人员可以在 C 层次设计、实现、验证算法，Xilinx Vivado HLS 工具将每一个 C 函数综合为一个 IP 块，从而用户可以将其集成进硬件系统，同时 HLS 与 Xilinx 旗下其余设计工具紧耦合，为用户的 C 语言代码实现硬件 FPGA 上的最优部署。图 8.5 为 Vivado HLS 输入与输出的整体架构。用户编写的 C 代码经过 HLS 一系列处理（调度、控制逻辑提取、绑定、C 仿真、C 综合等）生成对应的 Verilog 或者 VHDL 代码，最终 HLS 自动将其封装成 IP 供用户使用。HLS 输入包括使用 C/C++/SystemC 编写的 C 函数、约束（Constraints）、指令（Directives）和 C 测试平台（TestBench），其中 C 函数是 Vivado HLS 的主要输入，该函数承担开发人员的功能设计，可以包含子函数的层次结构；约束是实现时所必需的部分，包括时钟周期、时钟不确定性和 FPGA 目标；指令则负责指导合成过程实现特定的行为或优化。对于生成的逻辑电路，Vivado HLS 在综合前使用 C 测试平台来模拟 C 函数，并使用 C/RTL Cosimulation 验证 RTL 输出。HLS 输出包括 HDL 格式的 RTL 实现文件和报告文件，负责呈现综合、C/RTL 联合仿真和 IP 封装的结果。

2. FPGA 加速器实现

如何尽快实现切实可用的可部署于 FPGA 之上的 DDoS 检测模型是本书的主要目标，故本书并没有纠结于不断调优实现最优方案。与文献[28]相似，本节为每个卷积层编写通用代码，将层与层间的堆叠转化为不同 IP 核的相连与参数配置，从而可以方便地实现模型层数的增加或减少。

算法 8.1 展示了本节借助于 HLS 实现的量化 DDoS 检测模型对应卷积层的伪代码，

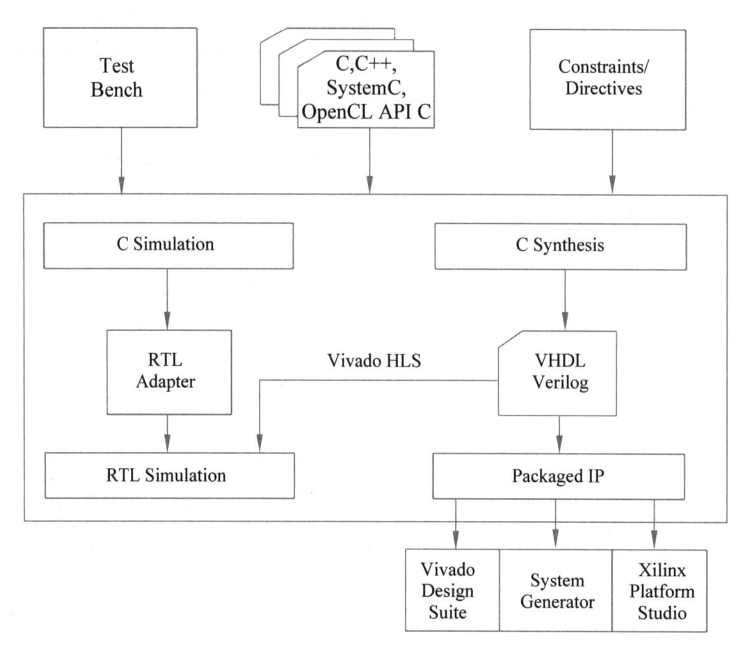

图 8.5　HLS 输入与输出的整体架构

其中 windows 和 weight_buffer 分别被用来存储特征图值以及对应的卷积核权重值，conv 用来存储卷积计算的结果，因此三者在实际实现时都被声明为寄存器类型。本节提出的模型不包含池化层，硬件实现时并没有将池化层嵌入至卷积层。卷积计算需要等到第 7 个数据，即缓存 2 行带 1 个值时才可以进行；伪代码中 #pragma HLS PIPELINE II=1 用于指定 HLS 优化目标，II 值越小，对应优化后处理速度越快。

算法 8.1　单个卷积核计算伪代码

输入： 输入特征图 inputs、输入通道数、输入宽度 in_width、输入通道数 in_channels、卷积核权重 weights、偏置 bias

输出： 输出特征图 outputs

```
Initialization #pragma HLS STREAM variable=inputs
               #pragma HLS STREAM variable=weights
               #pragma HLS STREAM variable=outputs
FOR_channel=0 to in_channels Do
    FOR row=0 to in_width+1 Do
        FOR col=0 to in_width+1 Do
            #pragma HLS PIPELINEII=1
            //当 row<1 且 col<2 时，缓冲 2 行数据到 buffer 中
            //当 row==1 且 col==2 时，开始卷积计算
                FOR ch=1 to 3 Do
                FOR ch=1 to 3 Do
                    FOR i=1 to 9 Do
```

```
                    conv+=windows[ch] * weights_buffer[ch][i]
                END FOR
            END FOR
        //缓存单个输入到对应输出
        //最后一个通道计算完,输出特征图 outputs
        END FOR
    END FOR
  END FOR
END FOR
```

8.2.3　实验设计与结果分析

为了验证本节所述的基于CNN的DDoS检测模型,本书针对8.2.1节所述模型架构进行模型测度实验,并与其他基于机器学习和深度学习的DDoS检测模型进行对比,旨从准确率(Accuracy)、精确率(Precision)、召回率(Recall)、F1-score等指标上衡量本节提出的模型,同时针对8.2.1所述量化方法与量化配置进行了模型量化实验,旨在选择最适于可编程设备的最优量化模型配置并最终部署在FPGA上。实验采用的设备规格如表8.3所示。

表8.3　实验配置

名　称	型　号
操作系统	Ubuntu20.04-5.4.0-90-generic
处理器	AMD Ryzen 9 5950X 16-Core Processor
FPGA	PYNQ-Z2

1. 模型指标实验分析

为了直观地展现本节提出的模型,实验设计从准确率、精确率、召回率以及F1-score角度,将本章8.2.1节所述模型与传统机器学习和业界现有的深度学习算法进行对比,其实验结果如表8.4所示。

表8.4　不同模型性能指标对比

模　型	准确率/%	精确率/%	召回率/%	F1-score/%	推断时间/ms	内存消耗/MB
本节模型	99.98	99.99	99.99	99.98	84.7	14.911
LSTM-BA	98.15	98.42	97.6	98.05	—	—
LUCID[4]	99.67	—	—	99.66	—	—
DeepDefense[24]	97.99	98.1	97.88	97.99	—	—
决策树	98.52	98.53	98.74	98.75	52.9	14.945

续表

模　型	准确率/%	精确率/%	召回率/%	F1-score/%	推断时间/ms	内存消耗/MB
随机森林	98.63	98.66	98.95	98.81	76.7	30.301
SVM	98.63	98.66	98.95	98.81	430.5	31.879
KNN	99.98	99.99	99.99	99.99	64789	18.883

如表 8.4 所示，本节提出的模型在准确率、精确率、召回率以及 F1-score 上相较于其他算法拥有着明显的优势。基于 KNN 的 DDoS 检测算法与本节模型在 4 个指标上基本持平，考虑到 CNN 的权重共享特性，其相对于传统 KNN 算法具有参数量小的优势，同时卷积的核与核之间互不干扰，非常适合部署于支持并行计算的硬件 FPGA 之上，故本模型优于基于 KNN 的 DDoS 检测算法；相较于其他机器学习 DDoS 检测算法（SVM、决策树和随机森林），本节提出的算法在 4 个测度指标上均取得明显优势，各项指标均趋于 1；与 LUCID 相比，本节模型摒弃了池化层，避免层与层之间信息的过度损失，因此本节模型总体性能更优；相较于 DeepDefense 的深层 CNN 架构，本节所采用的检测模型只使用了两层卷积核大小为 3×3 的卷积层，不仅准确率更高，其尺寸更小，更适合部署于资源受限的 NGNP 之上。

表 8.4 推断时间一列为模型识别 57 511 条流时所需的时间，内存消耗为进行该识别操作所占用的计算机存储资源。从表中数据可以看出，本节模型在推断时间测度上显著优于 SVM 与 KNN 算法，在软件层面只需要 1.37μs 便可以实现单条流的检测；由于决策树与随机森林算法在设计时只包含比较操作，数据处理时较快且不需使用更多资源保存中间变量，故本节模型在推断时间方面稍逊于决策树和随机森林，但表 8.5 指出，本节模型避免了繁杂的特征工程，所需时间更少。

表 8.5　特征排序与特征矩阵化处理时间对比

特征选择算法	消耗时间/ms	消耗时间对比
特征矩阵化	0.02	1
卡方检验(chi2)	31.846	1592.3
方差分析(f_classif)	62.018	3100.9
互信息(mutual_info_classif)	32 665.543	1 633 271.5
递归式特征消除	153 145.714	7 657 285.7
基于交叉验证的递归式特征消除	24 438.602	1 221 930.1
排列重要性(permutation importance)	155 750.785	7 787 539.25
tree-based selection	951.237	47 561.85
方差选择(variance threshold)	33.157	1657.85

为了进一步突出本节模型相较于决策树与随机森林的优势，实验在消耗时间方面对比了本节采用的特征矩阵化和针对决策树与随机森林算法所采用的特征排序算法，实验

特征个数为 82，实验结果如表 8.5 所示。与本节所采用的矩阵化操作相比，特征排序算法均消耗大量时间，其中，耗时最多的排序算法为排列重要性，其消耗时间约是矩阵化操作的 779 万倍，这是由于该方法在计算随机排列后的特征重要性评分时消耗较多时间；即使是最快速的特征排序算法卡方检验，其消耗时间也达到了矩阵化操作的 1592 倍。由此可见，本节模型相较于机器学习算法在特征处理时间方面具有优势。

结合表 8.4 和表 8.5，本节提出的 DDoS 检测模型具有最高的准确率、精确率、召回率和 F1-score，同时在速度和资源消耗方面优于大部分机器学习算法，且不需要额外的特征工程，可以认为本章所提出的模型在兼顾准确度高和资源占用小的情况下在软件层仍具有快速推理能力，可满足基于 NGNP 的实时 DDoS 检测。

2. 模型量化实验分析

上一小节将本节提出的算法与传统机器学习和深度学习算法在软件层进行了综合对比，指出本节所提出的模型具有最优的综合分类效果，本节 DDoS 检测模型旨在充分利用 NGNP 的资源实现实时检测，但该模型为 32 比特全精度模型，部署在可编程设备的硬件 FPGA 之上需要占用较多资源，对此，利用 8.2.1 节所述量化方法针对 8.2.1 节所述模型进行 QAT 量化，权衡不同比特量化对模型的影响，并选取最终模型部署于 NGNP 的 FPGA 之上。实验量化层包括卷积层、全连接层、ReLU 激活层，即对模型进行包括权重与激活值在内的全量化，量化比特数为 2、4、6、8、16，实验结果如图 8.6 所示。

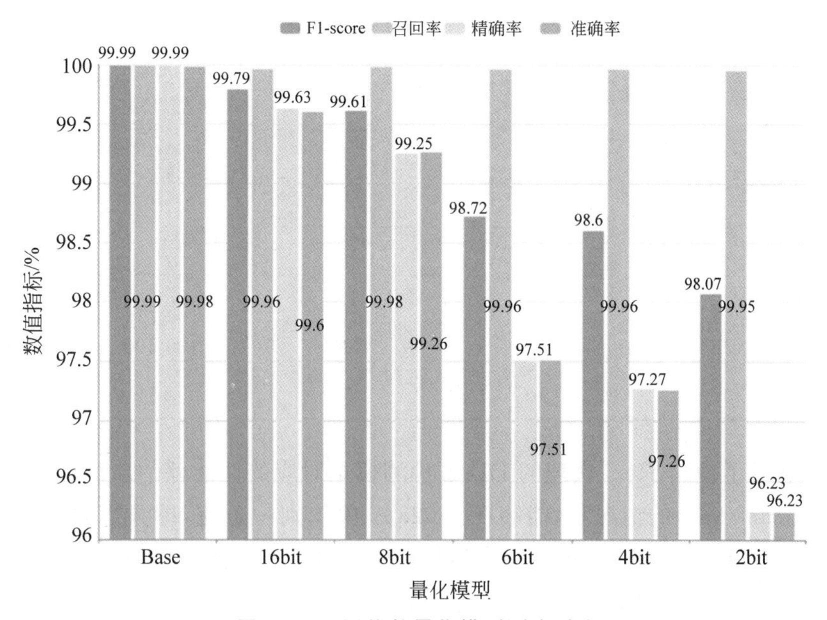

图 8.6　不同位数量化模型测度对比

随着模型量化比特的逐渐降低，其对应的准确率、精确率与基准模型（32 比特全精度）相比均出现显著下降，在所有量化位数之中，8 比特与 16 比特相较于基准模型仍保持可观的准确率，2 比特与 4 比特准确率降低至 0.975 之下。召回率并没有随着比特数降低对应降低，说明在原始样本的正样本之中被预测为正样本的概率不会显著降低，F1-score

作为准确率与召回率的综合评估指标，随着准确率的降低而降低。

综上所述，在所有量化位数之中，8 比特模型表示既降低了模型的大小、模型推理所需的硬件资源，又保证了相当的精度，因此本节实现将 8 比特量化模型部署至 NGNP 的 FPGA 层上。

表 8.6 展示了本节提出的 8 比特量化 DDoS 检测模型部署在 FPGA 上的硬件资源消耗。在模型实现时，每个卷积核被转化为对应的 IP 核，从而可以按照模型架构进行 IP 核的配置互联，尽管会引入较多的资源消耗，但卷积核间的运算并行操作，能够实现模型的快速推断，这对于实时的 DDoS 检测十分重要。通过表中数据可以看出，模型使用了 41%的触发器(Flip Flop，FF)和 67%的查找表(Look Up Table，LUT)，仍具有非常多的空闲硬件资源，这些资源可以被合理配置，如实现硬件层特征提取等其他算法。由于本节实验并没有进行详细的 HLS 调优过程(初始优化、性能优化、时延优化、面积优化)，因此在资源利用上，只使用了 5%的数字信号处理单元(Digital Signal Process，DSP)进行卷积计算，同时其他资源仍具有进一步压缩的空间。

表 8.6　8 比特检测模型硬件资源消耗

模型名称	BRAM_18K	DSP48E	FF	LUT
DSP	—	—	—	—
Expression	—	—	0	34
FIFO	30	—	1545	3658
Instance	0	12	42 352	31 880
存储	—	—	—	—
多路选择器	—	—	—	36
寄存器	—	—	6	—
使用量	30	12	43 903	35 608
可用量	280	220	106 400	53 200
利用率/%	10	5	41	67

表 8.7 展示了使用 HLS 实现的 DDoS 检测模型对应的性能评估。结果表明，模型在 200MHz(Clock=5ns)的情况下，能够在 0.628μs 内识别一条流，即只需要 628ns 即可判断一条流是否为 DDoS 攻击。这表明本节提出的 FPGA 加速的基于 CNN 的 DDoS 检测模型足以满足真实互联网 DDoS 检测的实时性需求。

表 8.7　8 比特检测模型性能评估

时钟	目标	估计值	不确定性	延迟(周期)		延迟(绝对值)		间隔		流水线类型
				min	max	min	max	min	max	
ap_clk	5.00ns	5.065ns	0.62ns	124	124	0.628μs	0.628μs	89	89	dataflow

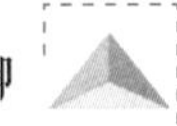

表 8.8 将本节提出的基于 FPGA 加速和 CNN 量化技术的 DDoS 检测模型与其他基于 FPGA 实现的 DDoS 检测模型进行了对比。在检测速度方面，本节提出的方法达到了最优的性能，实现了纳秒级的 DDoS 检测，而 C5.0 决策树和 ANN 算法只能实现微秒级 DDoS 检测，由于文献[29]在评估检测速度时以每秒处理样本数为评判依据，因此无法与其直接对比，但其实现的 16 树与 8 树随机森林占用的 LUT 均超过了 PYNQ-Z2 所能承受范围（53 520），占用较多 FPGA 资源，因此可以认为本节模型优于其实现的随机森林 DDoS 检测模型。在 FPGA 资源利用方面，本节模型相较于 ANN 使用了较多 LUT，但 ANN 算法使用的 DSP 数量达到了惊人的 184，而本方法只使用了 6。综上所述，本节所提的 DDoS 检测模型满足资源受限的 NGNP，且能够实现纳秒级的流级别 DDoS 检测。

表 8.8　与其他基于 FPGA 实现的 DDoS 模型性能对比

模型名称	检测速度	LUT	DSP
本节模型	628ns	35 608	6
C5.0 决策树	120μs	—	—
随机森林（8 树）[29]	—	76 731	—
随机森林（16 树）	—	122 328	—
ANN	380μs	11 603	184

8.3 适用于 NGNP 的 DDoS 检测与动态防御

本节将 DDoS 防御链的两部分（分类与防御）结合到一起介绍。首先介绍轻量化 DDoS 分类模型，该方法结合多维特征与通道级注意力机制，考虑不同维度特征对不同 DDoS 攻击的影响因子，并采用深度可分离卷积作为模型的基本构成，以实现模型高准确率和轻量化。最后，本节介绍了动态防御链部署方法，该方法依据 DDoS 分类结果动态部署防御对策，以进一步降低过分防御带来的冗余花销。

在 DDoS 检测识别基础之上，本节着眼于 DDoS 攻击的细粒度分类和针对性反制。目前现有的研究大多聚焦于 DDoS 检测，鲜有研究者研究 DDoS 攻击多分类，且目前的研究聚焦于较少数目的 DDoS 攻击分类（4 分类或者 6 分类），这些方法在当前日益复杂的网络环境和日益多样的 DDoS 攻击方式（如 MVD 攻击）下显得捉襟见肘。除此之外，只有 DDoS 检测和分类不足以完成完整的闭环 DDoS 防御，检测和分类是为了更好地服务于流量处理，对于被标记为特定类型 DDoS 攻击的流量，需要进行最终反制。除了上述基本要求外，NGNP 作为链路核心节点承载庞大用户流量，如何在不干扰正常流量的情况下完成 DDoS 防御也成为一大难题。

针对上述问题，本节做了如下工作。

（1）针对 DDoS 攻击日益复杂的问题，本节着眼于 DDoS 多分类，针对 9 种典型的

DDoS 攻击,从多种特征维度提取特征信息并结合注意力机制实现精准分类,同时对于被标记为 DDoS 攻击的正常流量进行二次识别,以确保用户流量的正常传输。分类方法考虑不同特征信息对 DDoS 分类的贡献度,并使用注意力机制强化该贡献度,同时方法采用轻量化卷积以加速模型分类性能。

(2) 针对 DDoS 防御反制问题,本节提出动态防御方法,该方法依据分类结果动态部署防御,避免同时开启所有防御策略所带来的资源过度浪费。

8.3.1 轻量化 DDoS 攻击检测模型

1. 轻量化 CNN 基本模块

目前学术圈的研究重点从高准确率但具有高计算量的 CNN 模型架构转向在资源约束情况下保证较高准确率和高推断速度的轻量化 CNN 模型。更多的参数和更深的层数往往代表着更高的准确率,但这些模型的尺寸过大,通常无法部署在资源受限的移动端、嵌入式设备或者是无操作系统的微处理器上。为了解决上述问题,学术界从不同方向进行了研究,如架构设计、模型剪枝、量化、知识蒸馏等,在资源约束的情况下均保证了可观的准确率,但目前的轻量化 CNN 模型均局限于计算机视觉、自然语言处理等传统深度学习领域,鲜有适用于其他场景(如网络安全领域)的轻量化多分类 CNN 模型。

CNN 采用大量标准卷积,导致其计算量过大,不适用于资源受限的 NGNP。受 mobilenet 系列和 inception 系列启发,本节采用深度可分离卷积(Depthwise Separable Convolution,DSC)构造模型基本块,深度可分离卷积将标准卷积分解为深度卷积(Depthwise Convolution)与点卷积(Pointwise Convolution),从而达到在确保感受野近乎相同的情况下,实现参数量的减少,提高模型的执行效率,图 8.7 展示了标准卷积与深度可分离卷积的区别。

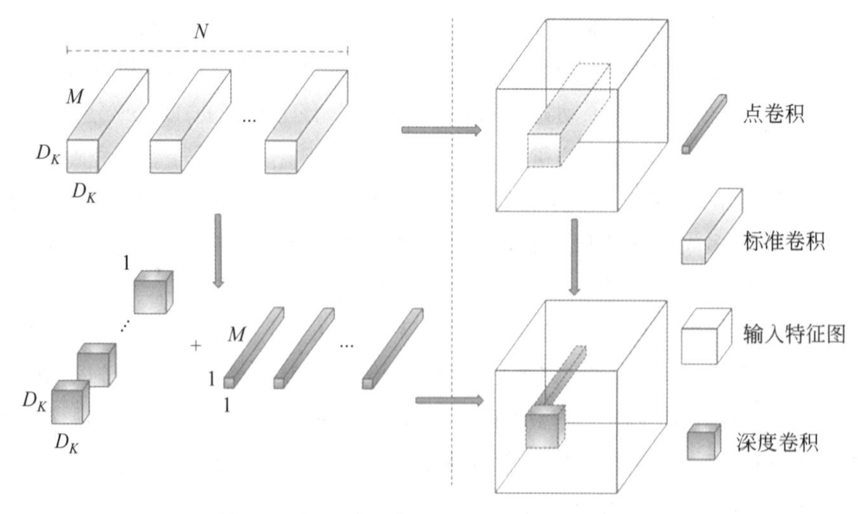

图 8.7 标准卷积与深度可分离卷积的区别

在传统 CNN 模型中，卷积核作用在输入特征图片的所有通道之上，其公式如式(8.13)所示，其中 K 为标准卷积核，其尺寸为 $D_K \times D_K \times N$，D_K 为卷积核的空间大小，N 为卷积核通道数，即输出特征图 G 的通道数；F 为输入特征图，其大小为 $D_F \times D_F \times M$，D_F 为输入特征图的宽与高，M 为输入特征图的通道数；传统卷积将卷积核作用于输入特征图的每一个通道上得到输出特征图 G，其尺寸大小为 $D_G \times D_G \times M$，其中 D_G 为输出特征图的宽与高；因此传统卷积在单个卷积层上的计算量大小为 $D_K \times D_K \times M \times N$。

$$G_{k,l,n} = \sum_{i,j,m} K_{i,j,m,n} \cdot F_{k+i-1,l+j-1,m} \tag{8.13}$$

分类器采用深度可分离卷积以减少模型参数与计算量，若输入特征图尺寸为 $D_F \times D_F \times M$，输出特征图尺寸为 $D_F \times D_F \times N$，卷积核尺寸为 $D_K \times D_K \times M$，深度卷积所需参数为 $D_K \times D_K \times M$，点卷积为 $1 \times 1 \times M \times N$，则深度可分离卷积与传统卷积参数量存在如式(8.14)所示的比值。例如，若卷积核尺寸为 3，输出特征图通道数为 10，则深度可分离卷积所需计算量约为标准卷积的 1/9，可见深度可分离卷积能极大地减少计算量。

$$\frac{D_K \times D_K \times M + M \times N}{D_K \times D_K \times M \times N} = \frac{1}{N} + \frac{1}{D_K^2} \tag{8.14}$$

图 8.8 展示了本节分类模型的基本模块，模型采用 Keras 实现，其中 SeparableConv2D 即为本节前文所述的深度可分离卷积，其首先执行深度方向的针对每个通道的空间卷积，然后针对所有通道进行点卷积；DepthwiseConv2D 为深度卷积，其只进行 SeparableConv2D 的前半部分，即对每个通道进行空间卷积，在每一个基本模块中添加深度卷积，是为了进一步强化多维特征各自的特征表达。

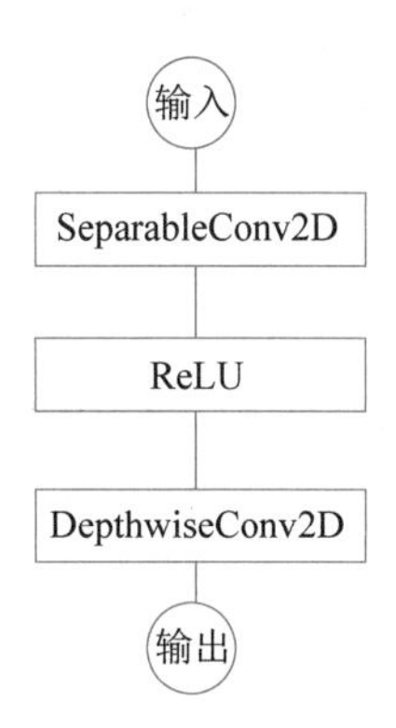

图 8.8　分类模型的基本模块(Keras 实现)

2. 多维度流量特征

传统的基于深度学习的 DDoS 检测与分类技术通常将流量按照一定规则转换为灰度图作为模型的输入，这种转换方式有以下几种。

(1) 在固定时间窗口内，提取属于同一条流的数据包排列，并提取对应流维度特征，将这些特征转换为灰度图矩阵[2]，本节的 DDoS 检测算法也是采用这种方式。

(2) 将数据包的包维度特征转换为灰度图矩阵。

(3) 将数据包的固定字节数转换为灰度图矩阵。

上述方法存在极大的局限性，即只能从单一维度去进行识别、检测、分类，例如方法(1)仅仅考虑了流量的流维度特征，在面对一些高速率 DDoS 攻击时具有优势；方法(2)和(3)则只考虑了流量的包维度特征，在面对利用协议字段实现缺陷的 DDoS 攻击时具有优势。正如前文所展示，这些方法在二分类(DDoS 检测)问题上能获得极高的准确率，但面临多分类问题(DDoS 精细化分类)时，其准确率便不是那么高了。不同的 DDoS 攻击在不同特征维度上的表现不同，故每个特征维度对 DDoS 攻击检测、分类的贡献不同，例如当 SYN 攻击发生时，受害主机接收到的报文中的 SYN 字段总数量显著上升，很难从流维度特征观测到这种数据包层面的变化。基于上述这种思想，本节利用多维度特征[5]进行 DDoS 的精细化分类，尝试从不同维度的特征出发实现高效且精细的 DDoS 分类。图 8.9形式化地展示了单维特征与多维特征在处理上的区别。同一条流的多个数据包头部经过特征提取模块后获得 N 个特征及其对应的值，传统单维度特征方法将该特征向量矩阵化，获得对应于不同攻击类型的 DDoS 攻击对应的灰度图[图 8.9(a)]，并以此作为分类模型的单通道输入；不同于该方法，图 8.9(b)指出从特征提取模块获得的多维特征(图中为 3 维)可统一经过矩阵化，得到对应的灰度图矩阵，并经过拼接(concat)操作，形成多通道张量，特征维度越多即通道数越多，代表模型接收到的流量信息越多，对分类的作用效果越显著。

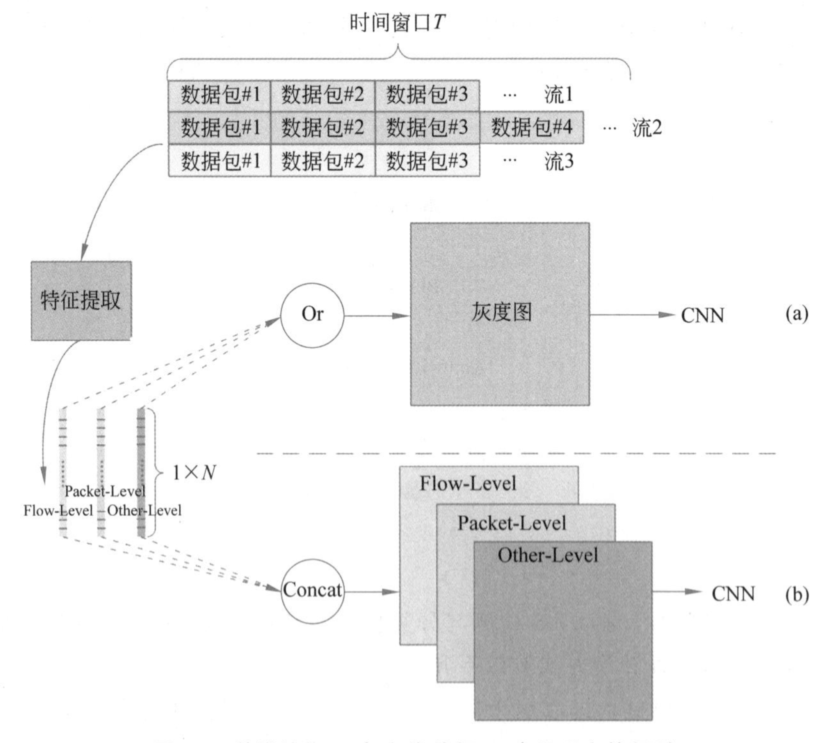

图 8.9 单维特征(a)与多维特征(b)在处理上的区别

本节采取 81 种流维度特征和包维度特征，其中部分流维度特征如表 8.9 所示。不同于其他 DDoS 检测与分类研究[2,3,6]，为了使模型更通用，不与特定场景或网络环境绑定，能够部署在除了 NGNP 之外的其他设备之上，本节采取的流维度特征将与特定目标相关的特征剔除，如源/目的 IP 地址、时间戳等。本节采取的部分包维度特征如表 8.10 所示，其综合考虑单个数据包每层协议的关键字段，与流维度特征类似，剔除了与特定目标相关的特征。流维度特征与包维度特征提取均实现在 FPGA 硬件之上，借助 FPGA 流水线的高并行性和硬件的强大计算力实现高效的特征提取。

表 8.9　流维度特征(部分)

编号	名　称	编号	名　称	编号	名　称
1	Flow Duration	21	Fwd IAT Mean	41	URG Flag Count
2	Total Fwd Packets	22	Fwd IAT Std	42	CWE Flag Count
3	Total Backward Packets	23	Fwd IAT Max	43	Down/Up Ratio
4	Total Length of Fwd Packets	24	Fwd IAT Min	44	Average Packet Size
5	Total Length of Bwd Packets	25	Bwd IAT Total	45	Avg Fwd Segment Size
6	Fwd Packet Length Max	26	Bwd IAT Mean	46	Avg Bwd Segment Size
7	Fwd Packet Length Min	27	Bwd IAT Std	47	Fwd Header Length.1
8	Fwd Packet Length Mean	28	Bwd IAT Max	48	Init_Win_bytes_forward
9	Fwd Packet Length Std	29	Bwd IAT Min	49	Init_Win_bytes_backward
10	Bwd Packet Length Max	30	Fwd PSH Flags	50	act_data_pkt_fwd
11	Bwd Packet Length Min	31	Bwd Header Length	51	min_seg_size_forward
12	Bwd Packet Length Mean	32	Fwd Packets/s	52	Active Mean
13	Bwd Packet Length Std	33	Bwd Packets/s	53	Active Std
14	Flow Bytes/s	34	Min Packet Length	54	Active Max
15	Flow Packets/s	35	Max Packet Length	55	Active Min
16	Flow IAT Mean	36	Packet Length Mean	56	Idle Mean
17	Flow IAT Std	37	Packet Length Std	57	Idle Std
18	Flow IAT Max	38	Packet Length Variance	58	Idle Max
19	Flow IAT Min	39	SYN Flag Count	59	Idle Min
20	Fwd IAT Total	40	ACK Flag Count	60	Inbound

表 8.10　包维度特征(部分)

编号	名　称	编号	名　称	编号	名　称
1	len	21	ip.ttl	41	ssl.record.length
2	caplen	22	ip.proto	42	arp.hw.type
3	frame.encap.type	23	tcp.len	43	arp.proto.size
4	frame.offset	24	tcp.seq	44	arp.hw.size
5	frame.len	25	tcp.nextseq	45	arp.opcode
6	frame.caplen	26	tcp.flags.rst	46	http.response.code
7	marked	27	tcp.flags.ns	47	http.content.length
8	frame.ignored	28	tcp.flags.cwr	48	http.request
9	eth.lg	29	tcp.flags.enc	49	udp.length
10	eh.ig	30	tcp.flags.urg	50	udp.checksum.status
11	ip.version	31	tcp.flags.ack	51	udp.stream
12	ip.hdrlen	32	tcp.flags.push	52	dns.flags.response
13	ip.tos	33	tcp.flags.res	53	dns.flags.opcode
14	ip.id	34	tcp.flags.syn	54	dns.flags.truncated
15	ip.len	35	tcp.flags.fin	55	dns.count.labels
16	ip.flags	36	icmp.respin	56	dns.resp.type
17	ip.flags.rb	37	icmp.respto	57	dns.resp.class
18	ip.flags.df	38	data.len	58	dns.resp.len
19	ip.flags.mf	39	ssl.record.contenttype	59	dns.resp.ttl
20	ip.frags.offset	40	ssl.record.version	60	dns.qry.name.len

3. 通道级注意力机制

Momenta 公司提出的 SENet(Squeeze and Excitation Network)首次提出通道注意力机制,通过两层全连接层,实现通道间相关性分析,强化重要特征来提升准确率。图 8.10 为 SENet 基本块,其通过两个阶段来实现通道级注意力机制,分别为挤压(squeeze)与刺激(excitation)。挤压阶段采用全局平均池化操作获取通道级统计数据,其对应公式为式(8.15),其中 $z \in R^c$,z_c 表示 z 的第 c 个元素。u_c 为卷积层输出特征图的第 c 个通道,H 与 W 分别为卷积层输出特征图的高度与宽度。通过作用在每一通道上的全局平均池化,SE 获得了当前每一通道对应的权重,该阶段对应于图 8.10 的 $\boldsymbol{F}_{\text{sq}}$。

$$z_c = \boldsymbol{F}_{\text{sq}}(u_c) = \frac{1}{H \times W}\sum_{i=1}^{H}\sum_{j=1}^{W} u_c(i,j) \tag{8.15}$$

刺激阶段对应公式为式(8.16),其中 σ 为 ReLU 激活函数,矩阵 $\boldsymbol{W}_1 \in \mathbb{R}^{C \times \left(\frac{C}{r}\right)}$,矩阵

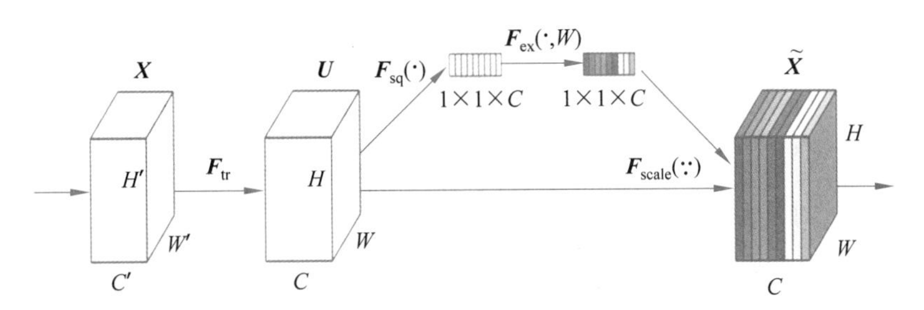

图 8.10　SENet 基本块

$\boldsymbol{W}_2\in\mathbb{R}^{(\frac{C}{r})\times C}$，SE 在非线性周围使用两个全连接层以限制模型的复杂度，其中 $\boldsymbol{W}_1$ 负责降维，$\boldsymbol{W}_2$ 负责维度恢复，r 为降低比率因子，$\boldsymbol{s}$ 为每一通道 c 对应缩放因子 s_c 组成的向量，$\boldsymbol{s}=[s_1,s_2,\cdots,s_c]$，该阶段对应于图 8.10 中的 $\boldsymbol{F}_{\mathrm{ex}}$。

$$\boldsymbol{s}=\boldsymbol{F}_{\mathrm{ex}}(z,W)=\sigma(g(z,W))=\sigma(\boldsymbol{W}_2\sigma(\boldsymbol{W}_1 z)) \tag{8.16}$$

SE 块的最终输出经过缩放(scale)操作，以区分不同级别通道的作用，采用的公式为式(8.17)，其中 $\widetilde{\boldsymbol{X}}=[\widetilde{x}_1,\widetilde{x}_2,\cdots,\widetilde{x}_c]$与 $\boldsymbol{F}_{\mathrm{scale}}(u_c,s_c)$指特征映射 u_c 与标量 s_c 相乘。该阶段对应于图 8.10 中的 $\boldsymbol{F}_{\mathrm{scale}}$。

$$\widetilde{x}_c=\boldsymbol{F}_{\mathrm{scale}}(u_c,s_c)=s_c\cdot u_c \tag{8.17}$$

通过 SENet 的挤压与刺激操作，通道间的特征差异得以进一步扩大，尽管 SENet 确实能够强化模型分类性能，但其两层全连接层也引入了较多的额外计算量，同时降维操作破坏了通道与权重之间的直接关联。

不同于 SENet 中每个通道与相邻所有通道交互以获得跨通道交互信息的操作，ECANet[30]提出用 k 邻居(如图 8.11 所示)通道替换全通道相关性，并借助带状矩阵实现计算参数的减少，带状矩阵如式(8.18)所示。

$$\begin{bmatrix}\omega_{1,1} & \cdots & \omega_{1,1} & 0 & 0 & \cdots & \cdots & 0\\ 0 & \omega_{1,1} & \cdots & \omega_{1,1} & 0 & \cdots & \cdots & 0\\ \vdots & \vdots & \vdots & \vdots & \ddots & \vdots & \vdots & \vdots\\ 0 & \cdots & 0 & 0 & \cdots & \omega_{1,1} & \cdots & \omega_{1,1}\end{bmatrix} \tag{8.18}$$

其核心思想是将每一通道与其 k 邻居进行通道间信息交互，带状矩阵参数量只需 $k\times C$ 个。上述带状矩阵可以转换为卷积核尺寸为 k 的一维卷积，其公式如式(8.19)所示。

$$\omega=\sigma(\mathrm{Con1D}_k(x)) \tag{8.19}$$

每一维度特征均可以看作 CNN 初始卷积层的每一通道输入，多种维度特征共同组成多通道输入，通过通道级注意力机制能够强化不同特征的差异性。基于该思想，本节借助通道注意力机制从不同的通道中获得一个权重矩阵，该矩阵可以用来衡量不同通道的重要性，从而能够完成不同维度特征的重构。在 8.3.1.1 节提出的基本模块之间增加通道注意力机制，以区分不同特征组对特定 DDoS 类型的贡献度，模型设计架构如表 8.11 所示。

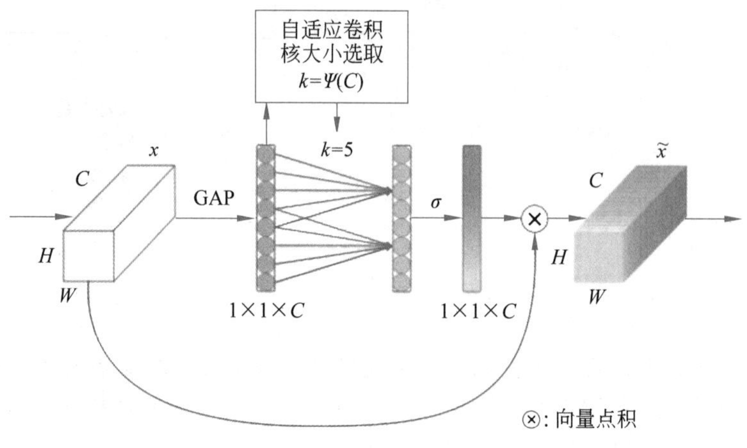

图 8.11 ECANet 注意力机制[30]

表 8.11 DDoS 多分类器模型设计架构

类型/步长	卷积核大小/深度因子	输出尺寸
separable_conv2d/s1＋relu	3×3×32/5	7×7×32
depthwise_conv2d	1×1×160	7×7×160
ecanet	—	—
separable_conv2d/s1＋relu	3×3×32/5	5×5×32
depthwise_conv2d	1×1×160	5×5×160
ecanet	—	—
flatten	—	1×7840
dense＋softmax＋BatchNormalization	4000×40	1×1×40
dense＋softmax	40×10	1×1×10

8.3.2 动态防御链

传统 DDoS 防御方法通常依靠流量清洗中心进行流量清洗，流量在清洗过程中经过一系列防御手段（识别、过滤、限速等）处理后，被重新牵引至用户端，这种方法虽行之有效，但往往需要庞大服务器集群的强大算力支撑，代价极高，同时，多种防御机制同时开启，造成防御冗余，浪费服务器算力。因此，本节采用动态防御策略对 DDoS 进行防御，该方法依据 DDoS 分类模型分类结果实施精准的防御反制。

1. 防御策略声明

本节研究基于 NGNP 的防御方法，侧重于在单一 NGNP 上可部署的防御策略，其原因有如下两点。

（1）避免将防御策略分配至多个 NGNP 上[8]，造成 DDoS 攻击流量扩散的局面。

(2) 减少云服务器(清洗中心)的参与,避免因牵引带来的延迟。

针对不同的 DDoS 攻击需要不同的防御方法,清洗中心通过大量服务器间的资源调度,能够运行所有防御策略,但如果在单一可编程上同时开启所有防御机制,则会浪费 NGNP 本就稀缺的计算资源,从而挤压用户可用资源影响用户 QoS 与 QoE。因此,有必要针对当前互联网实际攻击情况有选择地部署防御机制。动态防御方案依据 DDoS 分类模型分类结果将当前恶意流标记为对应的 DDoS 攻击类型,并动态部署对应防御机制。在实际部署时,需要将报文交付给与具体攻击对应的防御模块,对此需要显著标识不同的防御机制模块。在本节提出的 DDoS 防御系统中,模块间是相互独立的,在功能实现上没有明确的依赖关系或者从属关系,这么做是为了增加 DDoS 防御的灵活性与可定制性,使得防御手段的更新更便捷。每个防御模块均采用 8 比特标识符号进行标识,该标识符号称为防御机制模块标识(defense Module IDentification,dMID),因此在单一 NGNP 之上,最多可以支持 $2^8=256$ 个防御模块。对于交换机接收到的报文,交换机依据其五元组哈希值匹配查询当前流对应的元数据(metadata),元数据中携带 dMID 用于规定当前数据包的防御处理流程。对于不同层次的防御机制模块,采用分段标号加以区分,例如 MID<128 的模块为硬件层防御模块,如首包丢弃、上传给软件层,MID≥128 的模块为软件层防御模块,如 SYN Cookie 机制。

metadata 数据结构为 16 字节大小,其格式如图 8.12 所示,其中 pksrc 与 pkdst 记录了当前数据包对应的来源与目的,0 为网络输入/输出接口,1 为软件层 CPU 输入/输出;inport 指明当前数据包的输入端口号;ot 指出数据包类型(单播、组播、泛洪或者从输入接口输出);outport 指出输出端口,pri 指出数据包优先级;discard 为丢弃位,对于被标识为 DDoS 攻击的流量,可以简单地将该位标记为 1,从而 NGNP 直接丢弃该数据包;len 表示包含 meta 字段的分组长度,smid 与 dmid 用于串联多个 DDoS 防御模块,分别指明当前数据包的源防御模块和目的防御模块,从而实现防御模块链的成链部署;seq 为分组接收序号;flowid 为当前数据包所属流的标识符,在本节提出的系统中,DDoS 处理以流为粒度,对于同一条流的数据包,其所经过的 MID 序列路线相同;reserve 为保留字段;timestamp 标识时间戳。

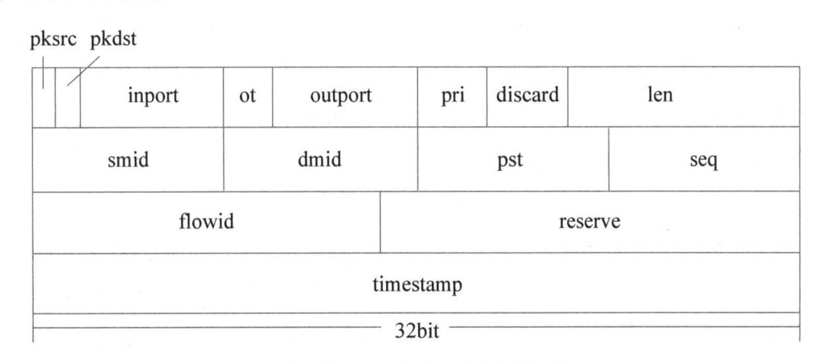

图 8.12　metadata 数据格式

图 8.13 为软硬件协同的动态防御链的处理流程,硬件层 FPGA 接收到数据包后,依据五元组查询当前流对应的 metadata,并将其附属在当前数据包头部之前,经由后续一

系列匹配、执行操作,最后由输出端口进行最终操作。对于 MID<128 的报文,则不会传递至软件层进行处理,直接交由硬件模块处理后交付输出端口;对于 MID≥128 的报文则需要依据其 metadata 所携带的 MID 序列以此交付软件层模块进行处理,并最终交付输出端口进行转发或者丢弃。

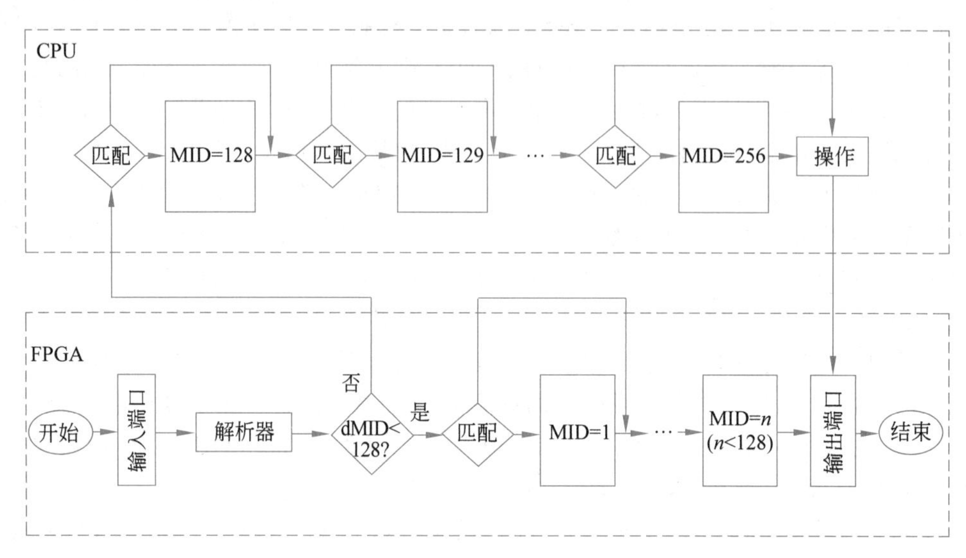

图 8.13　软硬件协同的动态防御链的处理流程

2. 防御策略部署

对于新型 DDoS 攻击的出现,通常需要在设备上更新防御机制,传统的基于网络中间件的设备通常采用 ASIC 等专用高性能芯片,无法根据新情况及时升级防御机制[26],如果需要部署新方案,往往需要将设备返厂更新甚至是开发新设备,代价较高。因此,如果存在可动态部署新型防御模块的机制,便能够极大地提高防御的灵活性,进一步降低防御所需成本。

在本节所提出的系统中,dMID 的引入使得在 NGNP 上引入新的防御机制变得更为灵活,对于新型 DDoS 攻击,只需为其对应防御机制注册 dMID,从而可编程设备依据该 dMID 进行防御策略的动态部署,对于 MID<128 的硬件层防御模块,NGNP 生成具有高优先级的硬件匹配规则,并将该规则下发至硬件处理单元;对于 MID≥128 的软件层防御模块,则将其对应代码经过编译—链接过程形成 NGNP 进程,等待接收硬件层报文以进一步处理。图 8.14 形象地展示了防御策略部署,原始防御链为[23、47、191][步骤(1)和步骤(2)],新的防御模块注册 dMID 为 192,防御策略动态更新流防御表,此时新的防御链更新为[23、47、192],防御链的改变借助 metadata 的 dMID 字段实现[步骤(3)]。

动态防御链的生成要求防御模块实现各自功能的最小化、原子化,即将常规防御措施的多种操作分解为不同的模块功能,因此动态防御模块间相互独立,但又可以互相协同发挥作用,通用防御模块可以包括但不限于以下子模块。

1) 统计模块

统计模块用于记录当前 NGNP 接收的所有报文的统计信息,是动态防御链的基本模

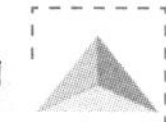

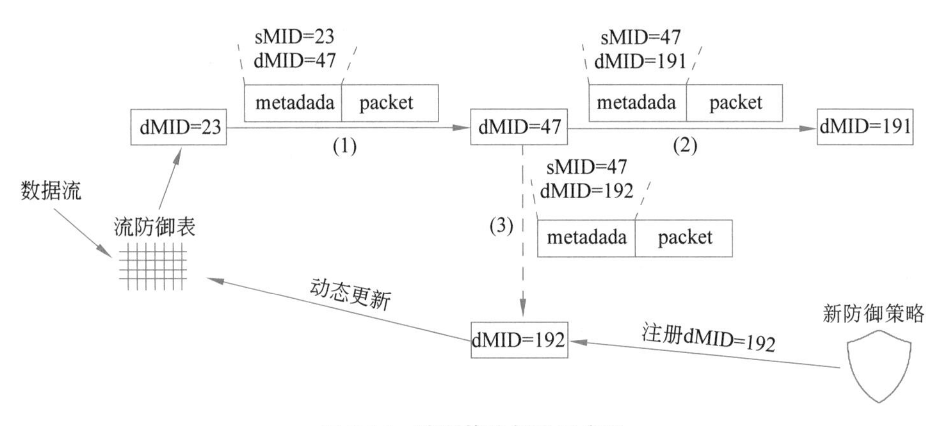

图 8.14 防御策略部署示意图

块，其依据 DDoS 分类结果统计属于不同 DDoS 攻击的相关信息，例如源 IP 地址、目的 IP 地址、攻击峰值以及攻击对应的输入端口等，这些 DDoS 流量统计信息能够为后续模块提供数据支撑。

2）黑/白名单

在 NGNP 上预先设置黑/白名单，或依据统计模块的统计结果动态更改，实现对 DDoS 防护目标进行封禁或者放行，在白名单之上的用户其对应流量则直接由硬件层实施转发操作，黑名单用户对应的流量则将会被直接阻断或交给后续模块处理。

3）过滤模块

过滤模块主要针对 DNS、SYN/ACK Flood、FIN/RST 等 DDoS 攻击，以 DNS 放大攻击为例，在 DNS 放大攻击中，攻击者伪造源地址为受害主机 IP 的 DNS 查询请求，DNS 服务器返回大量的应答报文耗尽受害主机的带宽，对此，不同场景下的过滤模块采取不同的防御策略，若当前 NGNP 处于 IoT 边界，则统计模块可以记录所有 IoT 设备发出的 DNS 查询请求，只有对应于该 DNS 请求的 DNS 应答报文可以通过交换机，若当前 NGNP 处于互联网链路中，则可以简单地丢弃 DNS 应答报文。

4）限速模块

限速模块主要针对 ICMP、FIN/RST Flood、UDP Flood 等攻击。以 ICMP 攻击为例，ICMP 限速模块负责维护每一个 IP 地址所发出的 ICMP 请求数据包与 ICMP 应答数据包个数，对发送过量 ICMP 请求报文的 IP 地址进行限速。

5）端址跳变防御模块

由于模块动态部署的特点，可以在 NGNP 上部署端址跳变防御模块。端址跳变技术使服务器在不同时间使用不同的 IP 地址端口对提供服务，通过与服务器协商，NGNP 可以与服务器共享同一份 IP 地址端口表，来实现移动目标防御（Moving Target Defense，MTD）。

表 8.12 展示了不同的 DDoS 攻击以及其所对应的 DDoS 防御策略。

表 8.12　DDoS 攻击以及其所对应的 DDoS 防御策略

协　议	攻击类型	描　　述	防御对策
ICMP	ICMP Flood	攻击者伪造大量 ICMP 请求报文,报文源 IP 地址为受害主机,致使受害主机资源被大量 ICMP 应答报文消耗	统计、限速
TCP	SYN Flood	发送大量 SYN 报文消耗受害者 TCP 连接资源,导致正常用户无法建立 TCP 连接	首包丢弃、SYN Cookie
	MSSQL	攻击者通过请求滥用 SQL 服务器,并根据目标的 IP 地址伪装为源。放大倍数可达 25 倍	统计、过滤
UDP	NetBIOS	为了访问共享资源,攻击者通过仿冒被攻击者 IP 地址,将请求发送给 NetBIOS 服务器,放大倍数可达 3.58 倍	统计、过滤
	UDP Flood	攻击者在短时间内向目标设备发送大量的 UDP 报文,导致链路拥塞甚至网络瘫痪	限速、黑名单
	UDP-Lag	伪造大量报文以阻断客户端与服务器的连接	过滤、黑名单
	TFTP	攻击者发送伪造源 IP 地址为受害主机的文件请求至 TFTP 服务器,服务器返回大量报文,放大倍数为 60 倍	过滤
	DNS	向 DNS 服务器发送大量带有受害主机 IP 地址的请求报文,实现反射放大攻击	统计、过滤、端址跳变
TCP/UDP	SNMP	利用 SNMP 协议实现反射放大攻击	统计、过滤
	LDAP	利用 LDAP 协议实现反射放大攻击	统计、过滤

8.3.3　实验设计与结果分析

1. 轻量化模型对比实验

本节受 Mobilenet 系列启发,不同于传统 CNN 卷积网络,提出的基本模块采用深度可分离+ReLU 激活函数+空间卷积的形式,为了更进一步地展示本节提出的轻量化模块,本节将 8.3.1 节架构中的深度可分离卷积与深度卷积均替换为传统标准卷积,在 8.2.1 节所述的 CIC-DDoS2019 数据集上进行实验,实验结果如表 8.13 所示。

表 8.13　卷积性能指标对比

性能指标	轻量化模型	标准卷积模型	提升/%
推断时间/s	1.4825	1.9056	22.2
内存消耗/MB	53.2328	65.5834	18.8
准确率/%	92.19	92.21	−0.02
精确率/%	92.44	93.03	−0.59
召回率/%	91.69	92.21	−0.52
F1-score/%	91.47	91.96	−0.49

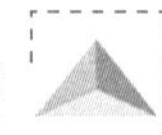

卷积性能指标对比展示了两种模型在 8.2.3 节所述实验环境下完成 57 511 条流分类所需推断时间、内存消耗以及相应的测度指标。从表中数据可以看出，因为在标准卷积中使用标准 3×3 卷积替换深度可分离卷积的 3×3 深度卷积与 1×1 卷积，其感受野更大，在空间维度和通道维度上能获取到的局部特征信息相对更多，所以轻量化模型的准确率、精确率、召回率等指标均略低于标准卷积模型，但其测度减少率均低于 1%，准确率下降仅有 0.02%。正因为标准卷积需要更多的卷积计算，所以在推断时间与内存消耗方面，则明显逊色于使用本节提出使用轻量化基本模块的模型；在推断时间方面，轻量化模型相较于传统标准卷积模型提升了 22.2%，在软件层下识别单条流的速度达到了 25.78μs，而标准卷积模型则需要 33.13μs；在内存消耗方面，轻量化模型使用更少的内存，相较于标准卷积模型达到了 18.8%的提升。

为了更好地探究本节模型的轻量化程度，研究将本节模型与经典轻量化模型 mobilenet、mobilenetv2、shufflenet、shufflenetv2 和 nasnmobile 进行比较，针对每个模型进行的实验配置如表 8.14 所示，对于所有参与实验的模型，其均按照表中数据进行配置，各模型未在表中展示出的配置方案均一致，如损失函数均为交叉熵。除此之外，所有模型训练验证数据集均一致。

表 8.14 模型实验配置

模 型	alpha/scale_factor	depth_multipl	dropout	optimizer	bottlenect_ratio	group
mobilenet	1.0	1.0	0.001	rmsprop	—	—
mobilenetv2	1.0	1.0	—	rmsprop	—	—
shufflenet	1.0	—	—	sgd	0.25	1.0
shufflenetv2	1.0	—	—	rmsprop	1	1.0
nasnmobile	—	—	—	rmsprop	—	—
本节模型	—	—	—	rmsprop	—	—

图 8.15 在推断速度、内存消耗、可训练参数、准确率 4 方面对比了本节模型与现有轻量级模型。在准确率方面，6 种模型准确率十分近似，均在 92%左右浮动，其中本节模型准确率为 92.19%，高于 mobilenet、shufflenet，略低于 mobilenetv2、shufflenetv2 和 nasnmobile；在内存消耗方面，本节模型性能效果显著，即使是消耗内存最少的 nasnmobile，其分类单条流所消耗的内存也达到了本节模型的 1.3 倍，效果最差的是 mobilenet，其内存消耗达到本节模型的 1.68 倍，这表明本节模型在内存消耗方面优于现有轻量化模型；在推断速度方面，本节模型优于除 shufflenet 以外的其余分类模型，值得注意的是，本节模型推断速度是 mobilenet 的 8.31 倍；在可训练参数方面，本节模块的可训练参数个数为 174 805，相较于其他模型百万级别的参数个数，其显著优势不言而喻，可训练参数个数越短，意味着训练时长越少、硬件部署所需资源越少。尽管 shufflenet 推断速度略优于本节模型，但其参数个数达到 960 658，是本节模型参数个数的 5.5 倍，同时其识别单条流所需内存是本节模型的 1.18 倍。综上所述，本节模型优于现有轻量化模型。

综上所述，使用轻量化模块替代传统标准卷积模块能够加快模型推断速度，减少模型

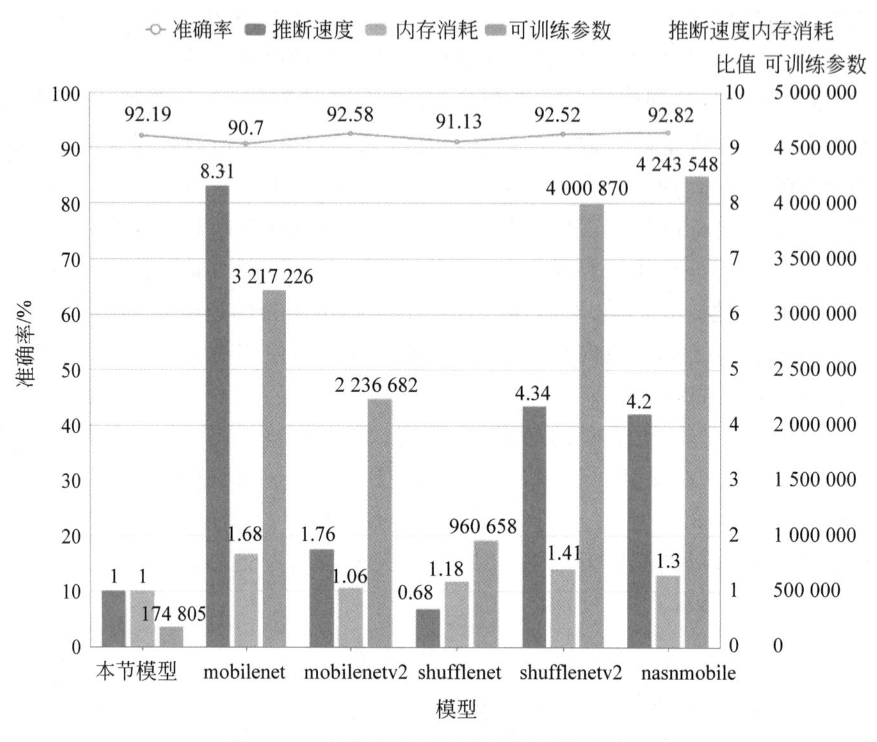

图 8.15　本节模型与现有轻量级模型对比

尺寸与所需计算和存储资源。本节模型大量采用轻量化模块，所需计算资源与内存资源较少，推断速度更快，优于现有的轻量化 CNN 模型，更适合部署在资源受限的 NGNP 中完成 DDoS 流量的实时精细化分类。

2. 多维特征对比实验

本节提出的 DDoS 精细化分类方法采用多维特征，形成多通道张量作为模型输入，为了更进一步探究多维特征输入的效果，本节通过实验探究多维特征对分类性能的影响。

图 8.16 展示了使用本章 8.3.1 节所述的多维特征输入模型与传统灰度图模型在 CIC-DDoS2019 数据集上的完成 10 分类的整体分类效果。10 分类中包含常规流量(BENIGN)是为了进一步确保用户 QoS 不会因为 DDoS 检测的误判而受到影响，属于流量误判情况下补救措施的一种。从图中不难看出，使用多维特征作为输入在整体上能够从多方面有效提高模型分类效果。相较于单通道输入模型，多输入模型在准确率、精确率、F1-score 和召回率上均有明显提升，这表明，使用多维特征(如流维度、数据包维度等特征)能够提高 DDoS 攻击精细化分类的精度。

为了更进一步了解多维特征在 DDoS 分类时产生的具体作用，图 8.17 对比展示了单维特征输入(流维度特征)模型和多维特征(流维度与数据包维度)输入模型对应的混淆矩阵。从图 8.17(a)可以看出，使用单维特征作为输入的模型，无法从 10 类 DDoS 攻击中有效区分 SNMP、MSSQL 和 UDP-Lag 攻击，其中单维特征模型错误地把 40%的 MSSQL 攻击误判为 TFTP 攻击，这种情况在模型遇到 SNMP 攻击时更严重，近乎一半的 SNMP

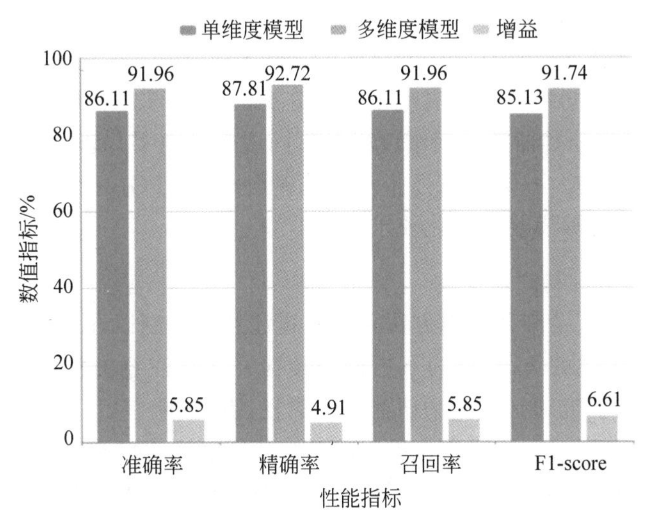

图 8.16　单维特征模型与多维特征模型对比

攻击流量被误认为 LDAP 攻击。

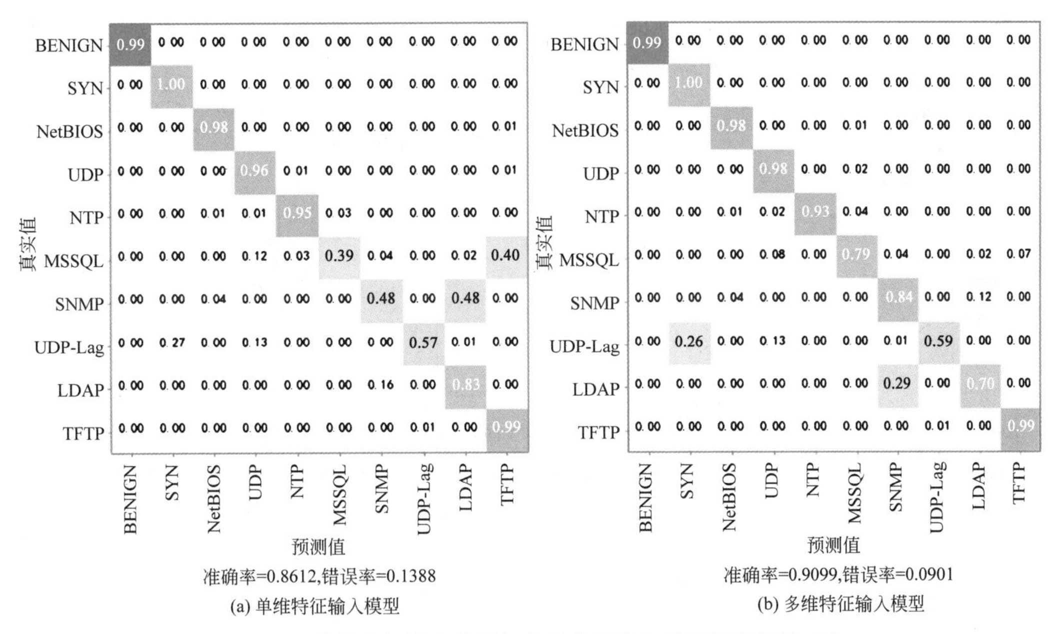

(a) 单维特征输入模型

真实值 \ 预测值	BENIGN	SYN	NetBIOS	UDP	NTP	MSSQL	SNMP	UDP-Lag	LDAP	TFTP
BENIGN	0.99	0.00	0.00	0.00	0.00	0.00	0.00	0.00	0.00	0.00
SYN	0.00	1.00	0.00	0.00	0.00	0.00	0.00	0.00	0.00	0.00
NetBIOS	0.00	0.00	0.98	0.00	0.00	0.00	0.00	0.00	0.00	0.01
UDP	0.00	0.00	0.00	0.96	0.01	0.00	0.00	0.00	0.00	0.01
NTP	0.00	0.00	0.01	0.01	0.95	0.03	0.00	0.00	0.00	0.00
MSSQL	0.00	0.00	0.00	0.12	0.03	0.39	0.04	0.00	0.02	0.40
SNMP	0.00	0.00	0.04	0.00	0.00	0.00	0.48	0.00	0.48	0.00
UDP-Lag	0.00	0.27	0.00	0.13	0.00	0.00	0.00	0.57	0.01	0.00
LDAP	0.00	0.00	0.00	0.00	0.00	0.00	0.16	0.00	0.83	0.00
TFTP	0.00	0.00	0.00	0.00	0.00	0.00	0.00	0.01	0.00	0.99

(b) 多维特征输入模型

真实值 \ 预测值	BENIGN	SYN	NetBIOS	UDP	NTP	MSSQL	SNMP	UDP-Lag	LDAP	TFTP
BENIGN	0.99	0.00	0.00	0.00	0.00	0.00	0.00	0.00	0.00	0.00
SYN	0.00	1.00	0.00	0.00	0.00	0.00	0.00	0.00	0.00	0.00
NetBIOS	0.00	0.00	0.98	0.00	0.00	0.01	0.00	0.00	0.00	0.00
UDP	0.00	0.00	0.00	0.98	0.00	0.02	0.00	0.00	0.00	0.00
NTP	0.00	0.00	0.01	0.02	0.93	0.04	0.00	0.00	0.00	0.00
MSSQL	0.00	0.00	0.00	0.08	0.00	0.79	0.04	0.00	0.02	0.07
SNMP	0.00	0.00	0.04	0.00	0.00	0.00	0.84	0.00	0.12	0.00
UDP-Lag	0.00	0.26	0.00	0.13	0.00	0.00	0.01	0.59	0.00	0.00
LDAP	0.00	0.00	0.00	0.00	0.00	0.00	0.29	0.00	0.70	0.00
TFTP	0.00	0.00	0.00	0.00	0.00	0.00	0.00	0.01	0.00	0.99

图 8.17　单维特征输入模型与多维特征输入模型混淆矩阵对比

上述 4 种攻击都属于反射放大攻击，攻击实现均通过协议设计缺陷(请求报文与应答报文尺寸不对称性)达到流量的反射放大，因此它们在流维度特征上具有相似的表现特征，使得模型很难做出区分。图 8.17(b)展示了使用多维特征作为输入的模型的混淆矩阵。在多维(流维度与包维度)特征的帮助下，模型的准确度从 86.12%提升至 90.99%，性能提升了 4.87%，并且每一个 DDoS 攻击子类的准确率都实现了显著提升，其中被误判为 LDAP 攻击的 SNMP 流量比例降至 12%，同时只有不足 10%的 MSSQL 攻击被错误划分为 TFTP 攻击，数据包维度在区分这些同类型 DDoS 攻击上发挥出了巨大作用。实验结果表明，使用多维特征能够有效区分不同的 DDoS 攻击。

综上所述，利用不同特征维度实现 DDoS 分类的方法行之有效。使用多维特征作为 DDoS 的输入，能够使分类器在空间维度提取不同层次的更多局部特征，从而提高分类准确率，在本节提出的模型中，多维特征张量化处理均落在 FPGA 层面，并不会在模型层面引入多余计算量，仍能够满足轻量化要求。

3. 通道级注意力机制对比实验

本节提出的 DDoS 精细化分类方法采用通道注意力机制以在通道维度上强化多维特征对于 DDoS 攻击分类的贡献度，为了更进一步探究通道注意力机制作用于特征之上的效果，本节通过实验探究通道注意力机制对分类性能的影响。

图 8.18 展示了带有 ECA 注意力机制的单维特征输入模型和多维特征输入模型的混淆矩阵对比。可以很明显地看到，在通道级注意力机制的作用下，单维特征输入模型的准确率从 86.12%提升至 89.41%，性能提升高达 3.29%，但准确率依旧低于不带注意力机制的多维特征输入模型，这表明多维特征与注意力机制均能使模型更有效地区分多种 DDoS 攻击，但多维特征作用效果更明显；在 ECA 模块的作用下，多维特征输入模型的准确率从 90.99%提升至 92.19%，性能提升接近 1.2%，并且每个 DDoS 攻击子类的错误率进一步降低。

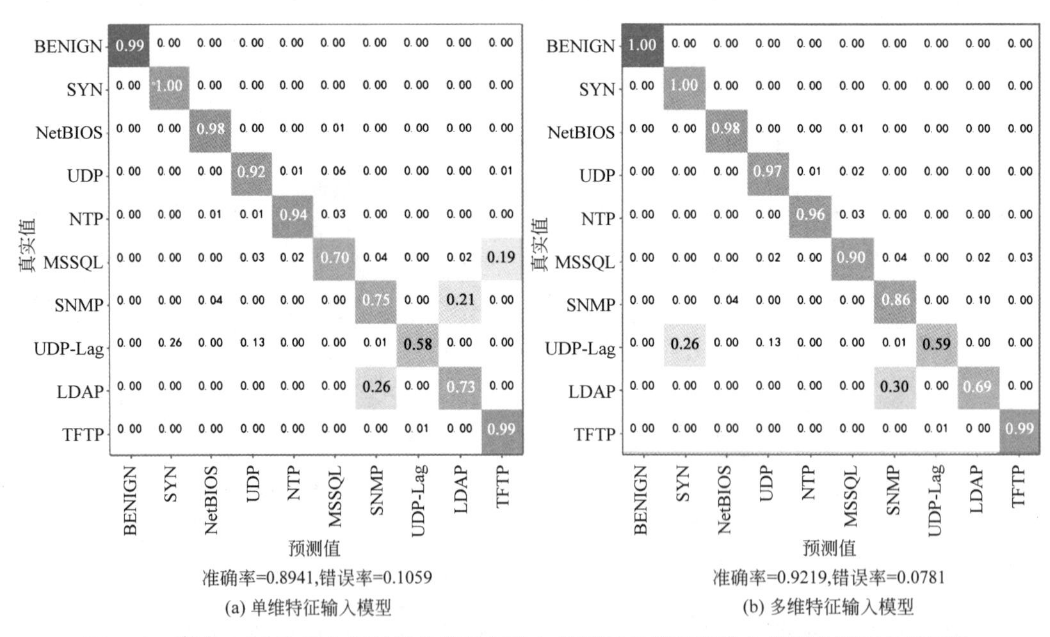

图 8.18 带有 ECA 注意力机制的单维特征输入模型和多维特征输入模型的混淆矩阵对比

图 8.19 综合展示了 4 种模型对应的 F1-score，其中①表示本节实验基准模型，即不带有注意力机制和多维特征输入的模型，可以看出该模型对应的 F1-score 几乎在所有 DDoS 攻击子类中均属于最低，其中 MSSQL 和 SNMP 攻击最为显著，它们对应的 F1-score 均低于 60%。当模型施加注意力机制时，每个子类的 F1-score 均获得提升，其中

MSSQL 和 SNMP 攻击均超过 70%。不管是否使用注意力机制,多维特征输入的模型均优于单维特征输入模型,这与前文所述实验结果一致,这可能是因为卷积层能够从多维特征中获取到更多的特征信息,从而不会在层与层之间损失太多信息。④代表本节提出的多分类模型,可以很明显地看到其在每个子类上均具有最高的 F1-score。

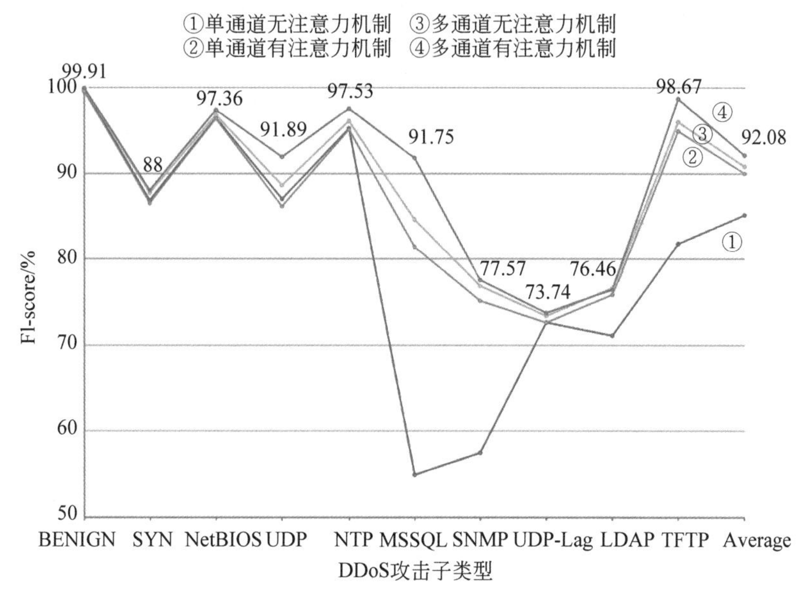

图 8.19　4 种模型的 F1-score 综合对比

相较于单通道输入模型,多维特征输入模型的每一种 DDoS 攻击对应的 F1-score 均有提升,其中以 MSSQL、SNMP 和 TFTP 攻击最为显著。MSSQL 攻击干扰微软 SQL 服务器解析协议运行,SQL 服务解析采用 SQL 服务器解析协议(SQL Server Resolution Protocol,SQLR)进行通信,该协议使用 UDP 协议 1434 端口;SNMP 攻击利用 SNMP 请求与响应大小不对称特性,向众多连接设备发送大量带有受害 IP 地址的 SNMP 查询,实现反射放大攻击,该协议工作在 UDP 协议 161 端口;TFTP 攻击利用 TFTP 服务器超时重传机制实现反射放大,其基于 UDP 协议端口号 69。上述攻击均基于协议设计实现缺陷,在流维度特征上仍属于单条流的合法传播信息,因此仅考虑流维度特征不足以将其正确分类,这类攻击最明显的特点是传播协议(如 UDP)数据包字段值会发生显著变化,这些特征体现在包维度特征之上,例如当 SNMP 攻击发生时,SNMP 数据包的 PDU 字段值会出现大量的 0 值或 1 值,因此如果在分类时考虑数据包维度特征值便能够有效分类此类型攻击。本节提出的多通道 DDoS 分类模型在分类时综合考虑了流维度与数据包维度特征,因此其相较于单通道流维度分类模型,在准确率上实现了较大提升。

4. 动态防御实验设计与分析

为了验证本节提出的动态防御链部署方案,本节设计了实验对比传统方案与动态防御方案在内存占用和计算资源方面的消耗。传统方案采用与防火墙和入侵检测系统(Intrusion Detection System,IDS)类似的方法,一旦检测到 DDoS 攻击的发生,则同时部署所有防御模块;动态防御方案则依据识别出的 DDoS 攻击类型进行定制化防御。实验中只实现了两个防御模块,针对 SNMP 和 UDP DDoS 攻击的限速模块以及针对其他 DDoS 攻击的过滤模块。

DDoS 实验拓扑图如图 8.20 所示。云服务用于生成正常背景流量,实验通过多台主机模拟攻击者,分别执行不同的 DDoS 攻击,DDoS 攻击流量的生成由 netsniff-ng 套件中的 trafgen 工具和 scapy 库生成,攻击方式包括 SYN、UDP、SNMP、NTP,反射放大服务器用于反射放大 NTP 与 SNMP 流量。具体攻击时间分布与防御手段则如表 8.15 所示,防御机制中各模块以内核模块 kmod 形式加载,并作用在内核态与用户态 iptable 上。

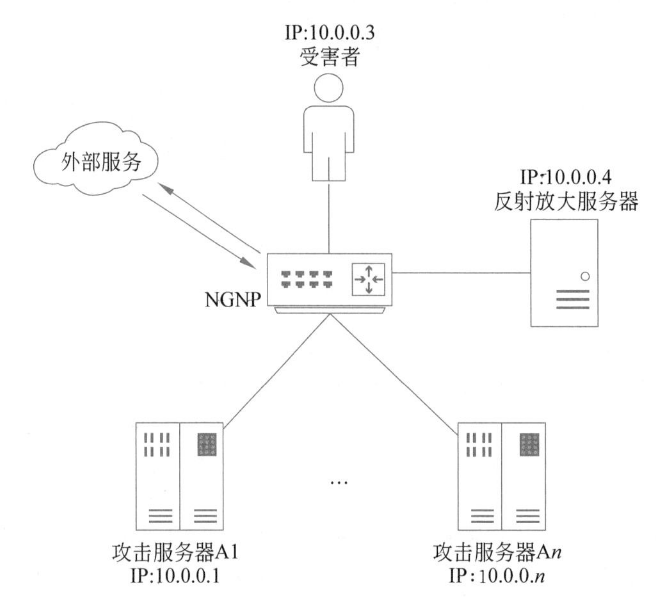

图 8.20　DDoS 实验拓扑图

表 8.15　DDoS 攻击时间分布与防御手段

DDoS 攻击类型	攻击时间	防御手段
SYN	10:15—10:30	首包丢弃、SYN Cookie
UDP	10:15—10:30	限速,端口过滤(攻击端口 120)
SNMP	10:15—11:00	端口过滤(端口 161)
NTP	10:15—11:00	端口过滤(端口 123)

实验每 5min 进行一次系统资源测量,参与测量的资源为 CPU 与内存,实验结果即资源消耗对比图如图 8.21 所示。攻击在 15min 时发起,系统检测到 DDoS 攻击的发生,此时攻击包含所有攻击类型,不管是传统防御或者是动态防御,均需要开启首包丢弃、SYN Cookie 模块、限速模块和端口过滤模块;35min 时攻击流量只剩 SNMP 与 NTP,此时可以明显看到动态防御方案的 CPU 与内存资源消耗明显低于传统防御方案,这是因为此时动态防御方案卸载了不需要的首包丢弃、限速模块,降低了资源消耗。实验结果表明,动态防御模块能有效减少系统资源的过分浪费,适合部署在资源受限的 NGNP 之上。

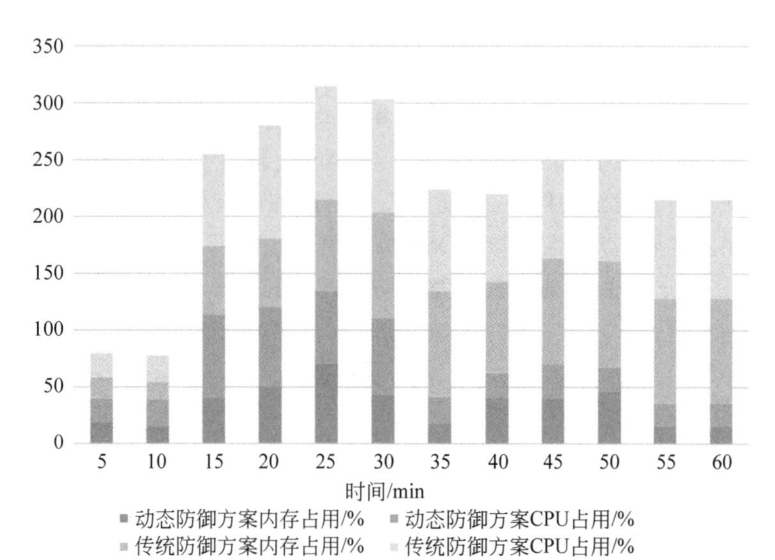

图 8.21　资源消耗对比图

8.4　本章小结

本章的研究目标是采用软硬件结合方式，实现基于 NGNP 的 DDoS 防御，完成针对 DDoS 流量的实时检测、分类与反制，本章的主要工作如下。

(1) 通过分析当前 DDoS 攻击检测与分类技术，指出当前 DDoS 检测与分类难点在于如何在有限资源的情况下保证方法的准确性、实时性与高效性并行。本章提出了基于 FPGA 加速和 CNN 量化技术的 DDoS 检测模型，模型利用 NGNP 硬件 FPGA 的高计算力与并行度实现 DDoS 攻击的流级别检测，能够以纳秒级速度识别 DDoS 攻击。

(2) 提出了带有注意力机制和多维特征输入的轻量化 DDoS 多分类模型，模型使用深度可分离卷积替代标准卷积，以满足轻量化要求，从而使模型能够部署在资源受限的 NGNP 之上。除此之外，将流量的多维特征转化为多通道张量构成分类模型输入，从不同特征角度实现精细化 DDoS 分类，并在此基础之上施加通道级注意力机制，通过权重因子进一步区分不同特征对各 DDoS 攻击的贡献度。最终模型相较于传统单通道模型在准确率上提升了 6.07%，只需要两个基本模块便可以达到 92.19% 的准确率，优于现有的轻量化模型。

(3) 提出了基于 NGNP 的 DDoS 防御原型系统。设计了基于 NGNP 的 DDoS 防御系统的整体框架，软硬件结合实现 DDoS 检测、分类与反制，利用可编程硬件提高 DDoS 防御的实时性，利用软件实现 DDoS 防御的高效性与定制化。

基于 NGNP 的 DDoS 防御模型研究主要存在以下不足。

(1) 本章采用 HLS 将 CNN 模型部署至 FPGA 层面，HLS 在优化方面存在较多缺陷，且本书并没有深入研究 HLS 的各项优化细节，使得单一 CNN 模型占用较多 FPGA 资源，如 LUT、BRAM 等，同时部分资源没有得到充分利用，如 DSP。若能使用 Verilog

等 HDL 语言实现，从实现初期就考虑布局布线、时序约束和资源占用等问题，则能极大地压缩模型所占 FPGA 资源，提高模型资源利用率。

（2）本章提出的防御链部署方法主要依托于软件层，这使得 DDoS 发生的同时仍需要消耗部分计算资源实现 DDoS 反制，这在一定程度上制约了 DDoS 防御的高效性，若能将部分防御反制方法卸载至硬件层，则能大大提高防御的有效性。同时本章提出的多分类模型也实现在软件层，若能将其与 DDoS 检测模型一样部署至 FPGA 之上，则可以极大地提升 NGNP 的分类性能，进而提升整体防御的实时性。

参考文献

[1] NETSCOUT. Netscout DDoS threat intelligence report[EB/OL].(2020-02-24)[2020-03-23]. https://www.netscout.com/threatreport/.

[2] SHAABAN A R, ABD-ELWANIS E, HUSSEIN M. DDoS attack detection and classification via convolutional neural network (CNN)[C]//2019 Ninth International Conference on Intelligent Computing and Information Systems (ICICIS). IEEE, 2019: 233-238.

[3] HAIDER S, AKHUNZADA A, MUSTAFA I, et al. A deep CNN ensemble framework for efficient DDoS attack detection in software defined networks[J]. IEEE Access, 2020, 8: 53972-53983.

[4] DORIGUZZI-CORIN R, MILLAR S, SCOTT-HAYWARD S, et al. LUCID: A practical, lightweight deep learning solution for DDoS attack detection[J]. IEEE Transactions on Network and Service Management, 2020, 17(2): 876-889.

[5] CHEN J, YANG Y, HU K, et al. DAD-MCNN: DDoS attack detection via multi-channel CNN[C]//Proceedings of the 2019 11th International Conference on Machine Learning and Computing, 2019: 484-488.

[6] KUKA M, VOJANEC K, KUČERA J, et al. Accelerated DDoS attacks mitigation using programmable data plane[C]//2019 ACM/IEEE Symposium on Architectures for Networking and Communications Systems (ANCS). IEEE, 2019: 1-3.

[7] ZHANG M, LI G, WANG S, et al. Poseidon: Mitigating volumetric DDoS attacks with programmable switches[C]//The 27th Network and Distributed System Security Symposium (NDSS 2020), 2020.

[8] LIU Z, NAMKUNG H, NIKOLAIDIS G, et al. Jaqen: A high-performance switch-native approach for detecting and mitigating volumetric DDoS attacks with programmable switches[C]//USENIX Security Symposium, 2021.

[9] ZHAO Y, CHENG G, DUAN Y, et al. Secure IoT edge: Threat situation awareness based on network traffic[J]. Computer Networks, 2021, 201: 108525.

[10] KOAY A, CHEN A, WELCH I, et al. A new multi classifier system using entropy-based features in DDoS attack detection[C]//2018 International Conference on Information Networking (ICOIN). IEEE, 2018: 162-167.

[11] KALKAN K, ALTAY L, GÜR G, et al. JESS: Joint entropy-based DDoS defense scheme in SDN[J]. IEEE Journal on Selected Areas in Communications, 2018, 36(10): 2358-2372.

[12] UJJAN R M A, PERVEZ Z, DAHAL K, et al. Entropy based features distribution for anti-DDoS

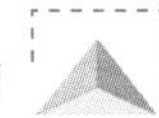

model in SDN[J]. Sustainability,2021,13(3): 1522.

[13] WANG R,JIA Z,JU L. An entropy-based distributed DDoS detection mechanism in software-defined networking[C]//2015 IEEE Trustcom/BigDataSE/ISPA. IEEE,2015,1: 310-317.

[14] AHMED M E, KIM H, PARK M. Mitigating DNS query-based DDoS attacks with machine learning on software-defined networking [C]//MILCOM 2017-2017 IEEE Military Communications Conference (MILCOM). IEEE,2017: 11-16.

[15] ZHANG L,WANG J S. A hybrid method of entropy and SSAE-SVM based DDoS detection and mitigation mechanism in SDN[J]. Computers & Security,2022,115: 102604.

[16] DOSHI R, APTHORPE N, FEAMSTER N. Machine learning DDoS detection for consumer internet of things devices[C]//2018 IEEE Security and Privacy Workshops (SPW). IEEE,2018: 29-35.

[17] PANDE S,KHAMPARIA A,GUPTA D,et al.DDoS detection using machine learning technique [M]. Singapore: Springer,2021.

[18] REVATHI M, RAMALINGAM V V, AMUTHA B. A machine learning based detection and mitigation of the DDoS attack by using SDN controller framework [J]. Wireless Personal Communications,2021,127: 2417-2441.

[19] BATCHU R K,SEETHA H. A generalized machine learning model for DDoS attacks detection using hybrid feature selection and hyperparameter tuning [J]. Computer Networks, 2021, 200: 108498.

[20] TUAN T A,LONG H V,SON L H,et al. Performance evaluation of botnet DDoS attack detection using machine learning[J]. Evolutionary Intelligence,2020,13(2): 283-294.

[21] JIA Y,ZHONG F,ALRWAIS A,et al. Flowguard: An intelligent edge defense mechanism against IoT DDoS attacks[J]. IEEE Internet of Things Journal,2020,7(10): 9552-9562.

[22] YU L,DONG J,CHEN L,et al. PBCNN: Packet bytes-based convolutional neural network for network intrusion detection[J]. Computer Networks,2021,194: 108117.

[23] WEI Y,JANG-JACCARD J,SABRINA F,et al. AE-MLP: A hybrid deep learning approach for DDoS detection and classification[J]. IEEE Access,2021,9: 146810-146821.

[24] YUAN X,LI C,LI X. Deep defense: Identifying DDoS attack via deep learning[C]//2017 IEEE International Conference on Smart Computing (SMARTCOMP). IEEE,2017: 1-8.

[25] 杨翔瑞. 面向 SDN 的跨平面协同 DDoS 防御框架[D]. 长沙: 国防科技大学,2017.

[26] UDHAYA PRASATH M,SRIRAM B,PRAKASHKUMAR P,et al. DDoS mitigation in SDN using MTD and behavior-based forwarding[M]. Singapore: Springer,2022.

[27] STEINBERGER J,KUHNERT B,DIETZ C,et al. DDoS defense using MTD and SDN[C]// NOMS 2018-2018 IEEE/IFIP Network Operations and Management Symposium. IEEE,2018: 1-9.

[28] 张丽丽. 基于 HLS 的 Tiny-yolo 卷积神经网络加速研究[D]. 重庆: 重庆大学,2017.

[29] VAN ESSEN B,MACARAEG C,GOKHALE M,et al. Accelerating a random forest classifier: Multi-core,GP-GPU, or FPGA? [C]//2012 IEEE 20th International Symposium on Field-Programmable Custom Computing Machines. IEEE,2012.

[30] WANG Q, WU B, ZHU P, et al. ECANet: Efficient channel attention for deep convolutional neural networks,2020 IEEE[C]//CVF Conference on Computer Vision and Pattern Recognition (CVPR). IEEE,2020.

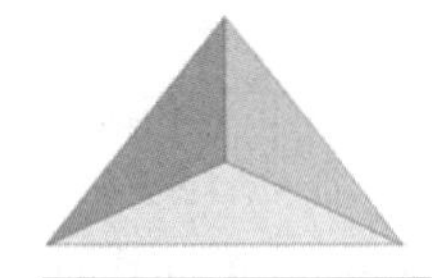

第 9 章 基于 NGNP 的态势感知

随着网络安全事件的频发，网络系统本身的脆弱性也愈加明显，由此网络威胁感知成为网络安全领域的热点研究问题。目前威胁感知技术主要是基于软件实现的，方法主要有基于熵值的感知、基于机器学习的感知和基于深度学习的感知这 3 种。这些方法多侧重于软件侧的实现，并且在追求实时性和准确性的同时，极大程度地忽视了在进行威胁感知时的资源占用。因此，改进威胁感知方法的重难点在于保证方法的准确性、可用性以及高效性并存，同时降低设备资源消耗。针对以上问题，本章从软硬件结合的角度，提出了一种面向网络流特征熵值的威胁感知方法，如图 9.1 所示，方法在底层测量节点转发报文时提取了报文属性，并利用多核算力计算特征熵值。针对底层上报的网络流特征熵值，方法在服务器端利用基于相关度和模型的特征选择优化输入熵值，并构建了多分类器进行威胁感知与分类。为了防止分类器失效，方法还利用阈值参数控制威胁分类器的更新迭代，完成整个面向网络流特征熵值的威胁感知。本章的主要研究内容包括以下 3 点。

(1) 针对现有方法侧重于软件侧实现且资源占用过多的问题，从软硬件结合角度提出了面向网络流特征的属性提取与熵值计算方法。方法利用下一代网络处理器 NGNP，针对特征提取方法对硬件流水线进行了重构。重构后的硬件流水线包括分组解析模块(PPM)、属性提取模块(AER)、通用输出模块(GOE)3 部分。架构 FPGA 在报文转发过程中提取属性特征并通过报文封装上报至软件层，同时不影响原始报文的转发。新流水线实现了软件侧基于多核交替的熵值计算方法，通过设备多核交替处理与数据库统计计算，完成了对于上报属性向量报文的解析与熵值计算。方法完成了威胁感知的属性提取与特征预处理，为多分类器威胁感知方法 MCEL 提供了输入。实验结果表明，本章提出的方法能在设备资源占用较小的情况下正确提取特征并计算熵值。

(2) 提出了基于集成学习的多分类器威胁感知方法 MCEL。针对多分类器易产生过拟合的问题，方法通过多个二分类的分类器实现威胁的感知与识别分类。通过基于相关度和模型的特征选择方法，对分类器进行了特征选取，以加速分类器模型训练、提升分类效能。利用多个识别特定威胁的分类器将分类问题细化，方法有效提升了分类的精确率。针对网络中流量变化预测困难的特性，方法设计了基于阈值参数的分类器更新策略，保持了分类器的准确率。实验结果表明，MCEL 方法可以快速、准确地感知并分类威胁，对比单一机器学习算法与深度学习算法都有着更稳定、可靠的表现。

(3) 基于上述方法设计并实现了面向网络流特征熵值的威胁感知方法原型系统。设计了原型系统的整体框架，从威胁感知分类服务器模块、展示控制模块、支撑服务模块 3

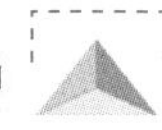

部分阐释了系统的设计思想与实现思路。系统提供人机友好的交互操作界面，使用者可以从可视化的角度直观地看到当前网络的拓扑结构以及威胁信息，也能通过页面交互调整威胁感知系统的参数配置。

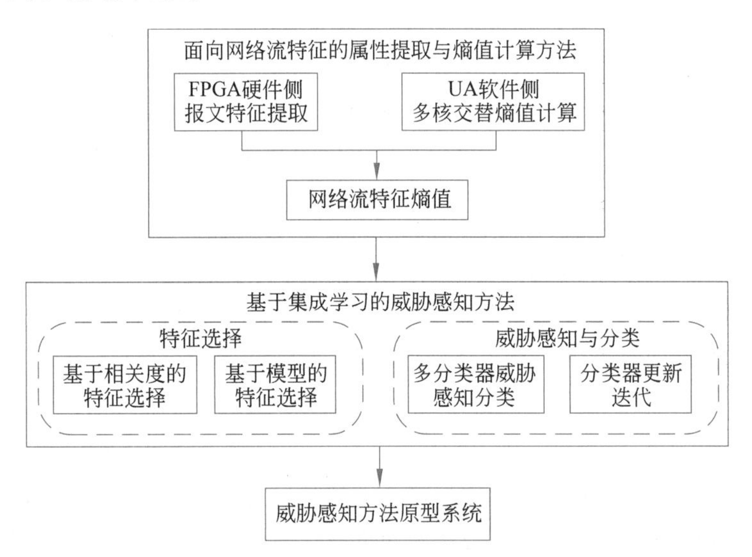

图 9.1　面向网络流特征熵值的威胁感知方法

9.1　网络威胁态势感知

9.1.1　背景及意义

随着互联网的发展，互联网已经深入生活的方方面面，切实改变着人们的衣食住行等生活方式。根据中国互联网信息中心于 2021 年 2 月发布的第 47 次《中国互联网络发展状况统计报告》[1]显示，截至 2020 年 12 月，我国网民规模为 9.89 亿，互联网普及率达 70.4%，我国手机网民规模达 9.86 亿，网民使用手机上网的比例达 99.7%。互联网在为人们带来便利的同时，由于其开放性、共享性和匿名性等特征，也带来了较多的安全威胁，例如木马、病毒、DDoS 攻击、网络黑产等。层出不穷的网络安全事件给社会带来巨大的经济损失和严重的社会影响，网络安全的重要性已经受到了国家和人民的高度重视。当前虽有防火墙、入侵检测系统、入侵防御系统等多样化的安全产品，但多数安全手段存在局限性，无法实时准确地对当前高速的网络环境进行检测，而且无法快速准确地感知网络威胁使得网络安全人员无法及时对安全事件进行有效决策。伴随着网络安全事件发生频率的逐渐升高，网络系统本身的脆弱性也体现了出来，使得网络威胁感知技术开始成为网络安全领域的热门话题。基于信息熵的网络流异常检测方法是较早出现的针对网络威胁感知的技术，其主要以香农提出的信息熵作为判断网络流是否出现异常的依据。这种方法缺少对威胁类别进行确定的相关技术，只可以判断网络威胁的出现。基于信息熵的网络流异常检测方法对威胁感知的模糊性促使研究人员转向了基于机器学习的网络威胁感知方法。但基于网络流特征的机器学习感知方法会受到训练集的局限以及设备资源占用率较高的影响。针对以上背景,高效的威胁感知方法需要在高性能可编程的交换设备上实现,而 NGNP 可作为承载这一技术的硬件基础。NGNP 拥有广泛的应用前景,其上运行的 FAST 框架可以提供统一的软硬件 API,从而帮助研究人员控制硬件。目前 NGNP 已经有了小范围的应用,例如:①研发了软件二层交换机,即通过调用 FAST 接口,系统能够将所有报文(包括 metadata)送入二层交换 UA 中,UA 通过维护交换表实现软件二层交换功能;②国防科技大学通过 NGNP 设备以及 FAST 架构开发了一套基于 IPv6 网络的 Lisp 隧道应用,同时集成了 DDoS 攻击防御的功能,能够通过硬件实现对攻击流量的清洗和分析;③传媒大学在 NGNP 设备上以及 FAST 环境基于 SDN 架构实现了一套基于硬件加速的高清 RTP 视频流切换的应用,通过 SDN 控制器,用户能够通过 WEB 页面控制硬件实时切换 RTP 视频流,并且不会有任何帧的丢失和损坏。以上应用均验证了可编程交换设备 NGNP 的实用性与广泛的应用前景。

9.1.2 相关工作

为了降低网络威胁在不同网络环境下带来的危害,目前各大高校、研究机构以及企业都在不断研究与更新网络威胁感知的技术和手段。国内外针对网络威胁感知的研究层出不穷,无论网络环境如何,都有各种方法来感知网络威胁,减小网络威胁带来的影响。Fonseca 等[2]用信息熵的方法发现流量空间上的信息单元也存在长相关特性并以此进行威胁感知。Yu 等[3]设计了一种基于支持向量机(Support Vector Machine,SVM)的机器学习算法进行网络攻击分类的机制,使用管理信息库(Management Information Base,MIB)和 SVM,该方法可以实现高精度的快速检测,最小化系统负担并增加系统部署的可扩展性。严承华等[4]以时间为单位形成统计元组,在每个统计元组内分别计算各网络属性的信息熵,根据正常网络状态下单位统计元组内流量信息结构的稳定性来判断网络是否发生异常。Wang 等[5]提出了一种基于模糊马尔可夫的预测方法来预测网络威胁。Chatterjee 等[6]研究了基于 NARX 神经网络的非线性自回归软件故障预测。Kurt 等[7]将在线攻击/异常检测问题表达为部分可观察的马尔可夫决策过程(POMDP)问题,并提出了一种使用无模型强化学习框架的网络威胁在线检测算法。Pacheco 等[8]针对物联网环境提出了一种基于神经网络的攻击威胁检测系统,该系统能够检测出节点入侵,并采取措施来保障通信。范九伦等[9]基于径向基函数(Radial Basis Function,RBF)神经网络,给出一种网络安全态势预测算法。综上所述,现有的威胁感知方法都在追求威胁感知的准确性、可用性、高效性。但是无论是基于熵值的威胁感知方法还是基于机器学习的威胁感知方法都无法做到既高效可用又保证准确性。如何将两种方法的优势相结合,将熵值方法的高效性与机器学算法的高准确度结合并利用可编程硬件设备 NGNP 进行有效集成,是本章所关注的重点。接下来,本章将从这个角度提出面向网络流特征熵值的软硬结合威胁感知方法,并介绍本章的研究目标以及研究内容。

本章采用熵值来描述网络流各项属性的变化情况,并以网络流特征的信息熵作为威胁感知分类的输入特征。所以,本节将介绍信息论中信息熵的概念、公式以及含义。熵(Entropy)这个概念来自统计热力学,反映了一个系统内部分子热运动的混乱度。按照玻

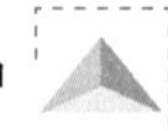

尔兹曼关系式 $H=k_B\ln\Omega$(其中 k_B 为玻尔兹曼常数,Ω 表示系统内部微观状态总数),系统的微观态数目与其对应的熵值大小成正比关系。从统计数学的角度而言,玻尔兹曼关系式还可以做如下假设,系统内部微观状态集合为$\{1,2,3,\cdots,\Omega\}$,这些微观状态出现的概率 P_i 均为$\frac{1}{\Omega}$,此时,熵可表示为以下形式:

$$H=-k_B\sum_{i=1}^{\Omega}P_i\ln(P_i) \tag{9.1}$$

1984 年,香农将玻尔兹曼对熵的概念引入信息论中,将其作为一个随机事件不确定性的量度。考虑一个随机事件 R,假设它具有独立的 n 种可能的结果$\{a_1,a_2,a_3,\cdots,a_n\}$,每一种结果发生的概率分别为$\{P_1,P_2,P_3,\cdots,P_n\}$,则它们满足下列条件:

$$0\leqslant P_i\leqslant 1(i=1,2,3,\cdots,n),\quad \sum_{i=1}^{n}P_i=1 \tag{9.2}$$

对于随机事件,其主要性质为每一个独立事件结果 a_i 的发生与否都是随机的,当进行了多次实验,这些结果的发生与否具有一定的不确定性,概率实验先验地含有这一不确定性,本质上和该实验可能结果的分布概率相关。为了量度这一随机事件 R,香农引入了熵的公式表示:

$$H(R)=H(a_1,a_2,a_3,\cdots,a_n)=-k\sum_{i=1}^{n}P_i\ln(P_i) \tag{9.3}$$

公式中 k 为一个大于零的常量值,由于 $0\leqslant P_i\leqslant 1(i=1,2,3,\cdots,n)$,因此 $H(R)>0$。而 $H(R)$称为香农熵,在随机事件中也被称为信息熵。从信息熵的定义式中不难看出其变化规律。当随机事件 R 中存在任一事件结果 a_i 的发生概率为 1,即 $P_i=1$,此时 $H(R)=0$,该随机事件 R 不存在任何不确定性。反之,若所有可能事件结果 a_i 发生概率相等,即 $P_i=\frac{1}{n}$,此时信息熵达到最大值,即 $H(R)=k\ln(n)$。

由上述内容可知,信息熵可以用于描述一类属性值的"无序"程度。信息熵值越大,则说明数据越离散;信息熵值越小,则说明数据越聚集。网络流特征熵值,即将熵值的理论运用到网络流中,对网络流量进行分析和检测,通过计算统计流量特征熵值的变化,判断数据流中各种流量的分布情况,这在网络测量和监控的许多应用中发挥了重要作用。网络流量包含有多种特征属性,例如源 IP、目的 IP、源端口、目的端口等。这些特征属性的取值在一定时间间隔的网络流量中具有一定的分布特性,而信息熵可以有效体现数据统计分布的集中和离散程度,当网络流量发生异常时,对应的信息熵会产生相应变化,因此可以通过计算网络流量数据的信息熵,分析网络流量分布特征。

因此,可以对网络流特征熵值做如下定义:假设待分析的 m 个网络流特征属性为$\{A_1,A_2,A_3,\cdots,A_m\}$,$n_{i,j}$ 表示 A_i 的第 j 个取值在一个单位统计时间间隔中的出现次数,其中 $j=1,2,\cdots,y_i$。y_i 表示属性 i 的取值结果类数,并令 $S_i=\sum_{j=1}^{y_i}n_{i,j}$ 表示属性 i 的总的计数,则属性 A_i 的信息熵计算公式如下:

$$H(A_i)=-\sum_{j=1}^{y_i}\frac{n_{i,j}}{S_i}\ln\frac{n_{i,j}}{S_i} \tag{9.4}$$

对资源影响较大的网络威胁出现时，网络中会产生具有特殊性质的异常流量，异常流量的特征熵值较常规流量熵值会呈现很明显的增减趋势。以 DDoS 攻击为例，如果多台主机对一台服务器发起攻击，网络中会产生很多源 IP 不同，目的 IP 相同的流。这些攻击流量提高了网络流总体源 IP 的离散程度和目的 IP 的集中程度，从而导致源 IP 熵值增大和目的 IP 熵值减小。和 DDoS 攻击类似，端口扫描、主机扫描等网络威胁都会导致网络流量异常，每一种威胁行为反映到网络流的信息熵变化趋势上都体现出不同的对应模式。典型熵值可检测威胁如表 9.1 所示。

表 9.1　典型熵值可检测威胁

威胁名称	说　　明	源 IP 信息熵	源端口信息熵	目的 IP 信息熵	目的端口信息熵
端口扫描	对单个主机或服务端口开放情况进行扫描	—	—	减小	增大
主机扫描	单个主机对多个主机进行开机检测	—	—	增大	减小
DDoS 攻击	拒绝服务攻击	增大	—	减小	—
蠕虫扩散	自主复制的扩散病毒	增大	—	增大	减小

由表 9.1 可知，本章研究方法所感知的威胁就是熵值波动较大的扫描类威胁以及 DDoS 攻击类威胁。需要说明的是，蠕虫扩散威胁的扩散行为是进行类似端口扫描与主机扫描后对疑似可感染设备的渗透行为。因此，蠕虫扩散威胁本质就是扫描类威胁。

“威胁感知”概念最早在军事领域被提出，并随着网络的兴起而应用于网络安全领域。研究人员对威胁感知方法进行了大量研究，并取得了一定的成果。关于威胁感知方法的研究主要可分为 3 种：基于信息熵理论的网络威胁模糊感知、基于机器学习的网络威胁感知以及基于深度学习的网络威胁感知。

基于信息熵理论的网络威胁模糊感知主要通过异常网络流检测的方法对网络中的威胁进行粗粒度的感知。该方法具备较高的实时性，可以快速感知威胁，并提供比传统流量分析更精细的结果。但是，网络威胁模糊感知的准确率不高且可感知的威胁有限。陈锶奇等[10]利用信息熵的极值性，结合 Netflow 数据流，对各指标熵值进行相关性分析，进而确定异常网络流的存在。周颖杰等[11]采用粗细粒度结合的思想，利用信息熵进行分析，可有效地检测出骨干网中的 DoS/DDoS 攻击。吴震等[12]运用信息熵寻找显著特征，根据显著特征进行级联分簇，提出了一种基于信息熵的流量识别方法。崔锡鑫等[13]对熵值理论进行研究，发现基于信息熵的流量异常检测对于端口扫描效果很好，而基于联合熵的检测算法则对 DoS/DDoS 攻击有较好的检测效果。许多研究人员对熵值理论进行了改进和创新，提出了多种熵值理论。Ma 等[14]提出了一种基于非扩展熵的异常检测方法，利用非扩展熵来表示源/目的 IP 分散情况来检测攻击，根据 DoS 攻击发生时网络中的流量特性和 IP 熵特性，提出了基于流量和 IP 熵特性的 DoS 攻击检测算法。

基于机器学习的网络威胁感知方法利用历史网络流量样本集来训练分类模型，并通

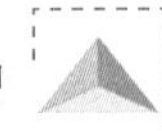

过训练好的分类器对网络中的威胁进行识别。该方法的优点是可以准确地识别出威胁的具体类别，相较于熵值方法，其感知粒度更为精细。但该方法缺点也十分明显，训练模型需要耗费大量时间和资源，难以应用于大规模网络及多类识别，且因为资源要求过高，该方法难以部署到各底层设备节点。苏春雷[15]通过分析网络中的异常，利用 Kafka 技术与隐马尔可夫模型设计了一种检测网络威胁的算法。该算法采取分布式的架构，利用训练算法定期载入批处理数据进行模型训练，通过模型训练得出正确的模型参数，并把这些参数保存到 HDFS 中。再由各个节点加载模型并使用检测算法对实时数据进行检测。结果表明，该方法能快速感知威胁发生。Miao 等[16]提出了一种基于集成学习策略检测网络中 DDoS 威胁的方法。该方法将贝叶斯网络、C4.5、SVM 三种分类器集成，对流量特征进行决策分类。实验结果表明，该方法可以准确、实时地感知 DDoS 攻击威胁，准确率达到 98%及以上。王笑等[17]针对网络威胁实时分析的迫切需求，研究并设计了适用于实时威胁概率预测的马尔可夫时变模型，提出了一种网络安全实时威胁概率预测方法。王宇飞[18]使用集成学习的方法对网络安全态势进行评估和预测研究。魏彬等[19]研究了基于集成学习算法的网络安全防御模型，并通过集成学习算法提高了模型的预测精度、泛化能力和稳定性。

基于机器学习的网络威胁感知方法，在特征选择方面往往需要一定的专业知识，是模型相对简单的威胁感知策略。然而，网络技术日益发展，网络流量的复杂性和特征的多样性不断提升，简单的机器学习和神经网络模型难以达到预期的感知效果。因此，自辛顿提出深度学习理论后，研究者就开始探索基于深度学习的网络威胁感知方法。深度学习算法学习的是样本数据的内在规律和表示层次，通过构建多个隐藏层组建的非线性网络结构，能够适应较高维度学习和预测的要求。深度自动编码器（Deep Auto-Encoder，DAE）具备多个隐藏层，可以学习到比自动编码器更高的特征表示层次，可以对高维度的流量数据进行降维。Osada 等[20]利用深度自动编码器中的卷积自动编码器方法，将多个模块并行运行在不同时间间隔下进行特征扫描从而完成信息提取。提取出的特征输入 SVM 分类器中进行威胁分类。该方法在数据集上的实验准确率为 94.37%，优于简单的 SVM 方法的 92.62%。卷积神经网络（Convolutional Neural Networks，CNN）是一种包含了卷积计算且具有深度结构的前馈神经网络，能够更准确且高效地提取特征。Naseer 等[21]采用一维卷积神经网络从流量数据的有效载荷中提取文本信息，再将统计计数特征与文本信息特征进行组合并利用随机森林算法进行分类。实验结果表明，该方法对 DDoS 攻击威胁和渗透攻击威胁的感知准确率超过 99%。

近年来，也有不少基于深度学习的网络威胁感知方法被提出。Aldweesh 等[22]研究了由代表学习过程的多层神经元组成的深度学习模型检测网络中攻击威胁的方法。夏玉明等[23]对基于卷积神经网络的网络攻击检测方法进行了研究。Yan 等[24]通过数据填充将一维数据转换为二维图像数据，再利用 CNN 模型学习特征，再由 softmax 函数作为激活函数，识别攻击威胁。An 等[25]探索了受限玻尔兹曼机器作为分类器的威胁感知方法，但是检测准确率较低。

9.2 基于 NGNP 的网络流特征提取和熵值计算

本节描述了面向网络流特征的属性提取策略，然后介绍了在属性提取完成后的特征熵值计算方法，内容涵盖下一代网络处理器 NGNP 硬件流水线重构、软硬件协同的网络流特征提取方法以及基于多核交替的熵值计算方法。最后设计了所提出网络流特征提取与熵值计算方法的验证实验，并针对实验结果进行分析。

9.2.1 硬件流水线重构

由于本节面向网络流特征熵值的威胁感知需要，方法尽可能地将报文的属性提取与网络流特征熵值计算过程下沉至 NGNP 设备端，这样可以有效地减少用于感知威胁所上报的信息量从而降低对全局网络性能的影响。同时考虑到 NGNP 作为独立网络设备本身的网络转发功能需求，本节提出软硬件结合的网络流属性提取与熵值计算方法。在硬件层面上，通过重构硬件流水线，利用 FPGA 硬件逻辑电路实现软件功能的硬件化，从而实现高效报文属性提取、转发上报至熵值计算模块等功能。在软件层面上，主要根据 NGNP 多核 CPU 的算力特性完成网络流特征熵值计算和上报的任务。本节针对 NGNP 硬件流水线重构的主要工作是重新整合修改了硬件通用 5 级流水线，将用户定义解析模块更新为分组解析模块(PPM)，将用户定义关键字提取、查表引擎合并为属性提取模块(AER)，同时隐去了用户定义动作模块，保留了通用输出模块(GOE)。分组解析模块实现将报文汇聚并进行解析的过程，如分组所采用的协议为 IPv4 还是 IPv6 等。属性提取模块实现对报文头部属性提取收集并传递至用户空间熵值计算处理模块的功能。本节改进的硬件流水线架构如图 9.2 所示。

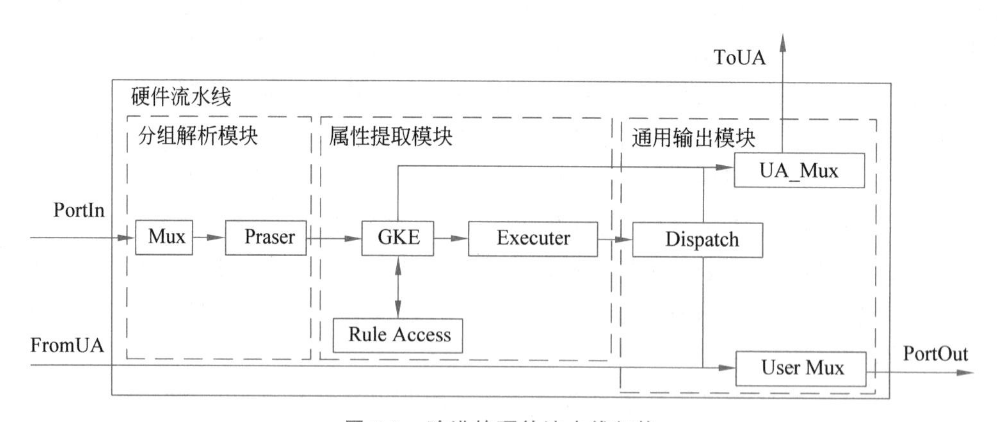

图 9.2 改进的硬件流水线架构

架构图中数据包的具体流通过程如下：网络数据包从千兆网口输入 FPGA，首先会经过一个汇聚逻辑(Mux)将接口的输入报文送到硬件流水线的模块中，接着进入一个分组解析逻辑，判断进来的分组是 IPv4 还是 IPv6 等协议状态信息。然后经过属性提取模块，这个模块是硬件流水线主要的处理模块，模块根据协议类型提取五元组(源 IP、目的

IP、源端口号、目的端口号、IP 上层协议)、TCP 协议控制位、报文长度信息，将其存储到一个向量中，达到上报条件后构造一个报文送到用户空间的处理模块中。通用输出模块的功能是给分组指定一个输出端口号。分组分离逻辑根据分组输出端口号送到对应的接口。元组提取送软件的分组经过内核空间转发至用户空间，然后送对应模块处理。表 9.2 为流水线架构图中各逻辑与其对应功能的说明。

表 9.2　逻辑与其对应功能的说明

逻　辑	实现功能
Mux	输入汇聚逻辑，将接口的输入报文送到硬件流水线的模块中
PortIn	来自网口的报文数据接口
FromUA	来自用户空间 UA 的报文数据接口
Praser	分组解析逻辑，用于解析报文的协议类型
GKE	定义关键字提取逻辑，同时也是属性提取功能主要实现模块
Rule_Access	流表匹配逻辑，用于进行查表匹配，得到分组转发的规则
Executer	动作执行逻辑，根据流表查找结果确定报文的转发方向
Dispatch	分组分离逻辑，将去到不同转发方向的报文进行分离，根据目标模块号 MID 控制发往 UA 或具体网口
UA_Mux	转发汇聚逻辑，汇聚转发到用户空间 UA 的报文
User_Mux	转发汇聚逻辑，汇聚转发到用户的报文
PortOut	转发到网口的报文数据接口
ToUA	转发到用户空间 UA 的报文数据接口

从硬件侧完成对报文属性的提取可以大幅减少 NGNP 软件层的计算资源损耗，分组解析模块通过 Verilog 编程固化于 FPGA 中，使得报文解析过程中的协议识别任务可以通过本模块完成，同时与软件层的熵值计算模块并行执行，为流水线中下一级属性提取模块提供输入信息，从而增强模块间的耦合。由于所需提取的报文属性特征主要来自 2 至 3 层报文头部的信息且不同协议的头部信息字段长度均不一致，因此对报文全部头部信息的提取需考虑不同协议的报文头部长度，采取相应策略。表 9.3 统计了常见协议报文的头部信息，其中括号内的表示网络层协议的版本。

表 9.3　常见协议报文的头部信息

IP 上层协议名称	报文头部构成	报文头部位置	头部总长度
TCP(IPv4)	Ethernet+IPv4+TCP	[0,57]	58
TCP(IPv6)	Ethernet+IPv6+TCP	[0,77]	78
UDP(IPv4)	Ethernet+IPv4+UDP	[0,45]	46
UDP(IPv6)	Ethernet+IPv6+UDP	[0,65]	66

续表

IP上层协议名称	报文头部构成	报文头部位置	头部总长度
ICMP(IPv4)	Ethernet+IPv4+ICMP	[0,45]	46
ICMP(IPv6)	Ethernet+IPv6+ICMP	[0,65]	66

从表9.3不难看出，要提取报文的全部头部信息，最少需要78字节。但是，考虑到IPv4头部存在"可扩展选项"(IP Option)字段，要提取报文的完整全部头部信息仅仅78字节是不够的。IPv4头部"可扩展选项"在实际网络中使用极少，其字段长度最长为40字节。因此，想要提取可供报文属性提取的完整报文头部信息至少需要98字节，综合考量FPGA中字节对齐的特性以及后期程序的可扩展性，本书采用128字节构成了报文头部组合信息(Packet Header Value，PHV)。

PHV由报文的前128字节组成，包括从目的Mac地址开始向后的128字节。因此，PHV能够包含以太网帧头部、IP协议头部、IP上层协议头部的信息，这样下一个模块就能从PHV中提取五元组等协议字段完成对属性特征的提取工作。

分组解析模块主要包括汇聚逻辑(Mux)以及分组解析逻辑(Praser)。汇聚逻辑(Mux)主要为接口的输入报文添加元数据(metadata)头部，并使指定的元数据(metadata)进入硬件流水线的处理逻辑模块中。元数据(metadata)的相关说明将在下一节中详细介绍。分组解析逻辑(Praser)为分组解析模块的核心逻辑，其完成了报文头部组合信息的提取工作，并根据PHV中协议状态位的偏移提取出对应协议信息，为属性提取模块提供输入信息。其核心算法分组协议解析的伪代码如算法9.1所示。

算法9.1 分组协议解析算法

Input：报文头部组合信息PHV

Output：协议状态标志位 is_arp，is_ipv4，is_ipv6，is_tcp，is_udp

```
1   INITIALIZE Reg is_arp,is_ipv4,is_ipv6,is_tcp,is_udp
2   IF PHV[96:111]==0x0800          //网络层协议解析
3       is_ipv4←1
4       IF PHV[184:191]==0x06       //传输层协议解析
5           is_tcp←1
6       END IF
7       IF PHV[184:191]==0x11
8           is_udp←1
9       END IF
10  END IF
11  IF PHV[96:111]==0x86dd
12          is_ipv6←1
13      IF PHV[184:191]==0x06
14          is_tcp←1
15      END IF
16      IF PHV[184:191]==0x11
```

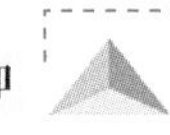

```
17            is_udp←1
18        END IF
19    END IF
20    IF PHV[96:111]==0x0806
21        is_arp←1
22    END IF
23    RETURN is_arp,is_ipv4,is_ipv6,is_tcp,is_udp
```

需要说明的是，硬件流水线中模块的实现使用的是硬件描述语言 Verilog，伪代码中保留了一些 Verilog 的编码风格，reg 是寄存器变量，PHV 中的数组操作单位是比特位。

原始的 NGNP 通用五级流水线对报文的处理采用单向、递进的方式完成。报文进入硬件流水线后逐个模块传递，到达查表引擎模块(GME)后根据是否存在软件层 UA 模块将其传入软件层处理，处理完成后再次返回硬件层通用输出模块进行报文转发。这样的逻辑对于简单的处理逻辑(如修改源目的 IP 地址等)的算力消耗并不大，但是提取报文中属性特征并计算对应特征熵值所需的时间与资源消耗则不可忽视。如果采用原始的五级通用流水线，将会增加软件层的资源消耗，同时增加报文转发的时延，甚至造成网络的拥塞，影响设备正常的网络转发功能。因此，本节重构了硬件流水线，将报文的属性提取工作在查表转发逻辑之前完成，并将结果通过构建新报文的形式上报给 UA 模块处理，使得原始报文无须流向 UA 模块就可以直接进入网口转发，从而降低报文的转发时延。但是，硬件层模块的处理能力是有限的。单个模块难以实现对报文属性的全部提取工作，因此需要在硬件层设计分组解析模块与属性提取模块来协同完成。属性提取模块根据协议状态信息从 PHV 中的信息提取出报文属性特征。

属性提取模块主要包括流表匹配逻辑、动作执行逻辑、定义关键字提取逻辑 3 部分。流表匹配逻辑、动作执行逻辑是原本查表引擎模块的执行逻辑。这两个逻辑首先根据报文中的源、目的 IP 地址进行查表匹配，再由得到的分组转发规则确定报文的转发方向，最后将报文投入通用输出模块实现分组的路由转发功能。这两个逻辑的实现主要沿用了原始五级流水线的模块，因此不做过多描述。定义关键字提取逻辑是属性提取模块的核心逻辑，融合了用户定义关键字提取(UKE)的关键字提取功能与查表引擎模块的报文构造功能，实现了根据协议状态信息从 PHV 中的信息提取出报文属性特征并记录单位时间内属性特征构建报文上报软件层的功能。定义关键字提取逻辑流程如图 9.3 所示。

通过图 9.3，不难看出定义关键字提取逻辑存在定时器子逻辑、属性提取子逻辑、结果上报子逻辑 3 部分。3 个子逻辑由 Verilog 中的过程结构封装，通过边沿信号进行触发，在过程结构块间并行执行，完成特定功能。

1) 定时器子逻辑

由于本书在硬件层中统计的是单位时间内网络流的特征熵值，因此在硬件层的报文属性提取中当一个单位时间结束时，属性提取模块需要及时对提取出的属性特征进行上报，无论属性特征是否满足报文长度最大值。定时器子逻辑中就实现了一个单位时间的定时器，其根据硬件中的拍数来统计时间流逝。硬件 FPGA 的时钟频率为 150MHz，因此计数器累加到 150000000 即为 1 个单位时间(1s)。当单位时间结束后，定时器子逻辑

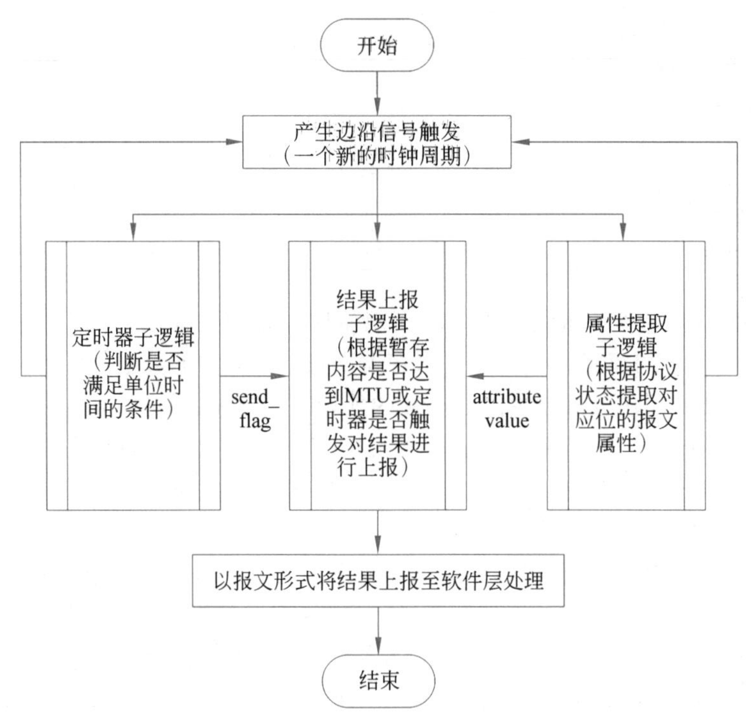

图 9.3　定义关键字提取逻辑流程

将通过寄存器信号位 send_flag 来通知结果上报子逻辑,硬件计时算法的伪代码如算法 9.2 所示。

算法 9.2　硬件计时算法

Input：重置信号 rs

Output：转发信号位 send_flag

```
1   INITIALIZE sec _reg←Reg [32] ,timer_cnt←Reg [32] , send_flag←Reg
2   IF rst==1
3       sec _reg←0x00000000
4       timer_cnt←0x00000000
5       send_flag←0
6   END IF
7   IF timer_cnt==0x08f0d180        //拍数达到阈值
8       sec _reg←sec _reg+1          //时间加 1
9       timer_cnt←0x0
10      send_flag←1           //设置信号
11  ELSE
12      sec _reg←sec _reg
13      timer_cnt←timer_cnt+1
14      send_flag←0
15  END IF
16  RETURN send_flag
```

2）属性提取子逻辑

属性提取子逻辑完成提取报文五元组以及协议字段信息并输入结果上报子逻辑的任务。在收到网络分组后，子逻辑根据 IP 协议的版本号构造一个向量，包含五元组（源 IP 地址、目的 IP、源端口、目的端口、IP 协议的上层协议）、TCP 协议控制位字段、报文长度信息。由于 IPv4 与 IPv6 的不同字段长度差别较大，因此对向量做如下定义。

如图 9.4 所示，IPv4 协议的属性向量长度为 16 字节（128 比特），IPv6 协议属性向量长度为 48 字节（384 比特）。需要说明的是，为了方便软件层 UA 进行解析处理，向量做了 128 位对齐操作。属性向量中 TCP 协议控制位字段长为 6 比特，为了 8 位对齐补全了两位作为填充，同时 IPv6 协议属性向量在后面填充了 64 比特的 0。如果协议没有向量中的属性字段值，则在对应位置填充 0。

	32	32	16	16	8	8	16
IPv4	源IP	目的IP	源端口	目的端口	协议	tcp_flag	长度

	128	128	16	16	8	8	16	64
IPv6	源IP	目的IP	源端口	目的端口	协议	tcp_flag	长度	64bit填充

图 9.4　属性向量

属性提取子逻辑对属性的提取主要根据分组解析模块中提取的协议状态信息、报文头部组合信息（PHV）以及报文元数据头部（metadata）来实现。根据不同协议字段在 PHV 以及 metadata 中的偏移量，属性提取子逻辑定位对应特征值实现提取。考虑到 IPv4 协议中存在可选项字段而 IPv6 首部长度固定，提取 IPv4 协议属性向量相较于 IPv6 更为复杂。因此，本书以提取 IPv4 协议属性向量为例介绍提取算法，算法的伪代码如算法 9.3 所示。

算法 9.3　报文属性特征提取算法

Input：报文头部组合信息 PHV，重置信号 rst，元数据 MD

Output：属性特征 template_ipv4

1　**INITIALIZE** sip ← Reg[32], dip ← Reg[32], sport ← Reg[16], dport ← Reg[16], $up_{layer_{proc}}$ ←Reg[8], tcp_{flag} ←Reg[8], $template_{ipv4}$ ←Wire[128], IHL← Reg[9], len←Reg[16]

2　**IF** rst==1　　　//重置信号，说明无代提取报文

3　　sip←0x00000000

4　　dip←0x00000000

5　　sport←0x0000

6　　dport←0x0000

7　　up_layer_proc←0x00

8　　tcp_flag←0x00

9　　len←0x0000

10　**ELSE IF** is_arp==1　　　//报文为 arp 协议报文，不采取任何操作

```
11          Do Nothing
12      ELSE IF is_ipv4==4          //按 IPv4 提取
13          len←{0x0,MD[20:31]}
14          sip←PHV[208:239]
15          dip←PHV[240:271]
16          IHL[0:4]←PHV[116:119]
17          IHL←(IHL-5) * 32            //计算 IPv4 报文中选项字段长度
18          IF is_tcp==1 OR is_udp==1         //按照传输层协议格式提取
19              sport←PHV[272+IHL:287+IHL]
20              dport←PHV[288+IHL:303+IHL]
21              tcp_flag←{0,PHV[378+IHL:383+IHL]}
22              IF is_udp==1            //UDP 协议不存在 TCP 控制位
23                  tcp_flag←0x00
24              END IF
25          ELSE            //按照 ICMP 协议提取
26              sport←0x0000
27              dport←0x0000
28              tcp_flag←0x00
29            END IF
30      END IF
31      template_ipv4←{sip,dip,sport,dport,up_layer_proc,tcp_flag,len}
32      RETURN template_ipv4
```

需要说明的是，伪代码中保留了一些 Verilog 的编码风格。其中 wire 类型表示线网类型，由其连接的器件输出端连续驱动。而 template_ipv4 为该算法所在子逻辑最终提取的属性特征结果，后续会作为输入将结果上报子逻辑，因此采用 wire 向量进行存储。IPv4 报文存在可选项字段，其长度为 0～40 字节，即 0～320 比特。IHL 变量主要用于计算 IPv4 报文中选项字段长度，故采用 9 位的寄存器向量存储。

3）结果上报子逻辑

结果上报子逻辑为属性提取模块的最后一个子逻辑，该逻辑将属性提取子逻辑输入的属性向量存储到先进先出队列(First In First Out，FIFO)中，再根据条件参数以及队列长度完成对属性向量队列的封装报文上报，其主体实现流程如图 9.5 所示。

由图 9.5 可以看出，结果上报子逻辑共维护两个 FIFO 队列。IPv4 报文属性向量存储到 IPv4_FIFO 队列中，IPv6 报文向量存储到 IPv6_FIFO 队列中。当上面的计时器逻辑到达一个新的单位时间(即发送一个 send_flag 信号)或 FIFO 队列中的向量个数到达一定数量(即 IPv4 报文向量达到 88 个或 IPv6 报文向量达到 30 个)，则将 FIFO 队列中的数据依次读出来与当前的时间戳拼接成一个将近 MTU 大小的新报文，发送到 UA 模块进行处理操作。至此，属性提取模块处理全部完成。

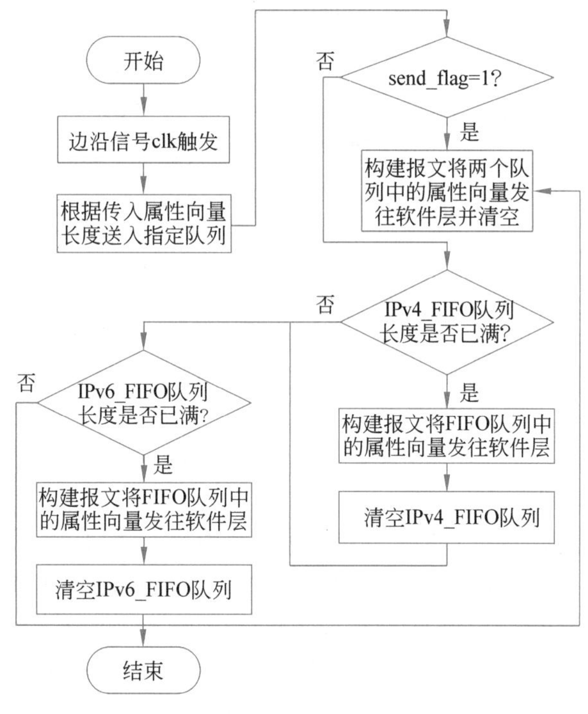

图 9.5　结果上报子逻辑主体实现流程

9.2.2　软硬件协同的网络流特征提取方法

通过 9.2.1 节中介绍的下一代网络处理器 NGNP 对硬件流水线的重构，可以在 NGNP 硬件层实现对数据报文属性特征的提取和上报任务。但是，FPGA 的算力以及存储资源是极为有限的。硬件层无法承担单位时间内的数据报文属性特征存储任务，需要软件层的配合与控制，实现对报文提取存储以及计算处理的完整过程。本节将介绍软硬件协同的网络流特征提取方法，下面将从软件和硬件两方面来说明。

NGNP 是一款基于多核 CPU 和 FPGA 实现的独立下一代网络处理器，主要包括硬件流水线、内核空间以及用户空间 3 个层级，其中硬件流水线中的处理逻辑模块被称为 UM，用户空间中的处理模块被称为 UA。UM 将硬件流水线中的控制信息写入元数据(metadata)中，通过 metadata 完成与 UA 之间的信息通信、规则上报等。同时，UA 也可以通过内核空间中的 FAST 编程库调用读取 FPGA 中寄存器中的值。通过 metadata 的信息流转，UA、UM 可以协同完成常规网络转发背景下的报文属性特征提取、特征存储和特征统计计算等多项复杂操作。

本书中 UM 与 UA 之间的数据传递主要由报文通信来实现。而在 UM 到 UA 的报文传递主要依靠 metadata 中的控制信息来完成。因此，metadata 是实现软硬件协同特征提取的关键。在数据报文进入硬件流水线后，硬件流水线会给每个数据包初始化一个 metadata。metadata 的数据结构主要由原始定义的头部信息以及用户保留状态信息两部分构成。原始定义的头部信息存放分组的接收信息(如源模块号 Smid、时间戳

TimeStamp 等)、路径控制信息(如目的模块号 Dmid)、处理的中间状态(如流 ID FlowID)等。metadata 的数据结构如图 9.6 所示。

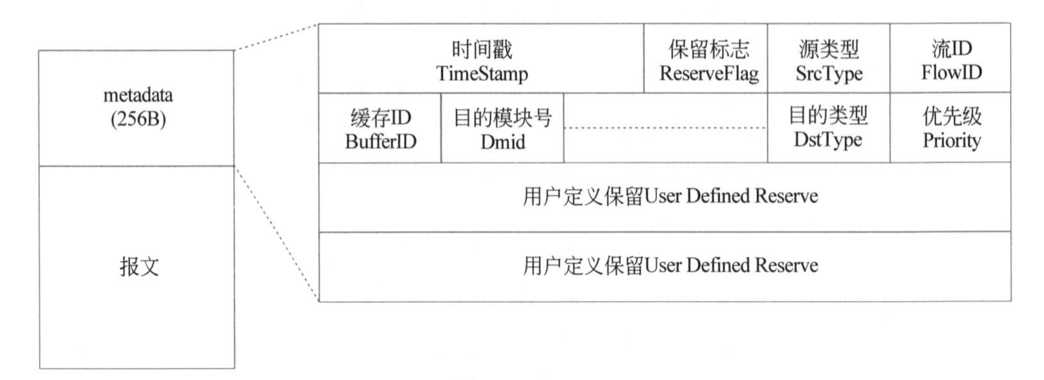

图 9.6 metadata 的数据结构

metadata 总长度为 256 位,前 128 位已被规范定义并使用,用于表征 NGNP 模块传递中的控制、状态信息,后 128 位为用户保留位以实现用户编程的特定信息传递。

接下来介绍 NGNP 硬件层 UM。由于 9.2.1 节已经对硬件流水线的重构做了详细的说明,本节主要介绍 UM 模块的数据流转。在软硬件协同的网络流特征提取中,对 metadata 中分组目的模块号(Dmid)的设置是实现分组处理路径控制的重要手段,也是不同模块间完成报文传递的主要途径。NGNP 中软硬件各模块的标识符被称为各模块的 MID。根据 FAST 设计规范,每一个模块都有在整个系统中唯一标识自身模块的 MID。硬件模块在实例化时通过外部连线获取 MID,软件模块在初始化注册时获取自己的 MID。NGNP 原始的硬件通用五级流水线使用的 MID 值为 1～5,而本书对原始的五级流水线做了重构,生成了新的 3 个硬件模块。因此,本书中硬件层流水线模块的 MID 值为 1～3,即分组解析模块(PPM)的 MID 值为 1,属性提取模块(AER)的 MID 值为 2,通用输出模块 GOM 的 MID 值为 3。在重构后硬件层流水线数据通路流程如图 9.7 所示。由图 9.7 可以看出,重构后的属性提取模块完成了属性提取以及查表转发的功能,同时针对进入流水线的原始报文并没有做修改就直接转发出去,而对于特征提取的结果则是通过新构建报文的方式完成上报。这样的流水线架构可以减少报文在 UM、UA 模块之间的流转,提高报文转发的效率,降低设备的转发时延。

作为可编程设备 NGNP 的软件层,UA 可以实现较 UM 模块更为复杂的功能,如获取报文摘要、复杂运算、下发硬件规则等。根据 FAST 规范,UA 在下一代网络处理器 NGNP 中有两种“角色”。一是实现报文分组处理流水线中特定的分组处理功能,作为硬件流水线的“协助者”;二是实现相对独立的、动态加载的数据平面服务,作为实现用户指定功能的“独立者”。

软硬件协同的网络流特征提取方法里的 UA 模块,主要实现的是针对 UM 模块中上报属性向量信息的报文进行解析和存储。UM 模块进行上报的触发条件是 FIFO 队列中存储的属性向量达到一个上报报文的承载上限或者定时器进入一个新的单位时间。因此,上报报文中的属性向量个数是不确定的。但是,通过计算报文长度与属性向量长度的

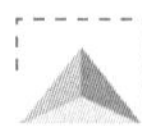

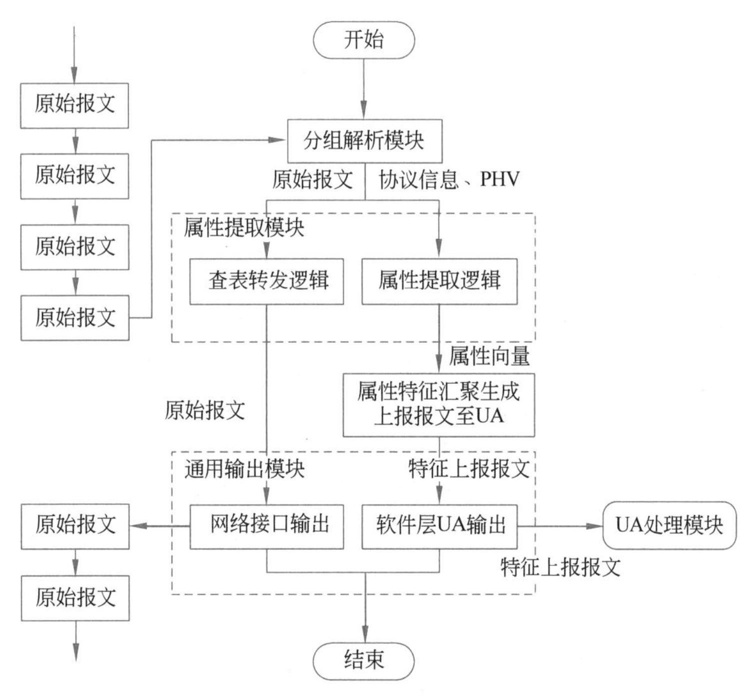

图 9.7　硬件层流水线数据通路流程

比值即可得到准确的属性向量个数。同时，UM 模块中存在 IPv4 属性向量与 IPv6 属性向量两种，两者长度、格式均不相同。故本节在元数据的后 128 位保留字段里定义了一个 4 比特的属性向量版本字段以表示上报信息的向量版本，IPv4 版本对应值为 0x4，IPv6 则是 0x6。因此，在获取 UM 上报的属性特征信息时，只需读取元数据中的长度字段和属性向量版本字段即可准确地提取出 UM 上报的属性特征，提取属性特征的算法伪代码如算法 9.4 所示。

算法 9.4　UA 中属性上报报文提取算法

Input：上报报文 packet，元数据 MD
Output：格式化输出字符串 output

```
1   INITIALIZE output←String
2   packet_len←MD.len-sizeof(MD)          //计算报文实际长度
3   ip_type←MD.ip_type&0xF                //获取元数据中向量类型信息
4   IF ip_type==0x4                       //按照 IPv4 版本向量提取
5       vector_cnt←packet_len/16
6       FOR i←0 TO vector_cnt−1 DO
7          {sip,dip,sport,dport,protocol,tcp_flag,len}←packet[16*i,16*(i+1)−1]
8      output←output+ToString({sip,dip,sport,dport,protocol,tcp_flag,len}+"\n"
9       END FOR
10  ELSE IF ip_type==0x6                  //按照 IPv6 版本向量提取
11         vector_cnt←packet_len/48
12         FOR i←0 TO vector_cnt−1 DO
```

```
13            {sip,dip,sport,dport,protocol,tcp_flag,len,padding}
      ←packet[48*i,48*(i+1)-1]          //padding 为 IPv6 中 64 比特的填充字段
14          output←output+ToString({sip,dip,sport,dport,protocol,tcp_flag,len})+"\n"
15        END FOR
16      END IF
17      RETURN output
```

经过报文提取算法的处理，从UM模块中上报的属性向量转化成了以换行符分割的字符串。由于在NGNP端最终获取的需求数据为单位时间内网络流特征的熵值，因此针对单位时间内的属性向量，UA模块还需要实现存储以及计算熵值的任务，这将在9.2.3节中做详细介绍。为了实现UA模块访问单位时间内的属性向量的目标，本书采取分文件存储至用户空间的方式来避免读取数据计算熵值的处理与存储报文解析结果处理之间的"读写"冲突。这主要是利用元数据中的时间戳字段来实现，即通过取模操作将时间戳转换为存储文件的文件名，再将解析出的属性向量字符串写入。具体的伪代码将在9.2.3节中详细说明。

9.2.3 基于多核交替的熵值计算方法

由于本节的研究目标是实现一种软硬件结合的威胁感知方法，本节希望可以利用网络流的特征熵值来实现威胁感知，同时将网络流的特征熵值计算过程下降到底层路由节点上。这样一来，作为底层节点上报的待感知特征数据就仅包含单位时间内的熵值计算结果，相较于传统基于流量抽样的威胁感知方法，本方法可以传输更简洁的数据减少对于网络性能的影响，并且降低服务器节点特征提取计算的资源消耗。因此，考虑到NGNP多核CPU的硬件特性，于用户空间的UA中实现了一种基于多核交替的熵值计算方法。该方法通过分配CPU中四线程的算力，实现了对上报报文解析存储以及解析结果计算的任务分离。

图9.8为基于多核交替的熵值计算方法的整体架构。从图中可以看出，本方法将CPU四线程分配为了报文接收处理线程以及熵值计算处理线程组(三线程)。报文接收处理线程主要完成针对UM上报的属性提取结果报文的解析与存储工作，而熵值计算处理线程组则是完成对解析结果转存至数据库并通过数据库存储过程计算出单位时间熵值的操作。本方法选用数据库来完成属性存储和熵值计算是因为NGNP本身的设备特性。其单位时间内可转发的报文上限为100 000pps(packets per second)，同时其搭载的内存为4GB。为了不过分消耗设备内存资源，并且考虑UA运行环境为设备用户空间，本方法采用数据库完成解析结果的转存以及熵值的计算。

报文接收处理线程主要完成UM上报报文的解析并将解析结果转存至用户空间中指定命名文件的两部分工作。由于解析过程已经在前述内容中做了介绍，本节主要介绍解析结果转存的实现逻辑。

熵值计算处理线程组包含3个独立线程。考虑到报文接收处理线程针对单位时间内的属性向量存储完成后，熵值计算处理线程才可以针对这一秒的存储结果做计算，为了避

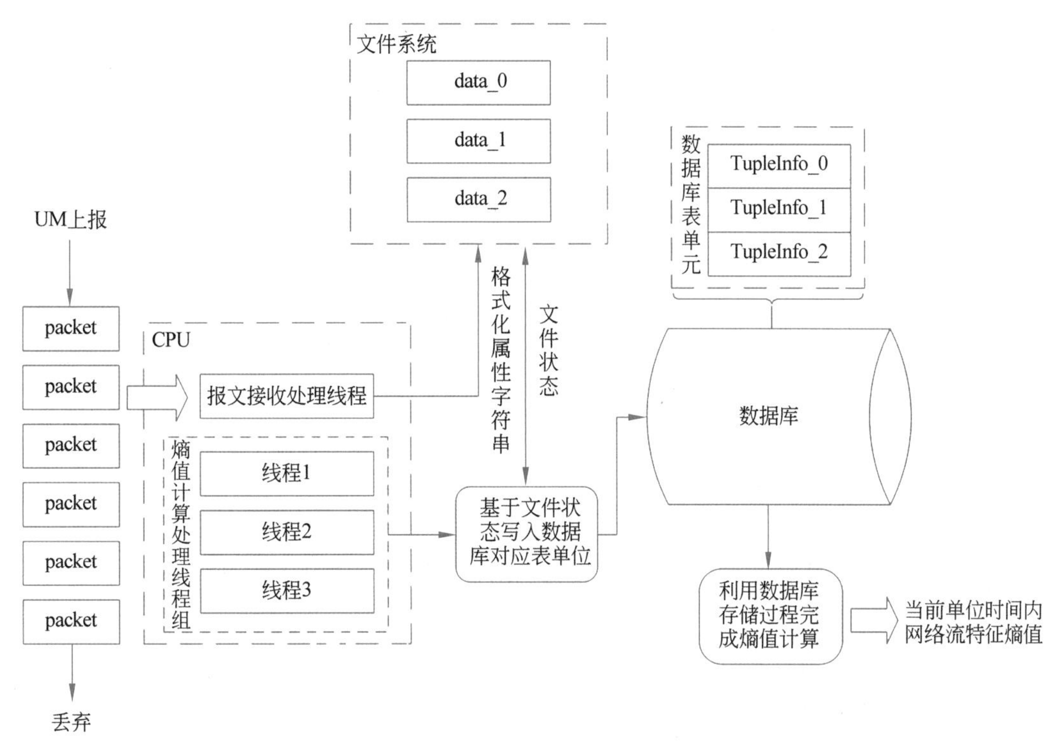

图 9.8　基于多核交替的熵值计算方法的整体架构

免计算线程之间的“竞争”冲突以及计算线程与接收线程之间的“读写”冲突，本方法采用 3 个文件对解析结果进行分开存储。同时，考虑到计算线程与接收线程之间对文件的“读写”冲突，本方法通过枚举类型定义了文件的可读、可写状态，并通过全局变量进行读写控制，具体的读写状态如表 9.4 所示。

表 9.4　文件状态信息表

状态名	值	表示信息
Write_enable	0	当前文件为新建或清空状态，可供报文接收线程写入
Read_enable	1	当前文件内容写入完成，为可读状态，可供读取

通过上述文件状态定义，报文接收处理线程就可以对报文解析的以换行符分割的属性向量格式化字符串进行写入文件操作。首先根据报文头部中传入的元数据头部的时间戳(Timestamp)字段判断当前上报内容是否为一个新的单位时间，其次通过时间戳取模操作构建待存储文件名，最后根据文件系统中文件的读写状态进行相应存储操作。详细的解析结果存储操作伪代码如算法 9.5 所示。

算法 9.5　解析结果转存算法

Input：格式化字符串 data，元数据 MD，上一次解析数据包的时间戳 pre_time

Output：存储状态 status

```
1   INITIALIZE filename←String,cur_time←unsigned int          //当前时间戳
2   cur_time←MD.timestamp
3   IF cur_time!=pre_time AND pre_time!=0                     //新的单位时间开始
4       fd_statue[pre_time%3]←read_enable                     //设置可读状态
5       pre_time←cur_time
6   END IF
7   filenode←cur_time%3
8   filename←"data_"+filename                                 //根据时间戳生成文件名
9   IF fd_statue[filenode]==write_enable
10      fd←fopen(filename,"wb")                               //调用 API 打开存储文件
11      status←fputs(data,fd)
12  ELSE
13      WHILE 1 DO                                            //循环等待文件的可写状态
14          usleep(90*1000)                                   //线程挂起和轮询交互
15          IF fd_statue[filenode]==write_enable
16            fd←fopen(filename,"wb")                         //调用 API 打开存储文件
17            status←fputs(data,fd)
18            BREAK
19          END IF
20      END WHILE
21  END IF
22  RETURN status
```

在报文接收处理线程完成对 UM 上报结果的解析与转存后，熵值计算处理线程将根据文件系统中暂存文件的状态对上报的属性特征进行熵值计算。首先，熵值计算处理过程根据文件的可读状态，将解析出的属性结果从结果暂存文件迁移到用户空间数据库对应表单元。其次，利用数据库中定义的存储过程计算出对应特征维度在单位时间内的熵值。最后，计算出的熵值通过构建 UDP 报文的方式输出到 UM 中的通用输出模块。从上述过程简述，不难看出熵值计算处理过程的复杂度高于报文接收处理线程对单位时间的结果解析。因此，如果仅采用一个线程完成熵值计算处理过程，其处理效率将低于报文接收处理线程的解析效率，最终导致熵值计算丧失实时性。

考虑到 NGNP 中 CPU 具有双核四线程且报文接收线程对待处理的解析数据采用分文件存储的策略，熵值计算处理线程组采用三线程处理指定文件的方式来实现对解析结果的分时并行计算。通过三线程构建线程组的方式并行处理，熵值计算过程可以在保证计算时效性的同时，充分利用设备多核算力。线程间的执行时序逻辑如图 9.9 所示。

由图 9.9 不难看出，通过三线程构建线程组的方式，熵值计算处理线程组中每个线程的处理周期由 1 个单位时间延长为了 3 个单位时间。其中，报文接收处理线程解析报文并写入文件的周期为一个单位时间。而熵值计算处理线程则要挂起等待报文接收处理线程完成对指定文件的书写后才可以开始处理，并在处理完成后再次挂起等待。由于每个单位时间 UM 上报的报文数量不一定，因此熵值计算处理线程的处理过程的时间复杂度也是未知的。当出现某一个单位时间上报报文数量激增的情况时，则会导致处理该单位

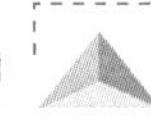

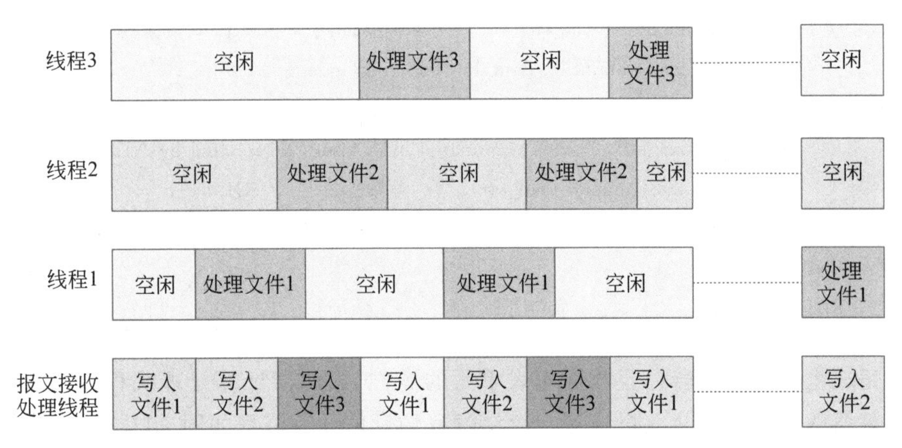

图 9.9　线程间的执行时序逻辑

时间存储文件的熵值计算处理线程计算过程复杂，处理时间占满整个周期甚至占用下一个周期的处理时间。但是这样激增的异常流量不会持续出现，通过三线程分文件处理的方式，每个线程拥有更长的处理周期，即可在几个周期之后恢复处理时效性。

熵值计算处理线程组中的 3 个线程执行的操作基本相同，皆是完成从指定文件到数据库表单元的转存以及调用数据库存储过程计算单位时间熵值的两项任务。唯一不同的是，每个线程所操作的文件与数据库表单元是指定的，与其创建线程时系统调用 pthread_create 中传入的线程号参数相关，线程号 1～3 标定每个独立线程，而指定处理的文件名与表单元标号为该线程的线程号减一。这样的设计主要是为了避免多线程之间产生对文件处理的“竞争”状态，同时也是本方法将熵值计算处理线程组称为组而非线程池的主要原因。

熵值计算处理线程中从指定文件到数据库表单元的转存执行，主要通过目标文件的文件状态信息以及数据操作函数来实现。由于报文接收处理线程完成了从上报报文到文件的结果转存，文件中的属性向量结果格式统一，即属性向量之间以换行符分割，属性向量内部元素由逗号分割。因此，转存到数据库的处理只要根据这一格式规律调用 SQL 语句中的导入指令，即可实现从文件到对应表单元的写入操作，详细的伪代码如算法 9.6 所示。

算法 9.6　解析结果导入数据库算法

Input：当前线程号 core_id

Output：数据库操作状态信息 status

```
1   INITIALIZE index←int
2   npe_setaffinity(core_id)                  //FAST API 绑核函数
3   index←core_id－1
4   truncate_table(index)                     //清空对应表单元
5   WHILE fd_statue[index]==write_enable DO   //循环等待文件的可读状态
6       usleep(90 * 1000)                     //线程挂起和轮询交互
7   END WHILE
```

```
8    IF fd_statue[index]==read_enable        //生成用于导入文件中数据的 SQL 语句
9        load_str←"load datainfile\'data_"+ToString(index)
10       load_str←load_str+"\'intotable TupleInfo_"+ToString(index)
11       load_str←load_str+"fields terminated by\',\'lines terminated by\'\\n\';"
12       status←database_query(load_str)      //数据库执行 SQL 调用
13       clear_file(index)                     //清空对应的文件
14   END IF
15   RETURN status
```

在完成将上报结果转存至数据库表单元的操作后，熵值计算处理线程将进行对网络流特征熵值的计算及封装上报。基于存储过程的熵值计算流程如图 9.10 所示。

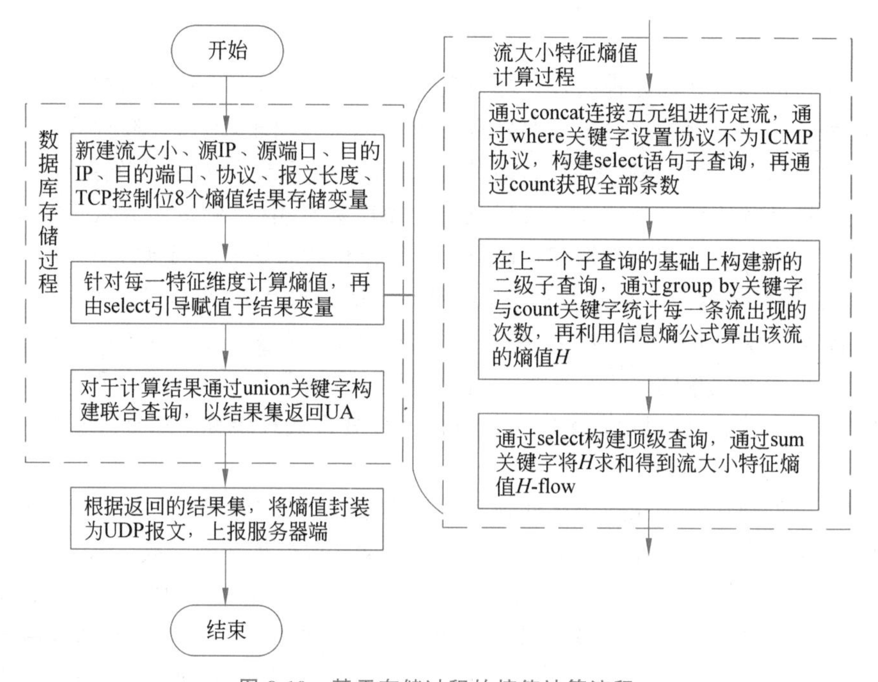

图 9.10　基于存储过程的熵值计算流程

首先，线程会根据线程号操作指定表单元执行熵值计算的存储过程调用。熵值计算的存储过程会根据目标的特征维度流大小、源 IP、源端口、目的 IP、目的端口、协议、报文长度、TCP 控制位生成指定的存储变量。其次，按照特征顺序调用嵌套查询实现对该维度特征的总体统计计数与各特征值出现的计数，再利用信息熵计算公式算出对应维度的熵值，对于最终结果通过联合查询结果集的方式返回 UA 线程。需要说明的是，由于流大小是非单一属性特征，因此对于流大小的熵值计算过程，需要先通过五元组进行组流，再做对应的统计计算。因此在图 9.10 中，本节以流大小特征熵值计算过程为例，展开了对特征维度熵值计算过程的说明。最后，线程通过存储过程返回的结果集解析出各维度的熵值计算结果，封装成指定格式的 UDP 报文上报服务器端。

9.2.4　实验设计与结果分析

为了验证本节所提出的面向网络流特征的属性提取与熵值计算方法，研究设计了功能性验证实验与性能测试实验两个实验。实验网络拓扑图如图 9.11 所示。实验共使用了 4 台 PC 以及 1 台 NGNP 设备。其中，Client1 与 Client2 设备为通信端，连接 NGNP 的网络端口。Server 端则是服务器端，用于接收最终熵值计算结果的 UDP 报文。Controller 则是控制器端，用于监测 NGNP 的运行。

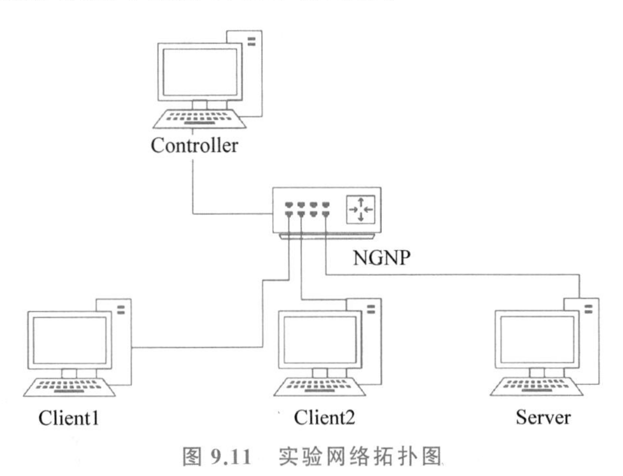

图 9.11　实验网络拓扑图

下一代网络处理器 NGNP 基于 CPU、ASIC 和 FPGA 实现，其硬件配置为双核四线程 CPU、4GB 内存。4 台 PC 设备为 Intel i7 CPU，4GB 内存，其上搭载 Ubuntu 16.04 操作系统。需要说明的是，Client1、Client2 设备和 Server 端连接的是网络端口，而控制端 Controller 连接的是 NGNP 的 Console 端（控制串口），其可以完成流表配置等功能，同时可以监控 NGNP 的运行状态，双端的交互不会影响前面 3 台 PC 之间的实验交互。

下面从功能性验证实验和性能测试实验两个方向进行。功能性验证实验主要是为了验证硬件层能否完整正确提取出报文的属性向量至软件层，同时软件层能否根据单位时间内上报的属性向量完成特征熵值的计算。本实验将验证硬件流水线中属性提取模块以及软件层中多核交替熵值计算模块能否正确运行。

首先，为配置硬件架构环境，本实验通过 Quartus Ⅱ 软件将重构后的硬件流水线固件文件通过 JTAG 方式刻录进 NGNP 进行固化，同时配置简单的默认转发规则。硬件流水线将转发的报文进行属性特征的提取，并通过定时上报的方式将单位时间内的属性向量发送至 UA，整个过程不影响原始数据报文的转发。UA 模块通过多核多线程协调，将上报的属性向量提取，再转入数据库中进行多核交替的熵值计算，最终结果通过 UDP 报文封装形式转发至服务器端（Server）。最后，本实验将服务器端接收到的软硬件结合的熵值计算结果与验证流量数据的用 Python 书写的熵值计算程序的结果进行验证对比。由于各特征值的计算方法均类似，此处以“单位时间内源 IP 地址的特征熵值”和“单位时间内目的 IP 地址的特征熵值”两个熵值为例，验证本方法的正确性。

实验中开发了一套流量构建与数据包发送程序，利用 libtins 库回放在公网环境下采集的常规流量数据包，同时控制单位时间内的数据包数量，使其呈现 300packets 的等差增长，其中 Client1 上运行数据包发送端，Client2 上运行接收端。Server 端接收到每秒 NGNP 对回放流量的网络流特征熵值的计算结果并记录于本地，再与 Python 程序计算出的熵值结果进行对比以完成功能性验证。图 9.12 展示了由 NGNP 设备以及软件计算得出的熵值对比。

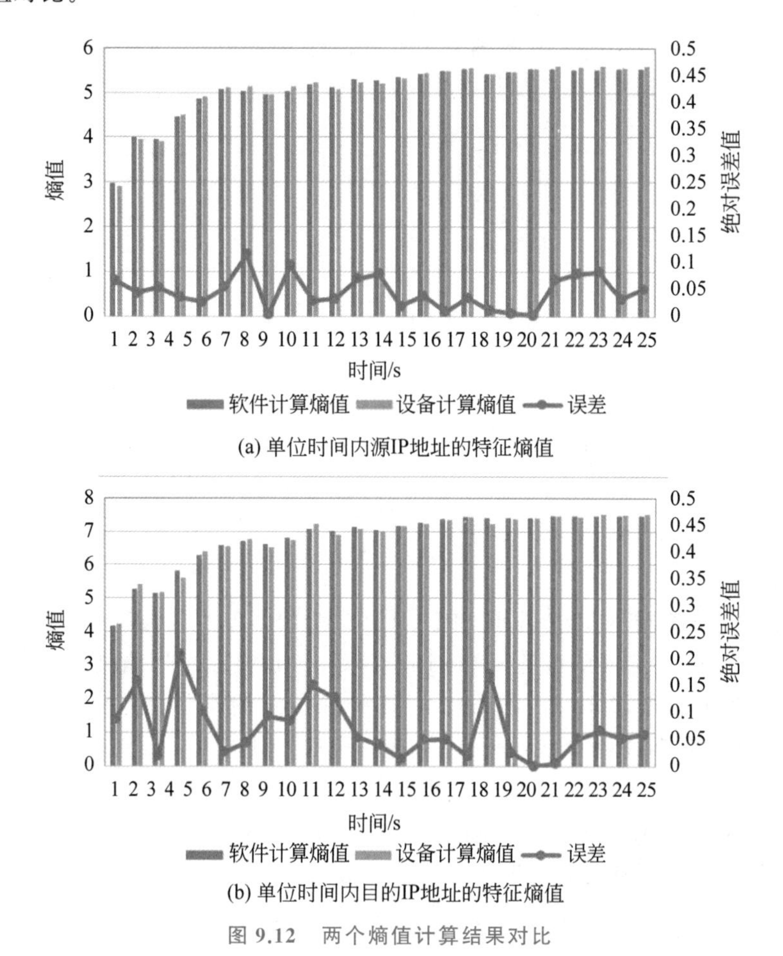

(a) 单位时间内源IP地址的特征熵值

(b) 单位时间内目的IP地址的特征熵值

图 9.12　两个熵值计算结果对比

根据实验结果可以看出，每个单位时间内的熵值计算结果存在极小的误差值。这是由于本节采用的多核交替熵值计算方法在开启时需要完成多线程的绑核操作，而接收线程开启才可以正式进行方法的运行，这一过程与 Client1 中回放流量程序的启动存在一定的难以控制的执行时间误差，而熵值的计算结果因为时钟的不同步产生了微小的误差。在真实的运行环境中，这一误差将不存在，也不会对本节所提出的面向网络流特征的属性提取与熵值计算方法造成影响。综合功能性验证的实验结果，本节所提出的面向网络流特征的属性提取与熵值计算方法能够正确计算出所需的网络流特征熵值。

性能验证实验主要是为了验证加载了本节方法的硬件流水线以及 UA 模块后与原始的硬件流水线相比 NGNP 设备计算资源的占用与消耗。

实验方案与功能验证中的相似，增加了一组未加载本节方法的 NGNP 设备进行对照实验。在实验过程中,本节通过读取设备内存与 CPU 文件中的状态值对资源的使用情况进行了监控。针对相同的包增长流量回放操作,检测相同型号 NGNP 设备在加载了本节方法与未加载条件下的 CPU 和内存使用情况,并以两次实验中开始相同操作的时间节点作为起始时间,作出 NGNP 在对照实验中的 CPU 与内存使用率变化曲线图,如图 9.13 所示。根据实验结果可以看出,由于本节方法对熵值的计算是通过用户空间的数据库存储过程实现的,因此对内存资源的占用,加载本节方法与未加载两次实验的检测结果几乎相同。而对于 CPU 资源的占用,加载本节方法的结果有明显增高,基本维持在 70%左右,未加载本节方法的则是在 25%左右波动。这是因为本节方法提出的基多核交替的熵值计算方法,采用的是多核交替的策略实现对特征熵值的计算操作,这较大程度地保持了方法实时性,而随着实验中单位时间内数据包的增长,CPU 使用率仍维持稳定,则可以证明本节方法对熵值计算的策略效率、稳定性较好,就线程执行的时序而言,在进行计算的 CPU 核心数较为稳定,始终保持在 2 个核心数以内。

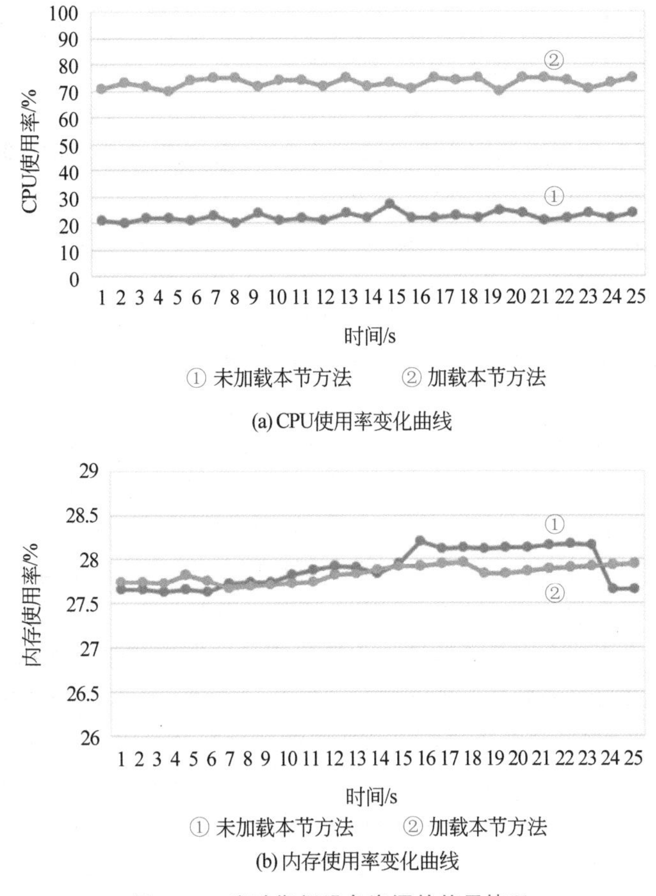

(a) CPU使用率变化曲线

(b) 内存使用率变化曲线

图 9.13 实验期间设备资源的使用情况

综合两个实验的结果,本节提出的方法在设备资源的使用上充分利用了算力资源,同时保证设备资源的稳定消耗。因此,本节所提出的面向网络流特征的属性提取与熵值计算方法可以准确地从转发数据包中提取属性并计算出网络流特征熵值，同时对设备资源影响有限。

本节介绍了面向网络流特征的属性提取与熵值计算方法。首先介绍了下一代网络处理器NGNP的软硬件架构，同时说明了对NGNP-ae硬件流水线重构的设计与实现，以及硬件层对数据包提取并对属性向量上报的实现。然后介绍了UA中对特征熵值计算的总体流程，以及上报报文解析、多核交替熵值计算方法的实现。最后，本节设计实验对面向网络流特征的属性提取与熵值计算方法进行了功能性验证和性能检测，实验结果证明，该方法能在设备可接受的资源消耗下准确地计算网络流特征熵值并上报。

9.3 基于集成学习的威胁感知方法

本节首先介绍了威胁感知方法的总体设计框架以及数据交互，并提出了一种基于集成学习的多分类器威胁感知方法（Multi-Classifier Classification based on Ensemble Learning，MCEL），其次从基于相关度和模型的角度介绍了对多分类器的特征选择，接着介绍了多分类器威胁感知方法MCEL，包含集成方法、基分类器构造以及分类器更新。最后，介绍了基于集成学习的威胁感知方法的验证实验和结果分析。

本节提出的威胁感知方法需要满足以下几个需求：实时性强、感知准确率高、误报率低、分类器可靠性强。本章的背景技术部分已经介绍了威胁感知的3类常见策略，分别为基于信息熵理论的网络威胁模糊感知方法[14]、基于机器学习的网络威胁感知方法[16]以及基于深度学习的网络威胁感知方法[21]。一般来说，基于信息熵理论的网络威胁模糊感知方法，是将信息熵理论应用于网络流的各项统计数据量来感知威胁的发生，其缺少对威胁的网络识别策略，感知准确率相对较低，但计算量较小；而基于机器学习的网络威胁感知方法，一般计算量较大，通过历史数据集建立简易模型进行分类，具有较高的准确率；基于深度学习的网络威胁感知方法则是利用历史数据建立深度学习模型，其模型训练计算量大且耗时长，分类准确率极高。以上3种威胁感知策略都能从一定程度上实现威胁感知的目标，但是各有利弊。目前，较少有研究将多种策略进行结合。考虑到网络流量存在时间性特征，不同时间域内背景流量的变化不可预知，因此想要准确地对威胁进行感知分类，就需要避免流量发生概念漂移问题，不断地更新分类器以维持分类器的可靠性。因此，本节提出的基于集成学习的威胁感知方法将基于信息熵理论的网络威胁模糊感知方法、基于机器学习的网络威胁感知方法的优点结合，采用多分类器检测的方式感知威胁。

因此，本节从实时性、分类可靠性以及准确性3个角度出发，提出了基于集成学习的威胁感知方法。该方法结合了信息熵理论和机器学习两种方法的特点，主要由基于集成学习的多分类器分类模块以及分类器更新替换模块实现。两个模块均实现在服务器端，通过与底层网络设备NGNP的软硬件协同特征熵值提取上报方法交互，实现分布式架构下的软硬件协同威胁感知。两个模块实现的具体功能如下：多分类器分类模块首先通过上报的特征熵值，利用威胁发生分类器判断威胁的发生与否，再根据结果投入针对不同威胁的集成学习分类器实现威胁精确识别。分类器更新替换模块则将分类器分类的结果转存至数据库，通过分类器更新的时间与训练集样本条件对多分类器进行训练更新，避免分

类器失效。

图 9.14 展示了威胁感知方法总体设计的架构，上层为服务器端的威胁感知方法，下层为前文中已经详细介绍过的硬件层面面向网络流特征的属性提取与熵值计算方法。下面将从特征选择和多分类器威胁感知方法 MCEL 两方面详细介绍威胁感知方法。

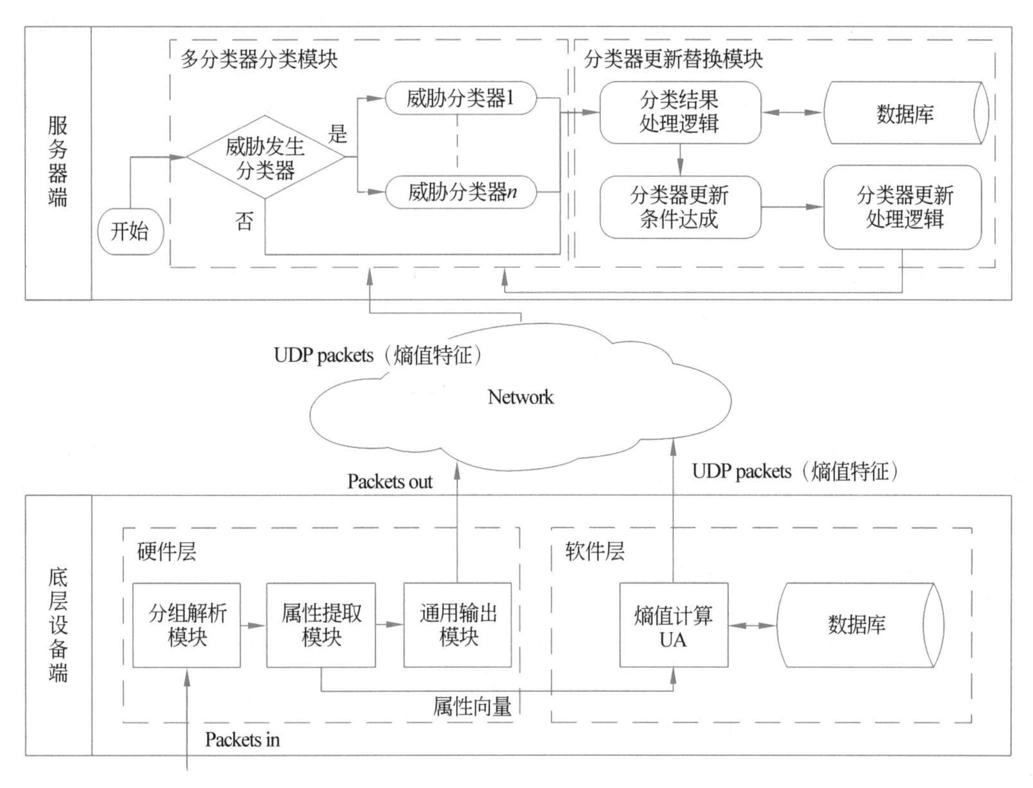

图 9.14　威胁感知方法总体设计架构

9.3.1　威胁感知方法的特征选择

本节提出多分类器威胁感知方法 MCEL 的主要目的是针对特定的威胁进行精确的感知分类，通过底层上报的特征熵值实现在全局网络下的威胁感知目标。但是网络的状态是难以预知的，每个时间周期内流量的大小都会产生新的变化，如果分类器始终根据某一时刻的训练样本构建分类器模型，这必将会导致分类器失效。所以，在服务器端设置了分类器更新模块，通过时间阈值以及样本阈值的设置来控制分类器的更新，防止分类器产生大量误分类甚至失效。分类器更新就必须考虑更新的效率问题，如果分类器更新的训练时间超过了阈值条件的控制时长，那必然会导致更新的失败。因此，多分类器威胁感知方法 MCEL 必须采用可快速训练的机器学习算法，同时需要针对不同的分类器目标准确定位所需的相关特征，以此减少分类器更新带来的时间、资源消耗并提升分类性能。

特征选择从概率统计学、数学、信息学等多学科角度分析了不同维度特征对分类效能的影响。通过特征选择，可以有效地筛选出多分类器威胁感知方法中分类器的关键特征，从而提升分类准确率和效率,并减少分类器更新消耗。常用的特征选择方法主要由基于特征差异性的选择、基于相关度的特征选择以及基于机器学习模型的特征选择3种构成。

其中,基于特征差异性的选择主要是通过统计学中方差等统计量变化波动来缩减特征维度,即一列特征值若没有什么变化则认为这个特征对模型并没有影响。考虑到本节采用特征熵值作为输入,而根据信息熵计算公式,熵值取决于每个变量的频度。故从统计量的角度计算,输入特征的波动永远是存在的。基于特征差异性的选择对于本节的特征选择无效。因此,本节主要通过基于相关度的特征选择方法以及基于机器学习模型的特征选择方法来实现特征选择。

基于相关度的特征选择主要度量目标特征与分类标签之间的相关性大小,即特征与分类目标的相互作用有多大。基于相关度的特征选择主要通过不同的相关度计算方法将每个维度特征独立提取出来与分类目标标签进行相关度计算比较来实现特征选择。其中,卡方检验、皮尔逊相关系数和互信息是比较常用的相关度计算方法。由于卡方检验衡量的多为离散型数据变量之间的相关度,本节主要采用皮尔逊相关系数与互信息进行特征选择。

皮尔逊相关系数(Pearson Correlation Coefficient)最早出现于统计学概念中,其描述了两个变量 X 与 Y 之间的相关程度。皮尔逊相关系数定义为两个变量之间的协方差和标准差的商,其值变化范围为[-1,1]。皮尔逊相关系数越大,则说明两个变量之间的相关程度越高,低于0值时则说明两变量呈负相关关系。

皮尔逊相关系数定义如下,有一个特征样本集 X,其样本序列为$\{X_1,X_2,\cdots,X_n\}$,其中 X 可以为本节输入的各项特征熵值。对于特征样本集 X 中的样本序列,存在对应的分类标签序列$\{Y_1,Y_2,\cdots,Y_n\}$,对应的标签样本集为 Y。由皮尔逊相关系数的定义可得到如下皮尔逊相关系数计算公式:

$$p_{X,Y}=\frac{cov(X,Y)}{\sigma_X\cdot\sigma_Y}=\frac{E[(X-\mu_X)(Y-\mu_Y)]}{\sigma_X\cdot\sigma_Y}\tag{9.5}$$

式(9.5)定义了皮尔逊相关系数,用小写字母 p 作为代表符号。其中,$cov(X,Y)$为 X 与 Y 的协方差,σ_X 为 X 的标准差。从公式可以看出,分子是 X 和 Y 的协方差,分母是 X 和 Y 标准差的积。换而言之,协方差描述两个变量之间相关的程度,如果一个变量跟随另一个变量同时变大或者变小,那么这两个变量的协方差就是正值,反之亦然。但若 X 和 Y 的协方差的值比 Z 和 Y 的协方差值大,并不能代表 X 和 Y 的相关性比 Z 和 Y 的相关性强。为了消除这种类似于"量纲"不同带来的影响,皮尔逊相关系数将协方差除以两个向量的标准差,即得到值在区间[-1,1]的相关系数。值为-1表示两个变量完全负相关,值为1表示两个变量完全正相关。

通过估算样本的协方差和标准差,可得到皮尔逊相关系数的展开式,用 r 表示:

$$r=\frac{\sum_{i=1}^{n}(X_i-\bar{X})(Y_i-\bar{Y})}{\sqrt{\sum_{i=1}^{n}(X_i-\bar{X})^2}\sqrt{\sum_{i=1}^{n}(Y_i-\bar{Y})^2}}\tag{9.6}$$

式(9.6)中,$\bar{X}$为样本的均值。应用皮尔逊相关系数来进行特征选择,是为了了解不

同维度特征对目标分类器分类结果的相关度，根据得到的相关度数值即可对特征进行有效筛选。

互信息(Mutual Information)是信息论中用于度量有用信息的一种手段，是衡量随机变量之间相互依赖程度的量度。互信息表示一个随机变量中包含的关于另一个随机变量的信息量，即一个随机变量由另一个随机变量已知条件下减少的不确定性。

互信息中对于随机变量的不确定性由信息熵来进行描述，对于随机变量 X 而言，其信息熵计算公式为

$$H(X) = -\sum_{x=1}^{|X|} p(x)\log_2 p(x) \tag{9.7}$$

通过互信息的定义，不难看出在不确定性由信息熵描述后，随机变量 X 与随机变量 Y 之间的互信息可由两随机变量的信息熵做如下表示：

$$I(X;Y) = H(X) - H(X \mid Y) = H(Y) - H(Y \mid X) \tag{9.8}$$

式(9.8)中，$H(X|Y)$表示在 X 已知条件下，Y 的信息熵。互信息具有对称性，由公式可以看出，互信息 $I(X;Y)$可以表示为在已知随机变量 X 的前提下，随机变量 Y 的熵的减小；也可以表示为在已知随机变量 Y 的前提下，随机变量 X 的熵的减小。这一特征也可以从图 9.15 互信息韦恩图看出。

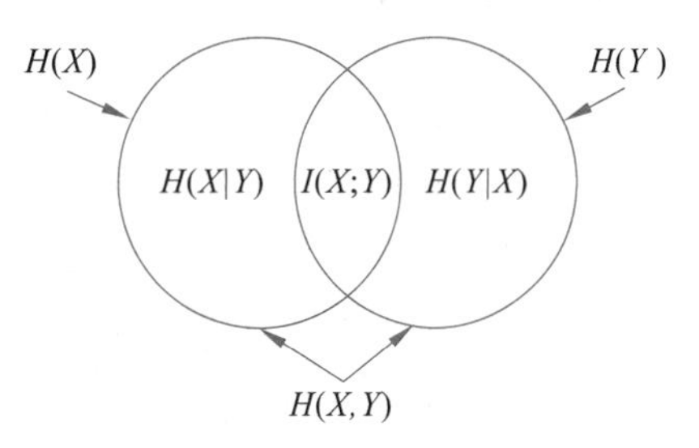

图 9.15　互信息韦恩图

对于式(9.8)，代入信息熵公式，经过计算与化简可以得到互信息的定义式：

$$I(X;Y) = \sum_{x\in X}\sum_{y\in Y}\log\frac{p(x,y)}{p(x)\cdot p(y)} \tag{9.9}$$

需要说明的是，式(9.9)中，$p(x,y)$为随机变量 X、Y 的联合概率分布，$p(x)$，$p(y)$为边缘概率分布。

基于机器学习模型的特征选择，是指用已有的机器学习模型对特征进行训练，得到各个特征的权值后进行筛选。由于部分机器学习算法本身就具有对特征打分的机制，训练机器学习模型可以有效地运用到特征选择的方法中。常用于特征选择的机器学习算法有回归模型、SVM、决策树、随机森林等。考虑到机器学习算法应用的数据类型不同，基于机器学习模型的特征选择方法主要分成了基于线性模型的特征选择、基于树模型的特征选择两种。

基于线性模型的特征选择主要应用于待选择特征与目标之间存在线性关系的数据上。而本书中的目标分类结果为离散型数据，与特征之间并不存在绝对的线性关系，故本节基于机器学习模型的特征选择主要应用基于树模型的特征选择。

常见的树模型机器学习算法都是根据特征影响程度来展开分支决策的。以决策树模型 C4.5 为例，其使用信息增益率进行建模，先从“对数据集纯度影响大的特征”开始分支，实际上建树的过程，就是特征选择的过程，也是特征重要性排序的过程。考虑到单一的决策树模型的分支选择容易过分依赖特征数据从而出现“过度拟合”现象，因此本书采用决

策树模型中的随机森林模型进行特征选择，相关的伪代码如算法 9.7 所示。

算法 9.7 基于随机森林的特征选择算法

```
Input：训练样本数据集 data
Output：特征权重值向量 res
1   INITIALIZE res←List()
2   X,Y←data[:,:-1],data[:,-1]          //提取特征列与分类标签
3   FOR i=1,…,k do
4       target_X←X[:,i]
5       build Random Forest classification Ri from(target_X,Y)
6       computer importance_score of Ri
7       res.append({target_label,importance_score})      //特征标签与影响
8   END FOR
9   RETURN res
```

算法 9.7 第 1～8 行描述了随机森林模型计算不同维度特征重要程度的整体流程。第 2 行为拆分整体数据至特征列与分类标签列，第 3～8 行为循环特征列并为每个特征列构建随机森林模型计算重要程度。

根据基于相关度的特征选择与基于机器学习模型的特征选择的描述，本节选择随机森林决策树模型、皮尔逊相关系数以及互信息作为特征选择的方法。通过训练集样本，本节对所提出的多分类器威胁感知方法中的不同分类器进行了特征选择。其中训练集数据在 9.3.2 节中会做详细介绍。根据特征选择方法的运行结果，本节绘制了不同分类器中不同维度特征在 3 个特征选择方法下的相关度柱状图，如图 9.16 所示。

从图 9.16 不难看出，3 种特征选择方法在 6 个分类器中的特征选择结果存在一致性，即对于相关度较高的特征具有趋同性。但是，在相关度不高的特征中又存在细微的差异，这是因为不同的特征选择方法侧重的量度不同。针对图 9.16 中的结果，本节对不同的分类器进行了最终的特征选择，去除了存在负相关度的特征属性以及 3 种特征选择方法均表现较差的特征。具体的特征选择结果如表 9.5 所示。

表 9.5 基于随机森林的特征选择算法表

分类器	特征选择
威胁发生分类器	流大小、源 IP 地址、目的 IP 地址、源端口、协议、TCP 控制位
端口扫描威胁分类器	流大小、目的 IP 地址、源端口、目的端口
主机扫描威胁分类器	流大小、目的 IP 地址、源端口、目的端口
DDoS 攻击 TCP Flood 威胁分类器	流大小、源 IP 地址、目的 IP 地址、源端口、目的端口、协议
DDoS 攻击 UDP Flood 威胁分类器	流大小、目的 IP 地址、源端口、目的端口、协议、TCP 控制位
DDoS 攻击 HTTP Flood 威胁分类器	流大小、源 IP 地址、目的 IP 地址、目的端口、TCP 控制位

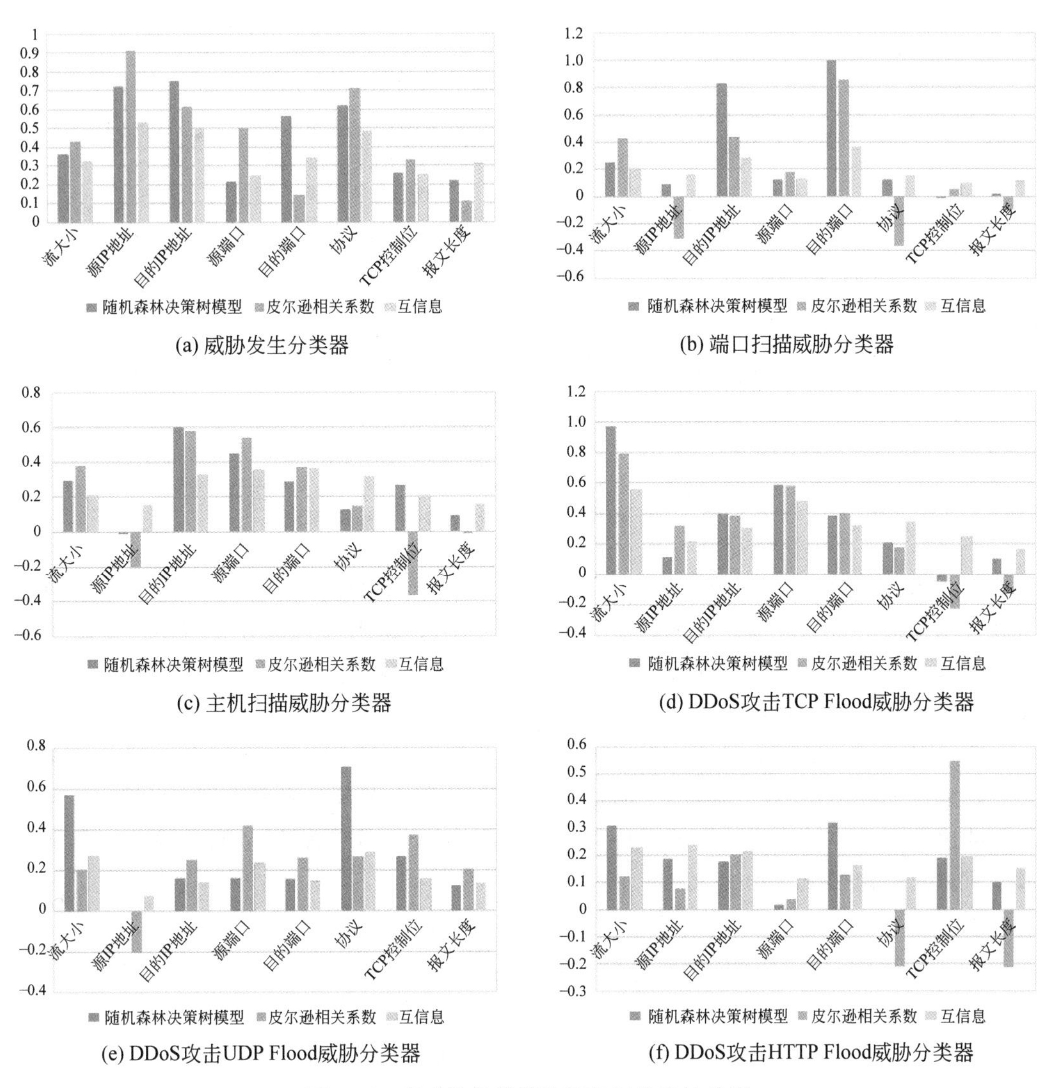

(a) 威胁发生分类器　(b) 端口扫描威胁分类器

(c) 主机扫描威胁分类器　(d) DDoS攻击TCP Flood威胁分类器

(e) DDoS攻击UDP Flood威胁分类器　(f) DDoS攻击HTTP Flood威胁分类器

图 9.16　多威胁分类器的特征相关度柱状图

9.3.2　基于集成学习的多分类器威胁感知方法

服务器端的多分类器威胁感知作为本节的第二部分，在底层硬件设备计算出特征熵值并上报后，负责接收特征数据同时感知威胁发生并分类威胁。服务器端的多分类器威胁感知系统由威胁感知分类和分类器更新两个流程组成。分类器更新流程不断训练更新分类器模型，再由威胁感知分类流程感知并分类威胁。具体流程如图 9.17 所示。

多分类器威胁感知重点在于威胁分类器的威胁感知与识别以及分类器更新两方面。而这两部分的内容正对应本节的基于集成学习的多分类器威胁感知方法 MCEL。

本节构建多个二分类分类器进行威胁分类识别，是因为多分类分类器的分类效果有限且容易对训练样本产生“过拟合”现象。以多个分类器的方式对待识别威胁构建独立的

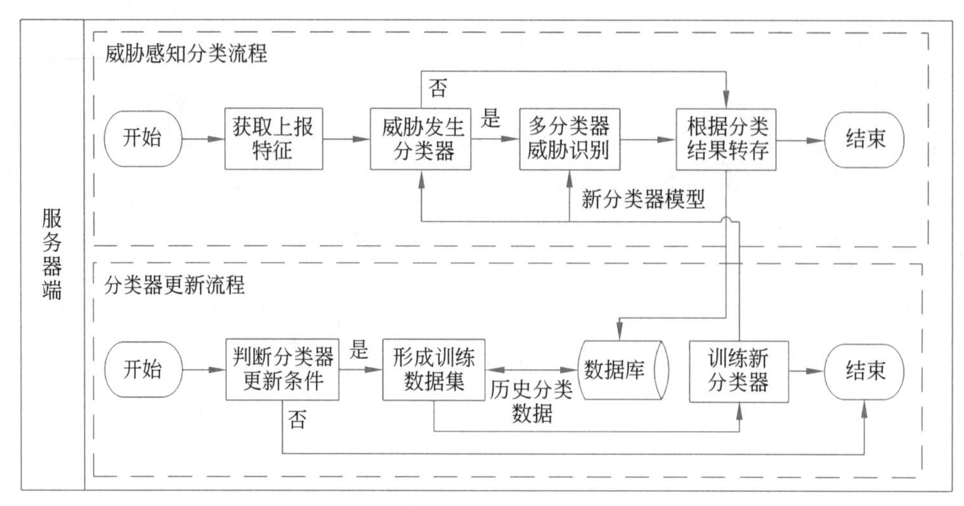

图 9.17　基于集成学习的多分类器威胁感知流程

二分类分类器可以有效防止模型过拟合,并可以应对多威胁同时发生的情况。而本节之所以采用机器学习算法构建分类器而非深度学习模型,是因为希望分类器不断更新以保持分类器的可靠性。不断更新分类器,要求分类器的模型不能过于复杂,否则训练时间过长会导致分类器更新时效性差。

而选择单一的机器学习模型训练出来的模型效果可能不佳,如训练出在某些方面表现较好的有偏好模型(弱分类器)。而集成学习的思想是将多个弱分类器组合起来,通过特定的决策规则将这些弱分类器的分类结果组合,得到一个更好更全面的强分类器。集成学习方法架构如图 9.18 所示。

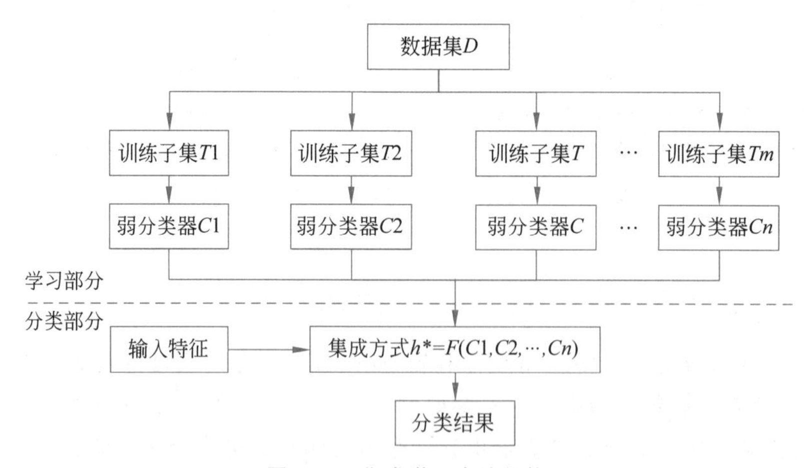

图 9.18　集成学习方法架构

从图 9.18 中可以看出,集成学习方法的架构分为学习部分与分类部分。学习部分解决了基分类器的训练与构造,而分类部分则负责将基分类器的结果通过集成策略进行结合并输出最终分类结果。因此,本节选择集成学习作为分类器模型,并且需要确定基分类器构造方法与集成策略的选择。本节接下来将从集成方式选择、基分类器构造方法、分类

器更新以及数据集构造选择 4 方面展开介绍。

集成方式就是各个基分类器分类结果的结合策略，即依据什么样的结合策略来输出最终的分类结果。目前集成学习的集成策略主要分为两类：一是基分类器之间存在依赖关系并采用串行化结构的序列化集成策略；二是基分类器之间弱化依赖关系且可同时生成分类结果的并行化集成策略。第一类集成策略以 Boosting 为代表，侧重于分类精确性，可以将弱分类器提升为强分类器。第二类集成策略则以随机森林为代表，侧重于基分类器样本的多样性，可以削弱分类器的误分类。

考虑到本节多分类器威胁感知方法的目标是以较高的精确率对威胁进行感知同时利用多个分类器对不同威胁进行二分类识别，本节选择序列化集成方法作为集成学习的集成方式，并选择自适应增强算法（AdaBoost，Adaptive Boosting）作为集成学习算法。选择 AdaBoost 算法既考虑到其集成策略与本方法目标的契合，也是与其他集成策略对比的结果，该实验在 9.3.3 节中做详细说明。

AdaBoost 主要采用基分类器不断优化补强的策略，对集成学习中基分类器误分类的数据进行着重训练以达到从弱分类器到强分类器的提升。AdaBoost 算法的集成策略如下：首先从训练集训练出一个基分类器（弱分类器），再对这个模型进行分类表现评估，对该模型误分类的数据加大其在下一个基分类器训练集中的权重，然后基于此训练集训练下一个分类器。如此反复进行，直至基分类器数目达到指定训练器数目 T，最终将这 T 个基分类器进行加权结合。

AdaBoost 算法对基分类器分类结果的集成，类似于一个“加性模型”（Additive Model），即基分类器分类结果的线性组合：

$$H(X)=\sum_{t=1}^{T}\alpha_t C_t(x) \tag{9.10}$$

其中，α_t 为第 t 个基分类器的分类权重值，$C_t(x)$ 为第 t 个基分类器的分类结果。从式(9.10)可以看出，每个基分类器的分类结果在最终的输出结果中的影响由 α_t 来控制，而 α_t 由每个基分类器在训练进行表现评估时的分类错误率决定：

$$\alpha_t=\frac{1}{2}\ln\left(\frac{1-\varepsilon_t}{\varepsilon_t}\right) \tag{9.11}$$

其中，ε_t 为第 t 个基分类器进行表现评估时的分类错误率。

对于训练集样本，AdaBoost 算法采用不断根据基分类器表现调整样本集权重分布的方式构造基分类器。下面本节将从基分类器选择、基分类器训练集权重分布调整、算法实现方面进行介绍。

本方法在集成学习中的基分类器使用 C4.5 决策树。C4.5 决策时，算法在进行树模型训练的过程中根据信息增益比来选择特征，具备较好的泛化能力。

AdaBoost 算法通过上一个基分类器的表现计算分类错误率，从而计算出基分类器的分类权重，继而确定新基分类器训练集的权重分布情况。用 $C_t(x)$ 表示基分类器对训练样本的分类结果，$\mathrm{weight}_t(x)$ 表示上一个基分类器训练集的权重分布，定义 α_t 为基分类器的在集成时的权重，则新基分类器训练集的权重分布情况 $\mathrm{weight}_{t+1}(x)$ 计算如式(9.12)所示，$Z>0$为规范化因子。

$$
\text{weight}_{t+1}(x)=\begin{cases}\dfrac{\text{weight}_t(x)\cdot e^{-\alpha_t}}{Z}, & C_t(x)=Y\\ \dfrac{\text{weight}_t(x)\cdot e^{\alpha_t}}{Z}, & C_t(x)\neq Y\end{cases} \tag{9.12}
$$

算法 9.8 描述了基于 AdaBoost 算法的集成学习基分类器构建方法，其中第 1～2 行描述训练集权重的初始化过程，第 3～13 行则描述了基分类器构建的迭代过程。其中，第 3～6 行为基分类器训练以及该分类器分类误差和集成权重的计算，第 7～13 行则是针对旧训练集样本循环更新每一条数据权重的过程。由于算法采用二重循环的方式对基分类器进行构建并采用二维数组来存储样本权重，因此算法的空间复杂度为 $O(T\cdot X+X+2T)$，时间复杂度为 $O(T\cdot X)$。

算法 9.8　基分类器构建算法

Input：训练样本数据集 data

Output：基分类器组 $\{C_1,C_2,C_3,\cdots,C_T\}$

1　**INITIALIZE** weight←Array[T][X]　　//X 为训练集大小
2　weight[0]←$\left\{\frac{1}{X},\frac{1}{X},\frac{1}{X},\cdots,\frac{1}{X}\right\}$　　//初始化训练样本权重
3　**FOR** $t=0,1,2,\cdots,T-1$ **Do**
4　　build base classification C_t from(data, weight[t])
5　　computer classification error rate εt of C_t
6　　computer integration weight αt of C_t
7　　**FOR** $x=0,1,2,\cdots,X-1$ **Do**　　//循环更新训练集权重
8　　　**IF** C_t(data[x][:−1])!=data[x][−1]　　//基分类器分类错误
9　　　　weight[$t+1$][x]←$\dfrac{\text{weight}[t+1][x] * \exp(a_t)}{Z}$
10　　　**ELSE**
11　　　　weight[$t+1$][x]←$\dfrac{\text{weight}[t+1][x] * \exp(-a_t)}{Z}$
12　　　**END IF**
13　　**END FOR**
14　**END FOR**
15　**RETURN** $\{C_1,C_2,C_3,\cdots,C_T\}$

本节采用基于阈值控制的方式来进行多分类器的训练更新。由于服务器端与底层测量节点之间采取分布式架构，底层测量节点的数量是可以增减的。因此采用时间、分类结果样本大小两个阈值参数来控制更新条件。当定时器到达时间阈值或分类的新数据样本达到大小阈值时，将采取新样本混合旧训练样本重新训练分类器的方式对旧分类器进行替换。详细流程如图 9.19 所示。

因为本节采用多个集成学习分类器对指定威胁做二分类的威胁识别，分类器的训练数据集为离散的二分类标签数据。因此，可以对更新其中的某一分类器的训练集样本构建过程进行如下表示。定义 S_0、S_1 为旧训练数据集中分类标签为 0 和 1 的数据集合，O_0、O_1 为新分类结果数据集中分类标签为 0 和 1 的数据集合。算法 9.9 描述了该训练集样本的构建过程。

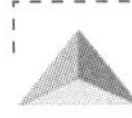

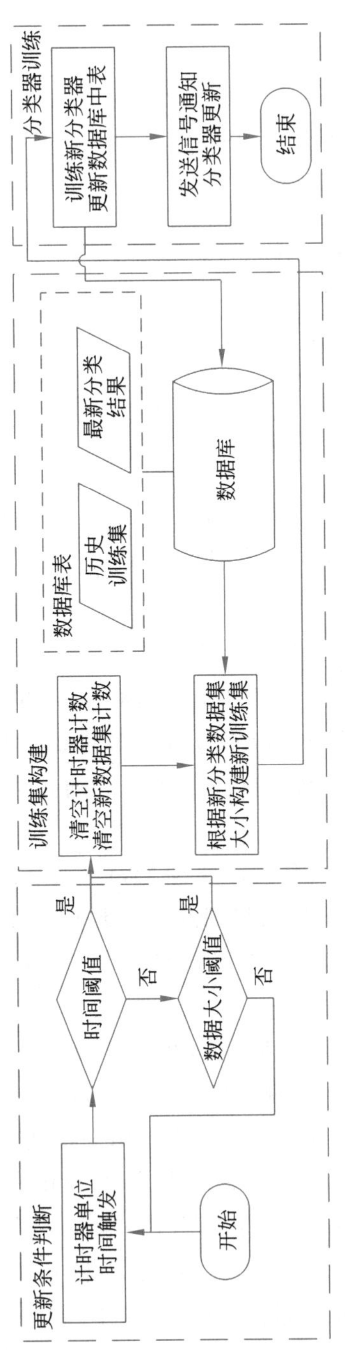

图 9.19　分类器更新流程图

算法 9.9 训练集样本的构建过程

Input：旧训练数据集 S，新分类结果数据集 O

Output：新训练数据集 S_{new}

```
1   INITIALIZE
2   IF |S_0| > |O_0|
3       Randomly Sample data Temp from data set S_0 with(|S_0| - |O_0|)/|S_0|
4       Build label 0 of train set S_new by {Temp, O_0}
5   ELSE
6       Randomly Sample data Temp from data set O_0 with |S_0|/|O_0|
7       Build label 0 of train set S_new by Temp
8   END IF
9   IF |S_1| > |O_1|
10      Randomly Sample data Temp from data set S_1 with(|S_1| - |O_1|)/|S_1|
11      Build label 1 of train set S_new by {Temp, O_1}
12  ELSE
13      Randomly Sample data Temp from data set O_1 with |S_1|/|O_1|
14      Build label 1 of train set S_new by Temp
15  END IF
16  RETURN S_new
```

本节所感知的威胁主要为熵值敏感的特定威胁。现有的攻击流量数据集 KDD CUP 1999、CICIDS2017 等均无法完整地对应本节所感知的威胁类别。故本节考虑用公开的正常流量数据集作为背景流量混合特定攻击工具生成的异常流量来生成本节所需的威胁流量数据。

本数据集中的正常流量数据来源于日本 MAWI 工作组，工作组提供从 2006 年到现在，基于 A、B、C、D、E、F、G 多点采样采集到的流量数据，采样于每天下午两点开始并采集 15min，其数据格式为 pcap。本数据集采用采样点 F 采集的结果，选取的是 2020 年 5 月 13 日 14:00—14:15 的数据。

异常流量方面选择使用现有工具来生成，并使用 Wireshark 对构造的流量进行抓取，保存相应的 pcap 文件。TCP Flood 的攻击流量使用 Ostinato 来生成。Ostinato 是一个跨平台的工具，支持 Windows/Linux，是一款很好用的报文流量生成和分析工具。UDP Flood 与 HTTP Flood 使用著名的 DDoS 攻击工具 LOIC（低轨道离子加农炮）生成。LOIC 也是一个跨平台的 DDoS 攻击工具，使用 C# 编写，支持 TCP、UDP、HTTP 3 种协议，通过真实的 IP 地址来发动 DDoS 攻击。端口扫描和主机扫描都使用 Nmap 和 X-scan 来实现，两个工具产生的端口扫描流量能获得比较好的熵值表现，扫描效率较高。

考虑到异常流量是生成的纯异常流量，与真实的网络异常流量有一定的差别。因此需要加入截断的正常流量作为背景流量，与异常流量进行混合得到机器学习所需要的样本流量。因此，为了保证攻击样本背景流量的多样性，本节训练数据集的构造采用如图 9.20 所示的交错合并方式进行混合。

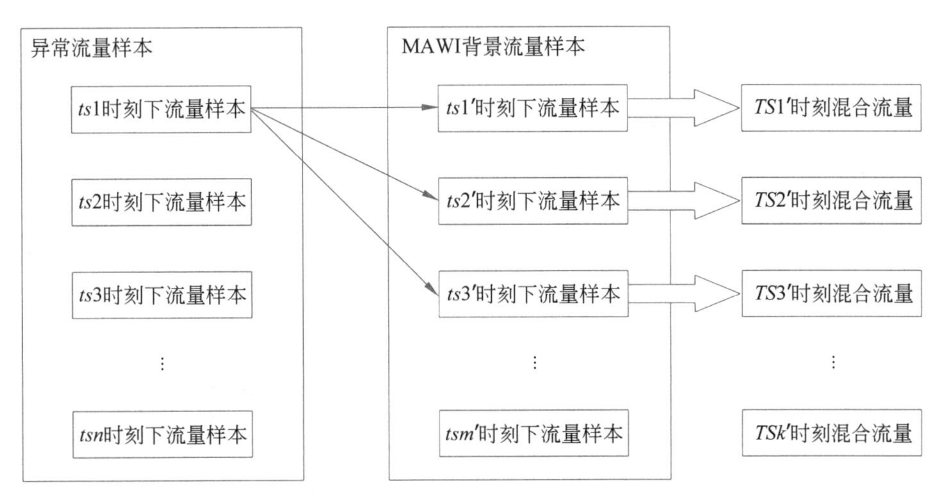

图 9.20　流量混合示意图

如图 9.20 所示，将两种流量以秒为单位进行分组，异常流量 $ts1$ 秒内的流量，分别和 $ts1'$、$ts2'$、$ts3'$秒内的正常流量做分组的合并。拼接后的分组需要将时间戳修改为一致，本数据集以 2020-5-13 14:00:00 为起始时间，往后每个分组加 1s。时间戳修改后，得到混合样本 $TS1$、$TS2$、$TS3$ 秒内的流量分组。以上所示为 1∶3 混合，实际混合中的比例可以做调节。由于熵值计算以秒为单位，不需要考虑 1s 内流量的先后顺序，只需要将正常流量和异常流量做合并即可。在此环境下，产生了完整数据包文件(pcap 格式)，共计 17.6 万条记录。

9.3.3　实验设计与结果分析

为了验证本节提出的基于集成学习的多分类器威胁感知方法 MCEL，设计集成方式选择对比实验、分类器性能对比实验两个实验。

本节基于集成学习的多分类器威胁感知方法 MCEL 采用多个基分类器集成决策的方式建立模型，因此每个威胁分类器中基分类器的数目可能会对分类性能产生影响。本节将通过实验分析讨论分类器数目对分类性能的影响，从而确定每个威胁分类器基分类器数目。

实验数据集为 9.3.2 节中基于 MAWI 背景流量的威胁数据集，为了减小数据集中样本差异导致的误差，本节采用十折交叉验证的方式对分类结果进行评估，通过计算平均精确率来验证不同基分类器数目下威胁分类器的分类精确率的变化情况，如图 9.21 所示。

在图 9.21 中，随着基分类器数目的增加，分类器的分类精确率也随之上升，当到达一个较高值后，分类器数目上升，威胁分类器的精确率开始略微下降并波动。因此，本节选择威胁分类器的精确率峰值的基分类器数目作为对应分类器的参数，具体结果如表 9.6 所示。

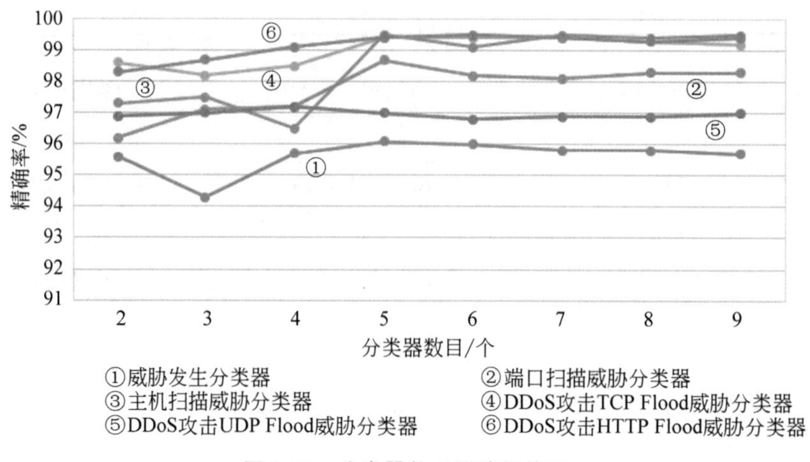

图 9.21　分类器数目影响折线图

表 9.6　威胁分类器的精确率峰值与基分类器数目对应表

分类器名称	基分类器数目/个	分类精确率峰值/%
威胁发生分类器	5	96.1
端口扫描威胁分类器	5	98.7
主机扫描威胁分类器	7	99.5
DDoS 攻击 TCP Flood 威胁分类器	5	99.4
DDoS 攻击 UDP Flood 威胁分类器	4	97.2
DDoS 攻击 HTTP Flood 威胁分类器	6	99.5

在 9.3.2 节中提出了基于集成学习的多分类器威胁感知方法 MCEL，并在集成策略中选择了序列化集成策略的自适应增强算法。而常见的集成学习集成策略有序列化集成和并行化集成两种。序列化集成策略的代表算法有自适应增强算法 AdaBoost 算法与渐进梯度回归树(Gradient Boost Regression Tree，GBRT)算法，而并行化集成策略则有随机森林算法与 Bagging 算法。

本节设计实验对 AdaBoost 算法、渐进梯度回归树算法、随机森林算法与 Bagging 算法进行实验对比来验证本节对集成策略的选择。为了保证实验的公平一致性，集成算法均采用 C4.5 作为基分类器，并控制基分类器的深度为 5 以防止产生过拟合。由于本节采用多个二分类分类器来对多威胁进行精确分类，分类精确率是本节着眼的重要测度，如表 9.7 所示，本节就 6 个威胁分类器使用 4 种集成策略在数据集上的分类精确率进行了对比。

如表 9.7 所示，从分类精确率的角度来看，渐进梯度回归算法在数据集上的表现均优于其他 3 种集成策略，但是渐进梯度回归算法的核心策略是通过基分类器从之前全部基分类器的残差中来学习提升的，容易导致模型对数据产生过拟合的现象。而 AdaBoost 算法在除 HTTP Flood 威胁分类器之外的其他场景表现略差于渐进梯度回归算法，同时分类精确率明显高于基于并行化集成策略的随机森林算法与 Bagging 算法。

表 9.7　不同集成策略的分类精确率表现

分　类　器	Bagging	Random Forest	AdaBoost	GBRT
威胁发生分类器	93.1%	93.6%	96.1%	99.4%
端口扫描威胁分类器	96.7%	97.1%	98.7%	99.6%
主机扫描威胁分类器	94.1%	98.1%	99.5%	99.7%
DDoS 攻击 TCP Flood 威胁分类器	96.7%	97.8%	99.4%	99.9%
DDoS 攻击 UDP Flood 威胁分类器	92.6%	91.4%	97.2%	99.8%
DDoS 攻击 HTTP Flood 威胁分类器	92.4%	91.5%	99.5%	98.8%

上述内容比较了不同集成策略对本方法中各分类器分类性能的影响。但是就精确识别威胁而言,集成学习方法相较于单一分类器的机器学习算法以及模型复杂的深度学习算法仍需要实验来进行对比。本节提出的基于集成学习的多分类器威胁感知方法 MCEL 利用多个二分类集成学习分类器实现对多威胁的精确识别,其目标是在每个指定威胁类别上具备较优的分类表现。因此,接下来设计实验就本方法与传统机器学习支持向量机 SVM、深度学习算法卷积神经网络 CNN 与循环神经网络 RNN 在数据集上针对本节所研究的威胁分类做对比实验,就各个威胁类别的精确率、召回率进行对比分析,结果如表 9.8 所示。

表 9.8　各方法的精确率与召回率表现　　　　单位:%

威胁类别	SVM		MCEL		CNN		RNN	
	精确率	召回率	精确率	召回率	精确率	召回率	精确率	召回率
端口扫描威胁	96.2	84.1	98.7	97.0	99.4	98.8	99.2	97.9
主机扫描威胁	94.4	93.2	99.5	96.0	99.5	98.5	99.6	98.2
DDoS 攻击 TCP Flood 威胁	94.6	85.6	99.4	96.6	99.3	97.7	99.4	97.8
DDoS 攻击 UDP Flood 威胁	90.1	91.7	97.2	96.4	98.8	98.0	98.2	98.0
DDoS 攻击 HTTP Flood 威胁	88.6	92.8	98.5	96.1	99.1	98.1	99.2	98.5

如表 9.8 所示,本方法在综合精确率与召回率上较传统的单一分类器的机器学习算法有着明显的优势。但是与模型复杂的深度学习算法相比,本方法在精确率上的表现与之相差不多,在召回率上的表现比 CNN 与 RNN 方法略有降低。但是,本节仍然选择用集成学习方法来实现威胁分类是因为深度学习算法的模型训练时间相对较长,就模型的训练消耗而言,在召回率下降可接受的程度,选择集成学习方法能大幅减少训练模型带来的消耗。

表 9.9 为 4 种方法在独立 PC 上无干扰下的模型训练资源消耗。

如表 9.9 所示,深度学习算法模型训练时长较长,且设备的 CPU 资源消耗较大。因此,本节在召回率损失可接受的范围下,仍选择集成学习方法构建多个分类器来实现威胁的精确识别。

表 9.9 各方法的模型训练资源消耗

资源消耗	SVM	MCEL	CNN	RNN
模型训练时长/s	6	32	1944	1752
CPU 占比/%	32	34	60	56
内存占比/%	53	54	52	54

F1-score 评价指数是一个分类问题的效能优劣衡量指标。在多分类问题中，常常将 F1-score 作为最终测评的指标。F1-score 综合了分类问题中的精确率和召回率两个测度指标。F1-score 越高，则说明方法的分类效果越好。一个性能较好的多分类分类器需要在每个分类类别上都具备较高的 F1-score。图 9.22 所示为 4 种方法在数据集上的 F1-score 表现。

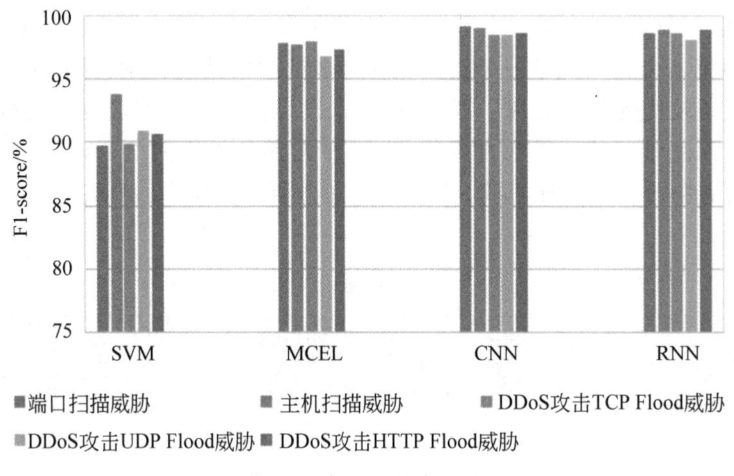

图 9.22 各方法综合评价图

如图 9.22 所示，本节的基于集成学习的多分类器威胁感知方法 MCEL 在数据集的实验结果中，每一类的综合评价指标 F1-score 均优于 SVM 算法，且与模型复杂的深度学习算法互有高低。由于本方法的集成策略选择为倾向于精确率的序列化集成算法 AdaBoost，本方法在分类器的多样性上略弱于并行化的集成学习方法，因此其召回率略低，但是就威胁分类而言仍具备较好的分类效果。

9.4 本章小结

本章的主要研究目标是采用软硬件结合架构，面向网络流特征熵值进行流量的威胁感知，高精确率、低资源占用地实时感知当前网络流量威胁。本章完成的主要工作如下。

(1) 提出了面向网络流特征的属性提取与熵值计算方法。描述了可编程网络平台 NGNP 原始的硬件流水线。通过对硬件流水线的重构，提出了面向威胁感知的 NGNP-ae。NGNP-ae 硬件流水线包括分组解析模块(PPM)、属性提取模块(AER)、通用输出模

块(GOE)3 部分。该流水线架构使其可以利用 FPGA 在报文转发过程中提取属性特征并计时通过报文封装上报软件层,同时不影响原始报文的转发。描述了软硬件协同的网络流特征提取方法,并介绍了软件侧实现的基于多核交替的熵值计算方法,方法通过设备多核交替处理与数据库统计计算,实现了对上报属性向量报文的解析与熵值计算。最后进行了功能性验证与性能测试实验,实验结果表明,提出的属性提取与熵值计算方法可以在设备资源占用较小的条件下,满足流特征提取与熵值计算上报的设计需求。

(2) 提出了基于集成学习的多分类器威胁感知方法 MCEL。方法通过多个二分类的基分类器实现威胁的感知与识别分类。利用了威胁发生分类器感知流量中的威胁,通过多个针对具体威胁的分类器对混合威胁降维,精细化识别到特定攻击。针对网络中流量变化预测困难的特性,设计了基于阈值参数的分类器更新策略,保持了分类器的精确率。通过基于相关度以及模型的特征选择方法,对分类器进行特征选取,加速了分类器模型训练、提升分类效能。最后,利用 MAWI 工作组采集的最新正常流量数据混合攻击流量生成了数据集,并在此数据集上对分类器进行了训练与测试。结果表明,MCEL 方法可以快速、精确地感知并分类威胁,对比单一机器学习算法与深度学习算法都有着更稳定可靠的表现。

参 考 文 献

[1] 中国互联网络信息中心. 第 47 次《中国互联网络发展状况统计报告》[R/OL].(2021-02-03). http://www.cac.gov.cn/2021-02/03/c_1613923423079314.htm.

[2] FONSECA N, CROVELLA M, SALAMATIAN K. Long range mutual information[J]. ACM SIGMETRICS Performance Evaluation Review, 2008, 36(2): 32-37.

[3] YU J, LEE H, KIM M S, et al. Traffic flooding attack detection with SNMP MIB using SVM[J]. Computer Communications, 2008, 31(17): 4212-4219.

[4] 严承华,程晋,樊攀星. 基于信息熵的网络流量信息结构特征研究[J].信息网络安全,2014(3): 28-31.

[5] WANG Y, LI W, LIU Y. A forecast method for network security situation based on fuzzy Markov chainf[J]. Lecture Notes in Electrical Engineering, 2014, 260: 953-962.

[6] CHATTERJEE S, NIGAM S, SINGH B, et al. Software fault prediction using nonlinear autoregressive with exogenous inputs (NARX) network[J]. Applied Intelligence, 2012, 37(1): 121-129.

[7] KURT M, OGUNDIJO O, LI C, et al. Online cyber-attack detection in smart grid: A reinforcement learning approach[J]. IEEE Transactions on Smart Grid, 2019, 10(5): 5174-5185.

[8] PCHECO J, BENITEZ V H, FILIX-HERRAN L C, et al. Artificial neural networks based intrusion detection system for internet of things fog nodes[J]. IEEE Access, 2020, 8: 73907-73918.

[9] 范九伦,伍鹏. 基于 RBF 神经网络的网络安全态势预测方法[J].西安邮电大学学报,2017,22(2): 7-11.

[10] 陈锶奇,王娟. 基于信息熵理论的教育网异常流量发现[J].计算机应用研究,2010,27(4): 1434-1436.

[11] 周颖杰,焦程波,陈慧楠,等. 基于流量行为特征的 DoS&DDoS 攻击检测与异常流识别[J]. 计算

机应用,2013,33(10):2838-2841.

[12] 吴震,刘兴彬,童晓民.基于信息熵的流量识别方法[J].计算机工程,2009,35(20):115-116.

[13] 崔锡鑫,苏伟,刘颖.基于熵的流量分析和异常检测技术研究与实现[J].计算机技术与发展,2013,23(5):120-123.

[14] MA X L,CHEN Y H. DDoS detection method based on chaos analysis of network traffic entropy [J]. IEEE Communications Letters,2014,18(1):114-117.

[15] 苏春雷.一种基于大数据和机器学习的网络威胁感知系统架构[J].工业控制计算机,2018,31(9):117-118.

[16] MIAO H,CHENG G. Real-time DDoS attack detection method for programmable device[C]// IEEE International Conference on Information and Automation,2019.

[17] 王笑,李千目,戚湧.一种基于马尔可夫模型的网络安全风险实时分析方法[J].计算机科学,2016,43(S2):338-341.

[18] 王宇飞.基于集成学习的网络安全态势评估模型研究[D].北京:华北电力大学,2012.

[19] 魏彬,张敏情.基于集成学习算法的网络安全防御模型研究[J].武警工程大学学报,2017,33:69.

[20] OSADA G, OMOTE K, NISHIDE T. Network intrusion detection basedon semi-supervised variational auto-encoder[M]. Berlin: Springer International Publishing,2017.

[21] NASEER S,SALEEM Y. Enhanced network intrusion detection using deep convolutional neural networks[J]. KSII Transactions on Internet and Information Systems,2018,12(10):5159-5178.

[22] ALDWEESH A,DERHAB A,EMAM A Z. Deep learning approaches for anomaly-based intrusion detection systems: A survey, taxonomy, and open issues[J]. Knowledge-Based Systems, 2019, 189:105-124.

[23] 夏玉明,胡绍勇,朱少民,等.基于卷积神经网络的网络攻击检测方法研究[J].信息网络安全,2017,11:32-36.

[24] YAN B H, HAN G D. LA-GRU: Building combined intrusion detection model based on imbalanced learning and gated recurrent unit neural network[J]. Security and Communication Networks,2018:11-13.

[25] AN J,CHO S. Variational autoencoder based anomaly detection using reconstruction probability [J]. Special Lecture on IEEE,2015,2(1):1-10.

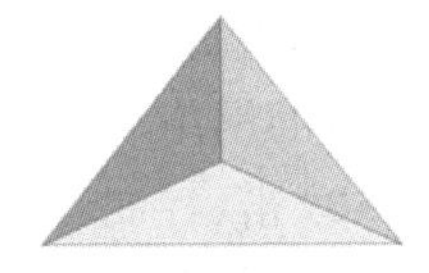

第 10 章 NGNP 与内生安全

灵活可编程的下一代网络处理器在 SDN 的数据中心建设上具有得天独厚的优势，这是由于 SDN 数据平面需要充足的计算、存储资源。同时，NGNP 与 SDN 的结合进一步拓展了新一代网络架构，增强了其可编程性和自定义性，可高效开发所需功能。但在 SDN 架构下，NGNP 的生存也面临着挑战。如针对 SDN 架构的资源消耗型攻击，攻击者恶意侵占消耗合法用户的资源，导致正常用户的业务流量无法得到保障。传统防御方式面对复杂的攻击场景会防御能力降低。内生安全(Endogenous Safety and Security，ESS)的提出，为解决 NGNP 与 SDN 的安全问题提供了新的视角。与以往“一事一策”式防御方式不同，内生安全技术可部署冗余异构的防御方式，根据当前系统与网络态势动态调度，对外界展示防御方式的不确定性，可有效保护 NGNP 系统安全。本章将面向 SDN 架构中的 NGNP，构造冗余异构防御执行体池，并设计一种考虑防御动态性与综合效益的调度方法，实现 NGNP 与内生安全结合的防御方式。

10.1 SDN 安全问题及防御方式

10.1.1 背景及意义

随着互联网技术的飞速发展，全球互联网网络规模日益扩大，根据德国专业数据平台 Statista 数据显示，2022 年全球互联网网民规模已经超过 50 亿。作为互联网运行的关键基础设施，路由器、网关等设备的安全性不言而喻。随着网络架构的升级，各种新型的网络技术开始兴起，其中最具代表性的则是 SDN。

软件定义网络克服了传统网络的弊端，将数据平面和控制平面解耦，以分层的思想实现对网络的管理。SDN 通用架构从上至下可分为 3 层：应用平面、控制平面和数据平面，各平面之间通过既定的接口实现通信。应用平面通过北向接口直接调用控制平面，并将各项需求发送给控制平面，从而实现网络配置和监管。控制平面由以 Ryu、OpenDaylight 等为代表的核心控制器组成，可以通过自主编程来极大提高网络管理和配置的灵活性。数据平面则根据控制平面从南向接口下发的指令进行数据包的转发。同时，SDN 采用的开放统一标准能够实现与硬件厂商的解绑，取代原有不同供应商的特定设备和协议。SDN 作为一种全新的网络范式为云计算、大数据等新兴技术的兴起提供支撑。根据《2021—2022 年中国 SDN 市场发展状况白皮书》预测，2023 年中国 SDN 市场规模将达到

54 亿元[1]。图 10.1 展示了 2019—2023 年中国 SDN 市场规模的发展状况。随着 SDN 网络规模的巨幅增长，其安全性也面临新的挑战，针对 SDN 的交换机及控制器的网络攻击越来越多，其中尤以资源消耗型攻击最为频繁，威胁也最大，如 pack_in 泛洪攻击、控制器资源消耗、控制通道带宽耗尽等。攻击者控制多个僵尸节点，同时向目标发起拒绝服务攻击，使得 SDN 交换机与控制器陷入宕机状态，中断合法访问用户的通信。

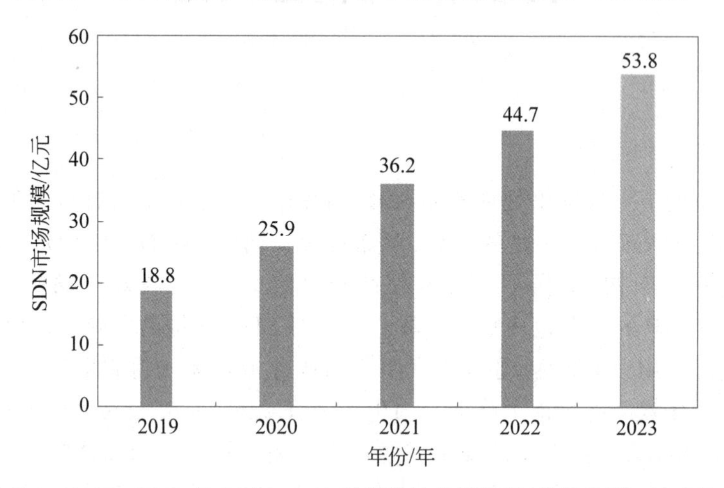

图 10.1　2019—2023 年中国 SDN 市场规模的发展情况（数据来源：计生资讯）

目前 SDN 交换机的防御策略主要是单一的防御机制，如根据流量特征检测、基于分布式控制器缓解、基于流量迁移式防御等。这些方式对于处理某种特定的攻击具有良好的效果，但难以应对复杂环境下的多类型攻击，且静态单一的防御方式易被攻击者探测后进行逃逸攻击。随着移动目标防御技术（Moving Target Defense，MTD）、网络空间拟态防御技术（Cyberspace Mimic Defense，CMD）的提出，这一不平衡的态势逐渐被打破，目标防御系统向外界展示一种动态的、异构的、冗余策略的形式，极大地增加了攻击者扫描探测的难度。具体来说，移动目标防御以数据层、软件层、网络层、平台层攻击面转移为基础，克服传统防御方法的不足；而网络空间拟态防御技术则是以动态异构冗余体制（Dynamic Hetergeneous Redundancy，DHR）为基础，系统内部集成一整套冗余手段，对外动态展示系统的不确定性，可以在"带菌"环境下生存。

国内外学者基于以上两种"改变游戏规则"的技术展开了一系列的研究，取得了显著成果，但大多只注重提高目标系统的安全性且依赖于硬件，而没有充分考虑所采取的防御措施对系统的影响，尤其忽略了对合法访问用户的影响。因此，需要提出一种低成本、高效益的动态防御方法，从冗余的防御策略中动态选择，以期达到增加攻击者的攻击难度及成本、提高防御目标的安全性及降低其防御成本、保证合法用户业务正常进行的效果。

10.1.2　相关工作

1. SDN 概述及安全防护

1）SDN 基本架构

SDN 最早由斯坦福大学的 Mckeown 教授提出，作为一种全新的网络架构，已经发展

为互联网的“第二范式”。SDN 的底层原理是通过自主软件编程，将控制层面和数据层面解耦，实现双平面的开放性和可编程性，为网络扩展提供了更大的操作空间，是未来网络的重要发展趋势。但是新型的架构带来了新的安全问题，本节将首先介绍 SDN 基本架构及相关概念，然后对 SDN 的安全问题与防护方法进行总结。

SDN 基础架构如图 10.2 所示。

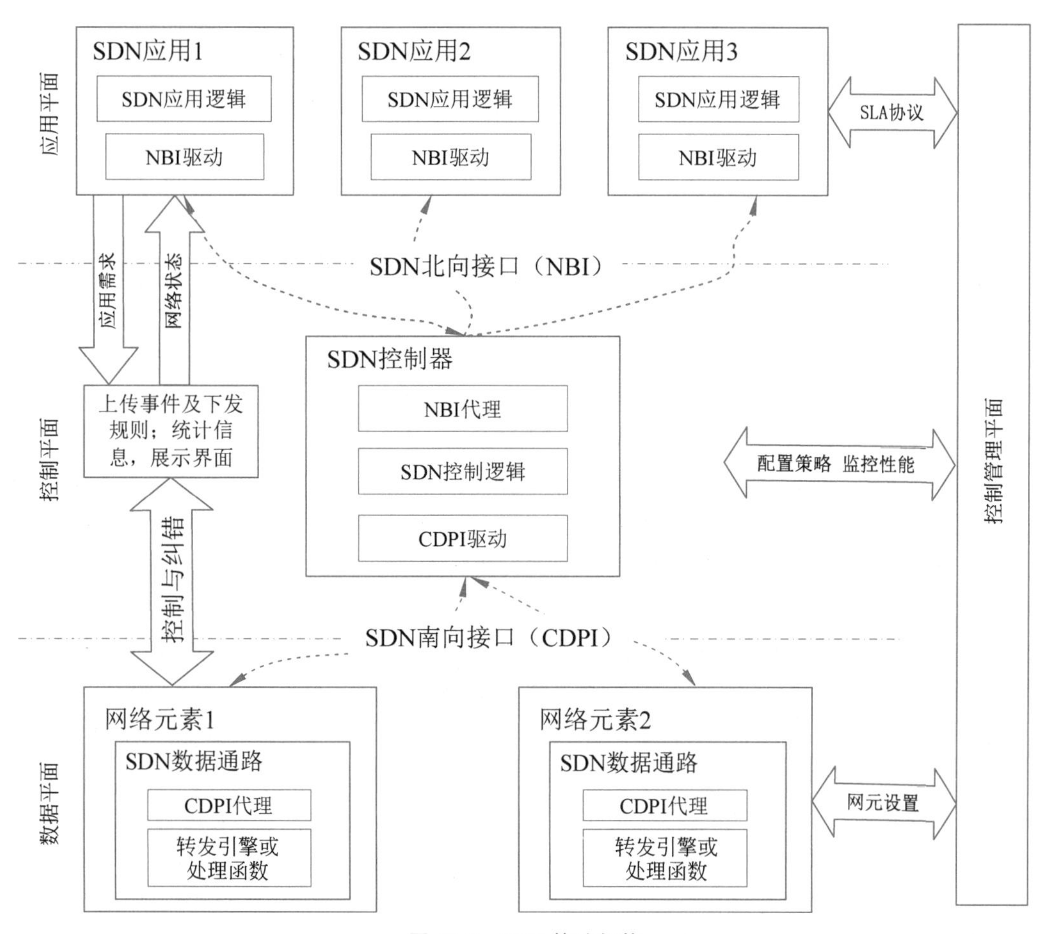

图 10.2　SDN 基础架构

数据平面(Data Plane)：SDN 架构的最底层，又称基础设施层，主要负责数据转发功能，组成设备可以是虚拟交换机(OpenvSwitch)，也可以是硬件交换机，如下一代网络处理器 NGNP。数据平面不需要对数据进行操作，只需根据控制平面下发的规则按指令进行转发或丢弃操作，同时承担统计信息和向控制器上传事件消息的任务。

控制平面(Control Plane)：SDN 架构的中间层，是整个 SDN 架构的“大脑”，对网络基础设施进行集中管理，主要由 SDN 控制器组成。SDN 控制器负责处理由数据平面上传的消息并向下下发流规则，同时为应用层提供各类编程接口。目前常见的开源控制器有 Ryu、Floodlight、OpenDayLight、ONOS 等。其中，Ryu 控制器具有大量的应用编程接口，主要编程语言为 Python，易于上手，常用于学术验证。

应用平面(Application Plane)：SDN架构的最上层，开发者在应用平面上利用编程接口可实现自定义功能，如流量监控、可视化拓扑、网络防护、负载均衡等各类商业应用，可为企业或数据中心网络提供端到端的解决方案。

控制数据平面接口(Control Data Plane Interface，CDPI)：又称南向接口，联通控制层面和数据平面，负责转发数据层面上传的事件消息以及控制层面下发的转发规则，常见的接口协议有OpenFlow、PCEP、NetConf等。

北向接口(Northbound Interface)：联通控制平面和应用平面，开发者可以根据实际需求定制各类网络管理应用，目前没有统一协议，市场上的开源控制器一般支持表述性状态转移(REST)API。

2) OpenFlow协议

OpenFlow协议是应用最为普遍的南向接口协议，在开放网络基金会的管理和推动下，目前OpenFlow交换规范已更新到1.3版本，本书后续介绍及实践均基于该版本。OpenFlow协议将通信数据抽象为"流"，并引入了流表的概念，对数据平面的转发设备进行有效控制。而在传统网络中，交换机是根据自学习算法获得MAC地址与端口号的映射关系，路由器则依据路由协议自动生成转发表，二者均没有OpenFlow所具有的灵活性和高自主性。

流表是OpenFlow交换机转发数据的规则，OpenFlow协议1.3版本的流表项由匹配域、优先级、计数器、指令集、计时器及Cookie组成，相关关系如图10.3所示。匹配域有12个元组，涵盖了OSI模型的1～4层，是流表的匹配项。其中，输入端口是第一层，指明数据流从指定的端口进入交换机；源MAC地址、目的MAC地址、VLAN优先级、VLAN标签属于第二层，交换机可通过匹配目的MAC地址将流转发至目标主机；源IP地址、目的IP地址、IP协议字段、IP服务类型位于第三层；源端口号、目的端口号(TCP/UDP)位于第四层。优先级是表示该流表项的优先匹配程度，优先级高，则优先匹配。计数器用于统计该流表项流量数据的相关信息，统计项包括流表类、数据流类、设备端口类。指令集则是指示交换机收到流表后进行的动作，如转发、丢弃等，没有指定动作则默认丢弃。计时器是流表的存活时间，若未指定则默认一直有效。

3) SDN安全问题与防护

SDN的分层架构虽然克服了传统网络架构的弊端，但引发了新的安全问题。控制平面、数据平面、安全通道均存在安全漏洞，攻击方式主要以资源消耗型攻击为主。本章提出的防护策略也主要针对资源消耗型攻击。资源消耗型攻击具体可以细分为交换机流表溢出攻击、packet_in泛洪攻击、table_miss增强攻击。

交换机流表溢出攻击：交换机流表溢出攻击是指大量的恶意流规则占据有限的流表空间，导致合法规则无法安装，降低SDN网络性能。Wang等[2]提出了一种新的Agg-ExTable方法来有效地管理多流表(Multiple Flow Tables，MFT)，采用剪枝和Quine-Mccluskey算法对MFT中的流表项进行周期性聚合，该方案可节省约45%的MFT空间。王东滨等[3]提出了抗拒绝服务攻击的SDN流表溢出防护技术FloodMitigation，采用基于流表可用空间的限速流规则安装管理和基于可用流表空间的路径选择方法，避免了流表溢出及新流汇聚导致的再次拒绝服务攻击。

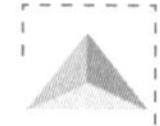

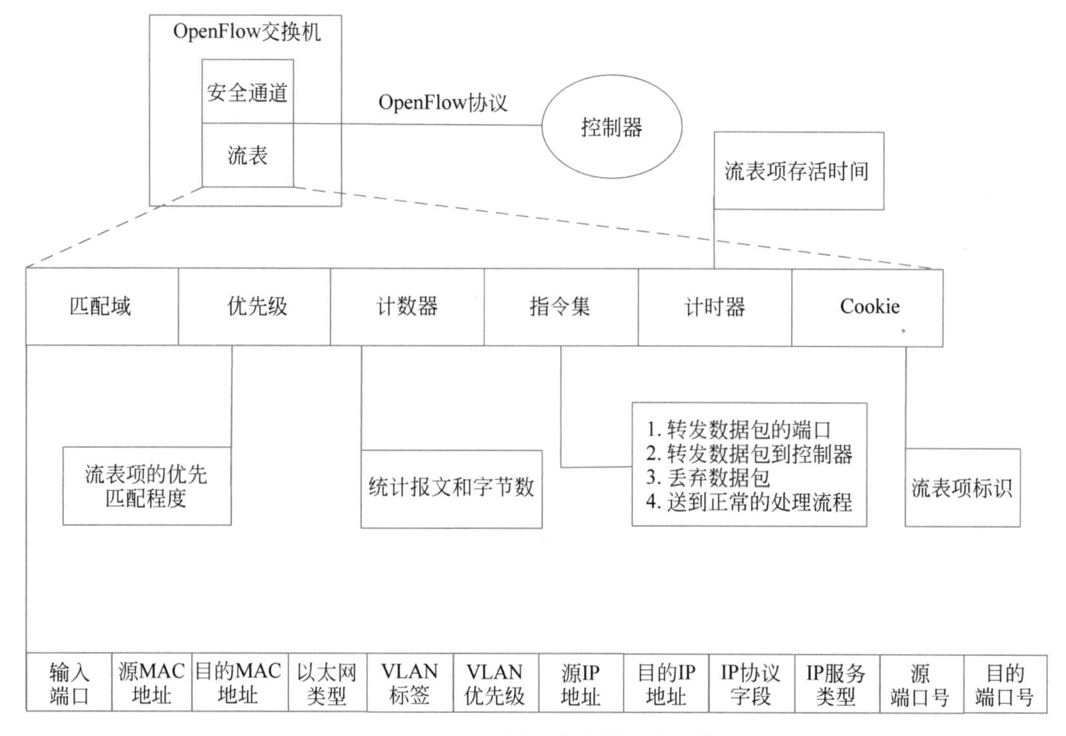

图 10.3 OpenFlow 协议架构及流表项的组成

packet_in 泛洪攻击：攻击者采用恶意软件等方式入侵一个或多个 SDN 网络中的主机，并能够控制僵尸主机通过地址伪造来产生虚假数据包，从而触发 SDN 交换机向控制器发送大量的 packet_in 消息，造成控制器资源大量消耗。Wang 等[4]针对这一问题，提出了 SDN 控制器扩展模块 DosDefender，在线过滤来自数据平面的恶意报文。实验表明 DosDefender 能够有效缓解 DoS 攻击，同时保护软件控制代理、安全通道和控制器资源。Fouladi 等[5]提出了一种基于离散小波变换(DWT)和自编码神经网络的 SDN DDoS 攻击检测与对抗方案，实验结果表明该方案对 DoS 攻击具有较高的检测率，且误警率非常低。

table_miss 增强攻击：table_miss 增强攻击是一种更加复杂、隐蔽的 packet_in 泛洪攻击。与普通 packet_in 泛洪攻击中随机伪造攻击包的方式不同，table_miss 增强攻击首先探测出数据包首部中的敏感字段，然后采用精确、低成本的攻击方式来消耗网络资源。Zhang 等[6]针对以往防护技术控制消息总时延过高的缺陷，提出了一种基于优先级的调度机制 SWGuard，在数据层面和控制层面各增加了一种多队列缓存结构和行为监控模块，并基于一种新的监视粒度(主机应用对，Host-Application Pair)为控制消息动态分配优先级。在 SWGuard 中，恶意控制消息更容易被放入低优先级调度队列中，从而在资源紧张的情况下优先满足合法控制消息的时延要求。Swami 等[7]着眼于攻击的早期检测，提出基于统计测量的四分位间距(Interquartile Range，IQR)的检测方案，并使用检测时间、检测精度、packet_in 消息和 CPU 利用率等性能参数进行评估。实验结果表明，该防御方案能够有效地检测和缓解不同攻击场景下的攻击。

上述研究表明，尽管众多学者对 SDN 安全问题做出了大量的研究成果，但重点仍然在攻击检测环节和给系统"打补丁"上,从整个系统架构层面进行防护的研究成果较少。随着强化学习技术应用的日益广泛,SDN 安全防护有了新的思路。

2. 强化学习

强化学习(Reinforcement Learning,RL)技术是人工智能的主要发展方向之一,旨在不断激励智能体通过和外界环境的交互,使用学习策略不断迭代达到最大化回报。深度强化学习(Deep Reinforcement Learning,DRL)是在强化学习模型中引入深度神经网络,利用深度学习的感知能力和强化学习的决策能力,解决复杂系统问题。强化学习的思想适用于本章研究方法,因此本节简要介绍强化学习技术及其在 SDN 领域的应用。

1) 基本模型与概念

强化学习的基本模型如图 10.4 所示。

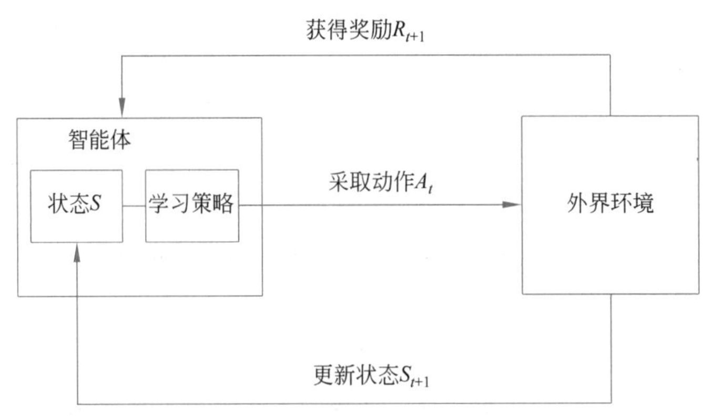

图 10.4　强化学习的基本模型

如图 10.4 所示,智能体通过与外界环境交互,获得某时刻的状态 S_t,选择采取某动作 A_t,获得了相应的时延奖励 R_{t+1},状态随之转化为 S_{t+1}。通过不断重复以上步骤使得到的奖励增大直至收敛,整个强化学习过程视为完成。图中相关概念详细定义如下:

状态空间 S:智能体感知外界环境获得的有限状态集合,是模型的输入,在 t 时刻定义的状态是 S_t,具体的状态参数视实际情况而定。

动作空间 A:智能体在某状态下可以采取的有限动作集合,在 t 时刻智能体所采取的动作记为 A_t。

奖励 R:智能体在某状态下采取动作后收获的回报,t 时刻智能体在状态 S_t 下采取的动作 A_t 对应的奖励 R_{t+1} 会在 $t+1$ 时刻得到。

策略 π:智能体选择某动作的依据,将 t 时刻智能体在状态 S_t 采取的动作 A_t 的概率分布记为 $\pi(a|s)$,即 $\pi(a|s)=P(A_t=a|S_t=s)$。

价值函数:执行体在策略 π 和状态 s 时,采取某动作后带来的状态价值。智能体在 t 时刻采取动作后会带来时延奖励 R_{t+1},也要考虑该动作带来的后续影响,因此可以表示为一个如下的期望函数:

$$\begin{aligned} v_\pi(s) &= \mathbb{E}_\pi(R_{t+1}+\gamma R_{t+2}+\gamma^2 R_{t+3}+\cdots \mid S_t=s) \\ &= \mathbb{E}_\pi(G_t \mid S_t=s) \end{aligned} \tag{10.1}$$

其中 $\gamma \in [0,1]$，为折扣因子，可根据贝尔曼方程，得到价值函数基于状态的递推关系：

$$v_\pi(s) = \mathbb{E}_\pi(R_{t+1} + \gamma v_\pi(S_{t+1}) \mid S_t = s) \tag{10.2}$$

如果根据某一策略采取动作后得到始终比其他策略更多的收获，则其对应的最优价值函数表示为

$$v_\pi(s) = \max_a \left(R_s^a + \gamma \sum_{s' \in S} P_{ss'}^a v_*(s')\right) \tag{10.3}$$

强化学习就是通过寻找最优价值函数发现最佳策略，从而更快地使奖励值收敛。基于上述概念和基本模型，目前有很多求解强化学习的算法，如最早的研究采用动态规划算法或蒙特卡洛算法求解，但缺陷在于要求有完整的状态序列。时序差分在线控制算法 SARSA 不需要经历完整的状态序列，但是无法求解复杂的问题。作为时序差分离线控制算法的 Q-Learning，也有同样的问题。为解决生产生活中的复杂问题，深度 Q 学习（Deep Q-Learning，DQN）利用神经网络对价值函数进行近似表示，可以适应复杂的状态集合。不同于 Q-Learning 维护着一张关于动作价值函数的“Q 表”，DQN 利用经验回放，即将每次与环境交互得到的奖励与更新的状态进行保存，用于后续 Q 值的更新。

虽然 DQN 可以进行大规模的强化学习，但存在收敛不稳定的问题。为此，有学者提出多种改进的 DQN 算法，如 Double DQN[8]、Prioritized Replay DQN[9]、Dueling DQN[10] 等。这些算法提高了收敛速度和收敛稳定性，但也增加了算法复杂度和执行开销，需根据实际环境合理选择使用。

2）基于强化学习的 SDN 防护技术

基于 SDN 数据平面和控制平面分离的架构优势，目前在 SDN 中可以进行大规模的网络部署，然而大规模网络不可避免地引起链路拥塞、路由失效等问题。此外攻击者对 SDN 进行了层出不穷的网络攻击，企图耗尽链路资源及 SDN 控制器、交换机的计算资源。由于强化学习的特点在于不断选择动作追求更高的回报，在特定场景中可以把回报定义为链路资源及计算资源的释放，众多学者也据此将强化学习技术应用在 SDN 安全防护方面。

Zhan 等[11]采用 SDN 简化了无线 PLC 配电物联网中的网络配置和管理，并提出了一种基于状态-动作-奖励-状态-动作（SARSA）的延迟感知路由选择算法 SDRS，通过评估和学习最优路由选择策略来降低传输时延，提高链路可靠性。实验结果表明，与现有的最短路由选择算法 SRS 和随机路由选择算法 RRS 相比，SDRS 算法在传输时延和可靠性方面具有较好的性能。与此类似，Yang 等[12]利用改进的 SARSA 算法解决 SDN 多控制器负载均衡过程中的交换机迁移冲突问题，通过过载控制器中的开关移动到轻量控制器，实现了多个控制器之间的负载均衡，有效提高系统的负载能力。

为有效地抵御 SDN 中的网络攻击，Nguyen 等[13]提出了一种基于 Q-Learning 的动态网络攻击反应系统 CARS，首先基于马尔可夫决策过程 MDP 对 CARS 进行建模，然后开发了一种基于 Q-Learning 的网络攻击反应控制算法来解决优化问题，得到了最优的网络攻击反应策略。Wang 等[14]针对 SDN 中的链路抗损伤问题，设计了一种基于 Q-Learning 算法的链路抗损伤策略，使数据传输更具鲁棒性。仿真结果表明，与蚁群算法相比，Q-Learning 算法的平均吞吐量可提高约 15%，网络传输的平均中断概率可降低

38%;与最短路由选择算法 SRS 相比,平均吞吐量提高 16.5%,网络传输的平均中断概率降低 43%。

Bouzidi 等[15]开发了一种基于 SDN 的规则放置方法,利用神经网络动态预测流量拥塞,并通过部署 DQN 算法学习最优路径和路由流量重定向以提高网络利用率。基于 ONOS 控制器和 Mininet 的仿真结果表明,该方法在降低链路利用率、丢包率和端到端时延等方面显著改善了网络性能。Zhao 等[16]在物联网环境下,提出了一种自适应测量方法 MRAM。其利用深度学习中的 LSTM 算法,对物联网设备系统状态和链路状态进行了有效预测,准确率高达 98.29%。在此基础上,Huang 等[17]提出了一种在 SDN 环境下利用 Dueling DQN 和基于 LSTM 的网络流量状态预测结合的智能路由方法。实验表明,与传统的 Dijkstra 和 OSPF 路由方法相比,所提方法显著提高了网络吞吐量,有效降低了网络时延和丢包率;与 DDPG 和 PPO 两种强化学习算法相比,该方法收敛速度更快,提高了网络路由的效率。

综上所述,强化学习技术在 SDN 环境下已经有了较为成熟的应用,在智能路由选择和负载均衡优化方案等方面做出了大量的贡献。但是,以上研究忽视了与异常流量检测、主动或被动防御等手段的结合以更好地发挥 SDN 防护效果。移动目标防御、网络空间拟态防御等新技术的兴起,为 SDN 网络安全问题提供了新的解决方案。

3. 新型防御方式

1) 移动目标防御

移动目标防御(Moving Target Defense,MTD)致力于对外界展示系统的不确定性,以更好地做好系统防护。SDN 具备的灵活可定制、集中可控制的架构特点,可以满足 MTD 的实施需求。目前,已有大量学者在 SDN 的数据平面、控制平面及应用平面进行了 MTD 的研究,如数据平面的 IP、端口、路由跳变,控制平面的控制器迁移、博弈机制,应用平面的虚拟机迁移、动态访问控制等。

Javadpour 等[18]提出了一种面向 SDN 的基于成本效益的边缘 MTD 方法 SCEMA,通过调整一组与关键服务器有最多连接数的最优主机,以较低的成本减轻 DDoS 攻击,并提出了一个三层的网络数学模型,可以很容易地计算攻击代价。Mininet 上的仿真实验表明,SCEMA 算法复杂度低了 52.58%,安全性提高了 14.32%。

Chiba 等[19]提出了一种基于面向 SDN 的 MTD 机制来保护网络免受潜在扫描。其提出的机制可以与 IPS(Internet Protocol Suite)结合工作,而不影响 IPS 的正常业务。SDN 控制器使用虚拟 IP 地址更改通过交换机的报文头部,而 IPS 的操作则继续监视设备的实际 IP 地址。仿真环境中的结果表明,MTD 和 IPS 之间可以实现无缝协作检测低速率和高速率扫描。

Samir 等[20]为改变 SDN 控制器易受攻击这一局面,引入了控制器位置伪装(Controller Placement Camouflage,CPC)这一概念来动态改变攻击面。其依靠零和博弈作为系统防御者和攻击者之间的随机游戏来指导 MTD 解决方案。此外,提出的 MTD 方案利用了贝叶斯攻击图 BAG 实时评估系统的风险水平,据此移动 SDN 控制器的位置。

综上所述,移动目标防御为 SDN 安全提供了新的防护方式,但面向 SDN 的 MTD 技

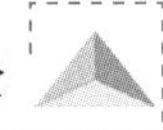

术仍缺乏细粒度的安全性和可靠性，本章从优化防御体系架构和层间联动防御技术出发，将 MTD 的防御方式与拟态防御的动态异构冗余体制结合，构建出更为动态、不确定的防御手段。

2）拟态防御

网络空间拟态防御（Cyberspace Mimic Defense，CMD）基于动态异构冗余体制（Dynamic Hetergeneous Redundancy，DHR），实现多体执行、多模裁决和多维重构，以不确定性系统应对网络空间泛在化的不确定性威胁。SDN 灵活、自主的架构有助于拟态防御的实施，如支持拟态功能模块化、增量式部署等，实现拟态架构与业务功能的高度耦合。因此，SDN 面临层出不穷的攻击威胁，可以通过赋予其拟态效应来解决。

Zhang 等[21]将拟态防御与 SDN 技术结合，重点定量分析了 SDN 应用拟态防御中的不同防御策略对整个系统安全的影响，并求解出最优配置策略，最后通过实验验证不同拟态防御策略的有效性。Lei 等[22]在拟态控制器整体结构的基础上，针对关键决策模块提出了控制器流表决策方法。其开发并实现了决策算法，进行了攻击防御验证，结果表明提出的流表决策方法大幅提高了决策效率，并成功实现了控制器流表的拟态防御。

为解决异构度量化问题，张杰鑫等[23]在其研究中论证了异构性对系统安全的重要性，通过借鉴生物多样性的量化方法，将异构性定义为其执行体集的复杂性与差异性，提出了一种适用于异构性的量化方法，在工程实践上为选择冗余度、构件和执行体提供了指导。

针对 SDN 控制平面的未知漏洞防御，王涛等[24]提出了一种基于多维异构特征与反馈感知调度的内生安全控制平面的设计方案，通过组合执行体冗余集构建策略、多维异构元素着色策略和动态反馈感知调度策略，有效增加 SDN 控制平面对攻击者所呈现的执行体时空不确定性。相关仿真结果表明，该方案可以收敛全局执行体数目、增加执行体之间的多维异构度并降低系统全局失效率。

综上所述，网络空间拟态防御技术与 SDN 的结合，不仅极大拓展了现有网络架构的规模，其化被动为主动的防御方式也“改变了游戏规则”。然而，目前的研究大多集中在实现 SDN 组件的 DHR 机制，未曾将以往的各类防御方式考虑在内，以实现动态异构冗余的防御机制。因此，本章在现有研究的基础上博采众长，在 SDN 环境下集成多类现有防御手段，构建冗余异构的防御执行体池，并通过强化学习方法进行防御链的调度，实现具有 DHR 机制的内生安全交换机系统。

10.2 冗余异构防御执行体设计

本节描述了在 SDN 环境下，基于 4 种防御机制的冗余异构防御执行体的构建与分析方法。首先，介绍了流量清洗、地址隔离、端信息跳变和资产迁移 4 种防御机制的机理，基于以上 4 种防御机制构建若干执行体，组成 SDN 冗余异构防御执行体池。继而对以上异构防御执行体进行评估，通过理论对异构度进行定义，并从差异性和复杂性两个维度进行异构度的建模分析及量化，然后通过实验仿真进行验证。此外，在仿真中对以上异构防御执行体进行有效性测试，测试维度包括防御效果和防御范围。实验表明，所设计的冗余异构防御执行体彼此异构，均具备防范一种或多种攻击的能力。本节完整设计框架如图 10.5 所示。

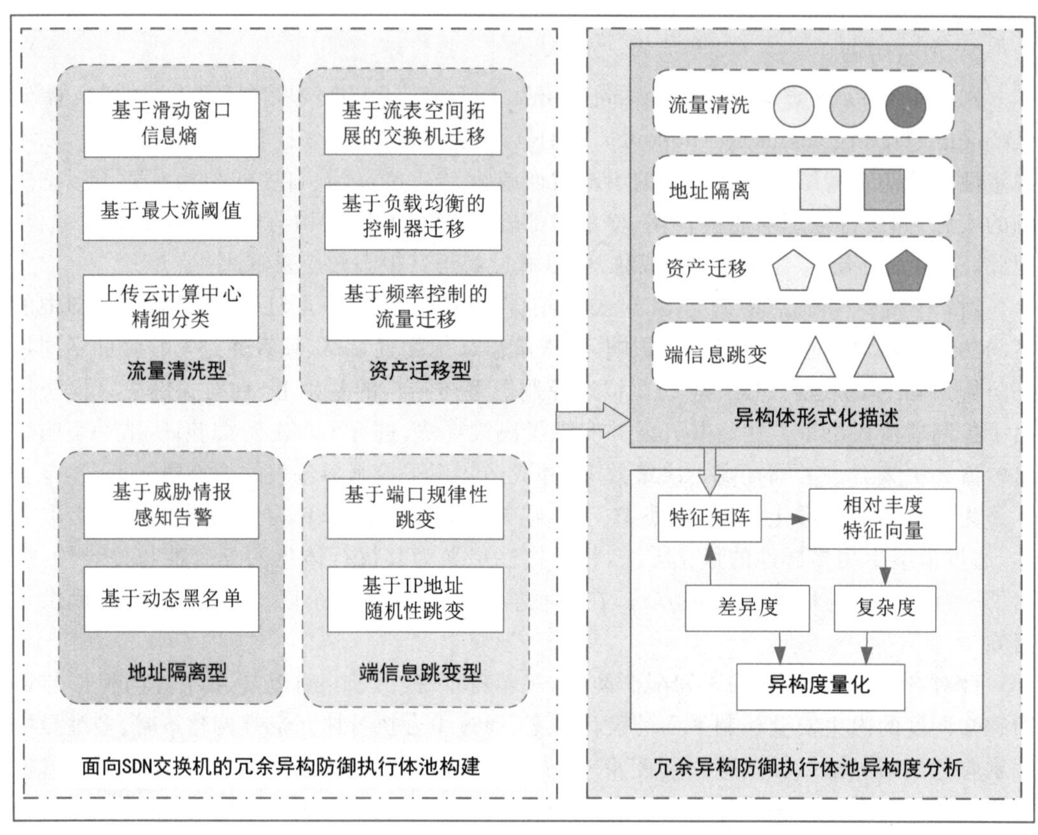

图 10.5　SDN 冗余异构防御执行体设计框架

10.2.1　问题描述

本节的研究目标是为 NGNP 构建一套冗余异构防御链方法，SDN 环境下的冗余异构执行体池构建和评估是基础，其重要性不言而喻。本节将 NGNP 称为 SDN 交换机，将 NGNP 和控制平面控制器作为一个整体看待，称为 SDN 交换机系统。由于 SDN 交换机系统是资源受限设备，又是用户节点访问服务节点的枢纽，且具有数据平面和控制平面分离的特点，因此冗余异构防御执行体的防御效果至关重要。首先，冗余异构防御执行体要具备可行防御效果，能对特定的攻击进行有效防御；其次，冗余异构防御执行体带来的开销需要在可控的范围内，不能对用户的正常访问服务产生明显影响；最后，各执行体之间的异构度需要有一个量化标准，防止出现“同构”现象。

针对上述内容，本节做出了如下工作。

(1) 围绕 SDN 交换机系统构建了基于 4 种防御机制的冗余异构防御执行体池。在以往学者的研究基础上，对流量清洗、地址隔离、端信息跳变、资产迁移 4 类防御机制进行

了总结对比和系统性描述，并根据构建的 SDN&Docker 实验环境进行重构和设计，最后在实验环境中验证了各执行体的有效性。

(2) 对冗余异构防御执行体进行评估。首先借鉴量化生物多样性的研究方法对冗余异构防御执行体的异构度进行了定义，并介绍了防御漏洞集、防御执行体特征向量、相对丰度特征向量等重要概念，从防御执行体的复杂度和差异度两个维度对冗余异构防御执行体池中执行体的异构度进行了分析，并通过仿真实验评估了同种防御机制及不同防御机制的防御执行体的异构度。

10.2.2　冗余异构防御执行体构建

1. 流量清洗型

流量清洗操作主要对流量进行识别，区分出正常流量和异常流量，剔除异常流量，保留正常流量。根据清洗方法的不同，可构造基于信息熵、基于最大流阈值、转移至流量清洗中心利用机器学习算法识别的流量清洗执行体等。

1) CPU 核熵值清洗

在信息论中，熵是对随机程度的度量，也是用来衡量系统能传递最大信息量的指标。一个系统随机程度越高、信息分布越分散，则熵值越高；系统随机程度越低，则熵值就越低。本节使用熵值来衡量网络中的随机性，在一个时间窗口或数据包数量窗口内计算一次数据包的熵值。在正常情况下网络数据包有较大的随机性，熵值会比较大；而当受到 DDoS 攻击时，大量非法数据包发送给被攻击的主机，如果按照合适的流量特征分类，会发现此时熵值相比正常情况下骤降。因此熵值可以作为检测 DDoS 攻击的指标。

在 SDN 中，交换机只有在流表中找不到匹配项时才会向控制器转发数据包。控制器接收到 packet_in 数据包并更新流表以后，转发工作由交换机完成，控制器不会再收到该连接的数据包，这使得正常情况下控制器接收的数据包数量远小于交换机转发的数据包数量。根据这一特点，可以设定 packet_in 数据包窗口值为 W，也就是每 W 个数据包计算一次熵值。

用广义熵(Renyi 熵)进行计算：

$$H(q)=\frac{\log\left(\sum_{i=1}^{n} p_i^q\right)}{1-q} \tag{10.4}$$

其中，n 表示窗口中数据包的数量；p_i 是窗口中每个元素出现的概率；q 是任意非 1 正实数的参数，当 $q\to 1$ 时，Renyi 熵就是香农熵。

为了计算熵值，需要根据流量的特性对窗口里的数据包进行分类。其依据可以是数据包的源 IP 地址、源端口、目的 IP 地址、目的端口或它们的组合。本节的仿真环境中，攻击者发动 DDoS 攻击企图耗尽 SDN 交换机及控制器的资源，中断合法用户访问交换机挂载的服务。因此可以考虑以源 IP 地址为分类特征计算窗口的熵值。源 IP 地址为 x_i 的数据包出现的数量是 N_i，则 $p_i=N_i/W$。算法流程如算法 10.1 所示。

算法 10.1　基于滑动窗口的信息熵检测算法

Input：数据包数量窗口大小 w，数据流

Output：序列熵值$\{\boldsymbol{H}_w\}$

1　对流入交换机的流量取样 w 条

2　计算每个源 IP 地址出现的概率 p_i，以$<IP_i, p_i>$进行存储

3　计算该窗口中 w 个报文的熵值 H_w

4　取出当前滑动窗口中第一个目的 IP 地址在 w 中出现次数和相应概率，记为 p_f

5　滑动窗口向后推移一项，原滑动窗口中第 1 项移出，第 $w+1$ 项移入滑动窗口

6　重新计算在当前窗口中与移出的 IP 地址相同的元素的概率 $p_f=p_f-1/w$；重新计算移入当前窗口中的 IP 地址对应的元素在当前窗口中出现的概率 p_e

7　判断最后一项元素的 IP 地址是否存储过，若是，则在存储中更新 $p_e=p_e+1/w$；若否，以$<IP_e, p_e>$进行存储

8　根据 p_f、p_e 及窗口内其他元素的概率，重新计算当前窗口的熵值

9　重复步骤 5～8，产生一系列的熵值

当连续窗口的熵值出现明显变化时，向控制器发出异常警告，控制器利用分类算法对引起熵值变化的流量进行分析，下发流表，控制交换机此后丢弃此类数据包，完成流量清洗过程，整体清洗流程如图 10.6 所示。

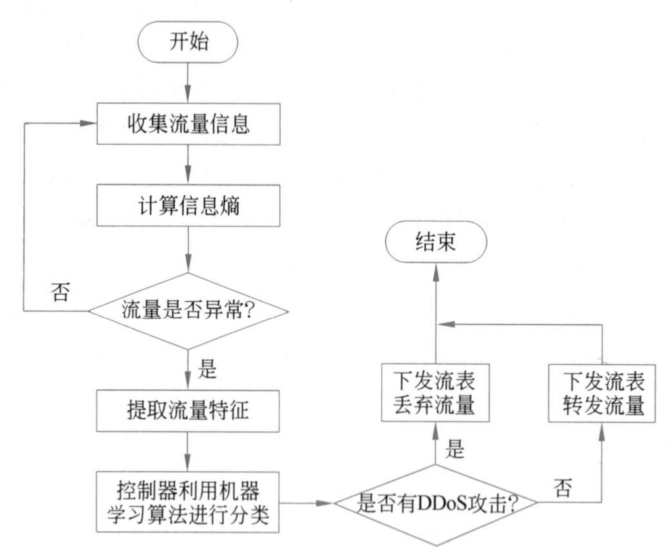

图 10.6　基于信息熵的流量清洗流程

2）CPU 核最大流阈值清洗

以往有学者采用预定义的固定流量阈值来进行流量清洗，以防止 DDoS 攻击，如使用流量分析工具 sFlow 在 SDN 环境中收集整个网络的流量。当传输的流量大于预定义的阈值时，其防御机制确定该流量是攻击，然后发出 OpenFlow 流规则来阻止攻击；或通过网络流量监控工具 iftop 收集环境中的流量然后比较端到端传输吞吐量。如果 req/res 的值超过指定阈值，则确定传输请求是恶意攻击，再对该流量进行清洗。

固定流量阈值误判性较高，且不适用于真实网络环境。本节采用基于流量窗口的动

态流量阈值对 DDoS 攻击流量进行检测和清洗，流量阈值根据网络环境的实时状态进行自动调整。为了计算动态流量阈值，将流量数据存储在一个流量时间窗口 T 并不断更新，然后利用如下公式计算流量平均值 μ 和流量标准差 σ：

$$\mu = \sum_{i=1}^{n} \frac{f_i}{n} \tag{10.5}$$

$$\sigma = \sqrt{\frac{\sum_{i=1}^{n} f_i^2 - \mu^2}{n}} \tag{10.6}$$

其中，n 是业务源的数量，f_i 是来自第 i 个源的业务流数量。

根据正态分布的 3σ 原则，数值分布在$(\mu-2\sigma,\mu+2\sigma)$中的概率为 0.9545。显然可以忽略低流量(即低于 $\mu-2\sigma$ 的流量值)，因为低于 $\mu-2\sigma$ 的流量对网络环境的影响较小，所以没有威胁性。因此，如果数据流是正常的，95%的数据流将保持在两个标准偏差内，流量阈值可以由如下公式导出：

$$T_{\max} = \mu + 2\sigma \tag{10.7}$$

如果流量超过流量阈值，则意味着可能发生异常流量变化，并进一步判断。在确认高流量不是恶意流量之后，流量阈值将由于流量的变化而被修改，从而产生新的流量阈值。然而，如果流量阈值完全取决于流量中流的条件，当初始网络流量极低或没有流量时，较高正常流量的第一次接收将导致误判。如果不进行额外的校正，将经常导致误报警，降低系统性能。因此，可以定义一个最小流量阈值 $T_{\min}$，并且利用如下公式更新最大流阈值：

$$T_{\max} = \max(T_{\min}, \mu + 2\sigma) \tag{10.8}$$

最小流量阈值 $T_{\min}$ 的值需要进行合理取值，保证低于 $T_{\min}$ 的流量不会对 SDN 交换机正常业务产生明显影响。此外，该机制需要时间窗口收集流量数据，在初始阶段不做流量判断，而是收集环境流量。

在部署的仿真环境中，使用第三方流量采集软件 sFlow，将 sFlow 代理部署在 SDN 交换机上以降低 SDN 控制器负载，并使用 sFlow-RT 软件接收代理发送的数据，可实时查看网络流量状况、对报文样本进行分析并生成对应的处理规则。当流量超过当前阈值 $T_{\max}$ 时，sFlow Analyzer 触发预警，生成脚本中定义的流量处理规则，并将该规则发送给 SDN 控制器。控制器通过 OpenFlow 协议向交换机发送新的转发规则更新，丢弃来自受感染端口的报文，完成流量清洗，流程如图 10.7 所示。

3) 上传云计算中心清洗

上传云计算中心清洗，是指在数据平面 SDN 交换机不对输入流量做任何内部处理，直接上传至云计算中心，由其负责对流量进行识别分类，利用机器学习或深度学习算法区分出正常流量和威胁流量。在完成威胁流量识别后，将正常流量向交换机回注，而威胁流量则进行流量清洗处理，在清洗的过程中经过层层过滤，将异常的流量丢弃，而将经过过滤的流量仍回注到数据平面的交换机，再由交换机根据控制器下发的流表执行匹配转发流程。该执行体不会占用 SDN 交换机系统的资源，防御成本由算力更足的云计算中心承担，极大地节省了空间资源；但由于增加了额外的转发时间及处理时长，时间资源消耗较大，对用户节点不友好，需要根据实际情况进行使用，总体示意图如图 10.8 所示。

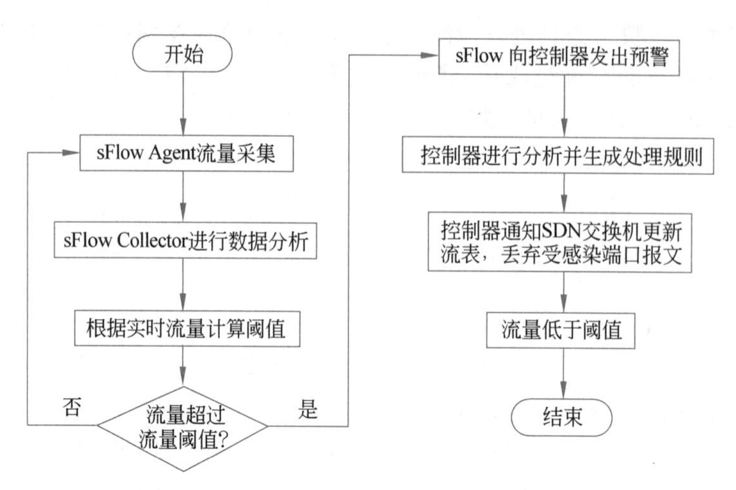

图 10.7 基于最大流阈值的流量清洗流程

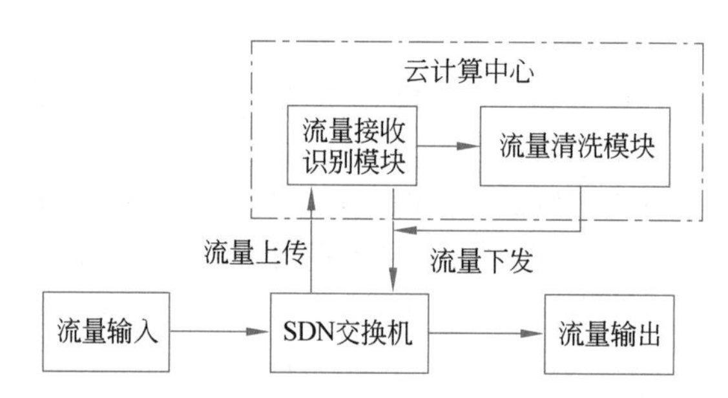

图 10.8 上传云计算中心清洗总体示意图

流量经过流量接收识别模块区分后,则进入流量清洗模块。流量清洗的过程类似于过滤器对威胁流量的层层筛选,将不符合过滤条件的流量指定为黑洞路由做丢弃处理。而若经过该模块的层层过滤后,仍存在部分流量,则选择将其回注于交换机进行正常的转发过程。在流量清洗模块中,最核心的部分是每层过滤条件的设置,这决定流量清洗的精细度以及整个流量清洗执行体的资源消耗。拟定流量清洗模块中设置 5 层过滤机制,分别是黑名单过滤、源合法性认证过滤、畸形报文过滤、特殊控制报文过滤以及特征识别过滤。

当威胁流量开始清洗时,首先要将该流的源 IP 与 SDN 交换机系统维护的黑名单对照。若某数据流的源 IP 地址存在于黑名单中,则判断为恶意流量,将该流量导入黑洞路由丢弃。如果在黑名单中没有该流的源 IP,则判断通过过滤,进入第二层继续筛选。

第二层是源合法性认证过滤,这一部分是系统基于应用层对报文源地址的合法性进行认证,针对例如包含大量不存在域名解析请求的 DNS query Flood 攻击。将未通过认证的数据流导入黑洞路由丢弃,而通过认证的流量进入下一层过滤。

第三层为畸形报文过滤,主要是应对畸形报文攻击,主要类别有 Ping of Death 攻击、Teardrop 攻击、IP-fragment 攻击等。将包含畸形报文的流量导入黑洞路由丢弃,通过过滤的流量进入第四层过滤。

第四层是特殊控制报文过滤，主要过滤会更改主机路由表的 ICMP 重定向报文、切断正常网络连接的 ICMP 报文、探测网络拓扑结构的 Tracert 报文等特殊控制报文攻击。将包含特殊控制报文的流量导入黑洞路由丢弃，通过的流量进入最后一层过滤。

第五层为特征识别过滤，这部分根据指纹学习以及抓包来获取流量特征，并将进入该层的流量按照典型攻击发生的特征对数据进行过滤。将认定为某种特定攻击的流量直接丢弃处理，而通过筛选的流量回注到交换机中。

在流量清洗过程中对数据流的丢弃行为，采用指向黑洞路由的方式将未通过过滤的流量丢弃。具体是指对于一条路由关联到的出接口，有一种特殊接口叫作 Null 接口，且该类型的接口只有一个编号 0。Null0 是系统保留的逻辑接口，当数据流的路由出接口为 Null0 时，这些报文会被直接丢弃。

2. 地址隔离型

地址隔离往往是通过一定的先验经验知识，将某些 IP 作为恶意 IP 处理，对其进行时间片内的隔离，不允许来自此类 IP 的流量通过 SDN 交换机。根据操作方法的不同，可构造基于动态 IP 黑名单地址隔离、基于威胁情报隔离的执行体。

1）基于动态 IP 黑名单地址隔离

基于动态 IP 黑名单地址隔离的执行体是在某个时间片内对进入 SDN 交换机的威胁流量的威胁程度进行评估，并将威胁数据流进行简单回溯得到其源 IP 地址，继而判断该威胁流量 IP 是否已存在于交换机维护的黑名单中，并将黑名单信息提交给 SDN 控制器，由控制器下发流表，黑名单中不同源 IP 的威胁程度反映在控制器下发的流表中，利用流表设置的生存时间(idle_time)来实现时间片内的隔离措施，整体隔离措施流程如图 10.9 所示。

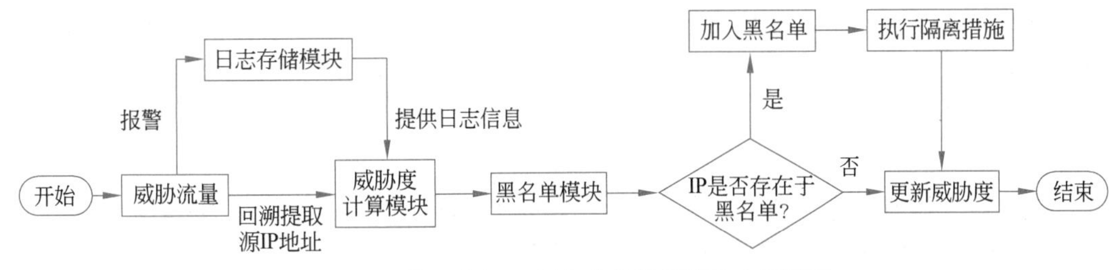

图 10.9　基于动态 IP 黑名单地址隔离的执行流程

在该执行体内设置了 3 个模块，分别是日志存储模块、威胁度计算模块和黑名单模块。若交换机识别出了威胁流量，则会发送报警信息给日志存储模块，将该威胁流量的相关信息存储在该模块中，并提取出该威胁流量的源 IP 地址作为标签同时将日志信息发送到威胁度计算模块对该威胁流量的威胁度进行计算，并生成代表该威胁流量的两元组{源 IP 地址，威胁度}，同时日志存储模块将发送过的信息从存储空间内删除。在威胁度计算模块工作完成后进入黑名单板块，将威胁流量的源 IP 地址与黑名单中的记录比较。若 IP 已存在于黑名单中，则仅需更新其对应的威胁度值。若在黑名单中没有该威胁流量的记录，则需要将该威胁流量的两元组加入黑名单并采取隔离措施。

SDN 交换机采用基于黑名单和生存时间的流表下发手段来实现具体的隔离措施。

当流量经过交换机时，交换机会根据下发的流表来寻找匹配域。若未找到匹配选项，则数据平面会发送 packet_in 数据包通过 OpenFlow 协议提交给控制器，这样会大量占用控制器资源。SDN 控制器根据黑名单模块发来的信息来管理流表内容，通过设置 idle_time 项来实现对威胁流量的隔离。例如某一流表项规定来自某 IP 的数据流进行丢弃处理，若在该流表项中的生存时间内无新流与之匹配，则交换机自动清除该流表项。具体设置的生存时间可根据黑名单中的源 IP 信息对应的威胁度信息决定，但应小于周期时间 T，以免出现长期隔离正常流量的情况。

2）基于威胁情报隔离

SDN 交换机系统可以实时收集自身状态信息和链路信息，包括交换机及控制器的 CPU 使用率、内存使用率、链路占用带宽、链路时延、链路丢包率等。在正常情况下，以上各项指标会趋于一个正常值，如果交换机系统受到了攻击，各项指标会产生较大变化，将这些变化进行处理生成威胁情报作为预警，再根据其所对应的态势信息编号进行简要回溯，确定威胁 IP 并进行隔离，整体流程如图 10.10 所示。

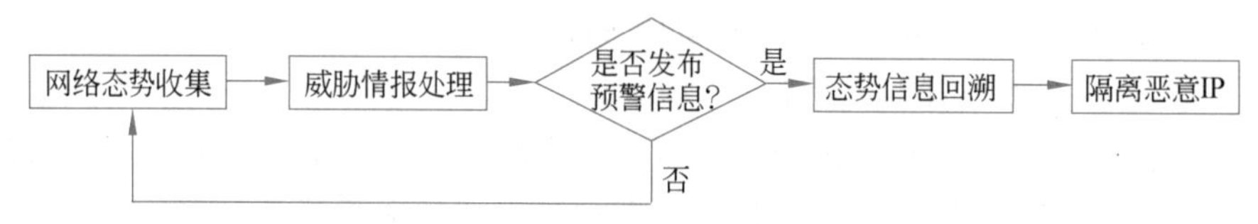

图 10.10　基于威胁情报隔离的执行流程

如图 10.10 所示，首先对 SDN 交换机系统进行网络态势收集。SDN 交换机系统实时测量自身的状态信息，测度包括交换机 CPU 使用率、内存使用率，以及测量链路状态信息，测度包括链路时延、链路占用带宽、链路丢包率，生成多维网络资源视图。

然后对多维网络资源视图的五元组——交换机的 CPU 使用率 C、内存使用率 M、链路占用带宽 B、链路时延 L、丢包率 P 进行处理，根据归一化公式进行归一化：

$$x' = \frac{x - x_{\min}}{x_{\max} - x_{\min}} \tag{10.9}$$

得到归一化后的数据 C'、M'、B'、L'、P'，并对其赋予不同的权重，分别为 K_1、K_2、K_3、K_4、K_5，归一量化后的威胁情报数据 S 可表示为

$$S = C'K_1 + M'K_2 + B'K_3 + L'K_4 + P'K_5, \quad \sum_{i=1}^{5} K_i = 1 \tag{10.10}$$

对该威胁情报数据 S 进行分级，当 $S \geqslant S'$ 时，发布告警信息，并进行态势信息回溯，对引起 S 变化的数据流进行分析，对陌生的源 IP 进行封禁；当 $S < S'$ 时，则不发布预警信息，持续对网络态势信息进行收集。

3. 端信息跳变型

端信息包括 IP 地址信息和端口信息，端信息跳变是移动目标防御的典型技术之一，是指使能跳变协议，对数据传输的各种邻接点按照协议随机改变端口、地址和时隙，增加攻击者的扫描探测成本，进而挫败网络攻击，实现主动网络防护。由于 SDN 具备的集中控制性、可编程的特点，可以将端口跳变技术应用于 SDN 安全防护中。当用户想要向服

务节点进行通信时，根据跳变信息映射表以轮询的方式选择虚假的服务器 IP 端口对作为数据流的通信地址，当该流通过 SDN 交换机时，控制器根据交换机发送的 packet_in 数据包识别并按照跳变信息映射表下发真实服务器的流表，使得交换机在数据平面实现客户机与服务器的安全通信。具体来说，可以分为基于端口规律性跳变、基于 IP 地址随机跳变两种类型。

1）基于端口规律性跳变

规律性跳变可以用基于时间单元的端口号跳变来实现，用户节点和服务节点共享相同的跳变池，每隔相同时间片进行同时跳变。为降低服务节点因跳变产生的负载，本节考虑使用 SDN 控制器作为代理节点。由于要保证时间同步，因此该执行体需要包含两个模块：时间同步模块和端信息跳变模块。

时间同步模块：代理节点和用户节点需要维护着自己的时间服务器表，然后通过 NTP 协议，使代理节点和用户节点之间与时间服务器完成时间同步校正，从而使代理节点和用户节点达到时间同步。同步的详细流程如下：

(1) 待校正端(代理节点、用户节点)根据本地维护的时间服务器列表，通过随机数生成算法，随机地选取列表中的一个时间服务器进行时间同步校正。

(2) 待校正端向选定的时间服务器周期性地发送时间同步请求报文，并加盖本地时间戳 $T1$。

(3) 时间服务器收到时间同步请求报文后，记录下报文到达时的时间 $T2$，构建时间同步响应报文，即向接收的原报文中加入时间戳 $T2$。

(4) 发送时间同步响应报文，发送时向报文中填充报文发送时的时间戳 $T3$。

(5) 待校正端接收到时间同步响应报文，并记录下报文的到达时间 $T4$。

(6) 根据 $T1$、$T2$、$T3$、$T4$ 计算时间偏移量，完成待校正端的时间同步校正。

端信息跳变模块：代理节点和用户节点的时间都被分成离散等长的时间单元并进行编号。代理节点和用户节点均每隔一个时间单元就动态跳变一次。端口跳变模块分为内生交换机跳变模块和主机跳变模块，其进行跳变的详细流程如图 10.11 所示。

在接收数据或监听端口的同时，循环判断当前时间单元是否过期，如果过期重新开始流程。因为网络中数据传输存在时延和阻塞，可以将端口额外开放多个时间单元，以解决因为时延和拥塞，导致开放的端口在一个时间单元内无法接收完整信息的问题。

2）基于 IP 地址随机跳变

攻击者通过发送 ICMP 报文的方式可以对服务节点进行扫描探测，如果正常收到 ICMP 报文应答，则说明服务节点的 IP 地址是活跃的，可以进一步对其发送攻击。为增加攻击者的扫描探测攻击成本，将 IP 地址进行随机跳变是一种行之有效的方式。主要原理是利用 OpenFlow 控制器为服务节点分配一个随机的虚拟 IP，该虚拟 IP 是主机的真实 IP 转换而来的。真实的 rIP 保持不变，因此 IP 突变对服务终端完全透明，且真实 IP 地址只能被授权的实体即合法用户节点访问。

为服务节点的 IP 地址跳变设置一个跳变间隔 MT，在未使用的虚拟 IP 地址池中选择一个虚拟的 vIP，由 SDN 控制器来集中管理 IP 跳变、下发对应的流表及 DNS 响应等业务。其中最为重要的环节是下发对应流表，具体的流程如图 10.12 所示。

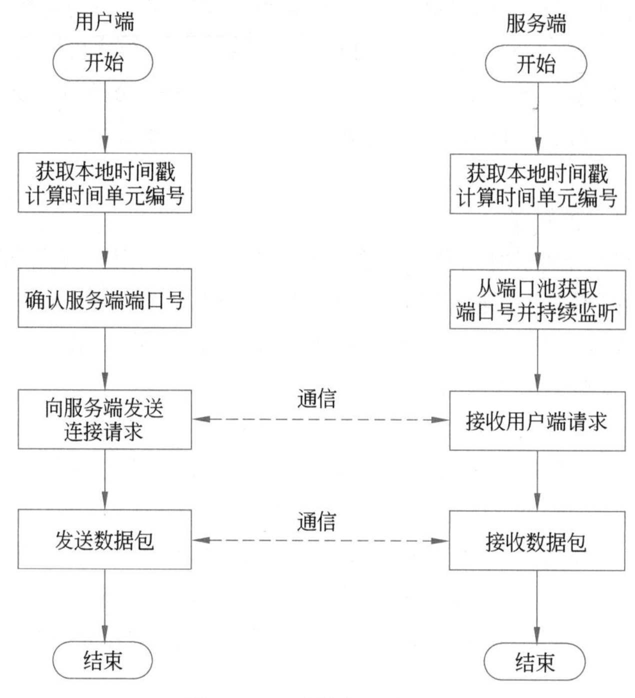

图 10.11　端信息跳变流程

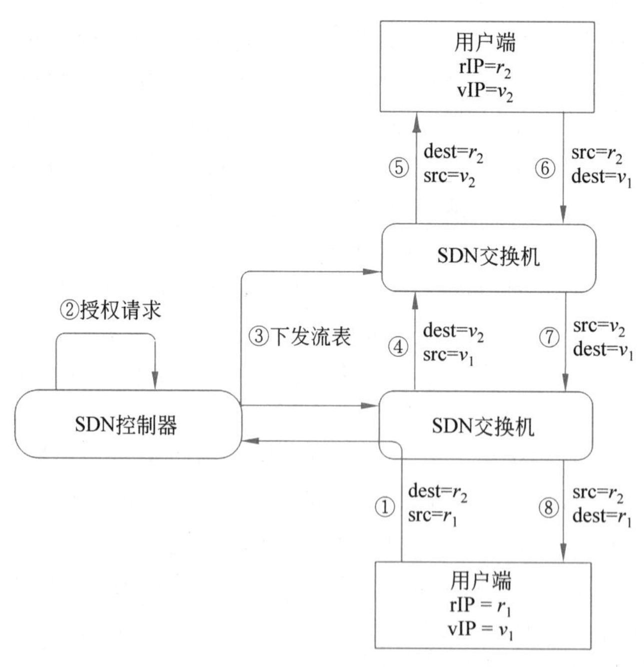

图 10.12　基于 IP 地址随机跳变流程

如图 10.12 所示，当合法用户节点以<destIP＝r2，src＝r1>向服务器发起请求时，由于经过的 SDN 交换机没有对应的流表项，则向 SDN 控制器发送 packet_in 消息，控制器检查该源 IP 是否已授权，如是，则向入口交换机发送匹配流表项，并进行 rIP↔vIP 转换操作，同时在出口交换机下发流表，以<destIP=r2，src=v1>向服务节点发起请求，经过以上步骤，用户节点成功访问了服务节点，服务节点也以类似的方式和用户节点完成通信。在整个通信过程中，虚拟 IP 按时间单元进行变化，有效保护了真实的 IP 信息。

4. 资产迁移型

资产迁移策略是针对 SDN 交换机系统进行冗余备份，动态转移攻击面，在遭到威胁攻击时直接迁移系统资源进入另一台交换机或控制器，不仅可以缓解攻击，也起到了负载均衡的作用。根据实施方法的不同，可以分为基于博弈均衡的交换机迁移、基于负载均衡的控制器迁移及基于频率控制的流量迁移执行体。

1）基于博弈均衡的交换机迁移

对于数据平面的 SDN 交换机来说，最为重要的资源就是流规则空间，例如当前的 SDN 硬件交换机，只能安装数千条流规则。因此，SDN 交换机在网络流量增加或受到资源消耗类攻击时会出现负载失衡的状态，核心交换机需处理的流量超过其能力而导致堵塞，最为明显的表现就是流表资源紧张，而冗余备份交换机却处于空闲状态，拥有大量流表空间。基于博弈均衡的交换机迁移的防御执行体构建方法，是通过 SDN 控制器对交换机威胁情报数据的收集，结合负载均衡技术手段和软件定义网络特性，在负载均衡策略中使用博弈模型来迁移交换机，达到对 DDoS 攻击的有效防御，总体示意图如图 10.13 所示。

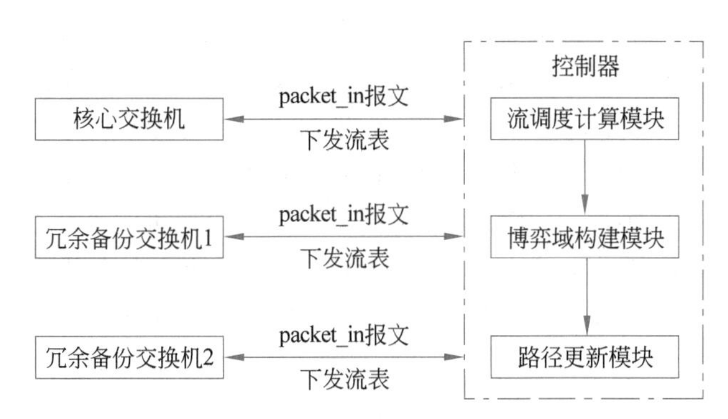

图 10.13　基于博弈均衡的交换机迁移总体示意图

在基于博弈均衡的交换机迁移执行体中，设置了流调度计算模块、博弈域构建模块以及路径更新模块。流调度计算模块负责对流量进行负载需求以及各交换机节点流表数目的负载均衡度等指标分析计算。博弈域构建模块则根据计算出的信息构建合作博弈域，并通过迭代获取使得交换机群整体负载度最大的转发路径。路径更新模块则负责对数据流的路径进行更新，并下发流表，整体流程如图 10.14 所示。

具体执行步骤如下。

（1）在一个周期 T 内，通过自适应的轮询算法，控制器不定时地向基础交换机设备发送 Query 请求，根据接收到的 Reply 信息对数据流进行监测。

（2）在一个周期 T 的某次轮询开始时，对底层交换机的状态进行监控，将得到的数

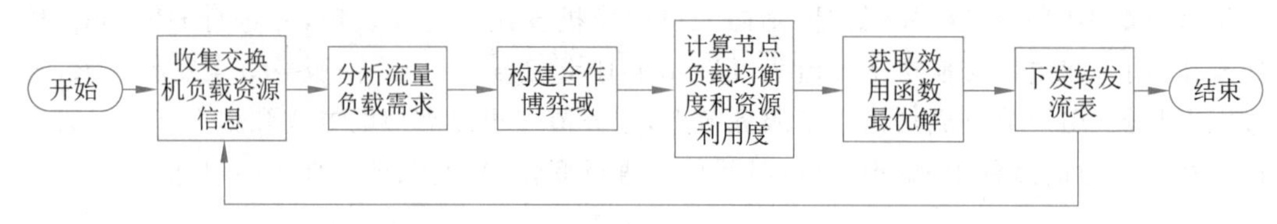

图 10.14　基于博弈均衡的交换机迁移流程

据作为策略选择的基础数据。

(3) 当控制器收到 packet_in 消息后，获取流量的协议信息和报文长度等头部信息，根据头部信息查询下一跳流表，如果存在相关流表项，则直接转发，否则，立刻邀请所有位于流转发交换机的下一跳交换机建立合作博弈域。

(4) 通过合作博弈，获取使得整体负载均衡度最高的路径，控制器下发流表，交换机依据流表项进行转发。

(5) 重复步骤(1)～(4)，直至一次周期时长结束，根据本次周期内的网络状态，修订下一次周期 T 的时间，并清空交换机关联流表。

2) 基于负载均衡的控制器迁移

如不考虑自定义的功能，数据平面的 SDN 交换机在收到未匹配流规则的数据包时，会直接向控制平面的 SDN 控制器发送 packet_in 事件消息。packet_in 事件数量可以在一定程度上反映出 SDN 交换机系统的负载情况，特别是在遭受 DDoS 攻击时数据流会激增，packet_in 事件数也随之巨量爆发，给控制器造成极大的资源压力。攻击者可以利用这一点发起 packet_in 泛洪攻击，比如针对匹配 MAC 地址类型的流表发起随机源 MAC 泛洪攻击，会使得交换机匹配现有流表失败，进而上传大量 packet_in 事件消息，使得控制器崩溃。针对这种情况，可以将 packet_in 事件数量作为主要参考因素，引入不同版本的 SDN 控制器，在正常情况下，主控制器负责处理来自交换机的事件，冗余备份控制器进入休眠状态，当负载达到一定的程度时，将 packet_in 事件流引入其他冗余备份控制器，缓解主控制器计算资源负载，为后续采取其他反制措施争取时间，整体流程如图 10.15 所示。

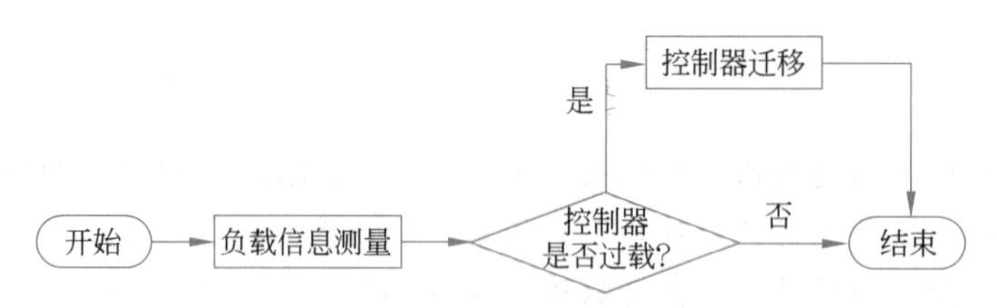

图 10.15　基于负载均衡的控制器迁移流程

负载信息测量包括以下 4 部分。

(1) 待迁移控制器处理的 packet_in 事件数量(N)。

(2) 控制器之间通信的开销(E)。

(3) 管理全局拓扑所需的成本(C)。

(4) 其他执行体产生的资源开销(Q)。

类似于 10.2.2 节基于威胁情报隔离执行体中威胁情报数据，同样为以上 4 部分赋予不同的权值 r_1,r_2,r_3,r_4，则控制器负载度 ϑ 可表示为

$$\vartheta = N \cdot r_1 + E \cdot r_2 + C \cdot r_3 + Q \cdot r_4, \quad \sum_{i=1}^{4} r_i = 1 \tag{10.11}$$

为主控制器设置动态门限值 limit，当负载度 ϑ 大于门限值时，则启动控制器迁移，冗余备份控制器承接 packet_in 事件流，此时冗余备份控制器成为主控制器；否则不执行该动作，仍然持续收集测量负载信息。

3）基于频率控制的流量迁移

数据-控制平面饱和攻击，是针对 SDN 网络的特有 DDoS 类型攻击方式，会使得 SDN 交换机系统产生大量 table_miss 和 packet_in 消息，消耗数据平面和控制平面的资源。流量迁移防御机制的原理是在数据平面和控制平面通信过程中增加一个过滤模块，对请求信息进行检测和过滤。基于频率控制的流量迁移执行体，是通过设置临时数据缓存区，缓存泛洪数据消息，并通过速率限制和轮询调度将其提交给 SDN 控制器，总体示意图如图 10.16 所示。

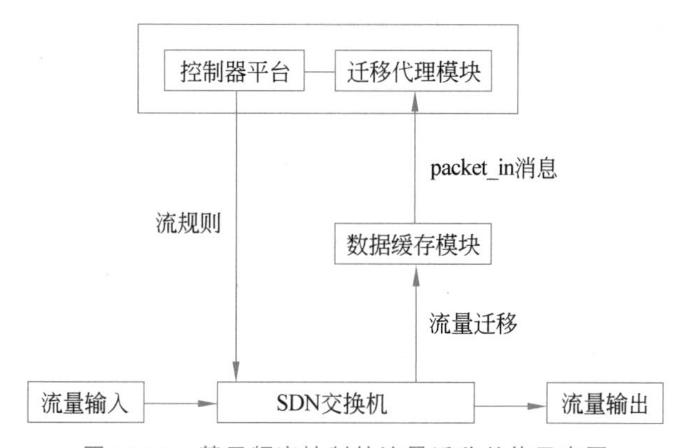

图 10.16　基于频率控制的流量迁移总体示意图

该执行体有两个重要的模块：迁移代理模块和数据缓存模块。迁移代理模块是执行体的“智脑”，负责检测攻击、将控制器下发的 table_miss 消息迁移至数据缓存模块、接收数据缓存模块发送的 packet_in 事件消息。检测方法和以上执行体类似，主要是利用 packet_in 事件速率、交换机及控制器的 CPU、内存资源占用情况等信息构建威胁情报，超过设定阈值进行告警。迁移代理模块根据威胁情报对 packet_in 事件上报的速率进行控制，防止 SDN 控制器资源衰竭。数据缓存模块是在遭受攻击时临时存储 table_miss 消息，避免数据平面基础设施遭受泛洪攻击，其中包括报文分类器、报文缓冲队列、packet_in 消息生成器。

综上所述，基于以上 4 种防御机制构造了冗余异构防御执行体池。从防御机制的原理来看，流量清洗机制虽然精准但是消耗网络资源，而地址隔离机制没有对带宽的占用，却容易丢弃正常流量；端信息跳变和资产迁移这两种防御机制抗攻击性强，具有主动性，使得 SDN 交换机系统“带菌生存”，但是开销过于庞大，实现热部署的难度较高。因此，以上机制构成的异构防御执行体各有优劣，其带来的防御效果、成本与影响都不同，且需要

结合实时的系统状态和网络情况动态调度。

10.2.3 冗余异构防御执行体池评估

10.2.2 节基于 4 种防御机制构建了包含 10 种执行体的冗余异构防御执行体池。这些执行体分为 4 种类型,不同类型之间的执行体由于机制不同而差异较大,但同类型中的不同执行体相对而言差距较小。本节致力于对以上冗余异构防御执行体进行异构度的定义和形式化描述,从多个不同的维度对其进行异构度分析,为后续动态调度执行体及防御链生成提供了指导,并有效佐证了冗余异构防御链的可靠性。

1. 执行体异构度定义

Twu 等[25]在其研究中对异构性进行了定义,他们将异构性分解为两个维度——差异性和复杂性,可以形象地用图 10.17 来描述。在图 10.17(a)的集合中,只有单一的元素,没有任何的差异性和复杂性;在图 10.17(b)中,元素单一没有差异性,但具备复杂性;在图 10.17(c)中,有多种元素体现了差异性,但同种元素之间不具备复杂性;而图 10.17(d)元素多样且彼此相异,兼具较高的复杂性和差异性。

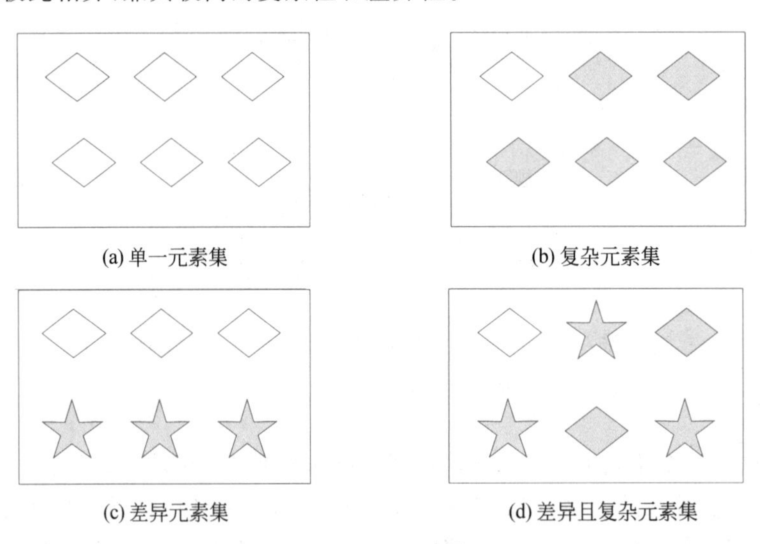

图 10.17 异构性描述

对于本节构建的冗余异构防御执行体池,同样可以借鉴上述方式来描述。具体来说,执行体池中根据 4 种不同的防御机制,可把执行体分为 4 大类;同种防御机制根据实现方法的差异可以进行细分,共计 10 个小类。大类之间具有差异性,小类之间具备复杂性,如图 10.18 所示。

冗余异构防御执行体池的复杂性记为 P,差异性记为 D,则冗余异构防御执行体池的异构性 H 有如下关系:

$$H = P \times D \tag{10.12}$$

2. 异构度形式化描述

上述对冗余异构防御执行体池的异构性进行了定义及形象化描述,但没有进行量化

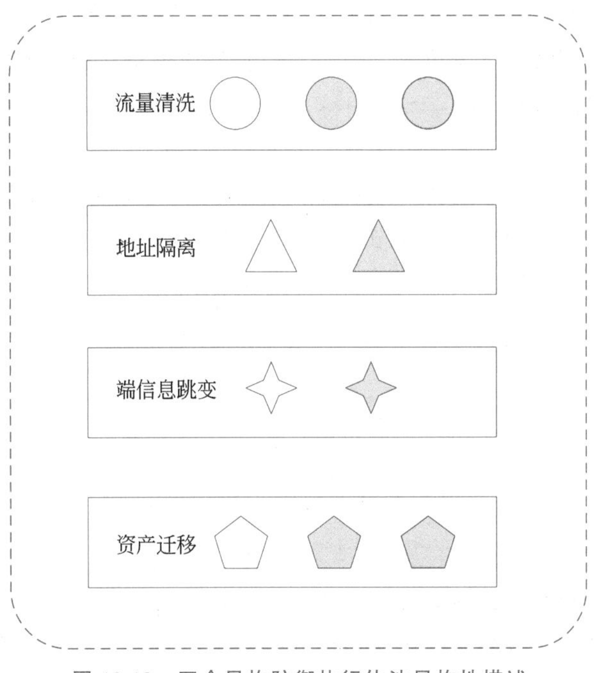

图 10.18　冗余异构防御执行体池异构性描述

分析。本节将针对所构造的冗余异构执行体展开形式化描述，说明异构性如何提高防御的有效性及系统安全性，为此引入如下概念。

定义 1（防御执行体）：基于不同防御机制和不同实现方法构造的实体，记为 a_i，执行体之间存在差异，即 $a_i \neq a_j, i \neq j$。

定义 2（冗余异构防御执行体池）：由各防御执行体组成的集合，记为 $A=\{a_i | a_i$ 为防御执行体，$i=1,2,\cdots,n\}$。

定义 3（防御漏洞集）：对于某执行体 a_i，它能防范的攻击类型是有限的，将该执行体不能防范的攻击定义为它的防御漏洞，执行体 a_i 上的防御漏洞集合记为 $G_i=\{g_{ij} | g_{ij}$ 为执行体 a_i 一种不能被防范的攻击，$j=1,2,\cdots,m\}$。

若防御执行体 a_i 的防御漏洞集 G_i 与防御执行体 a_j 的防御漏洞集 G_j 相同，则记为 $G_i=G_j$；若存在不同，则记为 $G_i \neq G_j$，如表 10.1 所示。

表 10.1　防御执行体漏洞与攻击类型映射关系

	执行体Ⅰ	执行体Ⅱ	执行体Ⅲ	执行体Ⅳ	执行体Ⅴ
攻击类型 A	×	○	×	○	○
攻击类型 B	○	○	×	○	○
攻击类型 C	×	×	×	×	○
攻击类型 D	○	×	○	×	×
攻击类型 E	○	○	○	○	○

注：○表示能防御，×表示不能防御。

定义 4(防御执行体特征向量):每种防御执行体,具有不同的特点,包括针对的攻击类型、防御效果、防御开销、部署位置、实现机理、代码类型等,将这些特征作为防御执行体的特征向量,记为 $\boldsymbol{P}_j=(v_{1j},v_{2j},\cdots,v_{mj})^{\mathrm{T}}$,$v_{ij}$ 表示防御执行体 a_j 的第 i 个特征值。如某防御执行体的特征向量可以表示为 $\boldsymbol{P}$=(packet_in flood,90,75,控制平面,资产迁移,python)^{T}。为便于描述,将以上特征进行类型索引编号,可以简化为 $\boldsymbol{P}_j=(2,90,75,1,4,3)^{\mathrm{T}}$。其中,2 表示 packet_in flood 攻击,在攻击列表中索引为 2,而 90 表示防御效果的百分制量化得分,其他项同理。

定义 5(冗余异构防御执行体池特征矩阵):在定义 4 的基础上,冗余异构防御执行体池特征矩阵描述为

$$\boldsymbol{\Lambda}=\begin{bmatrix} v_{11} & v_{12} & \cdots & v_{1n} \\ v_{21} & v_{22} & \cdots & v_{2n} \\ \vdots & \vdots & \ddots & \vdots \\ v_{m1} & v_{m2} & \cdots & v_{mn} \end{bmatrix} \tag{10.13}$$

$v_{1j},v_{2j},\cdots,v_{mj}$ 表示某防御执行体的特征属性,$v_{i1},v_{i2},\cdots,v_{in}$ 表示特征所属的类型,如有(流量清洗,地址隔离,端信息跳变,资产迁移)组成防御机制这一“类型”,本节将其称为组件集 Ω。m 表示特征的维数,n 代表执行体的数量。由于特征矩阵 $\boldsymbol{\Lambda}$ 的每一个特征值仅表示一种类型索引编号,因此与传统的矩阵相比,特征不具备数学意义,且具有如下性质。

性质 1:冗余异构防御执行体池的特征矩阵 $\boldsymbol{\Lambda}$ 的任意特征值不可进行加、减、乘、除等数学运算。

性质 2:冗余异构防御执行体池的特征矩阵 $\boldsymbol{\Lambda}$ 不可进行矩阵加、矩阵减、矩阵乘、转置等矩阵运算。

性质 3:冗余异构防御执行体池的特征矩阵 $\boldsymbol{\Lambda}$ 的任意列互换后得到的特征矩阵 $\boldsymbol{\Lambda}'$,仍然是相同的冗余异构防御执行体池。

性质 4:冗余异构防御执行体池的特征矩阵 $\boldsymbol{\Lambda}$ 的任意行互换后得到的特征矩阵 $\boldsymbol{\Lambda}''$,表示不同的冗余异构防御执行体池。

定义 6(相对丰度特征向量):将不同组件集在异构防御执行体出现的概率组成的特征向量,记为 $\mathrm{Pd}_k=(\mathrm{Pd}_{k1},\mathrm{Pd}_{k2},\cdots,\mathrm{Pd}_{kl})^{\mathrm{T}}$,称 $\mathbf{Pd}_{ki}$ 为组件集 Ω_k 的相对丰度特征向量,且特征向量有如下关系:

$$\sum_{i=1}^{l}\mathbf{Pd}_{ki}=1 \tag{10.14}$$

如对于某执行体集的特征矩阵 $\boldsymbol{\Lambda}_1=\begin{pmatrix}1&2&1\\2&1&3\\3&2&2\end{pmatrix}$,3 个组件集的相对丰度特征向量分别为 $\mathrm{Pd}_1=\left(\frac{1}{3},\frac{2}{3}\right)^{\mathrm{T}}$,$\mathrm{Pd}_2=\left(\frac{1}{3},\frac{1}{3},\frac{1}{3}\right)^{\mathrm{T}}$,$\mathrm{Pd}_3=\left(\frac{1}{3},\frac{2}{3}\right)^{\mathrm{T}}$,相对丰度描述了组件在异构

防御执行体的多样性，是量化冗余异构防御执行体池异构度的基础。

3. 异构度量化

冗余异构防御执行体池异构度量化包括两部分：复杂度量化和差异度量化。根据量化生物多样性的研究启示，本节利用香农多样性指数评估组件集 Ω 的复杂度，计算公式如下：

$$\mathrm{Cop}_k = -\sum_{i=1}^{l} \mathrm{Pd}_{ki} \ln \mathrm{Pd}_{ki} \tag{10.15}$$

其中，l 代表组件集 Ω 的数量，Pd_{ki} 为组件 i 在组件集 Ω_k 的概率。若只有一种组件，则香农多样性指数为 0；若存在多种组件且在异构防御执行体中不重复，则香农多样性指数达到最大值 $\ln l$。冗余异构防御执行体的复杂度描述为

$$\mathbf{COP} = (\mathrm{Cop}_1, \mathrm{Cop}_2, \cdots, \mathrm{Cop}_l)^{\mathrm{T}} \tag{10.16}$$

学者 Rao[26] 用二次熵衡量生物多样性，旨在计算任意两个成员之间的平方距离，本节将这一方法引入对冗余异构防御执行体差异度量化中，计算公式如下：

$$\mathrm{FD}_k = \sum_{i=1}^{l} \sum_{j=1}^{l} D_{kij}^2 \mathrm{Pd}_{ki} \mathrm{Pd}_{kj} \tag{10.17}$$

其中，D_{kij} 是冗余异构防御执行体差异度量化的重要参数，描述了组件集 Ω_k 中 i、j 两种组件的差异，需要满足 $D_{kij} = D_{kji}$ 且 $D_{kii} = 0$。本节将两种组件含有不同防御漏洞的概率定义 D_{kij}，如果对于所有 $D_{kij} = 1, i \neq j$，满足组件集 Ω_k 中存在两种以上组件，且每种组件仅有一个成员，则二次熵转化成辛普森指数，FD_k 有最大值$(1-1/S)$。当防御执行体中的某一类组件集 Ω_k 只有 1 种时，则对于所有 $D_{kij} = 0, i \neq j$，FD_k 达到最小值 0。D_{kij} 越大，执行体集的差异度就越大，计算公式如下：

$$D_{kij} = 1 - \frac{t_{kij}^2}{t_{ki} \times t_{kj}} \tag{10.18}$$

其中，t_{ki} 和 t_{kj} 分别表示构件 c_{ki} 和 c_{kj} 所含防御漏洞的数量，t_{kij} 表示构件 c_{ki} 和 c_{kj} 所含相同防御漏洞的数量，且 $0 \leqslant D_{kij} \leqslant 1$。

基于以上对复杂度和差异度的量化，冗余异构防御执行体池 A 的异构度 HET 可以用 l 类组件集的异构度求和进行表示：

$$\mathrm{HET} = \sum_{k=1}^{l} \mathrm{Cop}_k \times \mathrm{FD}_k \tag{10.19}$$

当冗余异构防御执行体池中各执行体满足 $a_1 \neq a_2 \neq \cdots \neq a_n$ 时，若同类组件集中任意两种组件满足 $v_{ki} \neq v_{kj}$，则冗余异构防御执行体池的异构度达到最大：

$$\mathrm{HET}_{\max} = \left(1 - \frac{1}{l}\right) \ln l \tag{10.20}$$

10.2.4　实验设计与结果分析

1. 实验环境设置

为了对本节构造的冗余异构防御执行体进行有效性测试和异构度评估，本节在仿真

实验环境下搭建了基本实验拓扑，利用 Docker 容器技术对虚拟机 CPU 资源和内存资源进行分割，构造出多角色仿真节点。搭建仿真实验环境的平台为基于新一代云 IT 架构的东南大学网络空间安全学院虚拟化攻防平台，其具备完整的网络基础设施、攻防设施的虚拟化能力，能够承载大规模网络模拟、网络感知、攻防模拟、安全数据计算等网络关键科研应用。所申请的云主机配置如表 10.2 所示。

表 10.2　实验配置

名　称	型　号	名　称	型　号
操作系统	Ubuntu 20.04 LTS	内存	32GB
处理器	16 核	云硬盘	120GB

Docker 是 PaaS 提供商 dotCloud 开源的一个基于 LXC 的高级容器引擎，基于 go 语言并遵从 Apache 2.0 协议开源。本节应用 Docker 容器技术在云主机中划分资源，将 CPU 核数资源及内存资源分配给不同角色的仿真节点，并进行资源隔离，确保相互之间没有影响。实验中用--cpuset-cpus 指令指定容器的 CPU 核数，并利用 agilee 进行 CPU 压力测试；用-m 选项限制各容器角色的内存大小。各仿真节点计算资源信息及对应的容器数量如表 10.3 所示。

表 10.3　各仿真节点计算资源信息及对应的容器数量

名　称	CPU 资源	内存资源	容器数量
攻击节点集群	0～3	6GB	5
用户节点集群	4	1GB	3
服务节点集群	5	512MB	3
Ryu 主控制器	6	512MB	1
核心 OpenvSwitch	7	512MB	1
冗余异构防御执行体	8～12	3GB	10

实验环境采用的主控制器是 Ryu 控制器，版本为 4.34，交换机统一为 OpenvSwitch，版本为 2.13.5，Docker 版本为 20.10.17。由于 Ryu 控制器和 OpenvSwitch 属于软件，无法单独测量其 CPU 使用率及内存利用率，本节利用 Docker 容器技术将 Ryu 控制器和 OpenvSwitch 封装在单独的容器中，并利用 docker stats 命令进行测量。容器与容器之间利用 ovs-docker 命令建立链路和端口，容器内部 OpenvSwitch 通过添加端口的方式与外界相连。各仿真节点链接关系如图 10.19 所示。

2. 有效性测试

对于冗余异构防御执行体的有效性测试，实验设计从两方面考虑：一是测试所构造的各个冗余异构防御执行体的防御范围，即能防范的攻击类型；二是测试异构防御执行体

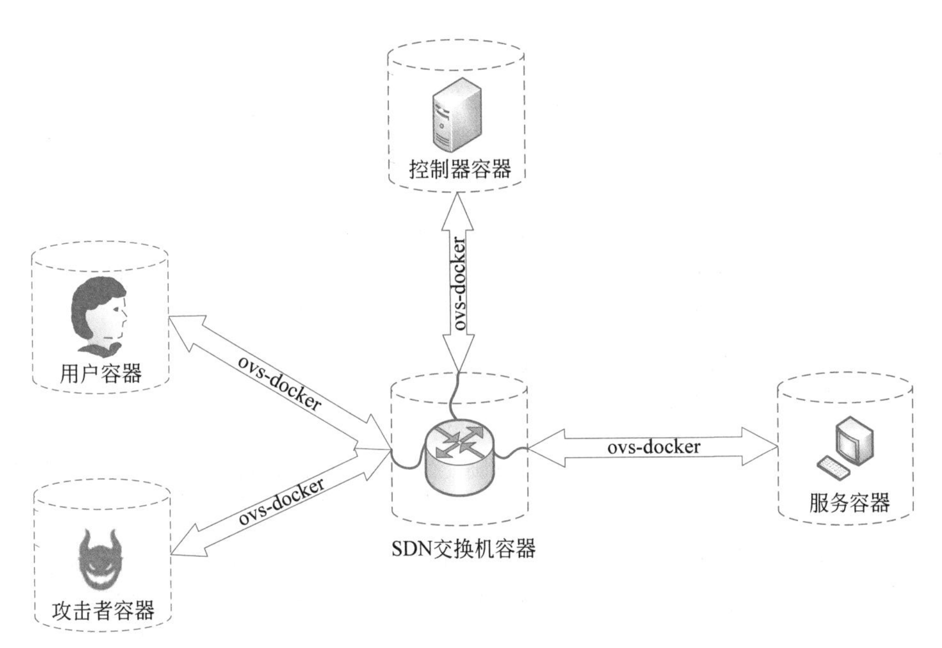

图 10.19　各仿真节点链接关系

的防御效果，针对特定攻击类型进行测试，测试指标为 SDN 交换机系统 CPU 使用率。实验相关的软件清单如表 10.4 所示。

表 10.4　系统环境软件清单

软　　件	功　　能	版　　本
Docker	配置仿真节点、构建链路	20.10.17
Ryu	SDN 主控制器	4.34
ONOS	SDN 辅控制器	Open-jdk11
OpenvSwitch	数据转发	2.13.5
Hping3	模拟多类型 DDoS 攻击	3.0.0-alpha-2
Python	执行体文件	Python 3.6
Ngnix	Web 服务器	1.14.0(ubuntu)
Iperf3	链路测量及发包	2.0.2

实验在仿真环境下模拟了当前针对 SDN 控制平面及数据平面的主流攻击类型，即资源消耗类攻击。此类攻击最为典型，攻击者通过多种方式占据 SDN 的系统资源及链路资源，使其服务质量急剧下降甚至丧失，干扰甚至中断 SDN 交换机两端的合法用户与服务器的通信。SDN 资源消耗类攻击及具体实施方式如表 10.5 所示。

表 10.5　SDN 资源消耗类攻击及具体实施方式

<table>
<tr><th>攻击类型</th><th>具体实施方式</th><th>简　　介</th></tr>
<tr><td>交换机流表溢出</td><td>MAC Flood</td><td>利用二层匹配流规则及有限的流表空间注入大量恶意流规则，使合法的规则无法安装</td></tr>
<tr><td rowspan="3">packet_in 泛洪攻击</td><td>ICMP Flood</td><td rowspan="3">在短时间内触发大规模的 packet_in 消息，占据大量控制通道带宽资源及进入控制器后导致控制器消耗大量计算资源来处理这些无效的 packet_in 消息</td></tr>
<tr><td>SYN Flood</td></tr>
<tr><td>UDP Flood</td></tr>
<tr><td rowspan="2">table_miss 增强攻击</td><td>MSSQL</td><td rowspan="2">一种隐蔽性好，攻击效率高的特殊 packet_in 泛洪攻击，包括探测和触发两个阶段</td></tr>
<tr><td>DNS Flood</td></tr>
<tr><td rowspan="2">Crosspath 攻击</td><td>TFTP Flood</td><td rowspan="2">攻击者通过随机伪造数据包，短时间内触发大规模的 packet_in 消息在控制通道中传输，占据大量带宽资源</td></tr>
<tr><td>UDP-Lag</td></tr>
<tr><td rowspan="2">链路带宽占用</td><td>SNMP Flood</td><td rowspan="2">攻击者获得流规则转发后，在短时间内发送巨量数据包占据链路带宽资源，增加合法用户与服务器的通信时延</td></tr>
<tr><td>LDAP Flood</td></tr>
</table>

本节在实验中利用 10 类异构防御执行体针对表 10.5 中 5 种类型的攻击进行了测试，并结合现有的先验知识与实验防御效果进行了总结，如表 10.6 所示。

表 10.6　冗余异构防御执行体防御范围

防御范围	交换机流表溢出	packet_in 泛洪攻击	table_miss 增强攻击	CrossPath 攻击	链路带宽占用
基于信息熵	×	○	×	○	×
基于流阈值	○	○	×	○	×
云清洗中心	×	○	○	○	×
动态黑名单隔离	×	×	○	×	○
威胁情报隔离	×	×	○	○	○
端口号跳变	○	×	○	×	×
IP 地址跳变	×	○	×	○	○
交换机迁移	○	○	○	×	×
控制器迁移	×	○	○	○	×
流量迁移	×	○	○	○	×

注：×表示不能防御，○表示能防御。

需要注意的是，上述攻击方式不是一成不变的，表 10.6 给出的结果是基于一般情况的。例如同样应对 ICMP Flood 攻击，可以通过固定源 IP 地址或随机源 IP 地址，而基

于信息熵的流量清洗执行体可以检测出大量随机源 IP 地址的泛洪攻击，但无法检测固定源 IP 地址的泛洪，黑名单隔离执行体效果则相反；此外，攻击者也可以限制攻击速度使其小于阈值引起误判。这也印证了单一静态防御方式无法应对当前层出不穷的攻击类型。

测试冗余异构执行体的防御效果，重点在于测试其生效后对原系统的影响，因此可以通过测试 SDN 交换机及控制器所在容器的 CPU 使用率。具体实施方法为，将遭受攻击后的 SDN 交换机系统的 CPU 使用率减去防御生效后的 CPU 使用率，表达式为

$$
\begin{aligned}
\mathrm{CPU}_{\mathrm{system}} &= 0.7 \cdot \mathrm{CPU}_{\mathrm{controller}} + 0.3 \cdot \mathrm{CPU}_{\mathrm{switch}} \\
\Delta\mathrm{CPU}_{\mathrm{system}} &= \mathrm{CPU}_{\mathrm{system}}^{\mathrm{attacked}} - \mathrm{CPU}_{\mathrm{system}}^{\mathrm{defense}}
\end{aligned}
\tag{10.21}
$$

为控制攻击变量，且使得各个防御执行体都产生效能，实验采用 MAC Flood 攻击和 ICMP Flood 攻击相结合的方式，对 10 类防御执行体进行测试。其中 MAC Flood 攻击是自建的 Python 攻击脚本，ICMP Flood 攻击利用 Hping3 工具指令实现。为验证攻击效果，本节在 240s 内测量了是否攻击的 $\mathrm{CPU}_{\mathrm{system}}$ 变化，如图 10.20 所示。

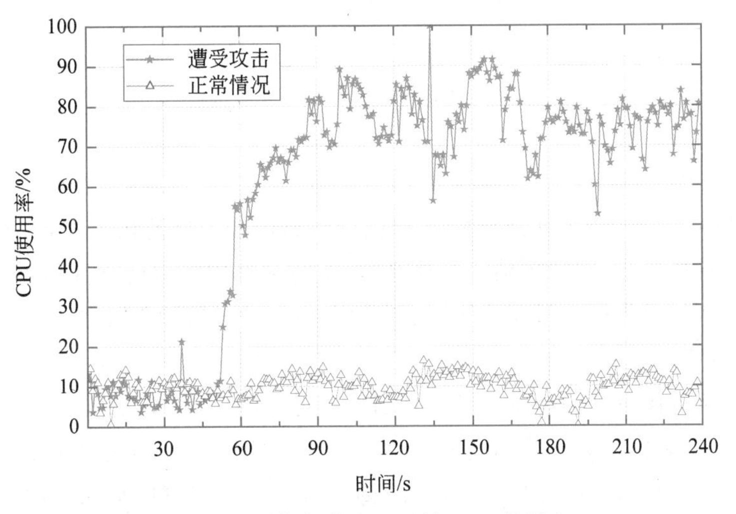

图 10.20　攻击对 SDN 系统 CPU 的影响

由图 10.20 可知，MAC Flood 攻击和 ICMP Flood 攻击可对 SDN 交换机及控制器的 CPU 产生非常明显的影响，在此基础上分别对每类执行体进行了实验，测量下发后的 $\Delta\mathrm{CPU}_{\mathrm{system}}$，为避免误差，对于遭受攻击后的 $\mathrm{CPU}_{\mathrm{system}}^{\mathrm{attacked}}$ 取攻击后一段时间内的平均值，防御生效后的 $\mathrm{CPU}_{\mathrm{system}}^{\mathrm{protected}}$ 同样取均值，实验结果如图 10.21 所示。

如图 10.21 所示，面向 MAC Flood 和 ICMP Flood 的组合攻击，基于信息熵、端口号跳变、流量迁移等 10 类异构执行体都能产生较为显著的防御效果，且 SDN 交换机系统的 CPU 变化量均有所差异。由此可知，当同时存在多种攻击类型时，每种执行体产生的防御效果都会不同，需要根据实际情况适时调用合理的异构防御执行体。

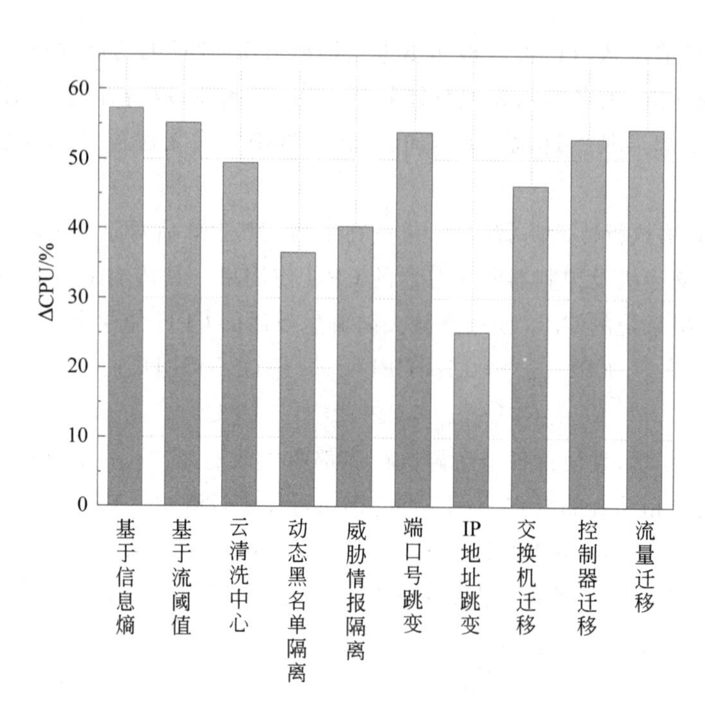

图 10.21　冗余异构防御执行体防御效果

3. 异构度测试

本节将 MATLAB 作为冗余异构防御执行体异构度测试的仿真平台，并将冗余异构防御执行体进行抽象化处理，评估执行体个数、执行体开销、执行体所部署平面、实现代码类型等执行体特征对异构度量化指标 HET 的影响。对于每种需要进行数字化取值的因素，首先需要进行简要分析。

异构防御执行体及其包含的组件，是 SDN 交换机系统的防御实体。为便于仿真分析，将执行体数目和组件数设为相同值，共生防御漏洞比是指不同异构防御执行体的共生漏洞与所有在线执行漏洞的比值，反映了防御执行体共生漏洞的分布情况，在仿真中，各异构防御执行体之间的共生防御漏洞比设置为相同值，默认值设置为 0.2；代码重复率(Code Reused Rate，CRR)是指不同异构防御执行体的代码重复比例，在一定程度上反映了异构防御执行体共生防御漏洞的分布特性，具体评估方法参考了文献[27]。

首先测试组件的数量对异构性的影响。由式(10.18)可知，当冗余异构防御执行体池的任意组件集 Ω_k 所含的组件中任意两种组件的 $D_{kij}=1$，且组件种类 l 与冗余异构防御执行体池中所含的防御执行体的数量 n 相同时，冗余异构防御执行体池的某类组件集 Ω_k 异构性达到最大。当 $l=n$ 时，HET_{max} 与 l 正相关。冗余异构防御执行体池的某类组件集 Ω_k 最大异构度与组件集数量的关系如图 10.22 所示。

图 10.22(a)表明，组件集最大异构度 HET_{max} 随着组件集数量的增加而增大；但图 10.22(b)表明，随着组件集数量的不断增加，组件集数量对最大异构度 HET_{max} 的增益效果会逐渐减弱，当组件种类 $l=2$ 时，最大异构度 HET_{max} 达到最大增益，之后逐渐降低。

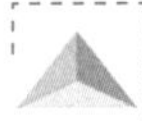

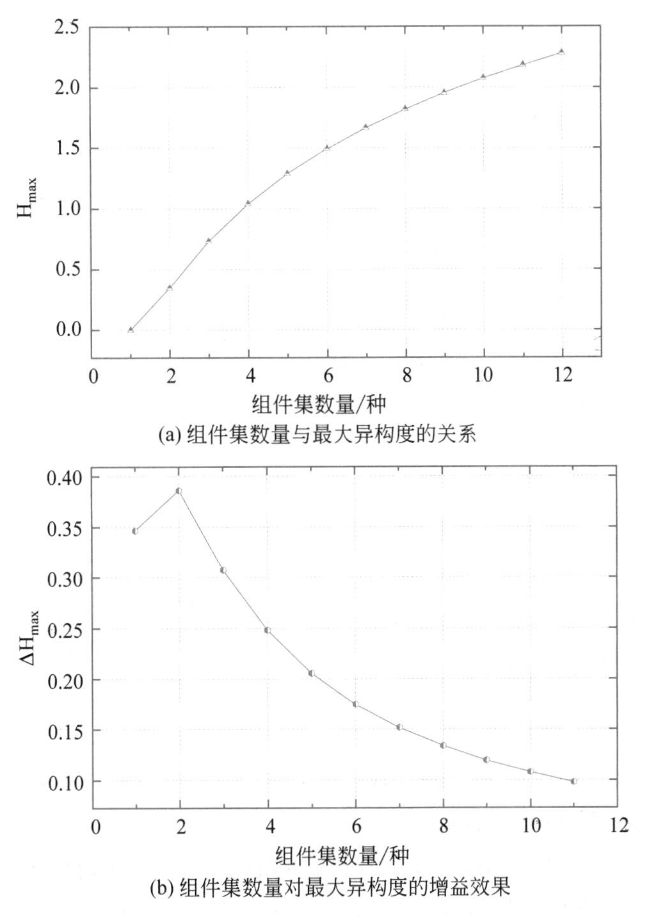

(a) 组件集数量与最大异构度的关系

(b) 组件集数量对最大异构度的增益效果

图 10.22　最大异构度与组件集数量的关系

因此，冗余异构防御执行体池内组件种类的增加并不能显著提升执行体池的异构性。实际上，异构防御执行体的组成特征也是有限的。考虑到构建异构防御执行体的实际情况，本节实际使用的组件集数量为 6，具体是防御漏洞集、防御效果、防御开销、部署位置、实现机理、代码类型，此时最大异构度为 HET_{max} 约为 1.49。

此外，本节利用防御漏洞集、部署位置、代码类型 3 种特征来衡量防御执行体的异构性。防御漏洞集来自上述关于异构防御执行体防御范围的实验结果，并进行数字化索引编号；以上执行体部署的位置均有所差异，可对其进行按 1～10 的数字索引编号；以上执行体实现的代码有 Python、Java、C ++ 3 种类型，按 1～3 进行数字索引编号。利用 seabron 工具进行绘图，得到 3 维度执行体异构性可视化度量，如图 10.23 所示。

该图描述了以 4 种防御机制为标签的 10 类执行体在防御漏洞集、部署位置、代码类型 3 种特征上的异构性。图中的散点图描述了两种不同维度的 10 类执行体异构性差异，图中同颜色的点表示不同种防御机制的执行体，不同颜色的点表示不同防御机制的执行体。可以看出，同种防御机制基本集中在同一个区域范围内，表明异构性较小；不同防御

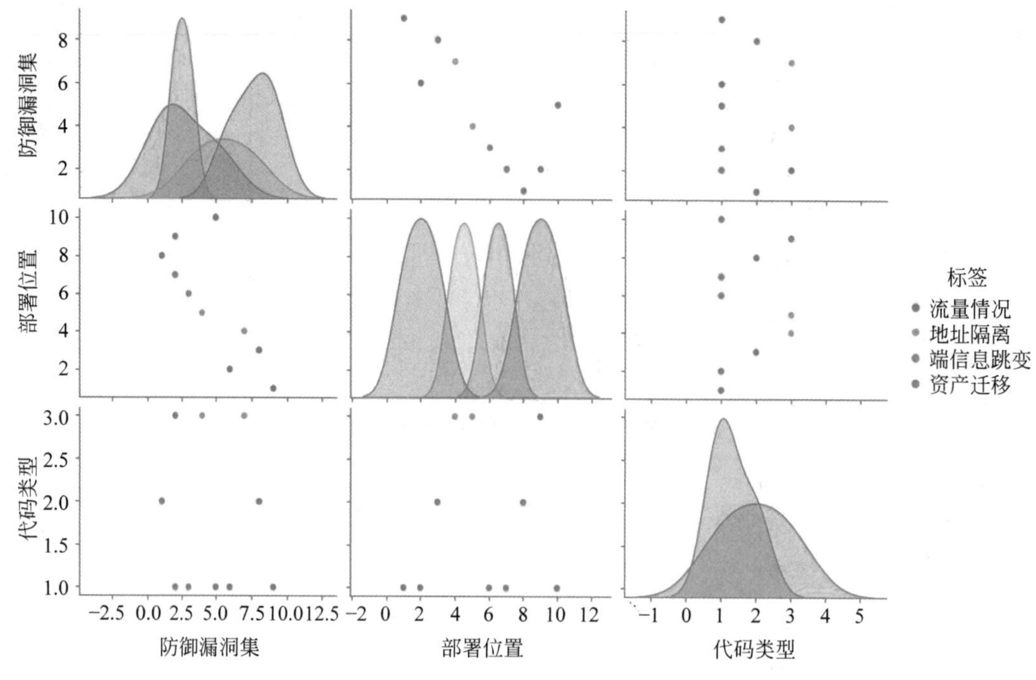

图 10.23　3 维度执行体异构性可视化度量

机制距离较远，表明异构性较大，且异构性与距离呈正相关的关系。而图中坡状图阐述了同种特征维度的 4 种防御机制的异构性差异，在左上方坡状图中，4 种防御机制的坡状图有共同重叠的部分，代表防御漏洞维度的同构性，非重叠的部分则代表异构性；正中间的坡状图代表部署位置维度的异构性；而在右下方的坡状图中，未出现地址隔离和端信息跳变图形，意味着它们在代码类型这一特征维度完全重合，实际上的执行体代码类型也验证了这一点。

本节在图 10.23 的基础上，引入了防御开销和防御效果两个特征衡量异构性，得到 5 维度执行体异构性可视化度量，如图 10.24 所示。

如图 10.24 所示，描述了以 4 种防御机制为标签的 10 类执行体在防御漏洞集、防御效果、防御开销、部署位置、代码类型 5 个特征维度的异构性。图中含义与以上分析类似，但值得注意的是，防御效果与防御开销是不确定的值，受实验环境、攻击力度等各方面因素的影响，该图仅反映了一次实验的情况。

综上所述，本节首先通过仿真实验探讨了特征向量维数(也即组件数)对冗余异构防御执行体池组件集最大异构度 HET_{max} 的影响，最终确定的冗余异构防御执行体池组件集数量为 6，最大异构度为 1.49。此外，通过实验研究了 10 类冗余异构执行体在 3 维度和 5 维度熵上的异构性分布，形象评估了所构造的冗余异构防御执行体池的异构度。

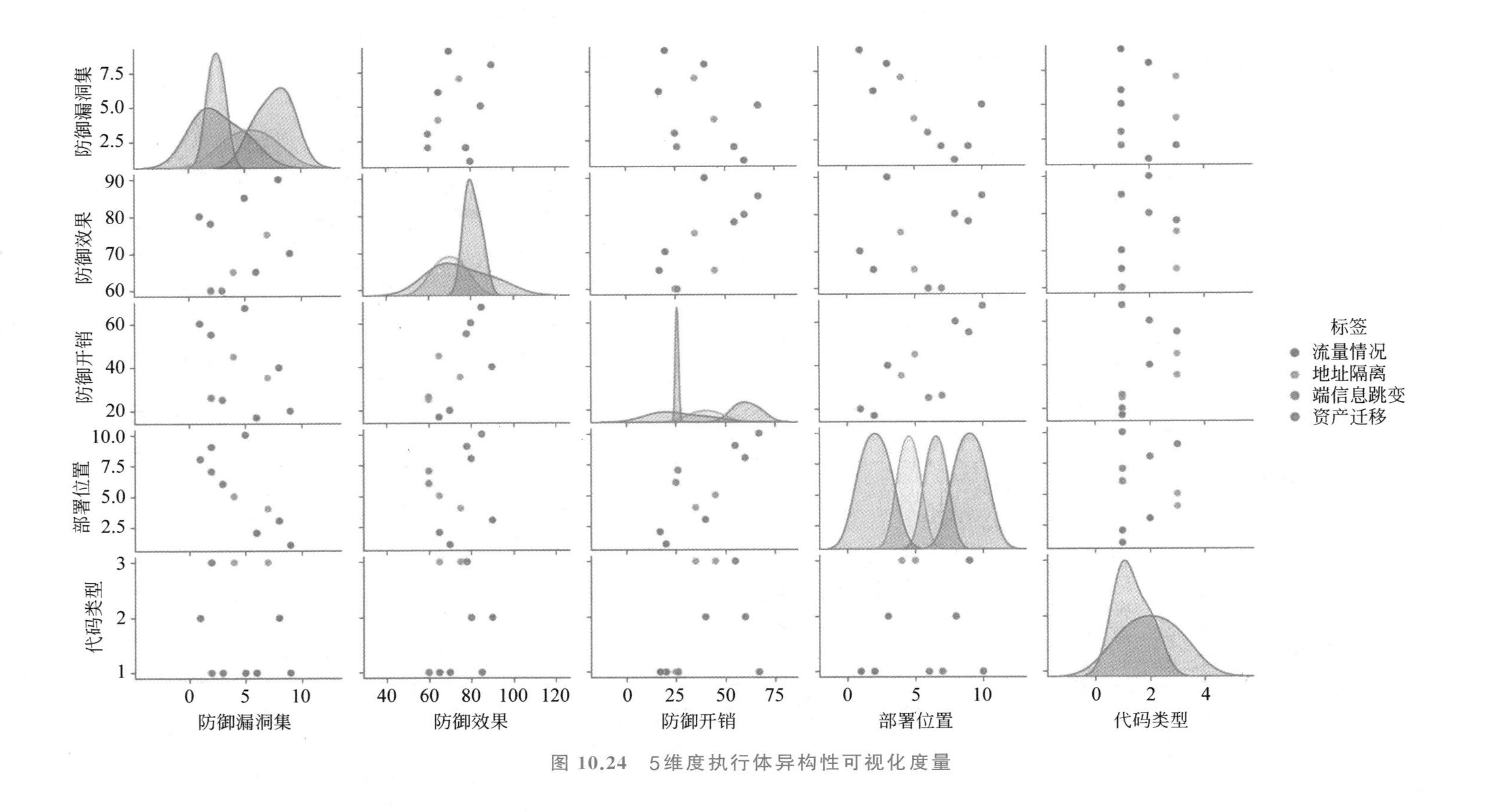

图 10.24　5维度执行体异构性可视化度量

10.3 冗余异构防御链调度方法

本节提出的基于优先经验回放 DQN 的 SDN 冗余异构防御链调度方法主要分为两个阶段：SDN 动态调度架构设计、调度方法实现和异构防御链下发。第一阶段是在 SDN 基本架构的基础上引入管理平面和知识平面设计了 SDN 动态调度架构，利用该架构进行多维网络资源视图的构建和异构防御链的调度；第二阶段从实际环境中抽象出交互模型，将 SDN 交换机系统作为强化学习中的智能体，将系统及链路状态作为环境，将调度执行体作为动作，将动作后带来的综合效益作为奖励，利用优先经验回放 DQN 算法进行调度方法的具体实现，整体流程如图 10.25 所示。

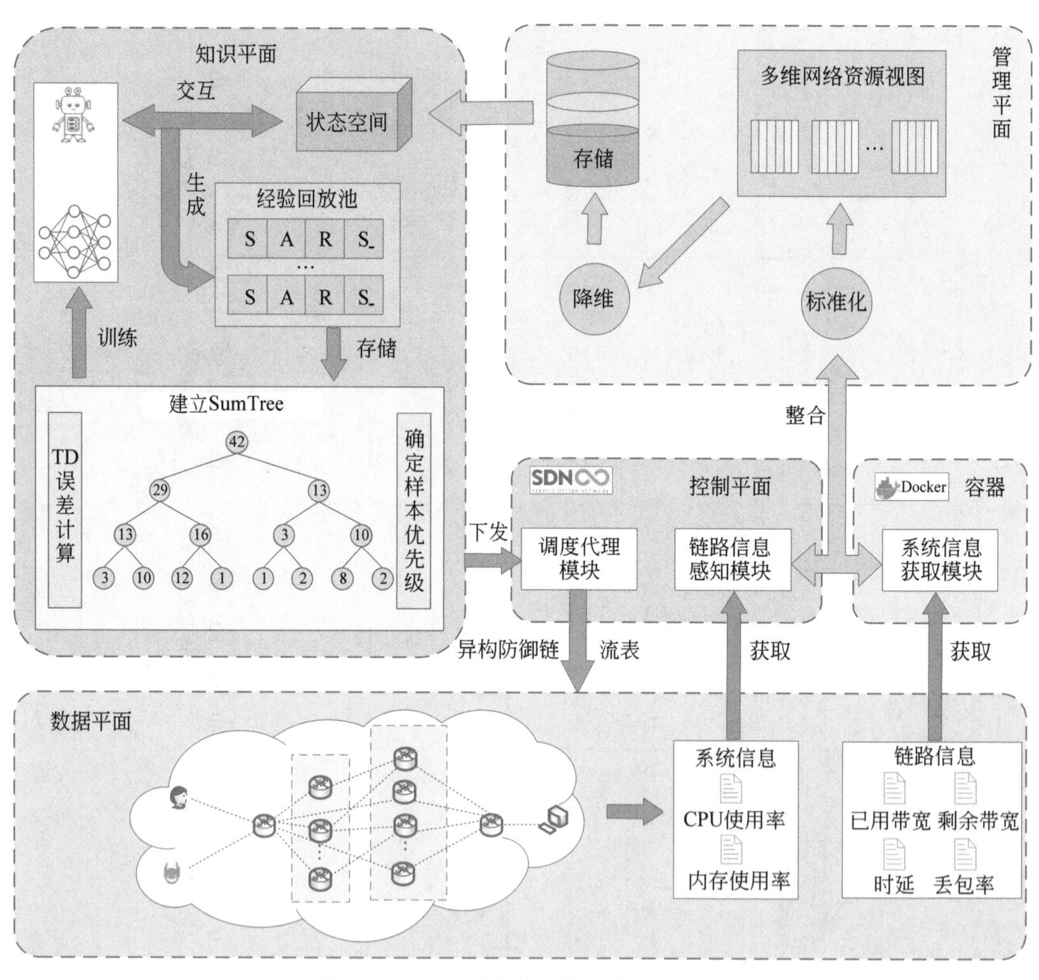

图 10.25 SDN 防御执行体调度设计流程

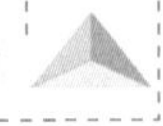

10.3.1 问题描述

在以往的SDN防御策略中，一般是以静态配置的方式存在，如增设防火墙、入侵检测系统、引入机器学习或深度学习进行流量分析等，虽然有学者提出了移动目标防御(Moving Target Defense,MTD)与SDN结合的思想，但仍囿于单一静态的防御手段内，此外，也有学者根据内生安全拟态防御的思想，实现了分布式SDN控制器、SDN内生安全控制平面等，有效维护了系统安全。但目前鲜有针对防御手段的动态异构冗余体制研究，大多集中在系统、软件实体、平台层面上。与此同时，现有SDN防御方式未重点考量防御生效后产生的综合效益，在实施动态防御时如何在保证防御效果的同时兼顾防御带来的开销及负面影响，是一项待解决的难题。

针对上述问题，本节做了如下工作。

(1) 针对SDN基础架构难以完成的任务，如状态测量和动态调度，在SDN基本架构的基础上引入管理平面和知识平面，设计了SDN动态调度架构，将动态调度算法集成于知识平面，将多维网络资源视图的构建集成于管理平面，最终利用该架构完成多维网络资源视图的构建、动态调度算法的实现和异构防御链的生成。

(2) 针对SDN交换机系统单一静态的防御方式，本节着眼于对冗余异构执行体池的调度，设计了动态调度算法，利用强化学习基本模型和优先经验回放DQN算法进行具体实现。特别的是，利用系统和链路6个维度的信息进一步拓展了状态空间和奖励函数，冗余异构防御链的动态调度将充分重视防御带来的综合效益，可有效提高合法用户节点的体验。

10.3.2 SDN动态调度架构设计

SDN防御执行体的动态调度涉及多方面的技术问题，如系统链路状态的实时测量、系统链路状态全局信息的预处理及存储、调度方法的具体实现等环节。为此本书在基本SDN架构上进行了调整和拓展，设计了SDN动态调度架构，同时本节后续将该架构称为SDN交换机系统。具体来说，整个架构可以分为数据平面、控制平面、管理平面、知识平面，每个平面包含不同的模块，具体的细节将在本节进行介绍。整体架构如图10.26所示。

1. 数据平面

数据平面即基础设施层，由负责转发流量数据的交换机组成，在本节中统一由支持OpenFlow1.3协议的虚拟交换机OpenvSwitch组成。OpenvSwitch按照来自控制平面的流表指令进行数据包的转发和丢弃，同时其本身可编程的特性为相关功能的实现提供了可操作性。在本节提出的冗余异构防御链方法中，数据平面的主要功能是：①通过响应控制平面周期性发送的请求，提供数据平面网络的全局感知信息，如OpenvSwitch端口的吞吐量、发送和接收的字节数等；②控制平面根据调度算法指定的异构防御执行体下发对应的流表，数据平面核心OpenvSwitch将流量转发给对应的具有异构防御执行体的OpenvSwitch处理。

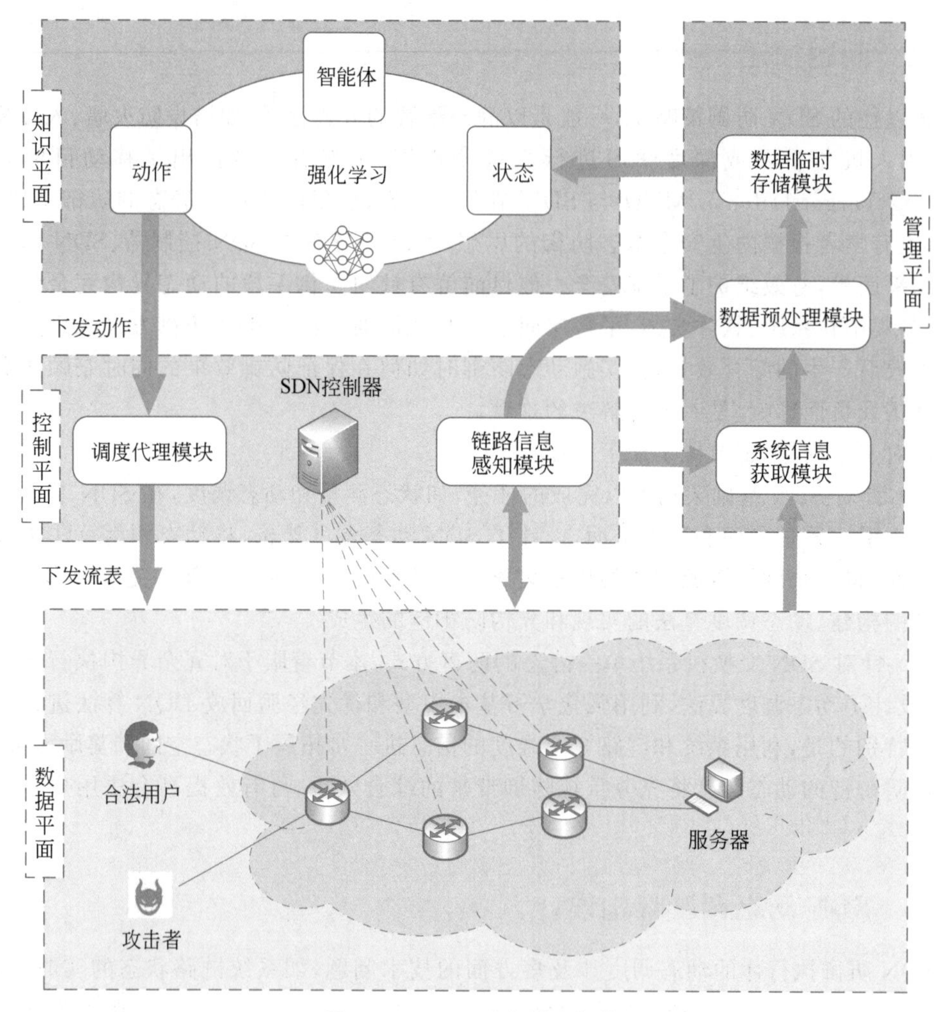

图 10.26 SDN 动态调度架构

2. 控制平面

控制平面是 SDN 的核心，通过南向接口（一般是 OpenFlow 协议）向数据平面 OpenvSwitch 发送指令，通过北向接口处理上一层的相关业务。在本节的架构中，控制平面包含两个模块：链路信息感知模块和调度代理模块。链路信息感知模块通过链路层发现协议（Link Layer Discovery Protocol，LLDP）捕获网络拓扑信息，并周期性地发送相应的 Request 指令，获取数据平面中各 OpenvSwitch 的端口流量信息、发送和接收的字节数等，形成网络链路状态信息；调度代理模块根据知识平面下达的调度指令转化为相应的流表指令，控制核心 OpenvSwitch 将其转发至对应的异构防御执行体。

3. 管理平面

为了对控制平面获取的实时网络链路状态视图进行在线维护、处理和存储，且便于知识平面调度算法的状态输入，本书在 SDN 基本架构上新增了管理平面。管理平面包含 3

个模块：系统信息获取模块、数据预处理模块和数据临时存储模块。系统信息获取模块是通过 docker stats 脚本命令获取实时的 SDN 控制器及 OpenvSwitch 所在容器的 CPU 使用率和内存使用率；数据预处理模块是将从控制平面获取的网络链路状态信息及系统信息获取模块的系统状态信息进行整合和标准化，构建全局多维网络资源视图，并送往数据临时存储模块进行存储。

由于管理平面业务繁杂，涉及数据监控、处理、存储等多种操作，本节利用多线程的管理模式进行 SDN 网络系统状态的实时测量。此方法的优势是：①解决 SDN 下发流表和网络链路状态信息获取的单线程矛盾，保证系统的正常运行；②便于知识平面、管理平面的实时交互，以获取动态调度需要的全局系统网络状态信息；③使能数据预处理和临时存储并行，不仅可以准确高效处理和存储全局多维网络资源视图，且能在训练时充分利用处理器等硬件资源。SDN 测量机制整体流利如图 10.27 所示。

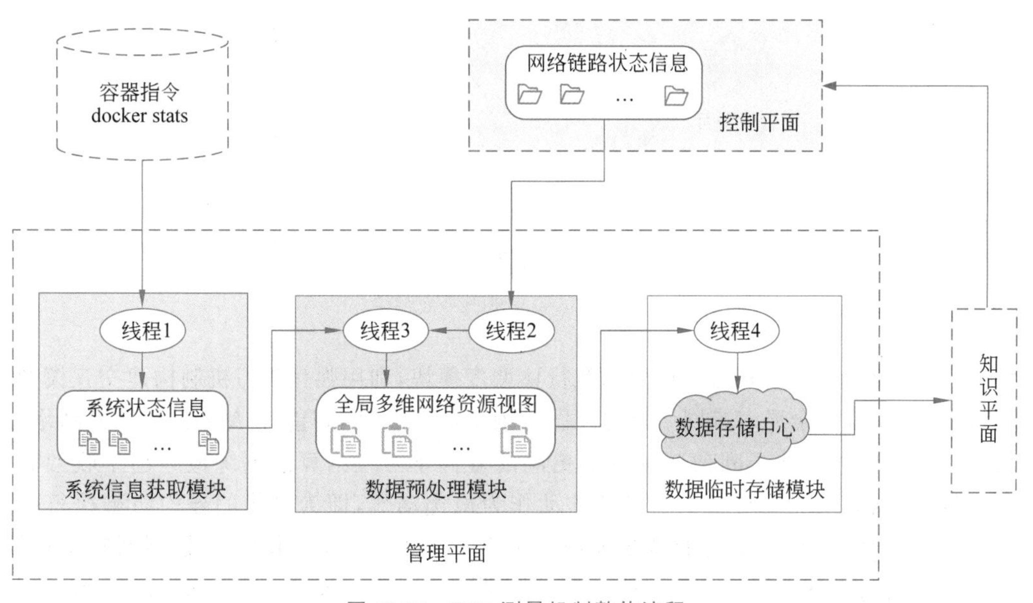

图 10.27　SDN 测量机制整体流程

SDN 网络测量机制的主要流程如下：首先，创建系统状态信息获取线程 1，接收外界容器 docker stats 指令采集的系统状态信息并获得时间戳；其次，创建网络链路信息获取线程 2，每隔 Δt 秒向控制平面发送网络链路状态信息请求，控制平面返回响应请求数据；再次，将得到的系统状态信息和网络链路状态信息传输给数据处理线程 3，进行整合及标准化处理生成全局多维网络资源视图；最后，通过全局信息获取线程 4 保存至数据存储中心，供知识平面的调度算法使用。知识平面通过强化学习离线训练模型生成当前最优动作策略，指示控制平面并下发相应的流表。

4. 知识平面

知识定义网络（Knowledge Defined Network，KDN）这一概念最早由 Mestres 等提出，旨在让知识平面和软件定义网络等新型网络范式进行融合，便于人工智能技术的有效部署，提高网络的智能化管理，其架构如图 10.28 所示。因此，基于部署调度算法的需要，在基础 SDN 架构上增设了知识平面，其集成了强化学习模型训练和决策过程，知识平面将从管理平面获取的全局多维网络资源视图通过强化学习转化为知识，并由此智能制定调度策略。

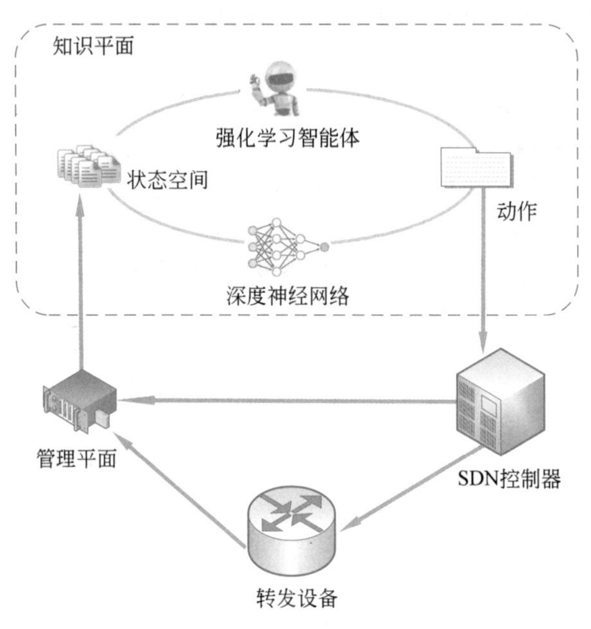

图 10.28　SDN 知识平面架构

知识平面的核心是冗余异构防御执行体调度模块，利用强化学习机制构建交互模型，将管理平面获得的全局多维网络资源视图转换为状态空间，智能体 Agent 与外界网络环境持续交互，使 Agent 不断向奖励价值更高的方向学习。当算法训练最终趋于收敛时，根据当前时刻的系统及网络状态得到的动作为最优动作，即为最优的异构防御执行体。为了进行执行体调度，知识平面需要实时获取全局状态信息，要求 SDN 控制器频繁持续响应，处理网络中的数据流。但这样会给控制器带来较大的负载，引起网络波动，影响网络的正常运行。因此，本节设计的 SDN 测量机制采用多线程方法周期性查询全局网络链路状态信息，有效解决了控制器连续处理大量不同类型业务所带来的高负载问题，同时能更好地满足知识平面在获取全局状态信息方面的实时性要求。

10.3.3　基于优先经验回放 DQN 的调度方法

1. 强化学习交互模型

SDN 交换机系统与攻击者、合法用户节点、服务节点等外界角色的交互过程十分契合强化学习中的基本模型。图 10.29 展示了强化学习正向强化机制，主要由智能体、外界环境、状态、动作及奖励等部分组成。智能体实时感知当前状态 S_t，通过一定的策略从动作集中选择一个动作 A_t，从而获得采取动作后的时延奖励 R_{t+1}，根据智能体所选的动作，环境状态随之变为 S_{t+1}。通过增加奖励来鼓励智能体执行积极的行为，帮助智能体获得最优的策略。

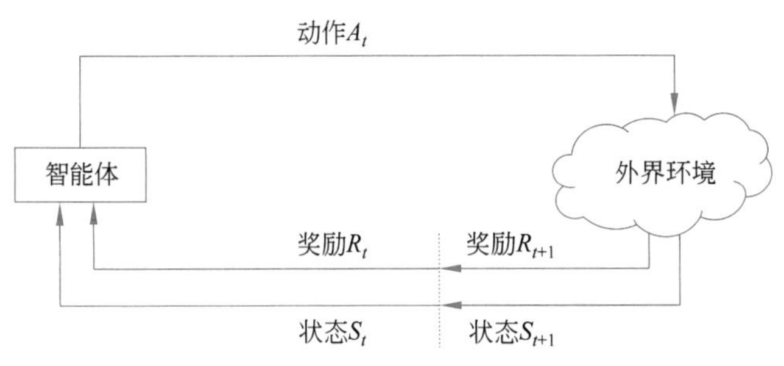

图 10.29　强化学习正向强化机制

强化学习模型为解决本节研究问题提供了一个基本思路和框架：将数据平面的转发设备（如虚拟交换机 OpenvSwitch）和控制平面的控制器组成的 SDN 交换机系统视为智能体，与之相连的链路、用户节点、服务节点、攻击节点等外界因素均视为环境，将 10.2.2 节所设计的冗余异构防御执行体池视为动作集，SDN 交换机系统通过与环境不断交互，状态也随之变化，通过强化学习策略不断追求更高的奖励，直到奖励收敛。具体而言，本书中的状态空间、动作空间、价值函数及相关概念定义如下。

状态空间 S：利用上述 SDN 测量机制对交换机及控制器自身资源使用情况及链路状态进行测量作为状态参数矩阵，具体维度包括交换机及控制器在 t 时刻的 CPU 使用率 C_t、内存使用率 M_t、链路占用带宽 B_t、链路剩余带宽 B'_t、链路时延 L_t、链路丢包率 P_t。为便于后续算法输入，将该状态参数矩阵进行压缩，如图 10.30 所示，即用权重因子进行链接，表示为

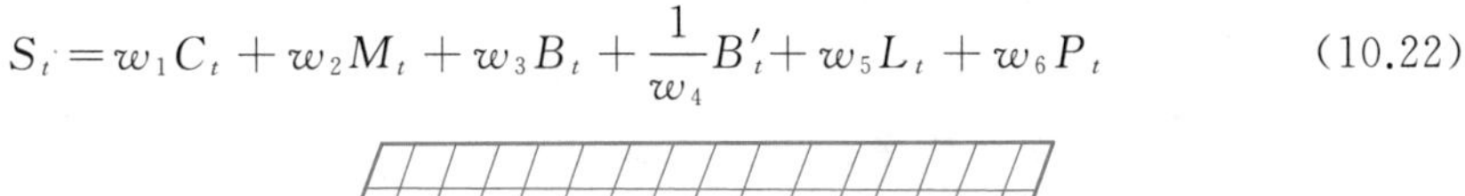

$$S_t = w_1 C_t + w_2 M_t + w_3 B_t + \frac{1}{w_4} B'_t + w_5 L_t + w_6 P_t \tag{10.22}$$

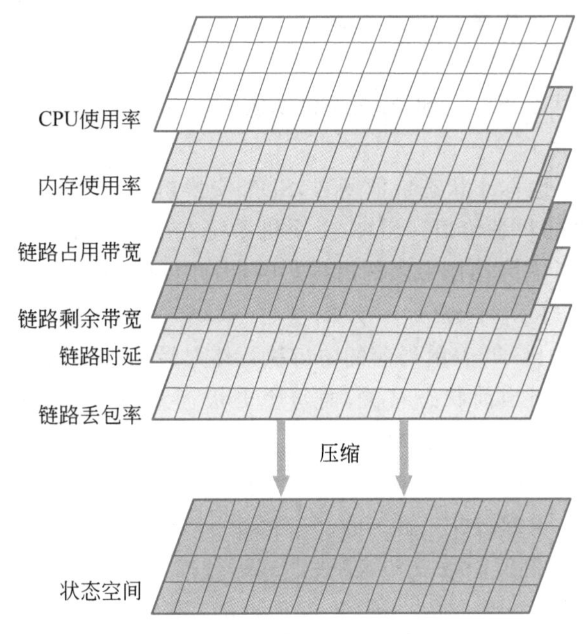

图 10.30　状态空间生成

由于状态空间各元素属性与值差异极大，若直接相互运算，难以表征交换机的综合状态，因此需要对各元素进行正则化，本节采取 Min-Max Normalization 进行原始数据的线性变换，使其值域范围可以稳定地落到[0,1]区间内，转换公式如下：

$$x' = \frac{x - x_{\min}}{x_{\max} - x_{\min}} \tag{10.23}$$

动作空间 $\boldsymbol{A}$：动作是 SDN 交换机系统从冗余异构防御执行体池中选取的某执行体，本节的动作空间指的是交换机选取某异构防御执行体的概率和可执行的防御执行体文件，前者不需要存储巨大的动作空间，必须通过相关方法进一步转化为执行动作；而后者直接输出执行体动作，必须存储巨大的动作空间。10.2.2 节所述的冗余异构执行体池构成了动作空间 A，每个动作 $a_i \in A, i=[0,1,2,\cdots,k]$，$k$ 为防御执行体的总数量。为了使 SDN 交换机系统的控制器及知识平面能调度部署在不同位置、不同机制的异构防御执行体，本节将以上防御执行体部署在其他 SDN 交换机及控制器上，知识平面经过强化学习的训练，向控制器发送动作指令，控制器的调度代理模块将其转化为对应的流表，数据平面的交换机根据流表指令将数据包转发给相应的端口，流入带有异构防御执行体文件的 SDN 交换机及控制器，执行完毕后可选择回注该核心交换机或者直接导向服务节点。

奖励 $\boldsymbol{R}$：奖励是强化学习过程中交换机采取某防御链后产生的利益指标，为了更好地衡量采取动作后的综合效益，根据状态空间的定义，可定义价值函数如式(10.24)所示，相关参数含义同状态空间所述。算法优化的目标是最大化链路剩余带宽，最小化 SDN 交换机及控制器的 CPU 使用率、内存使用率、链路占用带宽、链路时延、链路丢包率。其中，$\mu_l \in [0,1], l=0,1,2,\cdots,6$ 是构成奖励的权重因子。为了更加明显地表征获得的奖励，将其归一化在[0,100]范围内。

$$R = \mu_1 B' - \mu_2 C - \mu_3 M - \mu_4 B - \mu_5 L - \mu_6 P \tag{10.24}$$

为了建立 SDN 交换机系统的动态调度机制，除以上关键元素以外，需要引入如下定义。

策略 π：在给定状态 S_t 下，SDN 交换机系统调度某防御执行体的概率分布，可以表示为 $\pi(a|s)=P(A_t=a|S_t=s)$。

价值函数 $v_\pi(s)$：也称作状态价值函数，SDN 交换机系统在策略 π 和状态 s 时，采取某防御执行体后带来的状态价值。SDN 交换机系统在 t 时刻采取防御执行体后会带来时延奖励 R_{t+1}，也要考虑该动作带来的后续影响，因此可以表示为一个期望函数：

$$v_\pi(s) = \mathbb{E}_\pi(R_{t+1} + \gamma R_{t+2} + \gamma^2 R_{t+3} + \cdots \mid S_t = s) = \mathbb{E}_\pi(G_t \mid S_t = s) \tag{10.25}$$

其中 $\gamma \in [0,1]$，为折扣因子，表示当前的防御执行体对后续影响的衰减。价值函数 $v_\pi(s)$ 符合马尔可夫性，即只与当前状态有关，而与历史状态无关。具体的动作产生的价值函数，称为动作价值函数 $q_\pi(s)$，表示为

$$\begin{aligned} q_\pi(s,a) &= \mathbb{E}_\pi(R_{t+1} + \gamma R_{t+2} + \gamma^2 R_{t+3} + \cdots \mid S_t = s, A_t = a) \\ &= \mathbb{E}_\pi(G_t \mid S_t = s, A_t = a) \end{aligned} \tag{10.26}$$

贝尔曼方程：根据价值函数 $v_\pi(s)$ 的表达式进行推导，可以得到如下递推关系：

$$\begin{aligned} v_\pi(s) &= \mathbb{E}_\pi(R_{t+1} + \gamma R_{t+2} + \gamma^2 R_{t+3} + \cdots \mid S_t = s) \\ &= \mathbb{E}_\pi(R_{t+1} + \gamma(R_{t+2} + \gamma R_{t+3} + \cdots) \mid S_t = s) \end{aligned}$$

$$=\mathbb{E}_{\pi}(R_{t+1}+\gamma G_{t+1} \mid S_t=s)$$
$$=\mathbb{E}_{\pi}(R_{t+1}+\gamma v_{\pi}(S_{t+1}) \mid S_t=s) \tag{10.27}$$

因此，在 t 时刻的状态 S_t 和 $t+1$ 时刻的状态 S_{t+1} 满足递推关系，将式(10.28)称为贝尔曼方程：

$$v_{\pi}(s)=\mathbb{E}_{\pi}(R_{t+1}+\gamma v_{\pi}(S_{t+1}) \mid S_t=s) \tag{10.28}$$

式(10.28)的意义在于说明一个状态的价值由该状态的奖励以及后续状态价值按一定的折扣比例联合组成。同样可根据贝尔曼方程得到动作价值函数基于状态的递推关系：

$$q_{\pi}(s,a)=\mathbb{E}_{\pi}(R_{t+1}+\gamma v_{\pi}(S_{t+1},A_{t+1}) \mid S_t=s,A_t=a) \tag{10.29}$$

由状态价值函数 $v_{\pi}(s)$ 和动作价值函数 $q_{\pi}(s,a)$ 的定义，可以得到两者关系：

$$v_{\pi}(s)=\sum_{a\in A}\pi(a \mid s)q_{\pi}(s,a) \tag{10.30}$$

由此可知，状态价值函数是某状态下所有动作价值函数与该动作出现的概率再求和得到的。利用上述贝尔曼方程，可以用状态价值函数来表示动作价值函数：

$$q_{\pi}(s,a)=R_s^a+\gamma\sum_{s'\in S}P_{ss'}^a v_{\pi}(s') \tag{10.31}$$

由式(10.30)可知，状态价值函数由两部分组成：一是即时奖励，二是折扣因子与所有可能出现的下一状态的概率乘以该下一状态的状态价值函数再求和的乘积。将式(10.30)和式(10.31)结合可以得到

$$v_{\pi}(s)=\sum_{a\in A}\pi(a \mid s)\left(R_s^a+\gamma\sum_{s'\in S}P_{ss}^a v_{\pi}(s')\right) \tag{10.32}$$

$$q_{\pi}(s,a)=R_s^a+\gamma\sum_{s'\in S}P_{ss'}\sum_{d'\in A}\pi(a' \mid s')q_{\pi}(s',a') \tag{10.33}$$

强化学习的目标是寻找一个最优的策略动态调度防御执行体，使 SDN 交换机系统获得比选择其他策略更高的奖励。本节用 π_* 来表示最优策略，所设计的动态调度算法就是通过寻找最优价值函数来寻找最优策略 π_* 及其对应的最佳动作。最优状态价值函数是所有策略下产生的众多状态价值函数中的最大者，表示为

$$v_*(s)=\max_{\pi} v_{\pi}(s) \tag{10.34}$$

同理，最优动作价值函数是所有策略下产生的众多动作状态价值函数中的最大者，即

$$q_*(s,a)=R_s^a+\gamma\sum_{s'\in S}P_{ss}^a v_*(s') \tag{10.35}$$

利用上述两式可以得到如下表达式：

$$v_*(s)=\max_a\left(P_s^a+\gamma\sum_{s'\in S}P_{ss}^a v_*(s')\right) \tag{10.36}$$

$$q_*(s,a)=R_s^a+\gamma\sum_{s'\in S}P_{ss'}^a \max_{a'} q_*(s',a') \tag{10.37}$$

探索率 ϵ：主要用于强化学习迭代训练过程中，在一般情况下会选择使当前轮迭代价值最高的异构防御执行体，但这样可能会错过奖励价值更高的其他防御执行体，此外若长期执行同一个防御执行体，则会退化为静态防御且易被攻击者扫描探测并进行有针对性的攻击，因此有概率 ϵ 选择其他异构防御执行体，ϵ 值会随着奖励价值的迭代而逐渐减小。

ϵ-贪婪法：通过设定一个较小的 ϵ 值，强化学习使用 $1-\epsilon$ 的概率贪婪地选择目前认为是最大行为价值的防御执行体，而用 ϵ 的概率随机地从所有 m 个可选冗余异构防御

执行体中选择一防御执行体。用公式可以表示为

$$\pi(a \mid s)=\begin{cases}\epsilon/m+1-\epsilon, & \text{if } a_*=\underset{a\in A}{\operatorname{argmax}} Q(s,a)\\ \epsilon/m, & \text{else}\end{cases} \tag{10.38}$$

2. 动态调度算法具体实现

求解最优策略和最优动作属于强化学习领域中的控制类问题，如蒙特卡洛算法、时序差分在线控制算法 SARSA、时序差分在线控制算法 Q-Learning 等。为解决生产生活中的大规模复杂问题，深度 Q 学习(Deep Q-Learning，DQN)利用深度神经网络对价值函数进行近似表示，不同于 Q-Learning 维护着一张关于动作价值函数的“Q 表”，DQN 利用经验回放，即将每次与环境交互得到的奖励与更新的状态进行保存，用于后续 Q 值的更新。

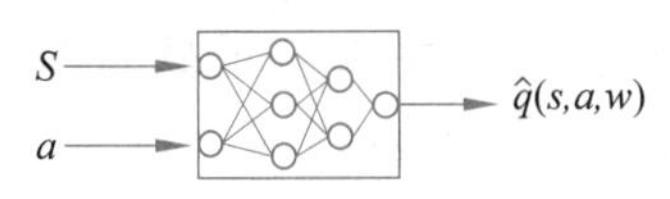

图 10.31　近似动作价值函数的生成

在 DQN 中，利用深度神经网络对动作价值函数进行了近似表示，即引入动作价值函数$\hat{q}(s,a,w)$，由参数 w 描述，并以状态 s、动作 a 为输入，使$\hat{q}(s,a,w)\approx q_\pi(s,a)$，如图 10.31 所示，向神经网络中输入状态 s 的特征向量和动作 a，输出对应的动作价值函数$\hat{q}(s,a,w)$。

DQN 算法流程是：在开始前随机选择一个初始状态，然后基于此状态选择执行动作，此时需要判断是通过 Q-Network 选择一个最大 Q 值对应的动作，还是在动作集中随机选择一个动作。由于在一开始 Q-Network 中的相关参数是随机的，因此在经验池存满之前，通常将探索率 ϵ 设置得很小，即初期基本都是随机选择动作。选择动作后，智能体将会在环境中执行该动作，随后环境会返回下一状态 $S_$和奖励 R，这时将四元组(S,A,R,$S\_$)存入经验池。

接下来将下一个状态 $S_$视为当前状态 S，重复以上步骤，直至将经验池存满。

当经验池存满之后，DQN 中的网络开始更新，即开始从经验池中随机采样，将采样得到的奖励 R 和下一个状态 $S_$送入目标 Q-Network 计算下一 Q 值 y，并将 y 送入 Q-Network 计算 loss 值，开始更新 Q-Network，loss 值计算公式如下：

$$\text{loss}=\frac{1}{2}(Q(S)-y)^2 \tag{10.39}$$

随后智能体与环境交互，产生经验(S,A,R,$S\_$)，并将经验存入经验回放池，然后从经验池中采样更新 Q-Network，不断重复，直到 Q-Network 完成收敛，此时智能体选择的动作是最高的 Q 值，完成训练目标，其算法流程框架如图 10.32 所示。

虽然 DQN 可以进行大规模的强化学习，但存在收敛不稳定的问题。为此，有学者提出多种改进的 DQN 算法，如 Nature DQN、Double DQN、Dueling DQN、Prioritized Replay DQN 等。在 SDN 交换机与外界环境的交互中，我们认为历史中每种防御链下发带来的影响是不同的，在经验回放池中应该赋予不同的优先级即不同采样的概率。因此，本节利用基于优先经验回放的 DQN 算法求解防御链的动态调度问题。

在 Prioritized Replay DQN 中，TD 误差指目标 Q-Network 计算的目标 Q 值与当前 Q-Network 计算的 Q 值之间的误差，会影响神经网络的反向传播，进而影响 Q-Network 的收敛速度。因此，TD 误差的绝对值$|\delta_t|$大的样本应该赋予较高的优先级即更大的被

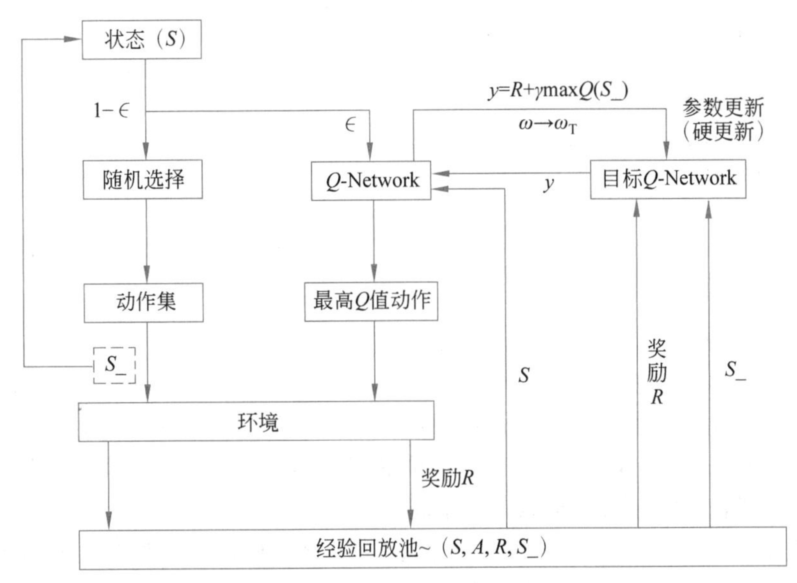

图 10.32　DQN 算法流程框架

采样概率。在优先经验回放 DQN 中，除了将每次与环境交互得到的状态、采取的动作和奖励作为样本存入经验回放池中，还根据每个样本 TD 误差的绝对值 $|\delta_t|$ 给定正比于 $|\delta_t|$ 的优先级一同存入经验回放池，并用 SumTree 存储。算法流程如算法 10.2 所示。

算法 10.2　基于 Prioritized Replay DQN 的动态调度算法

输入：$S, V_i, R, \gamma, \varepsilon, T, \alpha, C$；

初始化：V_i, w, w', π, the Sum Tree

Output: The optimal executor A_t at time t

1　**For** $i=1$ **to** T **Do**

2　　Initialize S as the first state in the current state sequence

3　　Compute the all Q using S and choose actuator A with ϵ-greedy

4　　Obtain the new state S' and reward R and is_end by executing the actuator A

5　　$\{S, A, R, S', \text{is\_end}\}$ → The SumTree

6　　$S=S'$

7　　$\epsilon=\epsilon/i$

8　　Sample the $\{S_j, A_j, R_j, S'_j, \text{is\_end}_j\}$, $j=1,2,\cdots,m$, $P(j)=p_j/\sum_i p(j)$,

$w_j=(N*P(j))^{-\beta}/\max_i(w_i)$

9　　**IF** is_end$_j$ is true **Then**

10　　　$y_j=R_j$

11　　**ELSE**

12　　　$y_j=R_j+\gamma Q'(S'_j, \text{argmax}_{a'}Q(S'_j, a, w), w')$

13　　**END IF**

14　　Update the all w using $\frac{1}{m}\sum_{j=1}^{m} w_j(y_j-Q(S_j, A_j, w))^2$

15　　Recompute the all $\delta_j=y_j-Q(S_j, A_j, w)$

16　　Update the all nodes priority $p_j=|\delta_j|$

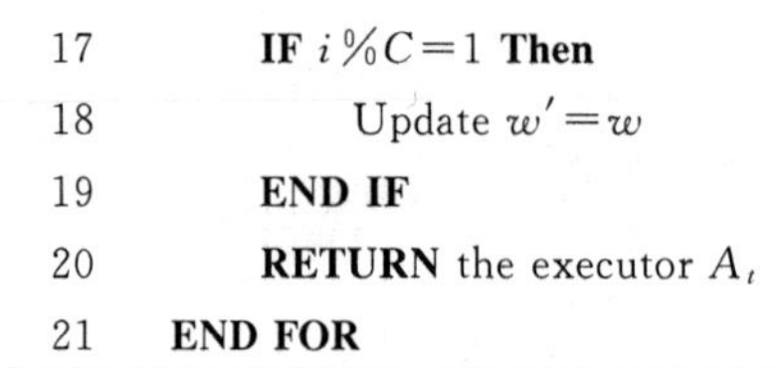

17 **IF** $i\%C=1$ **Then**
18 Update $w'=w$
19 **END IF**
20 **RETURN** the executor A_t
21 **END FOR**

10.3.4 实验设计与结果分析

1. 实验环境设置

为对本节提出的调度方法进行实验验证，本节在东南大学网络空间安全学院虚拟化攻防云平台中搭建了仿真实验环境，利用 Docker 容器技术，在 SDN 环境下部署了多种角色仿真节点，如攻击节点集群、用户节点集群、SDN 交换机节点、服务器节点集群等，各仿真节点计算资源信息及系统环境软件清单同表 10.2 和表 10.3。

实验拓扑如图 10.33 所示，合法用户通过 SDN 交换机访问其挂载的服务器，在正常情况下，用户在可接受的时延范围内得到请求回复，若此时攻击者通过 MAC 泛洪、SYN 泛洪等多种攻击手段对 SDN 交换机发起 DDoS 攻击，必然造成用户得到服务器请求结果的时延增大，甚至造成服务中断。当 SDN 交换机系统采取某种防御手段后，一定程度上能有效防御，恢复用户的访问请求，随着攻击者对目标进行探测扫描并改变攻击策略，这种单一静态的防御方法会“失效”。因此，基于本章提出的冗余异构防御链方法研究，在数

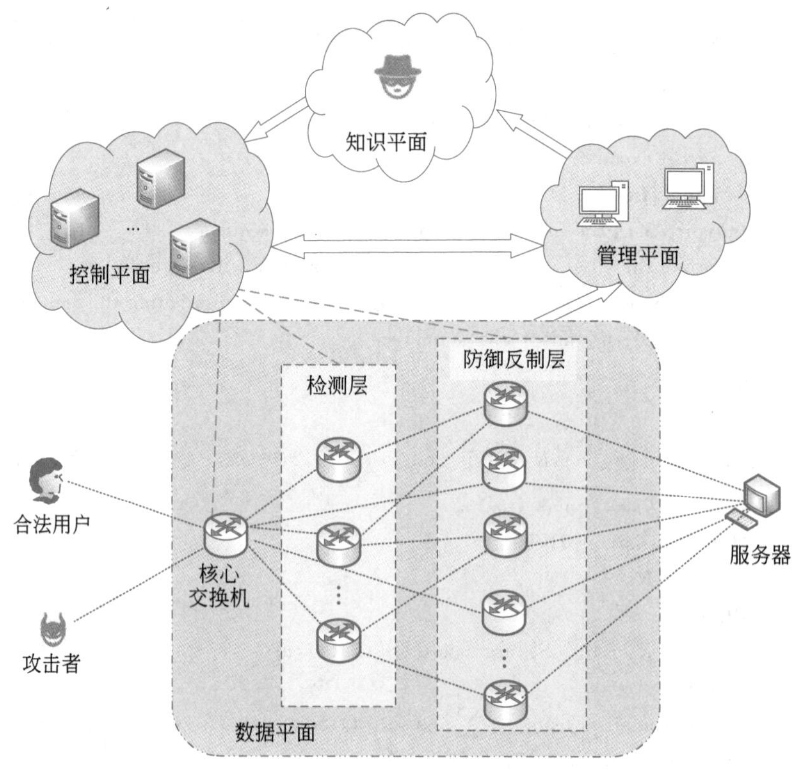

图 10.33 实验拓扑

据平面和控制平面部署了冗余异构防御执行体池，异构防御执行体文件存在于OpenvSwitch和控制器中，根据异构防御执行体的特点，进行分层部署，具体分为检测层和防御反制层。每一层包含若干内嵌有异构防御执行体的交换机，设检测层的执行体数目为a，防御层的执行体数目为b，由于某些防御型执行体不需要检测即可展开防御，如端口规律性跳变执行体等，设这部分执行体数量为x，则可以调动的总链数$N_{\max}$为$a\times(b-x)+x$条。

除此之外，仿真实验环境部署了知识平面和管理平面。前者是强化学习的核心模块，负责下发动作到SDN主控制器，主控制器中的调度代理模块将其转换为流表再下发至SDN交换机，交换机根据流表指令转发至对应的链路，链路上的交换机自动执行配置的防御措施；后者将数据平面链路状态信息及SDN交换机与控制器的系统信息进行整合并预处理，构建全局多维网络资源视图，转发至知识平面，作为状态空间输入算法模型中进行训练。

2. 数据集构建

由式(10.22)及式(10.24)可知，状态空间及奖励包含6个测度，即SDN交换机及控制器所在的容器在t时刻的CPU使用率C_t、内存使用率M_t、链路占用带宽B_t、链路剩余带宽B_t'、链路时延L_t、链路丢包率P_t。CPU使用率C_t、内存使用率M_t属于系统状态，利用容器指令docker stats测量，可选择JSON格式输出，也可指定输出内容。系统状态获取示意图如图10.34所示。

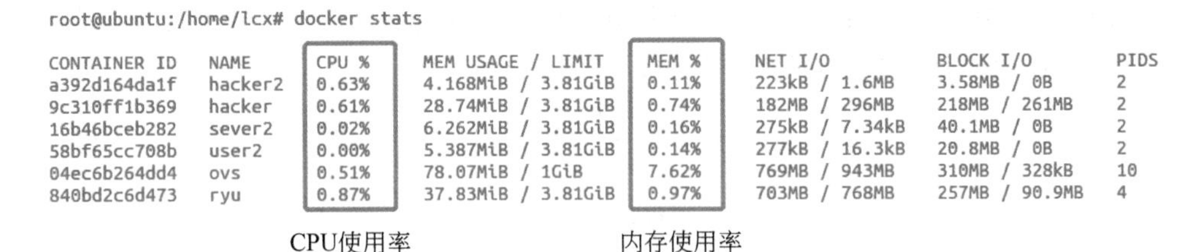

图10.34 系统状态获取示意图

链路状态的获取方法参考文献[28]，通过OpenFlow协议统计报文来获取端口、流表、流表项、组表和meter表的统计信息。SDN控制器通过周期下发Port statistics消息可以获得交换机端口的统计信息，其返回的统计消息格式如表10.7所示。

表10.7 Port statistics返回的统计消息格式

内容	含义
port_no	端口号
rx_packets	接收到的数据包数量
tx_packets	发送出的数据包数量
rx_bytes	接收到的字节数量
tx_bytes	发送出的字节数量
duration_sec	持续时间(秒)

链路的已用带宽可通过统计一段时间间隔 ΔT 内端口接收到的数据字节总数 Δb_{rx} 和传输的字节总数 Δb_{tx} 获得：

$$B_{\text{used}}=\frac{\text{rx\_bytes}_2-\text{rx\_bytes}_1+\text{tx\_bytes}_2-\text{tx\_bytes}_1}{t_2-t_1}$$
$$=\frac{\Delta b_{\text{rx}}+\Delta b_{\text{tx}}}{\Delta T} \tag{10.40}$$

链路的带宽由两个端口的能力决定，因此对总带宽是提前设置的，记为 B_{total}，则链路的剩余带宽公式为

$$B_{\text{remin}}=B_{\text{total}}-B_{\text{used}} \tag{10.41}$$

测量链路丢包率的基本方法是统计一段时间间隔 ΔT 内链路两端交换机端口的 tx_packets 和 rx_packets。假设 t_1 时刻和 t_2 时刻交换机端口发送报文数量差值为 Δp_{tx}，端口接收报文数量差值为 Δp_{rx}，则链路丢包率为

$$P_{\text{loss}}=\frac{\text{tx\_packets}_2-\text{tx\_packets}_1-(\text{rx\_packets}_2-\text{rx\_packets}_1)}{\text{tx\_packets}_2-\text{tx\_packets}_1}$$
$$=\frac{\Delta p_{\text{tx}}-\Delta p_{\text{rx}}}{\Delta p_{\text{tx}}} \tag{10.42}$$

链路时延的测量方法是通过 Ryu 控制器周期性下发带有时间戳的请求报文，如图 10.35 所示，T_1、T_2 是控制器下发链路层发现协议(Link Layer Discovery Protocol，LLDP)获取的，两者之和是控制器分别到交换机 a、b 的往返时延及交换机 a、b 之间的往返时延；T_a、T_b 通过控制器发送带有时间戳的 Echo 请求报文获取的，分别为控制器到交换机 a、b 的往返时延。因此，链路时延可以表示为

$$\text{delay}=\frac{T_1+T_2-T_a-T_b}{2} \tag{10.43}$$

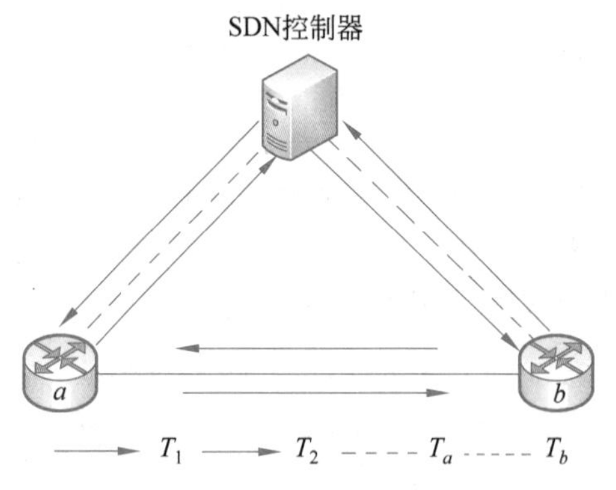

图 10.35　SDN 链路时延测量

综上，可以通过如上方式获取 CPU 使用率 C_t、内存使用率 M_t、链路占用带宽 B_t、链路剩余带宽 B_t'、链路时延 L_t、链路丢包率 P_t，从而构建多维网络资源视图，即强化学习调度算法的状态空间。

在获得调度算法的状态空间后，本节在仿真环境中，通过 SDN 交换机系统不断与外界环境交互，获得 10 000 条四元组(S，A，R，$S\_$)信息。其中，S 与 $S\_$ 为当前时刻及下一

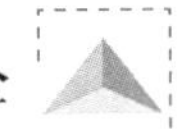

时刻的状态空间，由式(10.22)定义，由式(10.40)～式(10.43)进行实现；A 为所采取的动作，具体为所下发的冗余异构防御链，调度方法为由知识平面生成指令下发到控制平面控制器的调度代理模块，调度代理模块将指令转化为对应的流表下发至 SDN 交换机转发至对应端口，端口流向带有防御执行体文件的 SDN 交换机系统，所下发的异构防御链用编号 1～N_{max} 来表示，其中 N_{max} 代表防御链的总链数；R 为动作所带来的奖励，由式(10.24)定义，代表异构防御链生效后产生的综合效益。得到的数据集结构组成如图 10.36 所示。

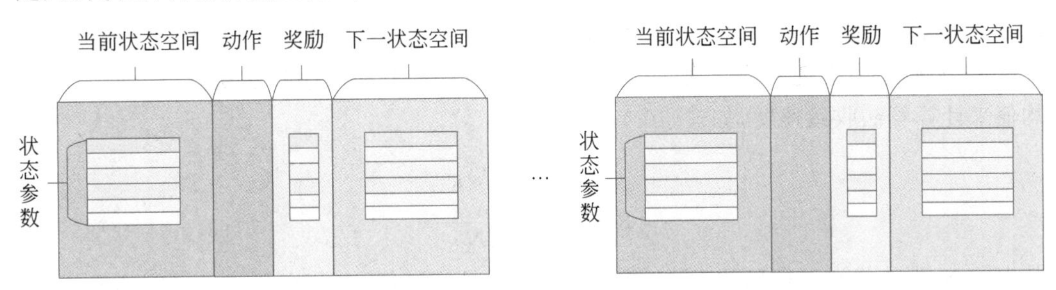

图 10.36　数据集结构组成

数据集相关参数及对应含义如表 10.8 所示。

表 10.8　数据集相关参数及对应含义

符　号	含　义
S_t	t 时刻的状态空间
C_t	t 时刻的 SDN 交换机及控制器所在容器的 CPU 使用率
M_t	t 时刻的 SDN 交换机及控制器所在容器的内存使用率
B_t	t 时刻的 SDN 数据平面链路占用带宽
B'_t	t 时刻的 SDN 数据平面链路剩余带宽
L_t	t 时刻的 SDN 数据平面链路往返时延
P_t	t 时刻的 SDN 数据平面链路丢包率
A_t	t 时刻下发的异构防御链
R_t	t 时刻下发的异构防御链收获的奖励
N_{max}	防御链的总数量

3. 相关参数优化

本节较于以往文献对状态空间及奖励的定义有了更深的拓展，不仅引入了带宽、时延、丢包率等多个维度的链路信息，并对 SDN 交换机及控制器的系统资源消耗消息予以重点关注，如图 10.37 所示。本节将探讨组成状态空间及奖励的六要素，即剩余带宽、占用带宽、时延、丢包率、CPU 使用率、内存使用率的权重因子 w_1～w_6 和 μ_1～μ_6 对算法收敛速度的影响。

对于算法收敛目标 Target，如果需要用 N 次才能达到，则可以定义算法收敛速度

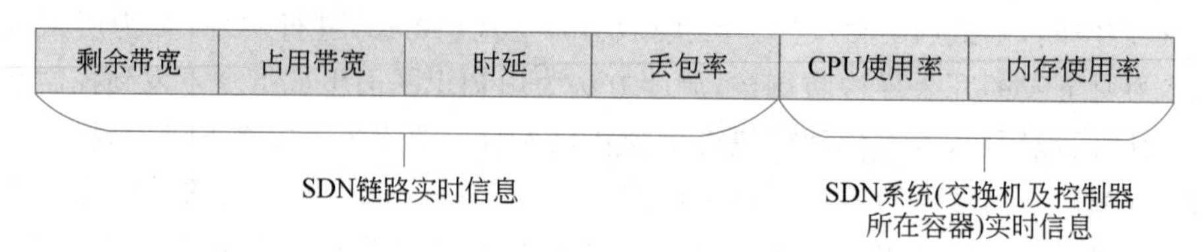

图 10.37　状态空间及奖励组成要素

RoC_N = Target 时的 N 值，且 N 值越小，算法收敛速度越快。但是由于迭代过程中的扰动因素，奖励值会出现偶然达到 Target 的情况，因此本节利用迭代滑动窗口内的奖励平均值来计算算法收敛速度，如式(10.44)所示。

$$RoC_N = \frac{\sum_{i=N-\Delta N}^{N} R_i}{\Delta N} \tag{10.44}$$

其中，ΔN 为迭代滑动窗口的大小，可按经验进行具体取值，本节在实验中设定 $\Delta N = 50$，计算出 N 次迭代时过去 50 次奖励值的累计平均值。为验证链路信息与系统信息各自对算法收敛速度 RoC_N 的影响，实验在仅有系统信息、仅有链路信息、两种均有的情况下分别进行了 10 次试验取平均值(不保留小数位)，设置算法收敛目标 Target 梯度分别为 50、70、80、90、95 五个层次。此外，为了便于对比，暂不探讨权重因子具体值对 RoC_N 的影响，$w_1 \sim w_6$ 和 $\mu_1 \sim \mu_6$ 设置值统一为 0.5，实验结果如图 10.38 所示。

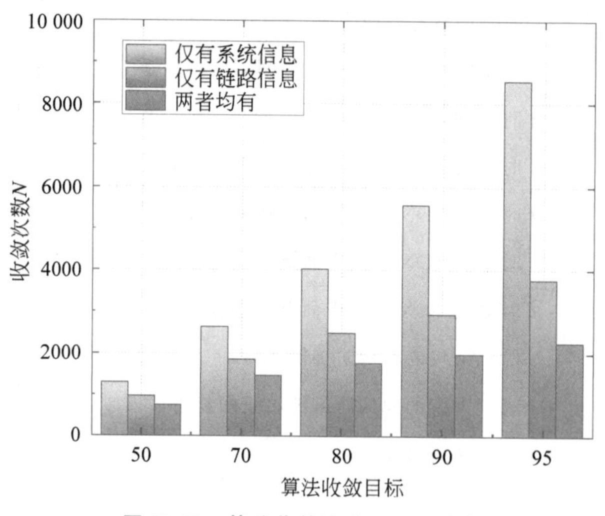

图 10.38　算法收敛速度 RoC_N 对比

由图 10.38 可知，本节的状态空间和奖励函数包含了系统信息及链路信息 6 个维度的因素，比仅有系统信息或仅有链路信息的算法收敛速度更快，如当算法收敛目标是 90 时，本节方法收敛速度是仅有系统信息的 2.81 倍，是仅有链路信息的 1.48 倍。因此，本节相较于以往其他文献定义的状态空间及奖励，收敛速度更快。

在确定了状态空间及奖励包含链路信息及系统信息可加快算法收敛速度后，实验继续探讨了权重因子具体值对 RoC_N 的影响，即剩余带宽、占用带宽、时延、丢包率、CPU 使

用率、内存使用率的具体占比。由于计算资源受限，实验中 $w_1 \sim w_6$ 及 $\mu_1 \sim \mu_6$ 的 12 个值仅在区间[0.1,1]内取值，且仅到小数点后 1 位。若利用穷举法进行最优参数搜索，则达到了 10^{12} 级。实验通过分步式检索方式，先确定组成状态空间的六要素权重因子 $w_1 \sim w_6$ 的最优值，使得算法达到相对最快收敛；再确定组成奖励函数的权重因子 $\mu_1 \sim \mu_6$ 的最优值，使算法的收敛速度进一步提高，达到理想值。实验通过算法 10.3 分别获得状态空间最优权重因子 $w_1 \sim w_6$ 和奖励函数最优权重因子 $\mu_1 \sim \mu_6$。

算法 10.3　最优参数选择

输入：参数 $k_1 \sim k_6$，搜索空间 $\Phi[0.1,1]$

输出：最优参数 $k_1 \sim k_6$ 值

Initialize 参数集 $\theta_i = \{\theta_1, \theta_2, \cdots, \theta_k\}$，搜索维度 $d=10$，初始参数速度 v_{id}，参数位置 x_{id}，迭代次数 m

$lm = 1$

FOR each θ_i

　　Calculate the fitness value　　　　　# 即该参数的局部最优解

　　IF the fitness value $> p^i_{best}$ in history

　　　　Set the current fitness value as the p^i_{best}　　　# 更新历史最优解

　　END IF

END FOR

Set $G_{best} = \max\{p^i_{best}\}$

FOR each θ_i

　　Calculate $v^{k+1}_{id} = \omega v^k_{id} + c_1 r_1 (G_{best} - x^k_{id}) + c_2 r_2 (G_{best} - x^k_{id})$　　　# ω 为惯性权重，c_1 为个体 # 学习因子，c_2 为群体学习因子，r_1，r_2 为[0,1]随机数

　　Update the position $x^{k+1}_{id} = x^k_{id} + v^{k+1}_{id}$

END FOR

$lm = m + 1$

通过以上算法，得到状态空间最优权重因子 $w_1 \sim w_6$ 分别为[0.6,0.1,0.3,0.1,0.7,0.3]，奖励函数最优权重因子 $\mu_1 \sim \mu_6$ 分别为[0.4,0.3,0.5,0.1,0.6,0.2]。为了更明显地表征剩余带宽、占用带宽、时延、丢包率、CPU 使用率、内存使用率这 6 种要素在状态空间或奖励函数中的占比情况，将以上最优数值以饼状图的形式表达，如图 10.39 所示。

4. 对比实验分析

对于冗余异构防御链有多种调度方法，如可以选择随机调度方法，即每次随机地从 N_{max} 条异构防御链中任意选择一条链进行 SDN 交换机的动态防御；也可以选择周期调度方法，即每次依次对 N_{max} 条异构防御链按时间顺序进行动态调度。以上两种防御方式均可对外展示防御方式的不确定性，特别是随机调度的防御方式，其赋予的随机性可较大程度地阻碍攻击者对 SDN 交换机系统的探测扫描，能达到网络防御抗测绘的目的。然而，对于系统内部的正常业务质量水平，随机调度和周期调度都没有予以充分考虑，因此不能在动态防御过程中尽可能提升用户体验。本节提出的基于优先经验回放的 DQN 动态调

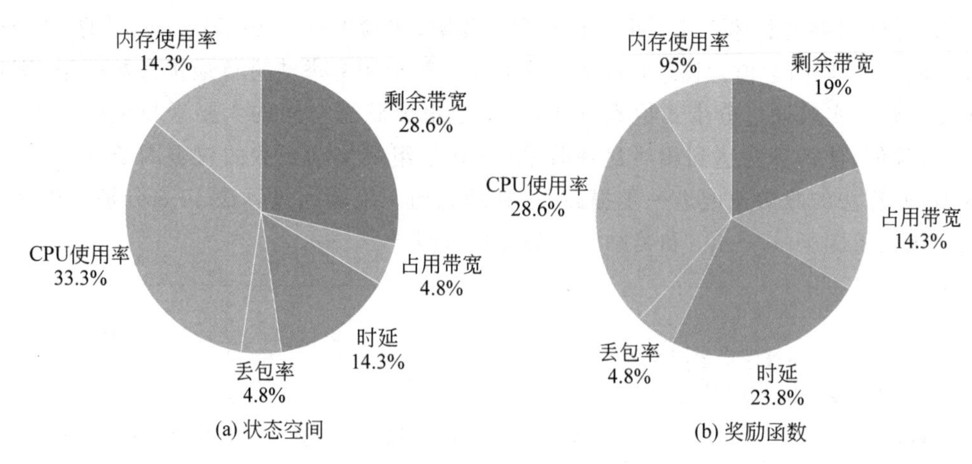

图 10.39　状态空间及奖励函数要素最优占比

度算法，不仅可以对外界展示防御方式的不确定性，而且其本身的设计就将提高防御带来的综合效益作为追求目标，不断在调度过程中提升算法的“奖励值”，相比于普通的 DQN 算法，其采用优先经验回放的采样方式，对经验回放池中更有价值的经验赋予更高的优先级，加快算法的收敛速度。为验证本节所提方法的优越性，本节将所提异构防御链调度方法与随机调度、周期调度及普通 DQN 调度方法进行对比试验。

如图 10.40 所示，本节在对比实验中控制了环境变量，即在相同的用户请求、相同的攻击类型和强度等条件下，利用上述 4 种调度方法进行实验，获得了本节所提调度方法与随机调度、周期调度及普通 DQN 调度方法的迭代奖励值。其中，横坐标是迭代次数，纵坐标是标准化后的奖励值，代表防御链下发后带来的综合效益，由式(10.24)定义。

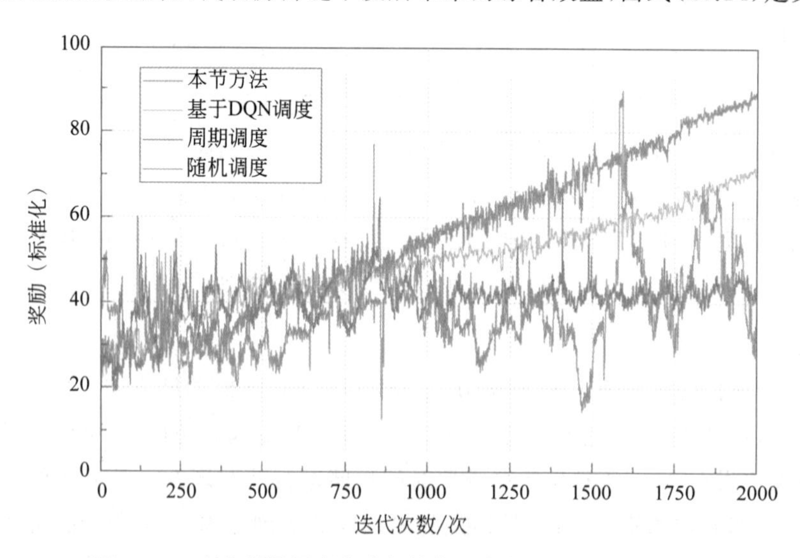

图 10.40　本节所提调度方法与其他调度方法迭代奖励值对比

如图 10.40 所示，本节所提的基于 Prioritized Replay DQN 异构防御链调度方法在

2000 次迭代过程中奖励值逐渐提高直至趋于稳定，而随机调度方法产生的奖励值是不确定的，整体呈现无序波动性；同时，周期调度方法在迭代过程中的奖励值呈现为周期波动性。为了衡量在整个迭代过程中两种调度方法的奖励值高低，本节定义累计平均迭代奖励差值$\bar{R}$：

$$\bar{R} = \frac{\sum_{i}^{N}(R_i^A - R_i^B)}{N} \tag{10.45}$$

其中，N 为总迭代次数，R_i^A 为第 i 次迭代时 Prioritized Replay DQN 调度方法产生的奖励值，R_i^B 为第 i 次迭代时周期调度、随机调度或 DQN 调度产生的奖励值。本节测量计算了多个迭代节点上的$\bar{R}$值，如表 10.9 所示。

表 10.9　3 种调度方法$\bar{R}$值对比

迭代次数 N	随机调度$\bar{R}$值	周期调度$\bar{R}$值	DQN 调度$\bar{R}$值
250	−8.26	−6.95	−1.48
500	−1.40	−7.76	0.71
1000	3.67	−1.68	3.91
1500	12.07	5.78	8.28
2000	17.25	13.72	12.50

由表 10.9 可知，随着迭代次数的逐渐增加，本节所提调度方法相比以上 3 种调度方法，累计平均迭代奖励差值$\bar{R}$逐渐增大，代表所提基于 Prioritized Replay DQN 调度方法能比周期调度、随机调度及 DQN 调度带来更高的防御综合效益。为了进一步证明所提方法能其他 3 种方法更为优越，本节在相同的攻击模式下测试了 4 种调度方法下用户节点与 SDN 交换机挂载服务节点的往返时延与丢包率变化趋势，如图 10.41 所示。

如图 10.41 所示，横坐标为攻击节点集群每秒发送的攻击数据包数量，具体是利用多个攻击容器节点装载 Hping3 攻击工具发起不同程度 DDoS 攻击，纵坐标分别为往返时延和丢包率。由图 10.41(a)可知，当攻击数据包数量呈指数级增长时，4 种冗余异构防御链的调度方法带来的往返时延均不断增大，但本节所提的基于 Prioritized Replay DQN 调度方法时延最低，防御效果最好，而 DQN 调度方法时延次之，且随着攻击数据包数量的巨幅增加，周期调度与随机调度方法的时延增量不断提高。同理在图 10.41(b)中，在本节所提调度方法的防御下，用户节点访问服务节点的丢包率相对是最低的，其次是 DQN 调度方法，而周期调度与随机调度方法带来的丢包率增量随着攻击数据数量指数级增长不断增大。实验表明，基于强化学习的冗余异构防御链调度方法利用强化学习机制，不仅实现了动态防御，也充分提高了防御的综合效益。

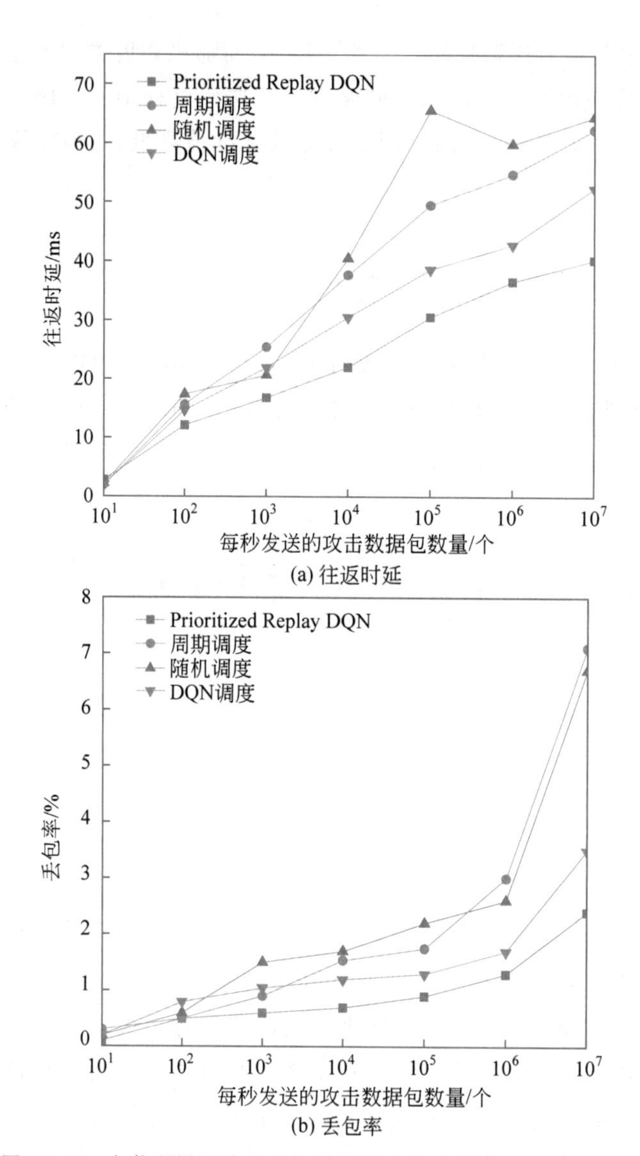

(a) 往返时延

(b) 丢包率

图 10.41 本节所提调度方法与其他调度方法时延与丢包率对比

10.4 本章小结

本章针对现有 SDN 防御方式单一性和同构性的问题,设计了 SDN 冗余异构防御执行体。本章基于流量清洗、地址隔离、端信息跳变、资产迁移 4 种防御机制构造了 SDN 冗余异构防御执行体池。此外,对所构造的 10 类冗余异构防御执行体进行了异构度的定义与形式化描述,并基于量化生物多样性的研究启示对其进行异构度量化。理论分析和实验表明,所设计的 SDN 冗余异构防御执行体能防御特定类型的攻击且彼此异构,最大异构度为 1.49。此外,本章介绍了 SDN 冗余异构防御链的调度方法,利用强化学习机制实现了基于优先经验回放 DQN 的调度算法,打破了以往防御方式的静态性及未考虑防御

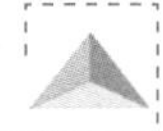

方式产生的综合效益的局限性。本章首先在 SDN 基本架构之上引入了管理平面及知识平面，设计了 SDN 动态调度的整体架构，以构建 SDN 拓扑全局实时多维网络资源视图。本章利用 SDN 测量机制实时获取数据平面剩余带宽、占用带宽、时延、丢包率等链路信息，利用 Docker 容器技术实时测量 SDN 交换机及容器的 CPU、内存使用率等系统信息，由管理平面进行整合处理，生成多维网络资源视图。然后，本章基于 SDN 交换机系统与外界环境的交互抽象出强化学习交互模型，用降维后的多维网络资源视图定义状态空间，用所设计的 SDN 冗余异构执行体定义动作空间，并设计了奖励及价值函数等要素，最终利用基于优先经验回放 DQN 算法进行求解，实现了 SDN 冗余异构防御链的调度。在实验与分析中，本章进行了数据集的构建，介绍了系统信息和链路信息的具体测量方法，并利用穷举法确定其权重因子最优值，使调度算法收敛速度达到局部最优；对比实验表明，本章所提调度方法相对于其他方法在防御效果综合效益等方面表现更优。

参考文献

[1] 国家工业信息安全发展研究中心 & 计世资讯. 2021—2022 年中国 SDN 市场发展状况白皮书[R/OL]. [2023-1-17]. https://www.archeros.com/research_report/index/id/1130? bd_vid=12284720728602104637.

[2] WANG C, YOUN H Y. Entry aggregation and early match using hidden Markov model of flow table in SDN[J]. Sensors, 2019, 19(10): 2341.

[3] 王东滨，吴东哲，智慧. 软件定义网络抗拒绝服务攻击的流表溢出防护[J].通信学报，2023，44(2): 1-11.

[4] WANG D, ZHAO Y, ZHI H, et al. DoS defender: A kernel-mode TCP DoS prevention in software-defined networking[J]. Sensors, 2023, 23(12): 5426.

[5] FOULADI R F, ERMIŞ O, ANARIM E. A DDoS attack detection and countermeasure scheme based on DWT and auto-encoder neural network for SDN[J]. Computer Networks, 2022, 214: 109140.

[6] ZHANG M, LI G, XU L, et al. Control plane reflection attacks in SDNs: New attacks and countermeasures[C]//Research in Attacks, Intrusions, and Defenses: 21st International Symposium, RAID 2018, Heraklion, Crete, Greece, September 10-12, 2018, Proceedings 21. Springer International Publishing, 2018: 161-183.

[7] SWAMI R, DAVE M, RANGA V. IQR-based approach for DDoS detection and mitigation in SDN[J]. Defence Technology, 2023, 25: 76-87.

[8] VAN HASSELT H, GUEZ A, SILVER D. Deep reinforcement learning with double q-learning[C]//Proceedings of the AAAI Conference on Artificial Intelligence, 2016, 30(1): 2094-2100.

[9] SCHAUL T, QUAN J, ANTONOGLOU I, et al. Prioritized experience replay[J]. arXiv Preprint arXiv: 1511.05952, 2015.

[10] WANG Z, SCHAUL T, HESSEL M, et al. Dueling network architectures for deep reinforcement learning[C]//International Conference on Machine Learning. PMLR, 2016: 1995-2003.

[11] ZHAN S A, JIAN Z B, HW B. SARSA-based delay-aware route selection for SDN-enabled wireless-PLC power distribution IoT[J]. Alexandria Engineering Journal, 2022, 61(8): 5795-5803.

[12] YANG S,SHI H,ZHANG H. Dynamic load balancing of multiple controller based on intelligent collaboration in SDN[C]//2020 International Conference on Computer Vision, Image and Deep Learning (CVIDL). IEEE,2020: 354-359.

[13] NGUYEN H H,NGUYEN T G,HOANG D T,et al. CARS: Dynamic cyber-attack reaction in SDN-based networks with Q-Learning [C]//2021 International Conference on Advanced Technologies for Communications (ATC). IEEE,2021: 156-161.

[14] WANG W,ZHANG D. Q-Learning software-defined network anti-damage technology analysis[J]. Journal of South China University of Technology (Natural Science),2022,50(4): 65-72.

[15] BOUZIDI E L H,OUTTAGARTS A,LANGAR R,et al. Deep Q-Network and traffic prediction based routing optimization in software defined networks[J]. Journal of Network and Computer Applications,2021,192: 103181.

[16] ZHAO Y, CHENG G, LIU C, et al. Snapshot for IoT: Adaptive measurement for multidimensional QoS resources[C]//2021 IEEE/ACM 29th International Symposium on Quality of Service (IWQOS). IEEE,2021: 1-10.

[17] HUANG L,YE M,XUE X,et al. Intelligent routing method based on dueling DQN reinforcement learning and network traffic state prediction in SDN[J]. Wireless Networks,2022,28: 1-19.

[18] JAVADPOUR A,JA'FARI F,TALEB T,et al. SCEMA: An SDN-oriented cost-effective edge-based MTD approach[J]. IEEE Transactions on Information Forensics and Security,2022,18: 667-682.

[19] CHIBA S,GUILLEN L,IZUMI S,et al. Design of a network scan defense method by combining an SDN-based MTD and IPS[C]//2021 22nd Asia-Pacific Network Operations and Management Symposium (APNOMS). IEEE,2021: 273-278.

[20] SAMIR M, AZAB M, SAMIR E. SD-CPC: SDN controller placement camouflage based on stochastic game for moving-target defense[J]. Computer Communications,2021,168: 75-92.

[21] ZHANG D S,ZHANG J,BU Y. Performance analysis of mimic defense based SDN security policy [C]//Proceedings of the 2022 2nd International Conference on Control and Intelligent Robotics, 2022: 7-12.

[22] LEI R,LI C,TANG Z. Openflow table decision method under mimic defense[J]. Journal of Physics: Conference Series,2020,1584(1): 12055.

[23] 张杰鑫,庞建民,张铮. 拟态构造的 Web 服务器异构性量化方法[J]. 软件学报,2020,31(2): 564-577.

[24] 王涛,陈鸿昶. 基于多维异构特征与反馈感知调度的 SDN 内生安全控制平面[J]. 电子学报,2021,49(6): 1117-1124.

[25] TWU P,MOSTOFI Y,EGERSTEDT M. A measure of heterogeneity in multi-agent systems [C]//Proceedings of the American Control Conference. IEEE,2014: 3972-3977.

[26] RAO C R. Diversity and dissimilarity coefficients: A unified approach[J]. Theoretical Population Biology,1982,21(1): 24-43.

[27] SHAHZAD M,SHAFIQ M Z,LIU A X. Large scale characterization of software vulnerability life cycles[J]. IEEE Transactions on Dependable and Secure Computing,2019,17(4): 730-744.

[28] 戴冕,程光,周余阳. 软件定义网络的测量方法研究[J]. 软件学报,2019,30(6): 1853-1874.